国家林业和草原局普通高等教育"十三五"规划教材

林木营养与养分管理

胡冬南　主编

中国林业出版社
China Forestry Publishing House

内容简介

本书系统地介绍了林木营养的基本理论、特性及养分管理的基本原理与方法，阐述了养分在土壤中的迁移规律、林木吸收养分的形式及养分在其体内运转的基本途径，详细介绍了林木必需养分元素的分布、形态、含量、转化、主要肥料类型、特点、生产及施用，并结合我国常见经济林、用材林的养分需求规律，介绍了这些林木的养分管理方法。本书可作林学、经济林、园林等本科专业的教科书，也可作为从事林业生产和林业技术推广的人员参考用书。

图书在版编目(CIP)数据

林木营养与养分管理 / 胡冬南主编．—北京：中国林业出版社，2022.7
国家林业和草原局普通高等教育“十三五”规划教材
ISBN 978-7-5219-1684-3

Ⅰ.①林…　Ⅱ.①胡…　Ⅲ.①林木-植物矿质营养-研究 ②林木-土壤有效养分-综合管理-研究　Ⅳ.①S718.43

中国版本图书馆 CIP 数据核字(2022)第 077960 号

中国林业出版社教育分社
策划、责任编辑： 肖基浒
电话：(010)83143555　　**传真：**(010)83143516

出版发行　中国林业出版社(100009　北京市西城区刘海胡同 7 号)
E-mail：jiaocaipublic@163.com　　电话：(010)83143120
http：//www.forestry.gov.cn/lycb.html
印　　刷　北京中科印刷有限公司
版　　次　2022 年 7 月第 1 版
印　　次　2022 年 7 月第 1 次印刷
开　　本　850mm×1168mm　1/16
印　　张　18
字　　数　456 千字
定　　价　55.00 元

《林木营养与养分管理》
编写人员

主　　编　胡冬南

副 主 编　张文元　郭亚芬　龚　伟

编写人员　(按姓氏笔画排序)

王艮梅(南京林业大学)
王海燕(北京林业大学)
叶正钱(浙江农林大学)
吴鹏飞(福建农林大学)
汪加魏(江西农业大学)
张　令(江西农业大学)
张文元(江西农业大学)
张焕朝(南京林业大学)
赵科理(浙江农林大学)
胡冬南(江西农业大学)
奚如春(华南农业大学)
郭亚芬(东北林业大学)
郭晓敏(江西农业大学)
龚　伟(四川农业大学)

前言

植物营养学是林学类教学质量国家标准中规定需要掌握的专业知识。营养是林木生长发育的必备条件，是决定森林生产力的关键要素。随着社会经济发展，人们对林产品的需求不断增加，林木施肥是营林的重要技术措施，目前林地养分状况和林木营养需求特性以及养分管理技术备受林业行业的关注，成为研究热点并取得快速发展。为适应新农科林学专业本科培养目标，体现学科发展现状，使教学质量达到国家标准，我们组织了全国部分农林高校相关专业的骨干老师编写了《林木营养与养分管理》一书。

《林木营养与养分管理》是国家林业和草原局普通高等教育"十三五"规划教材。该书系统地介绍了林木营养的基本理论、特性及养分管理的基本原理与方法，并将理论与生产实际相结合，阐述了我国主要林木类型的养分管理方法。全书共分为 12 章。绪论介绍了林木营养与养分管理的基本任务、意义、研究方法及发展方向；第 1 章介绍了林木的营养特性；第 2 章和第 3 章介绍了养分在土壤中的迁移、林木对养分的吸收及在体内的运输过程；第 4 章介绍了林木养分管理的基本原理，介绍了养分与林木生长、产量和品质的关系及施肥技术；第 5 章至第 8 章介绍了 N、P、K 等大量营养元素和中、微量元素的分布、形态、含量、转化、吸收与利用规律，介绍了这些养分的主要肥料类型、特点及施用；第 9 章和第 10 章介绍了复混肥和有机肥的类型、营养作用及生产中使用要点；第 11 章和第 12 章介绍了常见经济林和用材林的生长发育规律、养分需求规律和养分管理方法。

本教材 14 位编写人员均来自林木营养与养分管理教学和研究一线的骨干教师，具有丰富的林木营养学教学实践经验，编者在注重基础理论阐述的同时，还将自己的实践和科研成果融入教材中，使教材不仅具有科学性，还具有实用性和前瞻性。

具体编写分工如下：绪论由江西农业大学郭晓敏教授编写；第 1 章、第 2 章由江西农业大学胡冬南教授编写；第 3 章由华南农业大学奚如春教授和东北林业大学郭亚芬副教授编写；第 4 章由北京林业大学王海燕副教授和四川农业大学龚伟教授编写；第 5 章由南京林业大学张焕朝教授、王良梅副教授和张令副研究员编写；第 6 章由吴鹏飞教授编写；第 7 章、第 10 章由龚伟教授和郭亚芬副教授编写；第 8 章由浙江农林大学叶正钱教授和赵科理教授编写；第 9 章由郭亚芬副教授编写；第 11 章中 11.1、11.2 及 11.3 节中"笋用毛竹林养分管理"由江西农业大学张文元副教授编写，"油茶、板栗和枣养分管理"由胡冬南教授编写，"枸杞、花椒、核桃养分管理"由龚伟教授编写，"香榧养分管理"由叶正钱教授编写，"红松养分管理"由郭亚芬副教授编写，"油橄榄养分管理"由江西农业大学汪加魏讲师编写；第 12 章中"杉木养分管理"由吴鹏飞教授编写，其他内容由张文元副教授编写。全书由胡冬南教授统稿，郭晓敏教授审定把关。

教材编写过程中参阅、引用了国内外很多学者的相关教材论著，限于篇幅，在每章后只列出主要部分，在此对原文献作者表示衷心的感谢。本书的出版得到了中国林业出版社和各编者所在学校有关领导的大力支持。在此，向关心、支持本书出版的单位和领导及付出辛勤劳动的撰稿同仁衷心的感谢！

尽管编者竭尽全力，力求完善，但仍感有不足之处。敬请专家和读者批评指正，以待今后进一步完善。

编 者

2022 年 1 月

目　录

第0章　绪　论

营养是植物生长发育的基础，林木作为多年生木本植物，其营养需求规律和养分管理方法与大多数一年生作物存在差异。了解林木对营养物质的需求和利用规律是林木养分管理的前提，通过施肥方式给林木提供营养，对林木进行营养调控和平衡施肥，是实现林业可持续优质、高产和高效生产的重要手段。

0.1　林木营养与养分管理基本概念及目的意义

0.1.1　林木营养与养分管理基本概念

林木营养与养分管理是研究林木营养基本理论和营养调控方法的科学，涉及植物营养学、土壤学、植物学、树木学、植物生理学、农业化学等多学科知识。因此，林木营养与养分管理是以这些学科知识为理论基础，利用现代科学技术，探讨林木对营养物质的吸收、运输、转化和利用的规律，研究林木生长、发育过程中土壤—养分—林木三者之间的物质和能量交换关系，并通过人为调控改善土壤条件和提高养分利用率的科学(图0-1)。

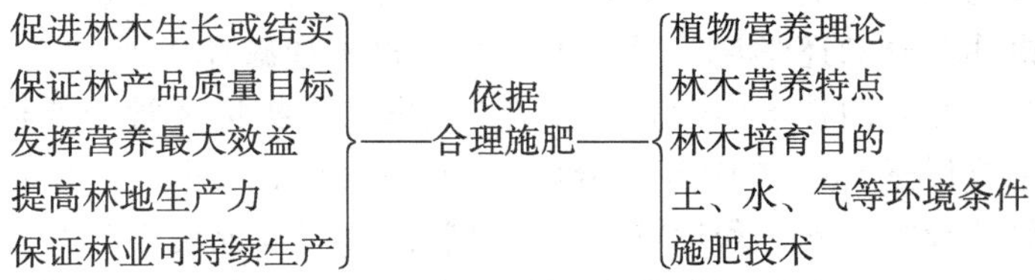

图0-1　林木营养与养分管理内容

0.1.2　林木营养与养分管理研究的目的意义

林木资源作为一种重要的自然资源，可为工农业生产提供大量的原木、锯材、纸浆等生产原料及果品、食用油料、药材等食用原料。然而近现代以来，由于世界人口的剧增和经济的飞速发展，人们对林产品的需求量不断增加，为了在较短时间内生产出更多的产品，对人工林实行集约化经营与管理成为一项非常重要的措施。因此，林业工作者需要了解林木营养基本理论，认识林木生长与发育过程中营养物质的循环规律，并能运用植物营养学理论科学地指导林木施肥和养分管理。

我国人口众多，生态环境压力巨大，林木不仅要生产各种人们生活所需的原料，还要发挥生态服务功能。然而我国用于造林的宜林地大多比较贫瘠，肥力不高，难以长期满足林木生长需要，包括一些多代连续培育的针叶纯林，各种营养物质极度缺乏，地力衰退。另外，受森林主伐(特别是皆伐)、清理林场、疏伐或修枝等自然或人为因素影响，归还土壤的森林枯落物数量逐年减少，造成有机质大量损失。这就需要人们更加重视林木营养与养分科学管理，开展林木营养诊断和林地施肥技术方面的研究。科学的养分管理可以及时为林木生长发育提供充足的营养，保证林木高产、优质、高效生产。对加快速生丰产用材林基地建设，增加经济林林产品的产量和质量，提高林地生产力以及有效缓解我国日益严峻的林产品供需矛盾具有十分重要的战略意义。

林木营养与养分管理是林木培育和持续发展的中心环节，正确使用肥料种类、数量是创造土壤、植物、人类生存环境协调发展的关键措施之一。林木施肥在创造人类协调的生存环境前提下，同时创造优美的环境空间，在提高人类生存环境质量方面有较为现实的意义。因此，林木营养与养分管理学科的发展与人类社会进步和发展有着密切联系，林木营养与养分管理学科发展史也是人类环境的进步史。

0.2 林木营养与养分管理涉及的主要内容

林木营养与养分管理涉及的内容主要有林木的营养特性，林木对养分的吸收、运转及利用，林木养分管理的基本原理，养分的转化及肥料、复混肥和有机肥的营养作用，林木的施肥技术等。林木的营养特性、吸收利用和基本原理是核心，林地土壤是基础，气候是条件，施肥是营养植物的重要手段。即需要掌握植物的营养特性及需求，考虑气候条件，因土壤、植物、气候选择适宜的肥料品种及比例来合理调控林木营养，实现高产和优质。

林木的营养特性主要讲述林木生长发育所必需的营养元素种类、特性、含量及林木营养的遗传性；林木对养分的吸收、运转和利用介绍养分如何从林地土壤到达林木的根部并在植株体内进行运输和再分配以及林木的根外营养特点、机理和影响因素；林木养分管理的基本原理重点讲述养分归还学说、最小养分律、报酬递减律以及矿质营养与林木生长、产量和品质的关系，并介绍林木中营养元素的诊断方法、指标及常用的林地施肥技术；养分的转化及肥料主要讲述林木体内各养分的分布、形态及含量，土壤中各养分形态及转化，林木对各养分的吸收、同化和运输，各种肥料的介绍及施用方法及提高肥料利用率的途径；复混肥和有机肥的营养作用主要介绍复混肥和有机肥分类、特点及施用方法；林木施肥技术主要讲述用材林和经济林树种的养分需求规律及施肥技术。

0.3 林木营养与养分管理的发展概况

植物营养与肥料学科源远流长，伴随农业的兴起而兴起，伴随农业的发展而发展，已有 160 多年的历史。林木营养学科发展在国外几乎和农业施肥的发展时间相差无几，它随着人类文明的发展而逐渐被重视，且已形成完整的科学体系，在林木培育中发挥了巨大作用。目前，国外已经有完整、规范的林木营养控制、养分管理理论和方法，有配套设备、专用肥料、专用器械、专人管理，是林业、环境、城市、生态建设中最重要的一部分。我国林木营养与养分管理发展起步较晚，近年来在经济林、用材林和园林树木等林木上的研究与应用越来越广泛，但尚未形成任何规范，也未引起相关部门的足够认识。这就要求我们林业工作者要了解林木营养基本理论，认识林木生长与发育过程中营养物质的循环规律，并能运用植物营养学理论科学指导林木施肥和养分管理。

0.3.1 植物营养学的发展概况

在植物营养学诞生之前，人类通过生产实践，对促进植物生长方面就已积累了丰富的感性认识，因而其发展是与人类农业生产实践密切相关的。农业生产过程中施用肥料在我国已有几千年的历史，人们在生产实践中积累了丰富的经验，但对植物营养理论的探索却仅有几百年的历史。早在奴隶社会的西周时期就已经有“以薅荼蓼，荼蓼朽止，黍稷茂止”的歌咏，这是对腐草可能肥田的最初认识。到了战国时期和西汉时期，黄河流域的农业已有较快发展，在当时的《管子·地员篇》和《氾胜之书》，以及北魏的《齐民要术》等书中已经记载了有关土宜、堆肥制作、改土培肥、适时种植等农业生产经验。在唐、宋、元、明、清各时期又有一些重要的农业书籍如《四时纂要》《王祯农书》《知本提纲》《农政全书》等记载了“粪壤篇”，把肥料分为大粪、踏粪、苗粪、草粪、火粪和泥粪6大类；在土壤肥力方面提到了地力常新的理论，有客土、施肥、精耕细作，使土壤“精熟美肥，常保持新壮”的农业生产经验；在施肥方法上已提出“时宜”“土宜”“物宜”，就是要因时制宜、因地制宜、因物制宜，做到天时、地利、人和以获得最佳的生产效益；在施肥的理论和实践中均有独特创造，为今天的“看天、看地、看庄稼”的施肥原则奠定了基础，反映出我国在早期农业中对生产整体性的重视与关注。

植物营养学的发展可以划分为3个阶段，第一阶段是植物营养学尚未形成独立的学科体系，直到矿质营养学说的建立；第二阶段是1840年李比希(Liebig)建立的矿质营养学说起到20世纪初植物营养学诞生并快速成长阶段；第三阶段是现代植物营养学科的发展，经过100多年的时间，植物营养学从对基础理论的研究走向了生产应用，在各种现代技术和实验技术推动下，它们对农业生产起着越来越大的作用。

15世纪以前，在农业上几乎没有什么重大发展，在植物营养学的第一阶段，生物学家们把注意力关注到植物到底依赖什么物质生长，体内的汁液是如何上升到顶端的。在17世纪前后有众多学者认为植物的养料是水，特别是在荷兰的凡·海尔曼特(van Helmont)进行了有名的柳树枝条试验后，确信水是植物的唯一养料，形成了早期的水营养学说。他将90.7 kg的土壤放入陶制的容器中，将土壤湿润，然而插种一枝2.27 kg重的柳条，除了雨水外不加入其他任何东西，5年后，柳树重量已达76.66 kg，而原先容器中的土壤却只少了56.7 g，所以他报告中的结论是：水是植物的唯一养料。他的观察是正确的，但却得到了错误的结论。18世纪海尔斯(Hales)将植物干馏，观察到有气体溢出，因而又做出了另一个推测，认为植物体内大部分物质是以气体状态而被吸收的，人们开始注意到了空气营养。1804年，法国的德·索秀尔(de Saussure)采用了精确的定量方法测定了空气中的CO_2含量，以及在含有不同数量CO_2的空气中所培养的植物体内碳元素含量以后，证明植物体内的碳元素是来自大气的CO_2，而植物体内的灰分是来自土壤，他的著作《对于植物的化学分析》可以代表当时的水平。

在19世纪中叶后，西欧出现了资本主义特色的农场，农业机械和化学肥料开始得到应用。1840年李比希出版了《化学在农学和生理学上的应用》一书，是植物营养学发展到第二阶段的起始和标志。书中论述：植物体内的碳素从大气中获得，而所有的矿物质从土壤中获得，而且提到只有无机物质才能供给植物以原始材料。同时代的法国学者布森格(Boussingault)还采用田间试验的方法对植物营养问题进行了一系列的研究，1834 年，他在自己的庄园创立了世界上第一个农业试验站。随后在 1843 年劳斯(J. B. Lawes)和吉伯特(J. H. Gibert)在英国建立了洛桑农业试验站，用精确的长期田间肥料试验和定量的方法纠正了李比希关于厩肥、氮素营养和"完全归还"等方面的错误，使李比希的矿质营养学说得到进一步的完善。1859 年，克诺普(Knop)和勃费尔(Pfeffer)又在无土条件下，成功地使植物在成分已知的溶液中生长，并开花、结实，这对植物营养的理论做出了重大贡献。无土栽培因在阐明植物对养分需求方面起到决定性作用，奠定了施用化肥的理论基础，因而也受到广泛重视。

19 世纪末，植物营养学的生物试验方法及实验技术获得了进一步的发展，美国、德国、荷兰、丹麦等许多国家均已仿效英国和法国，纷纷建立农业试验站，对土壤的肥力、肥料的作用等进行研究。20 世纪 20～50 年代，芬兰、比利时、奥地利、日本等国又相继建立了一批长期肥料试验站；特别是苏联的植物营养学家普良尼施尼布置了规模甚大的化肥田间试验网，深入研究了 NH_4^+-N 和 NO_3^--N 的营养机理，对有机肥、N 肥、P 肥、石灰肥料等进行了广泛的研究，有力促进了苏联 N 肥、P 肥和 K 肥工业的发展，还提出了植物、土壤和肥料相互作用的理论，为苏联化肥工业的发展和肥料的分配施用提供了重要的科学依据，也对我国植物营养领域的研究产生了深远的影响。

从 19 世纪到 20 世纪初，人们在了解植物营养和施肥方面均取得了很大进展，李比希在研究过程中还发现了最小因子律，即植物的生长受到以最小量存在的植物营养元素的限制，作物产量的高低则随最小养分补充量的多少而发生变化。李比希的矿质营养学说以及对同时代有关矿质营养对植物生长重要影响的相对系统总结，使他成为植物营养学无可争议的奠基人。

20 世纪初到 21 世纪，是植物营养学获得蓬勃发展的第三阶段，化学、物理学、计算机技术、实验分离分析技术的发展，使植物营养学的研究无论是从理论上还是在实践中都取得了重大成果，使植物营养学逐步发展成为一门基础理论扎实、内涵丰富而又相对独立的学科。

0.3.2 林木施肥概况

0.3.2.1 国外林木施肥概况

法国是世界上最早进行林木施肥试验的国家。1847 年，法国施用草木灰、铵盐、矿渣提高了林木生长量。德国在 19 世纪中叶最早重视林木对营养元素的需要和林地营养元素的循环，发现从林地收走枯枝落叶，会导致森林生产力急剧下降，因此开始林木施肥试验。林地施肥直到 20 世纪 50 年代才开始进入实用阶段。随着人口数量的增加，森林面积不断减少，而 20 世纪 50 年代的经济复苏促使木材需求量迅速增加。为了解决供需矛盾，许多发达国家开始对人工林进行集约管理，化肥工业的发展使施肥成为主要措施之一。据统计，1970 年全世界森林施肥面积达 200×10^4 hm^2，1980 年达到 1 600×10^4 hm^2 左右。芬兰是世界上林木施肥发展快、面积大的国家之一，1965 年森林施肥面积只有 2.7×10^4 hm^2，1968 年达 15×10^4 hm^2，1984 年达到 250×10^4 hm^2；美国 20 世纪 80 年代初林地施肥面积达

到 115×10^4 hm^2，至 1986 年仅火炬松施肥面积就达 526×10^4 hm^2 以上，目前每年施肥松林 4.045×10^4 hm^2；新西兰 1980 年林地施肥面积为 3.042×10^4 hm^2，占全部新造林面积的 14.5%，澳大利亚 1979 年约有 2.6×10^4 hm^2 人工林施肥；日本每年施肥面积为 9×10^4～10×10^4 hm^2，约占每年造林面积的 14%；瑞典、挪威、荷兰等国已有 70%以上的森林施过肥；此外，德国、加拿大、法国等国家的林木施肥也达到相当规模。

各国生产性林地施肥多集中于经济价值较高或速生用材树种，并与定向培育相结合。如美国对用作板材的黄杉林和用作采脂、纸浆材的湿地松、火炬松林进行施肥；新西兰、澳大利亚集中在辐射松与桉树人工林中施肥；北欧三国主要对欧洲赤松进行施肥；日本主要为竹子、日本柳杉和日本扁柏进行施肥；巴西对桉树纸浆材林施肥；韩国、法国对杨树人工林施肥。此外，还有为保护环境拯救被酸雨危害林分的施肥。日本为减少裸露陡峻坡地水土流失，促进幼林早日郁闭，对幼林进行施肥；联邦德国为恢复被酸雨损害的云杉林生长，施了 Ca、Mg 与 K 肥。

林木肥效因立地、树种、林龄阶段、肥料种类、肥料配比、施肥时间、方法等因素而变化，开展各树种系统多点施肥网试验研究是解决合理施肥的主要途径。国外在这方面做的工作比较多，他们按树种生态分布区、不同立地条件开展系统施肥网试验，长期定位观察研究，将施肥视作人工林生态系养分循环中一个环节，研究施肥后生态系统养分消长平衡与对生长关系。例如，美国西北部太平洋沿岸地区于 1969 年开始执行森林营养研究计划，在 166 个立地设置 1 200 块标准地进行施肥试验；1968 年开始在 28 个湿地松人工幼林设置施肥试验，对中龄林也设置了 28 个随机区组试验，以北卡罗来纳州森林施肥协作网(NCSFFC)为代表，每年成果以年报形式发表。加拿大则在 20 世纪 60 年代末执行 7 个林业主产省际联合施肥计划。

各国在施肥试验中发现，林地施肥的肥效与立地密切相关。例如，美国东西部的海岸平原底部，生长在排水极差和不良土壤上的火炬松林地施 P 肥后，13 个林分有 12 个生长量可增加 15%以上；而在 11 个土灌排水较好的火炬松林分只有 2 个增长达到 15%以上；在海岸平原上部，施 P 肥最大材积增加量为 30%；且 P 肥的肥效与土壤有效 P 关系密切。林地施肥的经济效益也是各国关注的重点。施肥经济效益除受林产品与肥料价格影响外，主要与林分年龄和径级有关，对于同样材积增长反应，越是临近轮伐成熟期，其肥效价值越大。美国黄杉人工林施肥，直径 20 cm 的林木施肥收益与成本比为 1.03，而直径 51 cm 的林木施肥收益与成本比则可达到 3.30。

1973 年，联合国粮食及农业组织(FAO)和国际林业组织研究联盟(IUFRO)在巴黎召开了国际林木施肥学术讨论会，研究内容广泛，如施肥对林木营养新陈代谢、生长与生物量、木材质量、土壤生物、森林生态系统的影响等。目前，国际上对林木施肥的研究越来越全面和深入，已从单一方向转向多层次、多功能的综合研究，有些国家结合森林生态系统的研究，对林木施肥进行长期定位观测。

0.3.2.2 我国林木施肥概况

我国于 20 世纪 70 年代中期开始进行林木施肥试验和小规模生产性施肥。随着人工丰产林面积的扩大、集约经营水平的提高，林木施肥发展速度加快，由经济林逐渐发展到用材林。在 1985 年召开的全国性林木施肥学术会议上，研究报道的施肥树种丰富，如杉木、毛竹、油桐、油茶、核桃、毛白杨、桉树等。此外，也对泡桐、油松、马尾松、樟子松、湿地松、火炬松、落叶松等很多树种相继开展了一些研究工作。主要研究不同肥料、不同用量及养分配比对林木生长和产量的影响。通过施肥防治林木病害也有报道。同位素示踪技术开始在施肥试验中应用，林木营养诊断方面也做了一些探索。为适应国民经济快速发展的需要，“八五”攻关明确了短周期用材林培育的方向，设立了“主要工业用材林施肥技术与维护地力措施研究”的专题，使我国林木施肥研究进入了一个新阶段。1995 年，在北京召开了林木施肥与营养研讨会，展示了近年来我国在人工林和园林树种以及果树施肥与营养研究领域的新成果和新水平，主要对杉木、马尾松、桉树、杨树、湿地松、加勒比松等树种的苗木、幼林、部分树种(马尾松)的中龄林和成熟林的施肥效应、综合营养诊断、营养平衡、施肥效应相关因素、稳态营养、配方施肥等进行了研究，比较系统地探讨了以林木立地生产力和营养生产力理论为基础的立地养分效应施肥模型。林业科技工作者在不同区域对主要树种做了大量的施肥对比试验，大体上弄清了我国主要土壤类型肥力状况和不同肥料品种的增产效应。例如，杉木人工林施肥，在黄红壤上对杉木幼林连续 5 年施肥，P 肥在中—中下等立地有效，K 肥在中—中上等立地有效，N 肥效应不明显，合理施肥使杉木幼林径高增长 10%~15%，促进幼林提早郁蔽。对 I-69 杨施肥试验表明，造林于 6 年农业利用后的长江中游平原肥沃冲积性灰潮土的 I-69 杨人工林，连续 5 年施肥后，N、P、K 肥效应均不明显；而种植在贫瘠砂姜黑土黄淮平原上的则 N 肥和有机肥的效果均十分显著，施肥 5 年可增加材积 77%。“八五”以来，在田间试验的基础上，进一步加强了基础理论、数学建模和具体的施肥技术，这些研究成果为我国逐步建立科学的林木施肥理论和应用技术体系打下了较为坚实的基础。

当前，我国林木施肥研究的主要理论与方法涉及以下 4 个方面：①以植物营养机理为依据的综合营养诊断和稳态营养法；②以田间试验、地力分级和产前定量为前提的配方施肥法；③以林木立地生产力和营养生产力理论为基础的立地养分效应施肥模型；④以 ASI 法为基础的林木养分诊断平衡施肥法。开展林木施肥研究的主要单位和树种有：北京林业大学(杨树、板栗、落叶松、黑荆树等)、南京林业大学(杨树、薄壳山核桃、银杏、青钱柳等)、东北林业大学(落叶松、水曲柳、白桦等)；西北农林科技大学(苹果、枣等)、福建农林大学(杉木、油茶、麻竹等)、河北农业大学(核桃、板栗、苹果等)、中南林业科技大学(油茶、油桐、梨、杉木、毛竹等)、浙江农林大学(雷竹、毛竹、板栗、山核桃、香榧、杨梅)、福建农林大学(杉木、锥栗等)、江西农业大学(油茶、毛竹、桉树、樟树、吴茱萸、酸枣)、四川农业大学(桉树、花椒、柏木、核桃、红椿等)、华南农业大学(木楠、杉木、马尾松、桉树、龙眼、荔枝、油茶等)、中国林业科学研究院(桉树、杨树、板栗、泡桐等)。

我国在施肥效益和肥料种类上也做了一些探索与研究工作。例如，在杉木的施肥效益研究中发现，速生阶段的杉木中龄林，施 N 肥和 N、P 肥有效，可使 7 年生杉木林材积增加 8%~37%，收益与成本比为 6∶4；而 16 年生杉木林施肥后的材积增加 8%~16%，收益与成本比为 2.75，意味着林地施肥需要考虑树龄。北京市园林研究所曾研制了缓效期为 1 年的 UPR 复合肥，该肥料在行道树、果树、花椒等树种上应用效果良好。但缓效复合肥价格较高，目前只宜于园林树种和果树中应用，而适于特定树种与土壤条件的粒状高浓度复合肥是有前途的。另外，研究者们还针对不同地域土壤、不同树种需肥特性，以配方施肥与平衡施肥技术为基础，研制出了多种富含 N、P、K、Zn、Fe、Mn、B 等多种大量、中量、微量元素及有机质、腐殖质的特制复合肥，这些肥料现多用于经济林树种，如江西农业大学研制的油茶专用肥和毛竹专用肥等。各种复合肥的研制与应用从根本上解决和满足了林业上速生丰产林和经济林施肥的需求，并使林业施肥一步 3 个台阶，从单质肥、配方施肥到有机多元专用肥，向高新技术方向发展。

0.4 林木营养与养分管理的理论基础

林木的生长需要不断从周围环境中吸收各种养分，并充分利用这些养分用于自身结构性物质的构建或者转化为能源物质供其生理代谢活动所需。养分的供应是林木生长发育的前提，因此，土壤中养分的有效性对林木的生长产生直接的影响。我国大部分地区，尤其是连年经营的人工林地区，土壤养分供应难以满足林木对养分的最理想需求，这就造成了林木在整个生长过程中可能受到养分缺乏的胁迫，进而造成整个林地生产力低下。林地施肥是目前公认的提高森林生产力的有效手段之一，在林业生产中得到广泛的应用。由于林木不同发育时期对不同养分的需求量是不同，因此，必须采取合理的施肥配比，才可能满足林木在不同生长时期对养分的需求，才能实现林地经营高产的目的。

林地施肥是指人为地将养分元素施加到林地，以达到促进林木生长、提高林地生产力的目的。合理的施肥不仅可以提高林地产量改善森林质量，还可以防止因施肥过量对植物造成的毒害以及环境污染等问题。合理施肥的前提是掌握施肥的基本原理，早期施肥的理论依据是德国化学家李比希提出的“养分归还学说”。植物依靠土壤供给的养分维持自身生长，伴随植物的成熟、收获，土壤中的养分也随之被带离，长期下去将会造成土壤养分缺乏、地力衰退等一系列问题，为了有效恢复地力和维持植物的稳产高产，需要人为补充土壤缺失的养分。随着化肥在农业生产中的大量使用，人们发现化肥的施加并不一定给植物带来丰产，植物的生长并不是单一吸收某种养分，限制植物生长的往往是土壤中相对含量最少的养分，只有补充这部分养分才能促进植物的生长，达到高产的目的，这就是现今的“最小养分定律”理论，此理论的提出为今后合理施肥的深入研究奠定了理论基础。

不同养分元素对植物生长和生理的功能不同，不同树种对养分的需求也不同，因此，不能将施肥量或施肥配比固定为某一特定的值，而应根据林木种类、生长状态和土壤养分供应能力进行合理的配比施肥。测土配方施肥技术是国际公认的现代化科学施肥技术，通称配方施肥，是在施用有机肥的基础上，依据植物需肥规律、土壤肥力和肥料效应，合理确定中量、微量元素和 N、P、K 的适用量与比例，并采用相对科学的施肥技术。配方施肥的方法很多，包括大部分平衡法、测土施肥法和立地养分效应模型法。该技术的应用，可以改以往的盲目施肥为定量施肥，改单一施肥为有机施肥，使氮磷钾和其他微量元素的配合施用。测土配方施肥对增加林产品产量、提高林产品质量和提高养分利用率方面都能起到很好的作用，同时在节肥、增加收入和平衡土壤养分等方面也有显著效果。

0.5 林木营养与养分管理的特点

0.5.1 林地土壤养分特点

与常规农田和其他用途的土壤相比，林地土壤由于受到森林凋落物、木本植物根群、林下生物群落以及森林生态系统特有环境条件的影响，使其具有特殊性。一方面树木能生长在不能经营农业的土壤上，森林植物每年通过凋落物把一些养分元素归还土壤而提高土壤肥力；另一方面森林采伐、放牧与地表径流，又会带走一些营养元素，导致林地地力下降；同时，林地土壤养分还与树种、林分密度、坡度、坡位及区域生态因子等密切相关。因此，林地的土壤肥力变化比农田复杂，空间异质性很大。

0.5.2 林木养分需求及利用特点

林木的生理特性、需水需肥规律和对养分的吸收能力与多数农作物明显不同。第一，林木根系较深，根幅较大，单株植物涉及的土壤区域明显较大，一棵成年大树的根系可能长 10 m。第二，林木是多年生植物，长期生长在同一地点，对同一养分的利用是长期的、连续的。第三，林木生长周期较长，对养分的需求既有年周期的变化，也有生命周期变化的规律，期间各种影响因子变化复杂，在林地土壤和林木营养诊断研究中都必须考虑。第四，不同树种生长发育规律不同，对养分的需求和利用存在较大差异，施肥的反应也不一样。对土壤肥力要求较高的树种，施肥效果明显，如云杉、落叶松对施肥的反应大于松树，氮肥对杨树生长的效果非常显著，而在大多数情况下施氮肥却不能增加加州铁杉的生长量。第五，林木多在山地或四旁，且占地面积大，施肥操作困难，施肥次数有限，且通常是挖土施肥，施肥面较小，养分释放慢，难以在短时间被林木大量使用。

0.5.3 林地施肥特点与难点

第一，林木根系深、根幅大，且根系随着树龄增大而加深和变大，因此，施肥时要施到一定的深度，以保证根系能吸收到养分，同时又不能离树蔸部太近，以避免肥料烧根。通常要求施在树冠垂直投影边沿，深度达 30 cm 以上。第二，林木一旦种植，终身不能移动，养分补充只能从树冠垂直投影边沿补充或通过根外追肥补充，无法通过追肥引导根系向深处，因此，要特别重视林木种植前的基肥施用。第三，林木株行距大，肥料不宜撒施，多采用穴施方式施入，而山地施肥困难，用工量大，难以做到多次施肥，宜使用长效化肥，如脲醛或脲醛包被的速效氮肥、钙镁磷肥、偏磷酸钾等，以及颗粒状有机—无机复合肥料，以保证养分的长期供应。第四，林地养分空间异质性大，养分诊断难度大，研制的配方肥料区域性强；林木生长周期长、见效慢，短期肥效不一定明显。第五，林地杂灌、杂草或配置园林植物存在对养分的消耗与竞争，使养分管理存在较大的难度。另外，林木施肥研究起步晚，多数树种的养分特性不明，施肥方法还不成熟，再加上市场针对特定林木的专用肥少，林业生产上施肥还很难科学到位。

0.6　林木营养与养分管理发展趋势

0.6.1　林地土壤与林木营养基础理论的深入研究

林地土壤是森林生态系统的有机组成部分，其理化性质与森林凋落物、木本植物根群、林下生物群落以及森林生态系统特存在密切关系，与农田农地存在较大差别。目前涉及土壤养分含量丰缺程度的指标和标准都是参考农作物的调查研究结果，尚未形成林地土壤标准。林木的生理特性与多数农作物有极大的不同，其需水需肥规律和吸收能力都与农作物有着显著的差别。要做到科学施肥，必须了解林木的生理特性及其需肥规律，而实际上因为林木的生长周期较长，影响因子众多且变化复杂，林木营养诊断不是一件容易的事情。林木营养与养分管理的研究热点将集中于林地土壤养分标准、养分与生态环境的养分、树种或品种的养分特性等方面，并逐渐与环境学、生态学和遗传学等形成交叉学科。

0.6.2　施肥方法和技术的改进

林业生产的主要目的是获得高产、优良质、高效的林产品，同时要兼顾环境的生态效益和整体的社会效益。人工林的经营应该根据产业需要进行定向培育、集约化管理。而科学施肥是定向培育和集约化管理的重要措施。在全面了解林地土壤和林木营养水平的基础上，从维护整个森林生态系统平衡的角度出发建立科学的施肥制度，最大限度地发挥肥料的利用效率。

林地土壤是林业生产发展的基础，林地土壤肥力随着林木生长和更新演潜发生变化，因此，林地配方施肥是一个不断探索的长期过程。积极组织实施测土配方施肥，开展不同树种的配方施肥田间试验，不断探索不同区域、不同林分条件下缓控释肥的科学配置及施用方法，实现肥料养分释放与林木生长吸收同步，把缓控释肥作为配方施肥的良好物化载体，发挥其提高林产品产量、品质和促进林业可持续发展的重要作用。

0.6.3　高营养效率良种的选育

林木种类繁多，不同树种对养分的需求不同，同一树种不同基因型、品种或类型间的营养效率也可能存在很大差异。高效基因型的吸收效率、运输效率和利用效率都较高，或者其中1~2个效率特别高。开展林木营养性状遗传变异研究，发掘养分吸收利用高效型树种种质资源，建立与完善养分高效型树种筛选指标体系。选择对低养分不敏感树种及无性系或者耐低养分条件对养分增加敏感的树种或无性系，培育及审定养分高效吸收利用的树种，在改进施肥方式和方法的同时，应着力研究培育出适应特定土壤环境的优良品种，实现适地适树到适地适品种的转变。例如，我国土壤中全磷含量不低，但是有效磷含量却只占全磷含量的一小部分，选育磷高效利用基因型，不仅可以节约资源，提高生产效率，而且能够节约资源和保护环境。

0.6.4　新型专用肥料的研发

鉴于林木吸收养分元素的长期性，并为适应山地林区大规模作业性施肥的需求，适用于林木的化肥将逐步向定量化、专用化、高浓度化、有机—无机生物一体化、长效化方向发展。平衡施肥、测土施肥、植物诊断施肥、配方施肥和数学模型施肥将是今后研林地施肥的主要模式。高效缓/控释具有针对性和地域性的树种专用新型无污染肥料的研发与应用，新型水肥一体化功能性、资源节约型液体肥料研制，固体缓效肥的研究及应用，中微量元素肥料的研究及应用，新型微生物菌肥研究及应用，有机肥资源的高效利用将成为今后林业用肥料的研究重点。

0.6.5　林木根际微生态系统的研究

林木根系生长在土壤中，土壤的理化性状、土壤中的微生物、昆虫等共同构成了林木根际的微生态系统，并影响着林木对养分的吸收与利用。林地施肥还需掌握土壤、根际界面养分及其环境的动态，阐明土壤养分的生物有效性，同时要考虑林地施肥与土壤结构及环境条件的改善和保护，从“土壤—林木—人类”可持续发展的角度，将林木施肥理论与环境生态学原理相结合，使提高林地立地生产力和保持人类生态环境协调起来。

0.6.6　现代科技在林木营养与养分管理中的应用

加强高科技手段在林木营养与养分管理中的应用。例如，原子吸收分光仪、电子探针和各种自动分析仪的应用，营养性状有关的分子克隆，分子标记技术在林木营养遗传上的应用，以“3S”技术为支撑的林木营养管理信息系统的应用等。

本章小结

本章介绍了林木营养与养分管理基本概念，阐述了林木营养与养分管理涉及的主要内容，通过大量案例分享了国内外林木施肥概况及取得的成效，比较分析了林木养分需求和利用特点，以及林木施肥的特点和难点，并结合林木营养与养分管理研究现状和现代林业发展需求对林木营养与养分管理发展趋势进行了展望。

思考题

1. 林木营养与养分管理研究的目的意义？
2. 林木营养与养分管理主要涉及哪些方面内容？
3. 国内外在林木营养与养分管理方面取得了哪些成就？
4. 与作物相比，林木对养分的需求及利用有哪些异同点？
5. 林地施肥特点与难点主要有哪些？

参考文献

黄云，2014. 植物营养学[M]. 北京：中国农业出版社.

海军，马履一，王梓，等，2010. 林木营养诊断与林地施肥研究综述[J]. 西南林学院学报，30(6)：78-82.

刘辉强，2010. 林木施肥研究综述[J]. 安徽农学通报，16(10)：139-141.

第 1 章　林木的营养特性

林木的营养特性是指林木在生长发育过程中，依靠外界环境获得营养物质构建其有机体，以完成新陈代谢和整个生命周期的能力和特点，通常包括林木吸收和利用养分的种类、数量、比例、速率、形态，以及林木营养的关键期、营养物质代谢特点、营养与产量的关系等。林木的营养特性既有相同之处，又有因受基因型差异、生长发育阶段、介质环境条件等多方面因素影响而表现出的多样性和特殊性。因此，在林木的养分管理中，要做到科学合理，必须先了解林木的营养特性。

1.1　林木生长发育所必需的营养元素

1.1.1　林木树体的物质组成

充足的养分是林木正常生长发育的保证，但要了解哪些养分是林木正常生长发育所必需，首先要清楚林木树体的物质组成。新鲜林木树体由水和干物质两部分组成，水分含量一般占林木树体总重量的 70%~80%，干物质只占总重量的 20%~30%(图 1-1)。干物质可分为有机质和矿物质两部分，有机质占干物质 90%~95%，矿物质占干物质的 5%~10%。林木干物质燃烧时，有机物质被氧化而分解，以 CO_2、H_2O、N_2 和 NO_x 的形式挥发掉，损失的主要元素为碳(C)、氢(H)、氧(O)和氮(N)4 种；燃烧后剩余的残渣，称为矿质元素或灰分。目前能检测出的矿质元素有 70 多种，但生物试验证实，林木体内含有的矿质元

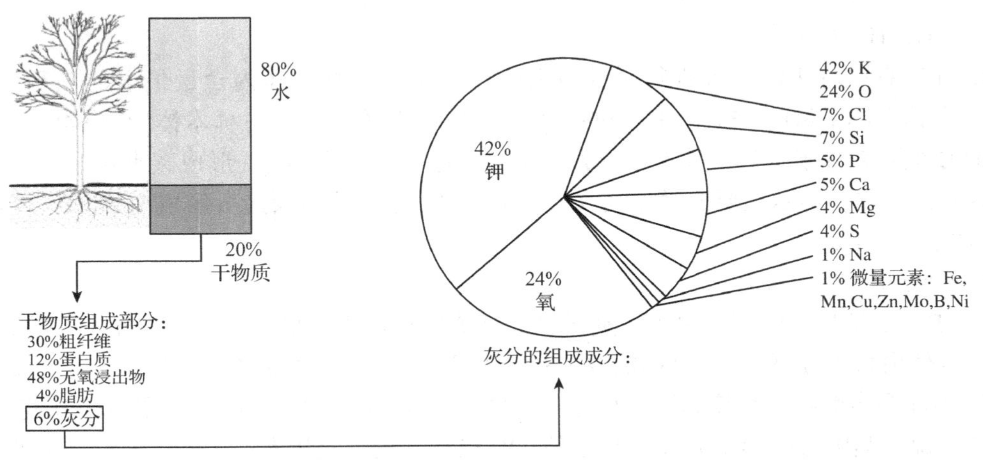

图 1-1　林木树体的物质组成

素并非都是林木生长发育所必需的营养元素，且林木体内某种矿质营养元素的有无和含量高低也不能作为该营养元素是否为林木必需的标准，因为林木不仅吸收它必需的营养元素，而且也吸收和积累一些非必需甚至可能对其有毒的元素。因此，林木体内的矿质元素又分为必需营养元素和非必需营养元素两大类。

1.1.2 林木必需营养元素的种类和来源

1.1.2.1 判断林木必需营养元素的方法

林木必需营养元素是指林木正常生长发育必不可少的元素。确定某种营养元素是否为植物所必需，一般采用溶液培养的方法，即在培养液中减去某种养分元素，如果植物不能正常生长，则该元素为植物必需元素；反之，则为植物非必需元素。1939 年，阿尔农(Arnon)和斯托特(Stout)提出了高等植物必需营养元素的判断标准：

①该元素对所有植物的生长发育都是必不可缺的，如果缺少这种元素，植物的生长发育就会受阻，不能完成其生活周期。这是营养元素的不可缺少性。

②缺少这种元素，植物就会表现出某些特有的症状，而且只有补充该元素后，症状才能减轻或消除。这是必需营养元素的专一性或不可替代性。

③该元素直接参与植物的新陈代谢，如作为植物体中酶的组成分，或酶的催化反应所必需，对植物起直接的营养作用，而不是通过影响土壤的理化性质、微生物生长条件等改善环境的间接效果。这是必需营养元素的直接功能性。

1.1.2.2 林木必需营养元素的种类

国内外公认的高等植物所必需的营养元素有 17 种：碳(C)、氢(H)、氧(O)、氮(N)、磷(P)、钾(K)、钙(Ca)、镁(Mg)、硫(S)、铁(Fe)、锰(Mn)、铜(Cu)、锌(Zn)、钼(Mo)、氯(Cl)、硼(B)和镍(Ni)，林木缺少其中任何一种，都不能正常生长或不能完成生命周期。

1.1.2.3 必需营养元素的来源

(1) C、H、O 的来源

C、H、O 是林木体内有机物质的主要组成元素，是林木体内含量最多的 3 种元素。一般 C 占林木体干重的 45%，H 占 6%，O 占 43%，3 种元素约占林木体干重 94%。林木所需的 C 主要来源于空气，林木通过光合作用固定空气中的 CO_2，形成碳水化合物；H 和 O 元素来源于水，林木主要通过根吸收土壤中的水，经过生物反应分解成 H 和 O，再合成各种有机或无机物。

(2) N、P、K 的来源

N、P、K 是林木所需的主要大量元素，是施用量最大的肥料，素有“肥料三要素”之称。林木体内含 N 量约占干重的 0.3%~5%，空气中 N 的含量占空气的 78%，但游离形态的 N 素不能为多数林木直接利用。林地土壤中总 N 含量 0.02%~0.2%，是林木所需 N 素的主要来源；其中有机形态的 N 占总量的 90%以上，大多数林木不能直接吸收，无机形态 N 只占总量的 1%~2%，包括铵态 N、硝态 N、少量的亚硝态 N 和酰胺态 N，是速效性 N，林木可直接吸收利用；土壤中的 N 通过施用 N 肥、有机肥、微生物固 N 肥料补充，满足林木生长的需要。林木体含 P 量约占干重的 0.2%~1.1%，其所获取的 P 都是通过根系从土壤中吸收。土壤 P 来源主要有两种途径，一是来源于土壤母质，该部分 P 由矿物岩石(主要是 P 灰石和其他含 P 化合物)缓慢风化形成；二是来源于大气干湿沉降，大气中的土壤细颗粒和植物体碎屑等，以干湿沉降的方式落于地表，成为土壤 P 输入的一部分。在干旱半干旱地区，风沙大，干湿沉降的 P 输入量不可忽视。另外，施用 P 肥是耕作土壤 P 来源的重要途径。土壤溶液中的 K^+是植物 K 营养的直接来源；土壤中 K 主要来自含 K 矿物和施肥，灌溉也可使少量 K 带入土壤。

(3) 中、微量元素的来源

植物体内的中、微量元素，除少部分元素以气态形式被植物叶片吸收外，大部分营养元素都是通过根系从土壤吸收。

1.2　林木必需营养元素的含量及功能

1.2.1　林木体内必需营养元素的含量

各种营养元素在植物体内的含量不同，根据这些必需营养元素在植物体内含量的多少，一般将它们划分为大量元素、中量元素和微量元素三类(表 1-1)。大量元素包括 C、H、O 3 种非矿质元素以及 N、P、K 3 种矿质元素，共计 6 种，平均含量一般占植物干物质量的 0.5%以上。植物对微量元素需要量极微小，在植物体内含量通常在 0.1%以下，包

表 1-1　高等植物必需营养元素种类、可利用形态及其含量

营养元素	名称	化学符号	植物可利用的形态	在干组织中的含量		
				$mmol \cdot g^{-1}$	$mg \cdot kg^{-1}$	%
大量营养元素	碳	C	CO_2、HCO_3^-	40 000	450 000	45
	氢	H	H_2O	60 000	60 000	6
	氧	O	O_2、H_2O	30 000	450 000	45
	氮	N	NH_4^+、NO_3^-、N_2	1 000	15 000	1.5
	磷	P	$H_2PO_4^-$、HPO_4^{2-}	60	2 000	0.2
	钾	K	K^+	250	10 000	1.0
中量营养元素	钙	Ca	Ca^{2+}	125	5 000	0.5
	镁	Mg	Mg^{2+}	80	2 000	0.2
	硫	S	SO_4^-、SO_2	30	1 000	0.1
微量营养元素	铁	Fe	Fe^{3+}、Fe^{2+}	2.0	100	0.01
	锰	Mn	Mn^{2+}	1.0	50	0.005
	铜	Cu	Cu^{2+}、Cu^+	0.1	6	0.000 6
	锌	Zn	Zn^{2+}	0.3	20	0.002
	钼	Mo	MoO_4^{2-}	0.001	0.1	0.000 01
	氯	Cl	Cl^-	3.0	100	0.01
	硼	B	$H_2BO_3^-$、$B_4O_7{}^{2-}$	2.0	20	0.002
	镍	Ni	Ni^{2+}	0.001	0.1	0.000 01

注：引自 Epstein，1965；Epstein 和 Bloom，2005；Marschner，2012。

括 Fe、Mn、Cu、Zn、B、Mo、Cl 和 N 共 8 种元素。中量元素在植物体内含量介于大量元素和微量元素之间，包括 Ca、Mg 和 S 3 种元素，通常占植物干物质量的 0.1%~0.5%。

1.2.2 林木必需营养元素的功能

植物在整个生长发育过程中都离不开必需营养元素的供给，但对各养分的需求量有多有少，各营养元素发挥的生理作用和营养功能也各不相同，在实际生产中，并不是营养元素越多越好，若营养元素过剩，也会对植株造成毒害作用。各必需营养元素的功能、缺素症状和过量的危害见表 1-2。

表 1-2 高等植物必需营养元素的功能

名称	功能	缺素症状	过量症状
C	构成植物有机体的基本元素	—	—
H	构成植物有机体的基本元素	—	—
O	构成植物有机体的基本元素	—	—
N	细胞原生质的重要组成成分；叶绿素的重要原料；酶的组成成分；促进生长，加强光合作用	叶片发黄，由叶下部向上部发展	营养体徒长，叶色浓绿，迟熟；抗倒伏能力差；根系短而少，早衰
P	细胞核成分，参与碳水化合物转化；呼吸作用；促进根生长	叶片出现不正常的暗绿色或紫红色	叶片肥厚密集，叶色浓绿；植株矮小，生长受抑制
K	参与代谢；促进 N、P 吸收及茎秆的木质化	茎秆柔弱，易倒伏；叶色变黄至坏死；首先出现在老叶	过分木质化
Ca	林木细胞壁的组成成分；形成 Ca 结合蛋白，具信使功能；有一定的抗病作用	初期顶芽、幼叶淡绿至叶尖坏死；首先出现在上部幼茎幼叶	降低 B、Zn 等微量营养元素的有效性，呈现缺 B、缺 Zn 症状
Mg	叶绿素的组成成分；对光合作用有重要作用；对核酸和蛋白质代谢有重要作用	最明显是叶片贫绿；下部叶片开始，叶肉变黄，叶脉绿色	影响 Ca、K 的吸收，呈现缺 Ca、缺 K 症状
S	蛋白质的组成成分；有助于酶和维生素的形成；稳定蛋白质空间结构；在光合反应、固氮过程中起重要作用	幼叶缺绿，新叶均衡失绿；首先表现在幼叶上	叶呈蓝绿色，小叶卷曲，限制 Ca 的吸收
Fe	合成叶绿素的必需元素；参与呼吸作用；参与氧化还原作用和电子传递	幼芽幼叶缺绿发黄，下部叶片绿色；首先表现在幼芽幼叶上	叶缘叶尖出现褐斑，变黄下卷，叶脉间发黄，根系灰黑，易烂
Mn	参与光合作用，为酶的活化剂；促进种子萌发，幼苗生长	叶脉间失绿；叶脉仍为绿色。	从下部叶的叶脉开始变褐，叶片出现褐色斑点，叶缘白化或变紫，幼叶卷曲；根系变褐色，新根少
Cu	参与光合作用，为酶的活化剂；促进种子萌发，幼苗生长	叶片生长缓慢，呈蓝绿色，幼叶缺绿；植株发生萎蔫	自下部叶的叶脉间变黄，生长发育受阻，根生长不良，节间变短

（续）

名称	功能	缺素症状	过量症状
Zn	酶组分，参与生长素合成；促进光合作用，影响生殖器官，抗逆性	植物生长发育停滞，叶片变小，节间缩短，小叶簇生	嫩绿组织失绿变灰白，枝茎、叶柄和叶底面出现褐色斑点，根系短而稀少
Mo	参与 N 代谢及固 N 作用；促进有机 P 合成；影响光合作用，Vc 合成，生殖过程	与缺 N 相似，但缺 Mo 叶片易出现斑点，边缘发生焦枯，并向内卷曲，组织失水而萎蔫	叶脉残留绿色，叶脉间鲜黄
Cl	参与光合作用，调节气孔；促进有机 P 合成；激活酶	自下部叶开始变黄	生长缓慢，植株矮小，叶小而黄，叶缘焦枯并向上卷曲，老叶死亡，根尖死亡
B	参与糖运输；促进合成	受精不良，籽粒减少，“花而不实”；根茎尖生长点停止生长，侧根侧芽大量发生	典型症状是“金边”，即叶缘出现失绿而呈黄褐色，上部叶变小下卷
Ni	脲酶和其他含镍酶的组成成分；促进植物生长	影响种子萌发、N 代谢和 Fe 吸收；导致植物早衰及生长受阻，不能完成生命周期	症状多变，生长迟缓，叶片失绿、变形；有斑点、条纹，果实变小、着色早等

尽管植物必需的各种营养元素都有着各自独特的功能，但营养元素之间在生物化学作用和生理功能方面具有一定的相似性。因此，门格尔和柯比克(K. Mengel 和 E. A. Kirkby，1982，2001)根据营养元素的生物化学作用和生理功能将植物必需营养元素分为以下 4 组。

第一组，包括 C、H、O、N 和 S，它们是构成植物有机体结构物质和生活物质的基本元素。结构物质是构成植物活体的基本物质，如纤维素、半纤维素、木质素、果胶质等。生活物质是植物代谢过程中最为活跃的物质，如氨基酸、蛋白质、核酸、叶绿素、酶等，N 和 S 又是组成辅酶和辅基的基本元素。这些元素同化为有机物的反应是植物新陈代谢的基本过程。

第二组，包括具有相似特性的 P、B(Si)，它们都以无机阴离子或酸分子的形态被植物吸收，并可与植物体中的羟基化合物进行酯化反应生成磷酸酯、硼酸酯等，作为高能磷酸键参与能量转化反应。

第三组，包括 K、Ca、Mg、Mn 和 Cl 5 种元素。这类元素一般以离子形态被植物吸收，并以离子形态存在于细胞汁液中或者被吸附在非扩散的有机酸根上。其主要作用为产生渗透势、平衡阴离子、活化酶类，或作为酶和底物之间的桥梁等。

第四组，包括 Fe、Cu、Zn 和 Mo，它们主要以螯合态存在于植物体内，除 Mo 以外也常常以配合物或螯合物的形态被植物吸收。这些元素中的大多数可通过化合价的变化传递电子。

实际上，有些营养元素的功能是多方面的，它在执行某一功能的同时又在起另外一些作用。因此，上述营养元素的分组是相对的。例如，P 在形成高能磷酸键时起储存能量的作用，同时它又是许多大分子结构物质和生物活性物质的必要组成成分；Fe 是很多酶或辅酶的基本组成成分，但同时在这些结构中又发挥传递电子的作用。

1.3 林木营养元素之间的关系

1.3.1 营养元素的同等重要性和不可代替性

虽然林木必需营养元素在林木体内的含量相差很远，但各种营养元素对保证林木正常的生长发育是同等重要的，任何一种营养元素的特殊功能都不能被其他营养元素所代替，这就是营养元素的同等重要性和不可替代性。

1.3.1.1 营养元素的同等重要性

营养元素同等重要性是指各种营养元素的重要性不因植物对其需要量的多少而有差别。植物体内各种营养元素的含量差别可达几十倍、几百倍、几千倍甚至上万倍，但它们在植物营养中的作用并没有重要和不重要之分，因此，养分供给需要平衡。例如，与N、P、K等大量元素相比，微量元素在植物中的含量极少，但如果缺乏，其不良后果与缺乏大量元素完全一样。如果缺Fe，则生长发育会不同程度受阻，新叶脉间失绿、白化，出现坏死斑，甚至死亡；植物缺Mo，轻则生长受阻，症状出现(如柑橘黄斑病)，重则生长点坏死，全株死亡。这个定律对指导生产很有意义，林木养分管理过程中，如果只重视供应某一种元素而忽视另一种元素，势必会造成营养不平衡，影响林木的正常生长。

1.3.1.2 营养元素的不可代替性

各种必需营养元素在植物的正常生长发育过程中都有着某些独特的甚至专一的功能，是其他任何营养元素都不可代替的，但这并不意味着元素之间的营养功能没有相似甚至相同之处。事实上，有些元素在植物代谢过程中的确发挥着相似的功能，即对某一代谢过程或某一代谢过程中的某一部分起相似的作用，因而相互之间可以部分代替，K和Na即是一个典型的例子。K的一个重要作用是调节植物体内的渗透压，而Na也具有同样功能。当K供应不足时，Na可以代替K发挥作用，而让K执行其他更为重要的生理功能。一些喜Na植物，其所需要的K肥可以部分用Na来代替，这样既节省了K肥的用量又不至于造成减产。不过应该指出的是，这些元素间的相似或替代作用仅是部分的和次要的，大部分元素在植物体内都具有其特定的功能，而不能被其他元素所代替。例如，在缺P的土壤上必须靠施用P肥来解决，而施用其他任何元素都是无效的，甚至可能会加剧P的缺乏。因此生产中施肥时，必须根据植物的营养需求特性和土壤供肥能力进行养分的合理选择、搭配和运筹，只有均衡供应养分，才能保证植物健壮生长，获得尽可能多的产量。

1.3.2 营养元素之间的相互作用

营养元素之间的相互作用是指营养元素在土壤中或植物中产生相互的影响，或者一种元素在与第二种元素以不同水平相混合施用时所产生的不同效应。也就是说，两种营养元素之间能够产生的协同作用或拮抗作用。这种相互作用在大量元素之间、微量元素之间以及微量元素与大量元素之间均有发生。可以在土壤中发生，也可以在植物体内发生。这些相互作用改变了植物的营养，为了能供应适宜的营养元素，必须了解和考虑这些相互作用。

1.3.2.1　营养元素之间的拮抗作用

营养元素之间的拮抗作用是指某一营养元素(或离子)的存在，会抑制另一营养元素(或离子)的吸收，使其含量或有效性降低的现象。这种现象可以发生在性质相近的阳离子间，如 K^+/Rb^+，它们为了竞争原生质膜上结合位点而产生拮抗；也可以发生在不同性质的阳离子间，如 K^+、Ca^{2+} 对 Mg^{2+}，它们为了竞争细胞内部负电势而产生拮抗；阴离子间也会因竞争原生质膜上的结合位点而产生拮抗作用，如砷酸根(AsO_4^{3-})/磷酸(PO_4^{3-})、氯离子(Cl^-)/硝酸根(NO_3^-)；营养元素间的拮抗还可发生在阴离子和阳离子之间，如铵离子(NH_4^+)与硝酸根(NO_3^-)间的拮抗作用，铵离子(NH_4^+)降低细胞对阳离子的吸收，氢离子(H^+)释出减少，使 H^+-NO_3^- 共运输受到影响。另外，进入细胞的铵离子(NH_4^+)对外界氮(N)吸收产生反馈抑制作用。

N、P、K 是农林业生产中使用最多的营养元素，当其用量过大时，会影响植物对其他营养元素的吸收与利用。N 肥尤其是生理酸性铵态氮多了，造成土壤溶液中过多的 NH_4^+，与 Mg^{2+}、Ca^{2+} 产生拮抗作用，影响植物对 Mg、Ca 的吸收；而且过多施 N 肥后刺激果树生长，需 K 量大增，更易表现缺 K 症。过多施 P 肥，会抑制植物对 N、K 的吸收，还可能引起缺 Cu、缺 B、缺 Mg；P 肥过多，还会活化土壤中对植物的生长发育有害的物质，如活性 Al、活性 Fe、Cd，对生产不利；另外，P 肥不能和 Zn 同补，因为 P 肥和 Zn 能形成磷酸锌沉淀，降低 P 和 Zn 的利用率。施 K 过量首先造成浓度障碍，使植物容易发生病虫害，继而在土壤和植物体内发生与 Ca、Mg、B 等阳离子营养元素的拮抗作用，严重时引起脐腐(蒂腐)和叶色黄化，因此，过量施 K 往往造成严重减产。

中、微量元素过多，同样也会影响其他营养元素的有效性。Ca 过多，阻碍 N、K 的吸收，易使新叶焦边，杆细弱，叶色淡；过多的 Ca^{2+} 还会与 Mg^{2+} 产生拮抗作用，影响植物对 Mg 的吸收。Mg 过多，植物杆细果小，易滋生真菌性病害。Ca、Mg 可以抑制 Fe 的吸收，因为 Ca、Mg 呈碱性，可以使 Fe 由易吸收的 Fe^{2+} 转成难吸收的 Fe^{3+}。Mn 过量，阻碍植物对 Fe、Ca、Mo 的吸收，经常出现缺 Mo 症状；Cu 过量会导致缺 Fe，呈现缺 Fe 症状。营养元素之间常见的拮抗作用见表 1-3。

表 1-3　产生拮抗作用的营养元素

过量元素	受影响元素	过量元素	受影响元素
K	Na、NH_4^+、Mg、Ca	NO_3	$H_2PO_4^-$、Cr
Ca	Zn、Na、Mg	P	Cl、Zn、Fe、Pb
Mo	S、Cu	Zn	Cu
Cu、Mn、Zn、Mo、Cd、Mn	Fe	OH^-	NO^-

注：1. Fe 与 Mn 双向拮抗，Cd—Fe 双向拮抗；2. pH 值低，对 K、Na 、Cs、NH_4^+、Mg 等阳离子的吸收有拮抗，pH 值升高，阳离子间的拮抗作用减弱，而阴离子间的拮抗作用增强。

1.3.2.2　营养元素之间的协同作用

营养元素之间的协同作用是指一种营养元素促进另一种元素吸收的生理效应，即两种元素结合后的效应超过其单独效应之和的现象。协同作用能导致植物体中另外一种元素或多种元素含量的增加。不同电性离子间、相同电性离子间均可能存在协同作用。大部分营养元素在适量浓度的情况下，对其他元素有促进吸收作用，促进作用通常是双向的，一般多价离子促进一价离子的吸收。

Mg 和 P 具有很强的双向互助依存吸收作用，可使植株生长旺盛，雌花增多，并有助于 Si 的吸收，增强作物的抗病性，抗逆能力。Ca 和 Mg 有双向互助吸收作用，可使果实早熟，硬度好，耐储运。有双向协助吸收关系的还包括：Mn 和 N、K、Cu；B 可以促进 Ca 的吸收，增强 Ca 在植物体内的移动性。

Cl^-是生物化学最稳定的离子，它能与阳离子保持电荷平衡，是维持细胞内渗透压的调节剂，也是植物体内阳离子的平衡者，其功能不可忽视的，Cl^- 比其他阴离子活性大，极易进入植物体内，因而也加强了伴随阳离子(Na^+、K^+、NH_4^+ 等离子)的吸收。

Mn 可以促进硝酸还原作用，有利于合成蛋白质，因而提高了 N 肥利用率。缺 Mn 时，植物体内硝态氮积累，可溶性非蛋白氮增多。营养元素之间常见的协同作用见表 1-4。

表 1-4　产生协同作用的营养元素

两两协同	多个养分元素之间协同
N—P	Mg、Al、C，能促进 K、Rb、Br 的吸收
P—Mn	NO、PO、SO 均能促进阳离子如 K、Ca、Mg 的吸收
P—Mo	Ca 可以减轻或消除 H、Al、Fe、Mn 等离子过量存在的毒害
P—Cd	Al 的存可抑制 P、Fe、Ca、Mg、Mn 的积累，尤其是 Me、Fe、Mn 可降到缺素水平以下
P—Si	P 可削弱 Cu—Fe 拮抗作用
K—Na	K—B，少量促进，大量抑制
K—NH_4^+	

营养元素除了彼此之间存在相互作用外，还会影响其他营养元素之间的关系，如 P 可削弱 Cu 与 Fe 的拮抗作用。另外，营养元素之间的相互作用不是绝对，如 K 和 B，少量时互相促进，大量时则出现抑制现象。因此，植物营养元素之间的关系非常复杂，林木养分管理过程，在关注单一养分的同时还要考虑它与其他养分之间的关系。各主要养分元素与其他营养元素之间的关系见表 1-5。

表 1-5　营养元素之间的关系

营养元素	有效性的影响因素
N	pH 值低，硝态氮容易吸收，pH 值高，铵态氮容易吸收；K、P 过量影响氮的吸收；缺 B 不利于 N 的吸收
P	多氮不利于 P 的吸收；增施石灰可使 P 成为不可给态；增加 Zn 可减少对 P 的吸收；Fe 对 P 的吸收也有拮抗作用；Mg 可促进 P 的吸收，磷镁肥吸收效果比较好
K	多氮不利于 K 的吸收；Ca、Mg 对 K 的吸收有拮抗作用；Zn 可减少对 K 的吸收；增加 B 促进对 K 的吸收，所以用含 B 的 K 肥效果比纯 K 肥好
Ca	K 影响 Ca 的吸收，降低 Ca 营养的水平；铵盐能降低对 Ca 的吸收，减少 Ca 向果实的转移；Mg 影响 Ca 的运输，Mg 与 Ca 有拮抗作用；施入 Na、S 也可减少对 Ca 的吸收；增加土壤中的 Al、Mn、N，也会减少对 Ca 的吸收。适量的 B 可以促进 Ca 的吸收

（续）

营养元素	有效性的影响因素
Mg	多 N 多 K 可引起缺 Mg；多量的 Na 和 P 不利于 Mg 的吸收；增施硫酸盐类可造成缺 Mg；Mg 能消除 Ca 的毒害。缺 Mg 易诱发缺 Zn 和缺锰，Mg 和 Zn 有相互促进的作用
S	P 过量引起缺 S；S 过多引起 P、Mo、Cd 缺乏
Fe	大量的 N、P 和 Ca 都可引起 Fe 的缺乏；K 不足可引起缺 Fe；多 B 影响 Fe 的吸收和降低植物体中 Fe 的含量；V 和 Fe 有拮抗作用；引起缺 Fe 的元素比较多，它们的排列顺序 Ni>Cu>Co>Cr>Zn>Mo>Mn
B	长期缺乏 N、P、K 和 Fe 会导致 B 的缺乏；增加 K 可加重 B 的缺乏，缺 K 会导致少量 B 的中毒；N 量的增多，需 B 量也增多，会导致 B 的缺乏；Fe 和 Al 的氧化物可造成缺 B；Al、Mg、Ca、K、Na 的氢氧化物可造成缺 B；锰对 B 的吸收不利。植株需要适当的 Ca/B 和 K/B 比以及适当的 Ca/Mg 比，B 对 Ca/Mg 和 Ca/K 比有控制作用；几种能形成络合物的元素，如 Si、Al 和 Ge 有临时改善缺 B 的作用
Mn	Ca、Zn、Fe 阻碍对 Mn 的吸收；Fe 的氢氧化物可使 Mn 呈沉淀状态；施用生理碱性肥料使 Mn 被固定；Cu 不利于 Mn 的吸收；V 可减缓 Mn 的毒害。S 和 Cl 可增加释放态和有效态的 Mn，有利于 Mn 的吸收
Zn	植物要求适当的 P/Zn，P 过量会导致缺 Zn；N 多时需 Zn 量也多，有时也会导致缺 Zn，硝态氮有利于 Zn 的吸收，氨态氮不利于 Zn 的吸收；增多 K 和 Ca 不利 Zn 的吸收；Mn、Cu、Mo 对 Zn 吸收不利。Mg、Zn 之间有互助吸收的作用；缺 Zn 会导致根系中少 K；土中有 Si/Mg 比率低的黏粒会缺 Zn，Zn 拮抗 Fe 的吸收。使 Zn 形成氢氧化物、碳酸盐和磷酸盐则成不可给态
Cu	施用生理酸性 N 或 K 肥等可提高 Cu 的活性，有利于吸收；N 多时也不利于 Cu 的吸收；生成 Cu 的磷酸盐、碳酸盐和氢氧化物则有碍吸收，所以富含 CO_2、碳酸和含 Ca 多的土壤，不利于 Cu 的吸收；多 P 会导致 Cu。土壤嫌气状态产生 H_2S 也有碍 Cu 的吸收；Cu 还与 Al、Fe、Zn、Mn 元素拮抗

1.4　林木的有益元素

有益元素是指植物体内目前没有被确定为必需，但其适量存在时能促进林木良好生长发育的某些营养元素或者是某些特定植物在某些特定条件下所必需的某些营养元素。

1.4.1　有益元素的种类、分布和形态

不同有益元素在植物体内的含量水平差异非常大，各有益元素在植物体中的分布也不同。常见有益元素的种类及其在植株体中的含量、分布和形态见表 1-6。

表 1-6　有益元素在植株体内的含量、分布和形态

名称	化学符号	一般植物（$mg \cdot kg^{-1}$，干物质）	分布	易吸收形态
硅	Si	10 000～150 000	细胞壁，细胞间隙，导管	单硅酸（H_4SiO_4）
钠	Na	10～40 000	因林木而异	离子态（Na^+）
钴	Co	0.02～0.5	未明	水溶态
钒	V	0.2～4	未明	离子态
钛	Ti	0.01～25	根部较其他部位高	可溶性钛
硒	Se	0.01～0.6	种子>叶、茎、根	无机态（SeO_4^{2-}），有机态，挥发态
铝	Al	0.5～5	根系>叶部，老叶>幼叶	离子态（Al^{3+}）

1.4.2 有益元素的生理功能及主要受益植物

在植物生长发育过程中，各有益元素对植物所起的生理调节功能各不相同。它们有的对大多数植物有益，有的则只能使某些类型的植物受益。常见有益元素的主要生理功能及主要受益植物见表 1-7。

表 1-7 植物有益元素功能

名称	化学符号	主要生理功能	主要受益植物
硅	Si	参与细胞壁的组成，增加植物体机械强度；影响林木光合作用与蒸腾作用；提高林木的抗逆性；与其他养分相互作用	禾本科植物，如毛竹
钠	Na	参与 Ca 或 CAM 光合途径；代替 K 参与细胞渗透调节，对部分酶具有激活作用	C_4 或景天酸代谢途径的植物，如红豆杉
钴	Co	参与豆科林木根瘤固氮；稳定叶绿素；调节酶或激素活性，刺激林木生长	豆科固氮植物，如合欢
钒	V	促进氮代谢，促进 Fe 的吸收	一般植物
钛	Ti	增加叶片中叶绿素含量，提高光合效率；提高植物体内许多酶的活性；促进植物对土壤中养分的吸收；促进种子萌发，增加根系的活性，提高果实内在品质，增强植物抗逆性	一般植物
硒	Se	未明	一般植物
铝	Al	未明	喜酸植物(如蕨类、茶树)

在农林业生产中，有益元素对某些植物的产量和品质发挥着举足轻重的作用，因而这类元素又被称为农学必需元素。但植物正常生长发育所需要的有益元素的量是很低的，适宜的范围也很狭窄。缺少时会影响植物生长，一旦过量则会对植物产生毒害，甚至污染生态环境。例如，Al 一般被看作污染元素，但在低剂量时有促进植物生长的作用，特别是对蕨类、茶树等喜酸植物，可视为有益元素。Se 被认为是有益元素，但含量超过适宜范围后，又会成为抑制植物生长和有损人畜健康的有毒元素。因此，适宜的含量是这类元素发挥有益作用的关键；确定有益元素的适宜范围对合理利用有益元素是至关重要的。

1.5 林木营养的遗传性

林木正常生长发育都需要 17 种必需营养元素，有益元素促进植物生长，而元素施用过量则会导致毒害，且任何植物对养分的吸收都具有阶段性和连续性，这些都是植物营养的共性，或者说是植物营养的一般性。但不同林木对各种营养元素需要的数量和比例等存在差别，某些林木甚至需要特殊的养分，而且吸收能力、利用效率等也不同。即使同一树种不同品种或种源对养分的需求也不同，这就是林木营养的个性，或者称为遗传性。因此，在施肥中，不仅要重视林木正常生长发育对营养需求的共性，还必须了解某些林木对矿质离子需要的特殊性。

1.5.1 不同树种对养分的需求量和需求比例不同

不同植物每形成单位产量吸收的养分数量不同，如油茶每生产 1 t 鲜果，吸收 N 5.8 kg、

P 1.9 kg，K 8.8 kg；每生产 1 t 柿子吸收 N 0.9 kg、P 0.4 kg、K 1.9 kg；而生产 1 t 茶叶，则要吸收 N 64 kg、P 20 kg、K 36 kg。可见，不同树种对养分的需求量和需求比例差异非常大。常见经济树种形成单位产量需要的养分量见表 1-8。

表 1-8　常见经济树种叶或果的养分吸收量　　$kg \cdot t^{-1}$

树种	氮(N)	五氧化二磷(P_2O_5)	氧化钾(K_2O)
柿	0.9	0.4	1.9
枣	3.9	1.4	7.9
苹果	3.0	1.4	3.0
梨	5.0	2.0	5.0
桃	4.5	1.5	5.0
荔枝	1.3	0.7	2.1
桂圆	2.1	0.5	3.2
柑橘	2.6	0.8	3.6
油茶	5.8	1.9	8.8
茶叶	64.0	20.0	36.0

注：引自李书田等，2011；张福锁等，2009。

1.5.2　对营养元素的形态喜好不同

植物通常以离子形态摄取所需要的元素，而同一种元素在介质中往往有不同存在形态。不同植物对同一种元素的不同形态喜好不同。一般而言，旱地植物具有喜硝性，而水生植物或强酸性土壤上生长的植物则表现为喜铵性，这是植物适应土壤环境的结果，如杉木具有明显的铵偏向吸收特性。茶叶、柑橘等植物为忌 Cl 植物，施用 K 肥时优选硫酸钾。

在缺 Fe 环境中，不同植物表现出的适应性程度和机制不同。双子叶植物和非禾本科单子叶植物缺 Fe 时，根系伸长受阻，根尖部分直径增加，并产生大量根毛，有些植物的根表皮细胞和皮层细胞甚至会形成转移细胞。所表现出的生理反应包括受 ATP 酶控制的质子分泌增加，使根际 pH 值降低，或向根外分泌酚类物质等螯合剂，从而使土壤中 Fe 的有效性提高。有些植物则表现为根皮层细胞原生质膜上诱导产生 Fe^{3+} 还原酶，在根外将 Fe^{3+} 还原为 Fe^{2+}，然后在转移载体的协同下，将 Fe^{2+} 运输到膜内，从而提高植物对 Fe 的利用能力，此类植物称为机理Ⅰ植物。而禾本科单子叶植物在缺 Fe 环境中，则不会表现出机理Ⅰ植物出现的上述形态学和生理学变化，而是根系中非结构蛋白质氨基酸即铁载体的合成和释放增加，铁载体(如麦根酸)能够与 Fe^{3+} 形成稳定性很高的复合物，在该类植物根细胞质膜上存在的专一性极强的运输载体(Tr)的协助下，将 Fe^{3+} 植物铁载体复合物运输到细胞质内，此类植物称为机理Ⅱ植物。机理Ⅰ植物和机理Ⅱ植物在缺 Fe 环境中的适应性机制不同，表现出的对 Fe 的利用能力不同。

1.5.3　不同基因型植物的营养需求特性不同

在自然进化及人工选择过程中，由于分离、重组和突变等原因，不同生物群体之间，或某一生物群体的不同个体之间在基因组成上存在明显不同，而很多植物的营养性状(如耐低N、耐低P等)一般涉及植物体内的多个生理代谢过程，受多基因控制。因此，植物的营养特性，如对营养元素需求的数量、比例、形态等，对养分的吸收效率、运输效率、利用效率等，均表现出明显的基因型差异。

有研究者发现，同样生长在新西兰Mg缺乏的山地土壤上的辐射松，某些植株易出现典型的失绿症，而另一些则能正常发育，不表现失绿症状。而同为Mg敏感型或非敏感型的辐射松，种植于新西兰南岛同一地点(Aniseed Valley)4~5年后，其叶片吸收的N、P、Ca、Mg、S、Fe、Zn等养分存在显著或极显著差异。杉木不同家系对养分的响应也存在较明显的差异，福建农林大学的李树斌对家系No. 7-14和No. 8-8的幼苗养分吸收特性研究表明，No. 7-14对N形态比较敏感，喜铵态氮，而家系No. 8-8对N形态不敏感。图1-2显示的是两个不同油茶品种7年生时叶、花、果P养分的含量，从图中可以看出，P素养分在两个油茶品种叶、花、果中的积累和分配上存在较大的差异。

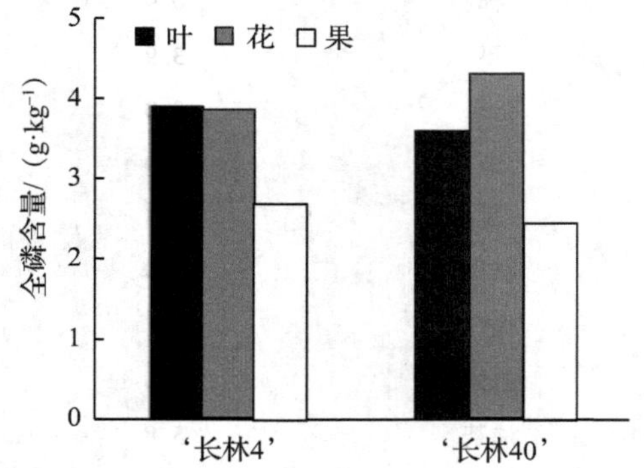

图1-2　两个油茶品种叶、花、果P养分含量

本章小结

本章介绍了林木生长发育所必需营养元素的种类和来源，分析了林木体内必需营养元素的含量和功能，强调了林木必需营养元素的同等重要性和不可代替性，阐述了林木营养元素之间的拮抗作用和协同作用，简单介绍了有益元素的种类、分布、形态、生理功能及其主要受益植物，通过案例分享，介绍了林木营养的遗传特性。

思考题

1. 林木生长发育所必需的营养元素有哪些？各营养元素的功能是什么？
2. 如何判断某一营养为林木生长所必需营养元素？
3. 林木生长发育必需的营养元素之间会有哪些相互作用？
4. 林木常见的有益元素有哪些？其生理功能是什么？
5. 林木营养的遗传特性体现在哪些方面？

参考文献

曹恭，梁鸣，2004. 早平衡栽培体系中的有益元素（上）[J]. 土壤肥料(5)：2-3.

黄云，2014. 植物营养学[M]. 北京：中国农业出版社.

李树斌，周丽丽，伍思攀，等，2020. 不同氮素形态对干旱胁迫杉木幼苗养分吸收和分配的影响[J]. 植物营养与肥料学报，26(1)：152-162.

吴兆明，1997. 植物营养中新的必要、有益和毒害元素[J]. 生物学通报，32(10)：7-10.

闫湘，涂成，王曼，2017. 有益元素钛的植物营养学研究进展[J]. 中国农学通报，33(27)：33-36.

张西科，张福锁，李春俭，1996. 植物生长必需的微量营养元素——镍[J]. 土壤(4)：176-179.

浙江农业大学，1991. 植物营养与肥料[M]. 北京：农业出版社.

Beets P N，Oliver G R，Kimberley M O，*et al.*，2004. Genetic and soil factors associated with variation in visual magnesium deficiency symptoms in *Pinus radiata*[J]. For. Ecol. Manage.，189：263-279.

第2章　林木对养分的吸收

林木吸收外界养分是一个很复杂的过程，养分离子从土壤或其他生长介质转入林木体内需经历两个过程：第一个过程为养分离子到达植物吸收养分的器官表面；第二个过程为养分从植物表面进入到体内。因此，林木对养分的吸收不仅与其所处的环境有关，还与林木自身生长发育状况存在密切关系。根据林木吸收外界养分的器官不同，可以分为根营养和根外营养两大类。

2.1　林木的根营养

林木对土壤或其他生长介质中矿质养分的吸收主要是通过复杂而庞大的根系来完成。根系的类型、根系的结构、根系的分布深度、根长、根体积与根系总表面积、根毛的密度和长度、根表的氧化还原能力等与其所处的土壤或介质环境共同影响着林木对养分的吸收。

2.1.1　根系吸收养分的部位

2.1.1.1　根系的类型

根是植物在长期适应陆地生活过程中发展起来的器官，构成植物的地下部分。根据根系外部形态，可将植物根系分为直根系和须根系，其中直根系中又有主根和侧根的区别。另外，根据根的发生部位，可将根系分为定根和不定根。

2.1.1.2　根系吸收养分的部位及功能

虽然不同种类的植物根系可能存在较大差异，但其基本解剖学结构是相似的。对于一条根来说，从根下端到着生根毛的区域称为根尖，根尖是根进行养分吸收、合成和分泌的主要部位。根据根尖的内部结构可将其自下而上分为4部分：根冠、分生区、伸长区和成熟区(根毛区)(图2-1)。根冠主要起保护根尖和向地性生长的作用；分生区主要起维持根冠生长和根系伸长的作用；伸长区主要通过细胞伸长和分化完成根的生长；根毛是植物吸收水分和营养物质的重要结构，占根表面积70%以上，也是根瘤细菌入侵结瘤植物中的位点。

分生区和伸长区是养分吸收的主要区域，在根冠以上1 cm左右的地方，总长度一般只有几毫米，此区域的木质部、韧皮部都已经开始分化，初步具备了输送养分的能力，但凯氏带尚未完全分化而不至于造成屏障，因而有利于养分的吸收。此外，分生区和伸长区的细胞生长迅速，代谢活动旺盛，因此不仅吸收面积大，也保证了养分吸收所需要的生物能量。

根毛区已经分化成熟，长度一般有数厘米，表面布满根毛，每平方毫米上就有数百条

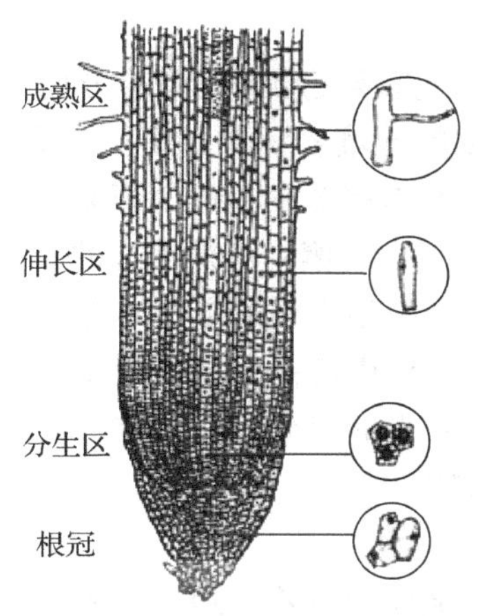

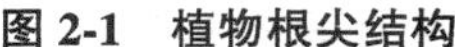
图 2-1　植物根尖结构

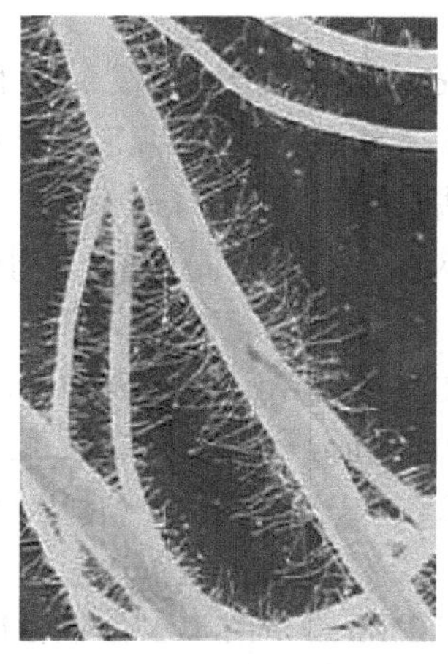
图 2-2　植物根系的根毛

之多(图 2-2)。根毛的存在，使根系的外表面积增加到原来的 2~10 倍。由于根毛的数量多，总表面积大，加之根毛有黏性，易与土壤颗粒紧贴，从而使根系对养分的吸收速率成倍增加。所以根毛区实际上是根系吸收养分面积最大和最多的区域。对于一些依赖水分吸收的养分，根毛区的作用更为明显。

根是林木吸收养分、水分的主要器官。古有谚语“根深叶茂花红”之说，木本植物根系大多分布于 15 cm 以下的土层深度，故施肥要针对性施入合理的位置和深度，以使养分施在根系密集的土壤中，利于根部吸收，而侧根、须根多，可扩大吸收面积，获得更多营养。追施时应尽量施在近根处，以增加养分和根系的接触面积，促进根系对养分的吸收，提高肥料利用率。

2.1.2　根系可吸收的养分形态

植物根系能够吸收的养分形态有分子态和离子态两种。分子态养分又分为有机分子态和无机分子态，植物只能吸收利用一些小分子的养分，如无机态的 CO_2、O_2、SO_2 和水蒸气等，主要以气态形式通过叶片的气孔经细胞间隙进入叶内，或通过扩散作用直接被植物吸收。能被植物直接吸收利用的有机态养分主要有尿素、氨基酸、糖类、生长素、维生素、激素等，这些分子的脂溶性大小决定了它们被吸收的难易。

根系吸收数量最多的是离子态养分，分为阳离子和阴离子两种，主要的阳离子有 NH_4^+、K^+、Ca^{2+}、Mg^{2+}、Fe^{2+}、Mn^{2+}、Cu^{2+}、Zn^{2+} 等，主要的阴离子有 $H_2PO_4^{2-}$、HPO_4^-、SO_4^{2-}、$H_2BO_3^-$、$B_4O_7^{-2}$、MoO_4^{2-}、Cl^- 等。

2.1.3　土壤养分的迁移

2.1.3.1　土壤养分向根部迁移的方式

土壤养分必须先经过矿化或解吸作用进入土壤溶液中，再通过质流和扩散作用移动到根的表面，然后才能被根所吸收。养分由土体向根表迁移的途径主要有 3 种：截获、质流和扩散。

（1）截获

截获（interception）是指植物根系在生长过程中直接接触到土壤养分而使养分迁移至根表的过程。截获所得的养分实际上是根系所占据的土壤容积中的养分，是根系释放的 H^+ 和 HCO_3^{2-} 与土壤胶体上的阴阳离子直接交换而被根系吸收的过程。根系通过截获获取养分的数量主要取决于根系的容积（在土体中所占空间）和土壤中有效养分的浓度。此种吸收方式有 2 个特点：①土壤固相上的交换性离子可以与根系表面的离子养分直接进行交换，而不一定必须通过土壤溶液到达根表面；②根系在土体中所占的容积很小，而且并非所有的根表面都能够截获养分离子，所以根系通过截获获得的养分是非常有限的，一般只占植物吸收总量的 0.2%~10%，远远不能满足植物的需要。

（2）质流

质流（mass flow）是指由于水分吸收形成的水流而导致养分随水向根表迁移的过程。迁移的动力主要是蒸腾作用形成的水势差。植物蒸腾吸水导致根系表面附近水分被大量消耗，从而造成根表土壤与周围土体之间出现明显的水势差，水向根表流动，土壤溶液中的养分也随之向根表迁移。通过质流迁移的养分数量主要取决于蒸腾作用大小和土壤溶液中养分的浓度。蒸腾作用越强，流向根表的水分越多，到达根表的养分也就越多；相同的蒸腾条件下，通过质流供应的土壤养分量则主要取决于养分在土壤溶液中的浓度。但 Ca 的情况例外，由于土壤溶液中 Ca 的浓度高，根系通过截获和质流就可以满足植物对 Ca 的需要，尤其在石灰性土壤上。如果植物蒸腾作用强烈，其根表处就会出现 Ca 的富集而产生碳酸钙淀积，并因此影响 P、Fe、Zn 等元素的有效性。

质流的影响因素：某种养分通过质流到达根部的数量，取决于林木的蒸腾速率和土壤溶液中该养分的浓度。不同林木种类间由于叶面积和气孔数不同，蒸腾速率有明显差异；同一种林木不同生育期的蒸腾速率也有所不同。质流的速率常随林木生长量的增加而提高。空气相对湿度和光强等因素也可以间接地影响质流作用。植物通过质流获取的养分可由下式计算：

$$\text{质流获得的养分量}(\%)=\frac{\text{土壤溶液养分浓度}\times\text{全生育期中水分蒸腾量}}{\text{植物吸收的养分总量}}\times 100 \qquad (2\text{-}1)$$

（3）扩散

扩散（diffusion）是指养分借助化学势从高浓度区域向低浓度区域迁移的过程。当根系截获和质流作用不能向植物提供足够的养分时，根系的不断吸收可使根表养分的浓度明显降低，而距根系较远的土壤养分含量相对较高，由此形成的根表土壤与土体之间的养分浓度差异，引起扩散。由于这一过程的持续进行，养分就不断向根表扩散迁移。养分由浓度高处向浓度低处扩散，最终趋于平衡分布。

扩散作用主要取决于扩散系数，而扩散系数又与养分离子的特性、离子浓度、水分含量、根活力等密切相关。不同营养元素扩散达到的距离有明显差异，一般是在 0.1~15 mm 范围之间。同一种养分在不同土壤中的扩散系数不同，例如，$H_2PO_4^-$ 的扩散系数最小，K^+ 居中，NO_3^- 最大（表 2-1）。土壤含水量高低直接影响养分离子的扩散，研究表明，当土壤含水量从 4%提高到 30%时，K^+的扩散速率可以从 40%提高到 95%。土壤溶液中离子浓度

表 2-1　离子在不同介质中的扩散系数与移动距离的估算值

离子	扩散系数		土壤中移动距离/(mm·d^{-1})
	水	土	
NO_3^-	1.9×10^{-9}	5×10^{-11}	3.0
K^+	2.0×10^{-9}	5×10^{-12}	0.9
$H_2PO_4^-$	0.9×10^{-9}	1×10^{-13}	0.13

注：引自 Jungk，1991。

越高，根细胞内外离子的浓度差就越大，扩散速率也就越快；反之，浓度差越小，扩散速率就越慢，养分迁移的距离也就越短。根系活力强，吸收离子养分多，土壤中养分离子扩散快。施肥也会导致土体中养分浓度短时间内急剧升高而形成与根表的浓度梯度，进而引起养分通过扩散作用向低浓度区域迁移。

2.1.3.2　各迁移途径对林木养分的贡献率

土壤中离子(养分)迁移的 3 种方式是同时存在的(图 2-3)，但它们对养分供应的贡献率并非一样(表 2-2)。在植株养分吸收量中，通过根系截获的数量很少(尤其是大量营养元素)。质流和扩散是养分在植物代谢和生长活动影响下向根表的迁移，是林木根系获取养分的主要途径。

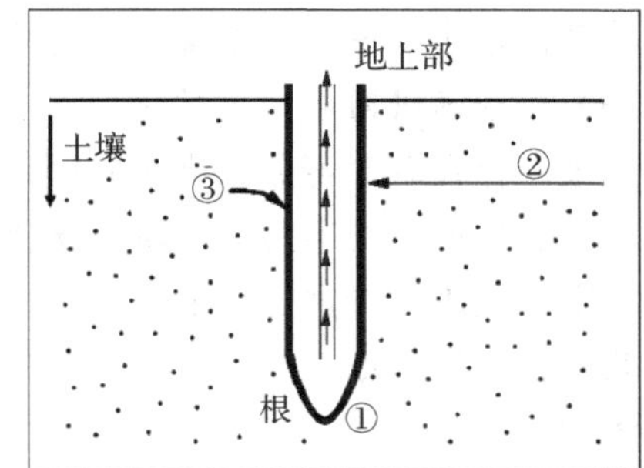

①根系截获　②质流　③扩散
·代表土壤中的有效养分

图 2-3　土壤中矿质养分向根表的迁移示意

表 2-2　植株的养分需求量以及截获、质流和扩散供应矿质养分的估算值

养分	需求量/(kg·hm^{-2})	供应量/(kg·hm^{-2})		
		截获	质流	扩散
K	195	4	35	156
N	190	2	150	38
P	40	1	2	37
Mg	45	15	100	0

注：引自 Barbar，1984。

一般认为，在长距离范围内，质流是补充养分的主要方式；而在短距离内，扩散作用更为重要。对于各种营养元素来说，不同供应方式的贡献大小也各不相同。大部分 Na、Zn、Cu、Fe、S 和硝态 N、Ca 和 Mg 主要通过质流的方式补充营养，$H_2PO_4^-$、K^+、NH_4^+ 等则主要以扩散方式向根表迁移。

2.1.3.3　养分迁移的影响因素

(1) 土壤含水量

水分是养分移动的基质，对养分移动影响十分明显。增加土壤的湿度，可使土粒表面的水膜加厚：一方面这能增加根表与土粒间的接触吸收；另一方面又可减少养分扩散的曲径，提高养分扩散速率(表 2-3)。

表 2-3　土壤含水量对 K 扩散率的影响

土壤交换性钾含量/（cmol·kg^{-1}）	土壤含水量/%			
	4	10	20	30
0.41	2	4	8	10
4.10	40	55	78	95

注：引自 Mengel 等，1966。

（2）施肥

施肥增加土壤溶液中养分的浓度，从而直接增加质流和截获的供应量。施肥加大了土体与根表间的养分浓度差，增强养分向根表的扩散势，因而增加扩散迁移量。尤其对于土壤中移动性很小的 P、K 等养分，通过施肥可明显增加它们向根表的迁移。

（3）养分的吸附和固定作用

土壤中存在着对养分的吸附和固定作用，从而使 P、K、Zn、Mn、Fe 等营养元素的移动性变小。生产上常通过向土壤直接供应有机螯合态肥料，或者施用有机肥料，以减少养分的固定与吸附，增加养分的溶解度与移动性。

此外，土壤质地、结构，以及根的生长和根的面积等因素都会对土壤养分的迁移有一定的影响。

2.1.4　植物根系对养分的吸收

根系对养分的吸收是指养分从外部介质进入根系的过程，确切地说，是指外界养分通过细胞原生质膜进入细胞内的过程。根据进入细胞内养分的类型，可以分为无机态养分的吸收和有机态养分的吸收。

2.1.4.1　根系对无机态养分的吸收

养分迁移至根表后，要经过一系列复杂的过程才能进入植物体内，养分种类不同，进入植物体的部位和机制也不同，一般认为养分进入根系内部的过程可分为被动吸收和主动吸收 2 种方式。

（1）被动吸收

被动吸收（passive uptake）指根外养分顺浓度梯度或电化学势梯度进入根系自由空间的过程，又称为非代谢性吸收。根系自由空间是指根部某些组织或细胞允许外部溶液中离子自由扩散进入的区域。内皮层凯氏带是溶质迁移至中柱的真正障碍。内皮层以外的自由空间包括表皮、皮层薄壁细胞的细胞壁、中胶层和细胞间隙；内皮层以内的自由空间包括中柱各部分的细胞壁、细胞间隙和导管。

被动吸收主要是通过扩散和离子交换作用进行，其特点是不消耗能量，吸收的养分也没有选择性，并且这种吸收交换反应是可逆的。被动吸收方式主要有扩散和离子交换 2 种形式。

扩散　当细胞外离子浓度高于细胞内时，将导致离子顺着浓度梯度向细胞自由空间扩散。随着外部离子浓度降低，扩散速率将下降直至内外浓度达到平衡。一些新脂性分子

（O_2、N_2）、不带电极性小分子（H_2O、CO_2、甘油）不需要任何其他条件，即可进入自由空间，我们将这种扩散称为简单扩散。更多的离子需要有相应的离子通道或运输蛋白辅助才能进入细胞内部，这种扩散称为易化扩散（图 2-4）。易化扩散是被动吸收的主要形式。

①通道蛋白（channel protein）　认为贯穿双重磷脂层的蛋白质在一定条件下开启，成为一定类型离子的“通道”。

②运输蛋白（transport protein）认为运输蛋白在离子的电化学势作用下，与离子结合并产生构型变化，从而将离子翻转“倒入”膜内。

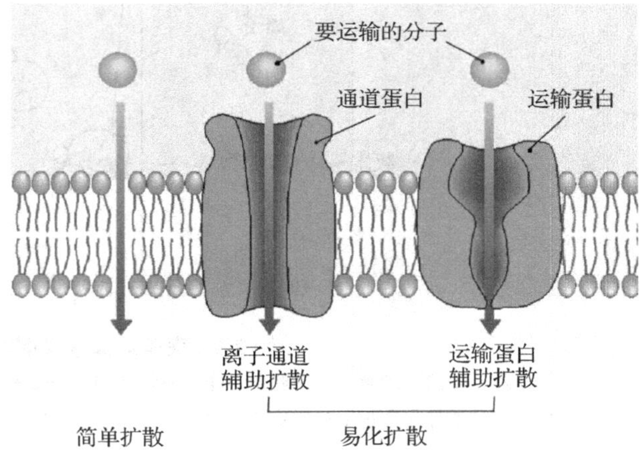

图 2-4　养分被动吸收示意

离子交换　根部呼吸释放的 CO_2 与 H_2O 反应生成碳酸（H_2CO_3），碳酸解离为 H^+ 和 HCO_3^- 吸附在根系表面，与土壤溶液中的离子进行离子交换，交换后的离子进入自由空间。离子交换时遵循“等价同荷”的原则，即价数相等，同为阴或阳离子。

（2）主动吸收

主动吸收（active uptake）是指根外养分逆浓度梯度或电化学势梯度进入细胞原生质膜内的过程。主动吸收需要消耗代谢能量、且具有选择性，又称代谢吸收。主动吸收理论可以解释一些用被动吸收理论无法解释的现象，如植物体内某种离子态养分的数量比土壤溶液中的浓度高出很多倍，而植物根系仍能不断地吸收这种养分，且不见有养分外溢现象；外界某离子浓度很高，而植物体内几乎不含有此种离子；根系吸收的各种离子比例与外界溶液中比例不一致等。

植物主动吸收的过程是非常复杂的，目前关于主动吸收的理论主要有载体学说、离子泵学说等。

载体学说　一般认为载体是一种可通过生物膜的蛋白质或酶，离子先与载体结合，形成不稳定的离子—载体复合体，向膜内侧转移，进入生物膜后再将离子卸载到细胞质内，然后载体扩散出膜外继续运送离子。该过程需要来自植物呼吸产生的 ATP 参与，且载体对离子有专一性的结合部位，能选择性地携带某种离子通过细胞膜。载体学说有两种模型，一种是扩散模型，另一种变构模型。

扩散模型认为载体是亲脂性的类脂化合物分子。磷酸化载体能与根外溶液中特定离子在膜外结合，当它扩散到膜内侧遇到内蛋白层中的磷酸酯酶时，能水解放出能量，并把离子和无机磷酸离子从载体的结合位置上解离出来，释放到细胞内（图 2-5）。卸载离子后的载体又成为非磷酸化载体，在磷酸激酶的作用下再次磷酸化继续把养分由外侧运进细胞内。释放出的磷酸离子扩散到叶绿体或线粒体中，在那里与 ADP 重新结合成 ATP，为载体的活化提供能量。

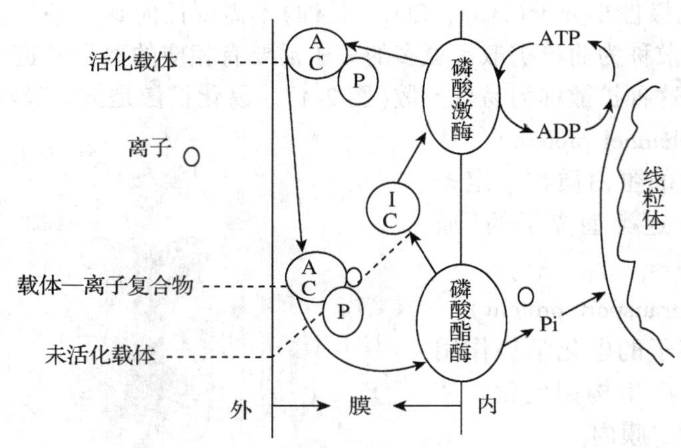

图 2-5　离子载体学说图解（扩散模型）

注：①磷酸激酶，是指催化 ATP 上的磷酸基团转移到其他化合物上的酶；②磷酸酯酶，通常是指催化正磷酸酯化合物水解的酶类总称，或者是水解磷酸酯及多聚磷酸化合物酶类的总称。

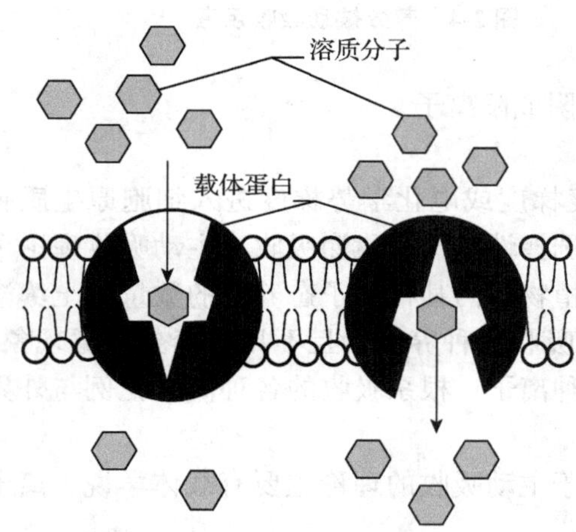

图 2-6　离子载体学说图解（变构模型）

变构模型认为载体蛋白是大分子化合物。载体蛋白通过构象的改变主动运输离子（图 2-6）。有人认为载体蛋白类似变构酶，具有两种形态转换和两个结合部位：一个与被运载物结合，另一个与别构效应物结合，别构效应物一般认为是 ATP。

载体学说能比较完善地从理论上解释关于离子主动吸收的 3 个基本过程：离子的选择性吸收、离子通过质膜以及在质膜中的转移、离子吸收与代谢作用的密切关系。

离子泵学说　霍奇斯（Hodges）首先提出了植物吸收养分的离子泵学说。该理论认为，离子泵是位于原生质膜上的 ATP 酶。ATP 酶可以被 K^+、Na^+等阳离子活化，促使其水解，形成磷酰基团。磷酰基不稳定，遇水形成磷酸和 H^+，产生的 H^+则被膜泵出膜外，产生膜内外 pH 值梯度，形成电位差，从而使膜外阳离子在有能量供应的情况下逆电化学势梯度进入膜内（图 2-7）。阳离子的吸收实质上是 H^+的反向运输；阴离子的吸收实质上是 OH^-的反向运输。

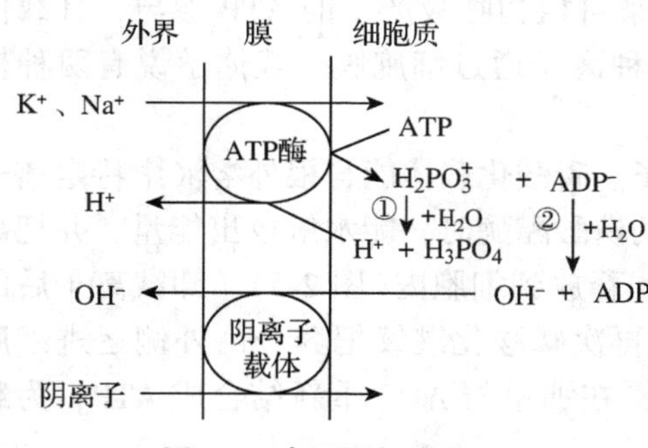

图 2-7　离子泵假说图示

离子泵假说较好地解释了 ATP 酶活性与阴阳离子吸收的关系，在离子膜运输过程方面（如反向运输）又与现代的化学渗透学说相符合。另外，离子泵假说在能量利用方面与载体理论基本一致，并且指出 ATP 酶本身可能就是一种载体。

近年来离子泵假说已逐步被证实。库尔吉安和盖思(Kurdjian and Guern，1989)发现，在植物细胞原生质膜和液泡膜上均存在 ATP 酶驱动的 H^+泵(质子泵)。它们的主要功能是调节原生质体的 pH 值，从而驱动对阴阳离子的吸收。目前发现的离子泵主要分为 4 种类型：H^+-ATP 酶(A 型)、Ca^{2+}-ATP 酶(B 型)、H^+焦磷酸酶(C 型)和 ABC 型离子泵。

2.1.4.2 根系对有机态养分的吸收

根系不仅能吸收矿质养分，也可以吸收一部分有机养分。这在 20 世纪初已通过无菌技术和同位素技术进行了证实。但根系对所吸收的有机养分要求是比较严格的，它只能吸收一些分子较小、结构较简单的有机物，且与所吸收有机物的性质有关。目前已了解的能被一些植物吸收的有机态养分有氨基酸、酰胺等含氮有机物，磷酸已糖、磷酸甘油酸、卵磷脂、植酸钠等含磷有机物，RNA、DNA、核苷酸、生长素、抗生素、维生素等也可以被植物吸收。

有机养分究竟以什么样的方式进入根细胞，目前尚无定论。一般认为，可能是在具有一定特异性的透过酶作用下进入细胞的，这个过程需要消耗能量，属于主动吸收过程。也有人认为，植物根部细胞和动物一样，可以通过胞饮作用吸收养分，即被吸收进的有机物质首先黏附在质膜上，然后质膜内陷，把有机物连同水分、盐分一起包围起来形成小囊泡，逐渐通过度膜向细胞内移动。

一般认为，有机分子通过质膜的难易程度取决于分子的大小和脂溶性的强弱。脂溶性越强，越容易透过质膜；分子越小的有机物相对更容易透过。

2.1.5 影响根系吸收养分的因素

影响根系吸收养分的因素很多，如介质中养分浓度、温度、光照、水分、通气状况、介质反应、离子理化性状等。

(1)介质中养分浓度

低浓度范围内，离子的吸收率随介质养分浓度的提高而上升，但上升速率较慢。高浓度范围内，离子吸收率上升快，达到某一浓度后，再增加离子浓度，根系对离子的吸收速率不再增加。浓度过高不利于养分的吸收，而且会引起水分的反渗透，导致“烧苗”。因此，生产中化肥宜分次施用，不宜一次施太多。

(2)温度

由于根系对养分的吸收主要依赖于根系呼吸作用所提供的能量，而呼吸作用过程中一系列的酶促反应对温度又非常敏感，所以，温度对养分的吸收也有很大的影响。一般 6~38 ℃的范围内，根系对养分的吸收随温度升高而增加。温度过高(超过 40 ℃)时，植物体内的酶发生钝化，减少了可结合养分离子载体的数量，同时高温使细胞膜透性增大，增加了矿质养分的被动溢泌。低温往往使林木的代谢活性降低，从而减少养分的吸收量。

不同植物适应生长的温度范围不同，有些植物对某些养分的吸收与温度关系不是很大。

(3)光照

光照对根系吸收矿质养分一般没有直接的影响，但可通过影响植物叶片的光合强度而对某些酶的活性、气孔的开闭和蒸腾强度等产生间接影响，最终导致根系对矿质养分的吸收能力下降。

光照直接影响光合产物的数量，而植物的光合产物(如糖及碳水分合物)被运送到根部，能为矿质养分的吸收提供必需的能量及受体。有试验表明，在通气条件下，根部的糖分被消耗，K^+和 NO_3^- 的吸收量都较低；当从外部供给葡萄糖时，吸收能力明显增高。

光与气孔的开闭关系密切，而气孔的开闭又与蒸腾强度紧密相关。在光照条件下，植物的蒸腾强度大，养分随蒸腾流的运输速率加快，光照促进了水分和养分的吸收。

(4)水分

水是植物生命活动的重要因素。水分状况是影响土壤中离子扩散和质流迁移的重要因素，也是化肥溶解和有机肥料矿化的决定条件。

水分对无机态离子植物吸收的影响十分复杂。首先，水分对植物生长，特别是对根系的生长有很大的影响，进而影响养分的吸收。许多研究表明，如果施用甘露醇等有机化合物降低营养液的水势，植物对 $H_2PO_4^-$、K^+和其他离子的吸收就会受到抑制。缺水既会降低养分在土壤中向根表的迁移速率，也会减弱根系的吸收能力。对 K^+和 Cl^-而言，这两个过程都会受到较大的影响，而对 $H_2PO_4^-$ 来说，减少根系的吸收能力则是主要的。其次，由于植物的蒸腾作用使根系附近的水分状况发生较大变化，影响着土壤中离子的溶解度以及土壤的氧化还原状况，从而间接地影响了离子的吸收。水分状况对林木生长，特别是对根系的生长有很大的影响，从而间接影响到养分的吸收。适宜的水分条件为田间持水量的60%~80%。

(5)通气状况

土壤的通气状况主要从 3 个方面影响植物对养分的吸收：一是根系的呼吸作用；二是有毒物质的产生；三是土壤养分的形态和有效性。

通气良好的环境，可改善根部供氧状况，并能促使根系呼吸所产生的 CO_2 从根际散失。这一过程对根系正常发育、根的有氧代谢以及离子的吸收都具有十分重要的意义。

(6)介质反应

介质反应与林木吸收阴、阳离子的关系：酸性反应时，根细胞的蛋白质分子带正电荷为主，故吸收外界溶液中的阴离子>阳离子；碱性反应时，根细胞的蛋白质分子带负电荷为主，吸收外界溶液中的阳离子>阴离子。

(7)离子理化性状

在林业生产中，松土、灌溉、机械打孔等措施均能改善土壤环境条件，创造肥沃、深厚、疏松的表土层，提高林木养分吸收。

根对养分的吸收与离子的理化性状有关。养分的形态有气态、离子态、分子态，不同形态养分吸收难易不同。同价离子，离子半径越大，吸收速率通常越慢。离子的价数不同，结合的细胞膜组分中的磷脂、硫酸脂和蛋白质等带电荷基团不同，养分吸收速率不同。

(8)根的代谢作用

由于离子和其他溶质在很多情况下是逆浓度梯度的累积，所以需要直接或间接地消耗能量。因此，所有影响呼吸作用的因子都可能影响离子的累积。

2.2　林木的根外营养

植物除了可以通过根部吸收养分外，也可以通过叶片、茎等地上部器官吸收养分，并进行代谢，这种营养方式称为根外营养。由于叶片是植物地上部分吸收矿质元素的主要器官，所以又称为叶片营养或叶面营养。对于林木所需的大量营养元素来讲，叶部营养是补充根部营养的一种辅助手段；对于大部分微量营养元素来讲，叶部营养是补充养分的主要方式之一。

2.2.1　植物叶片对养分的吸收

2.2.1.1　植物叶片的结构

一般植物叶片的构造可分为表皮、叶肉和叶脉三部分(图 2-8)。叶脉主要由维管束和机械组织组成，维管束的构造和功能与茎的维管束大致相同。叶肉在上、下表皮之间，由含有叶绿体的薄壁细胞组成，通常分为栅栏组织和海绵组织两部分，是绿色植物进行光合作用的主要场所。表皮有上表皮和下表皮之分(裸子植物除外)。其中表皮是与养分吸收直接关联的部位。

叶片的表皮由一层到多层细胞构成，呈规则或不规则排列，细胞间彼此互相嵌合，紧密相连，除气孔外无间隙；外壁常较厚，角质化并具角质层，有的还具有蜡被、茸毛等附属物。大多数种类上、下表皮都具有气孔分布，但一般下表皮的气孔较上表皮为多，气孔的数目、形状因植物种类不同而异。

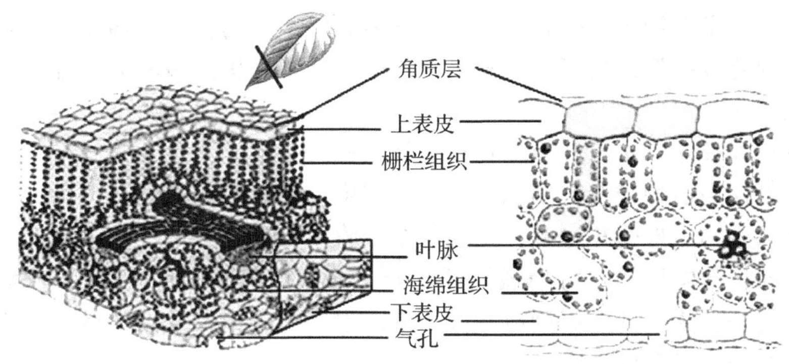

图 2-8　叶片立体结构与平面结构示意

2.2.1.2　叶片对养分的吸收

植物叶片对养分元素的吸收，主要是通过叶片的气孔或表皮的角质层吸收入植物体内。其吸收过程为：溶质通过扩散作用透过角质层孔道及气孔内的细胞间隙进入自由空间到达表皮细胞外侧壁，再经细胞壁中的“外壁胞质连丝”到达表皮细胞的质膜，进而被转移到细胞内部，最后到达叶中的韧皮部(图 2-9)。

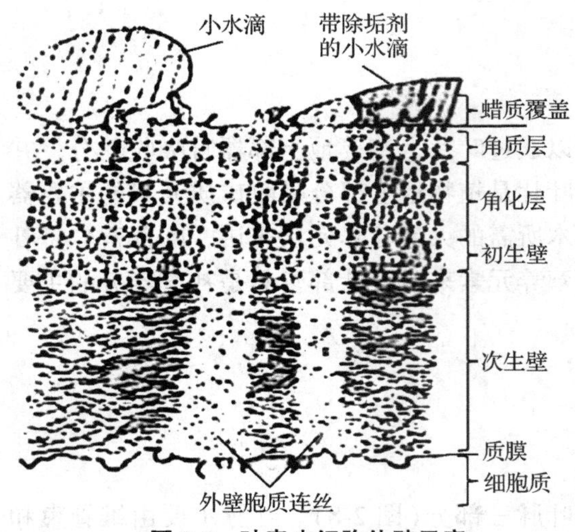

图 2-9　叶表皮细胞外壁示意

外壁胞质连丝是一条角质层到达表皮细胞原生质的通道。它存在于表皮细胞的外壁上，有许多微细结构，遍布于表皮细胞、保卫细胞和副卫细胞的外围，是外部营养物质进入植物体的重要通道。这些不含原生质的纤维细孔，使细胞原生质与外界直接联系起来。养分从表皮细胞进入叶内细胞是主动吸收过程。

2.2.2　根外营养的特点

2.2.2.1　根外营养的优点

植物的根外营养与根部营养相比，一般具有以下优点。

(1) 直接供给养分，防止养分在土壤中的固定和转化

有些元素(如 P、Mn、Fe 等)易被土壤固定而降低其有效性，某些生理活性物质(如赤霉素)施入土壤易于转化，根外追肥则可以让植物直接吸收养分，可防止养分在土壤中的固定和转化，避免养分效果的降低。干旱和半干旱地区，土壤水分含量低，施入土壤的肥料难以发挥作用，此时进行叶面喷施可以及时满足植物的营养需求。

(2) 养分运转快，能及时发挥肥效

叶面喷施肥料后，植株对养分的吸收转化比根部快，如尿素施入土壤中 4~5 d 见效，但叶面喷施后，只需 1~2 d 就可以显示出明显效果。由于根外追肥的养分吸收和转移的速率快，所以这一技术可用于及时防治某些缺素症状，或作为植物因遭受自然灾害而需要迅速补充营养时的有效措施，也可作为解决植物生长后期因根系吸收养分能力弱引起植物早衰的有效措施。

(3) 增强根部营养和根系活力，促进植株生长

根外施肥可提高植物光合作用和呼吸作用强度，显著提高植物体内酶的活性，改善植物体内一系列重要的生理生化过程，增强根系吸收水分和养分的能力。同时，植物地上部有机营养物质向根部的运输，可增强根部营养，补救根部脱肥危险，促进林木营养生长，增加叶面积，进一步为根外施肥创造良好条件。最终促进植物提高产量，改善品质。

(4) 节省肥料，提高经济效益

根外施肥，养分利用率高。叶面喷施 P、K 及微量元素，只需土壤施肥量的 10%~20%，肥料用量大大减少，因此可以节省开支，提高收益。特别是对微量元素肥料，根外追施不仅可节省肥料，且可避免因土壤施肥不匀而影响施用效果，或施用量过大而产生毒害，或被土壤固定而使有效性下降导致利用率低等问题。

2.2.2.2　根外营养的缺点

根外营养虽然具有见效快、收益高等特点，但它也有局限性。主要体现在以下 3 个方面。

(1) 叶面施肥用量小，维持时间短

由于叶面施肥浓度不能太高，每次施用量小(覆盖润湿叶片)，施入的养分总量有限。因此，养分维持时间短，通常需多次喷施才能达到效果。

(2) 叶面施肥要关注天气

叶面喷施后短时间遇雨容易导致养分从叶片表面流失。在高温干旱天气喷施叶面肥，易产生灼烧现象等。

(3) 有些元素不适合叶面施肥

有些元素(如 Ca)从叶片吸收部位往其他部位的转移相当困难，因此不一定适于叶面喷施。

所以根外营养不能完全代替根部营养，特别是大量元素营养，根外施肥只能作为根部营养的一种辅助方式，解决一些特殊的营养问题。

2.2.3　影响根外营养效果的主要因素

植物根外营养的效果不仅取决于植物代谢、叶片结构和类型等自身因素，而且还受养分种类和浓度、外界环境以及喷施方式等外部因素的影响。

2.2.3.1　营养液的组成

营养液的组成取决于根外追肥的目的和植物的养分需求特性。植物在苗期由于土壤缺 P，致使根系发育不良，形成弱苗，此时及时喷施 P 肥可促进根系发育，使苗由弱变壮恢复正常生长。喷 B 对防治植物蕾而不花、花而不实都有良好的效果。此外，植物对不同养分的吸收速率也不同，一般 $KCl > KNO_3 > KH_2PO_3$，无机盐>有机盐，尿素>硝酸盐>铵盐。因此，叶面喷肥时，尽量选择植物需要的，以及易于被植物吸收的养分形态。

2.2.3.2　营养液的浓度

在一定浓度范围内，养分进入叶片表皮细胞的速率和数量与根外追肥的溶液浓度呈正比，但浓度过高会灼伤叶片。一般来说，提高溶液浓度可加速养分透过质膜，在叶片不致受害的前提下，适当提高喷洒溶液的浓度，可获得良好的效果。

2.2.3.3　营养液的 pH 值

原生质是两性胶体，叶片在酸性条件下吸收阴离子多，在碱性条件下吸收阳离子多。因此，若喷施目的是提供阳离子养分(K^+、NH_4^+ 等)，喷施液应调整到微碱性；若主要供应阴离子($H_2PO_4^-$、NO_3^- 等)，喷施液应调整到微酸性。但需要注意，溶液不要过酸或过碱，以免灼伤叶片。

2.2.3.4　叶片的结构

根外施肥时营养物质进入植物体内部的数量与植物种类、叶片年龄以及外界环境条件等多种因素有关。大部分双子叶植物叶表面积大，角质层薄，叶面喷施的养分容易被吸收；而单子叶植物和裸子植物，叶面积小，角质层厚，叶片对养分吸收比较困难。从叶片结构上分析，叶片表面的表皮组织下是栅栏组织，比较致密；而叶背面是海绵组织，比较疏松，细胞间隙大，孔道细胞也多，所以叶片背面比叶片正面吸收养分的能力强。幼嫩叶片由于角质层薄，对养分的吸收也比老叶迅速。因此，叶面喷肥时应注意喷施幼嫩的叶片器官，以及叶片的背面，以改善喷施效果。

2.2.3.5 环境温度

由于叶片吸收矿质养分也是一个与代谢有关的过程，所以气温下降时，叶片吸收养分也慢。但如果气温过高，溶液水分易蒸发干，溶质也不易进入叶片，甚至产生灼烧现象。因此，叶面施肥切忌在高温时段进行。

2.2.3.6 溶液湿润叶面的时间

营养液湿润叶面时间的长短同样影响根外施肥的效果。研究表明，保持叶片湿润的时间为0.5~1 h时，叶片对养分的吸收速率快，吸收量大，且时间越长，吸收养分的数量就越多。因此，凡是影响液体蒸发的外界环境(如风速、气温及大气湿度等)，都会影响叶片对营养元素的吸收量。所以根外施肥的时间最好选择在早晨或傍晚无风的天气下进行，也可使用润湿剂(中性肥皂或表面活性剂)来降低溶液的表面张力，增大溶液与叶片的接触面积，对提高喷施效果也有良好的作用。

2.2.3.7 喷施次数及部位

不同养分离子在叶细胞中的移动性不同，一般认为，移动性很强的元素为N、K和Na，且N>K>Na；能移动的营养元素为P、Cl和S，且P>Cl>S；移动性较差的元素为Zn、Cu、Mo、Mn、Fe等微量元素，且表现为Zn>Cu>Mo>Mn>Fe；Ca和B则属于极难移动的元素。因此，在进行叶面施肥时，要考虑元素的移动性，如对于Fe肥，重点喷施在新叶上；对于Ca肥和B肥，则必须增加喷施的次数。一般每隔7~10 d喷1次，连喷2~4次，效果更佳。

2.2.4 叶面肥概述

2.2.4.1 叶面肥的含义

狭义的叶面肥是指喷在叶片上能为林木提供营养元素的物质；广义的叶面肥是指喷在叶片上能对林木起营养作用或生理调节作用的物质。

2.2.4.2 叶面肥的分类

叶面肥产品种类很多，分法不一。农业农村部的叶面肥生产标准中，根据叶面肥所含成分不同，将叶面肥分为6类：大量元素水溶性肥料、微量元素水溶性肥料、含氨基酸水溶肥料、含腐殖酸水溶肥料、农林保水剂以及其他。

实际生产中也有按照其功能原理分为2大类：营养型和调节型。营养型叶面肥，也称为林木营养剂、林木复合液肥等，它是大量或微量元素集中在一起制成的一类营养物质。调节型叶面肥中含有调节林木生长物质，即生长调节剂，俗称激素叶面肥。

2.2.4.3 林木施用叶面肥的常见情况

相比于农作物，林木施用叶面肥的概率较小，但在下列6种情况下，采用叶面肥方式补充养分效果较好。

(1) 施用微量元素肥料

由于林木需要的微量元素的量很小，根部施肥难以做到均匀分散，将微量元素做成溶液，采用叶面喷施的方式较好理想。

(2) 基肥严重不足

当基肥严重不足时，根部施肥短时难以发挥肥效，而叶面喷施能在短期表现出肥效。

(3) 林木根受害

林木根部受害，根系活力受影响，吸收和运输养分的能力差，此时通过叶面喷施补充养分，可促进根系恢复和植株生长。

(4) 林木已出现了某些缺素症

当发现林木已出现明显的缺素症状，说明土壤养分供应不足，此时通过根部追施养分，需要较长时间才能到达植物体内。但如果采用叶面喷施，则养分能在短期得到补充。

(5) 地上部太密，无法追肥

林业生产中有时会存在地上部太密，无法于根部施肥的情况，如苗圃生产中的苗木。

(6) 深根植物

有些植物根部很深，用传统施肥方法不易收效，这种情况采用叶面肥更经济高效。

本章小结

本章介绍了林木根系和叶片获取营养的过程和影响因素。重点介绍了根系吸收养分的部位及功能，土壤养分向根部迁移的方式及影响因素，分析了根系吸收养分的方式及影响因素；阐述了叶片吸收养分的机理及其影响因素，简单介绍了叶面肥的种类及应用情况。

思考题

1. 根系吸收养分的主要部位有哪些？
2. 土壤养分向根部迁移的方式有哪些？各迁移途径对林木养分的贡献率如何？
3. 影响土壤养分向根部迁移的因素有哪些？
4. 土壤养分如何从根系表面进入根的内部？
5. 影响植物根系吸收养分的主要因素有哪些？
6. 林木的根外营养有哪些优缺点？
7. 常用的叶面肥有哪些种类？
8. 林木通常在什么情况下施用叶面肥？

参考文献

蔡坚，刘喻娟，张应中，等，2013. 大量、中量营养元素和植物生长调节剂对油茶保果率的影响[J]. 中国农学通报，29(19)：46-53.

何美林，王春先，肖铁城，等，2004. 植物生长调节剂 ABT6 号在油茶保花保果上的试验[J]. 林业科学研究，31(3)：29-30.

李晓梅，张海贵，2009. 叶面施肥的原理及在果树生产中的应用[J]. 山西果树(4)：18-19.

李艳萍，2012. 油茶品种的耐寒性评价及 $CaCl_2$ 对油茶抗寒性的影响[D]. 南京：南京林业大学.

李燕婷，李秀英，肖艳，等，2009. 叶面肥的营养机理及应用研究进展[J]. 中国农业科学，42(1)：162-172.

马积彪，付立杰，张涛，等，2000. 叶面肥喷施宝对柞树和柞蚕的增产效应[J]. 沈阳农业大学学报，31(2)：200-202.

孙琼，2015. 喷施宝浓度对油茶生长及抗寒生理特性的影响[J]. 南昌：江西农业大学.

浙江农业大学，1991. 植物营养与肥料[M]. 北京：农业出版社.

周学海，于柱英，张生伟，等，2005. 喷施激素等对干旱荒漠区枣树保花保果的成效研究[J]. 甘肃林业科技，30(4)：46-47.

第3章　矿质养分在林木体内的运输

矿质养分(mineral nutrient)是植物为了维持生长和代谢所吸收或利用的无机养分元素(通常不包括C、H、O)。养分吸收是指养分进入植物体内的过程。即养分通过细胞壁，进入细胞膜，经过细胞间和微管组织的传送，最后卸载利用的过程。树木对矿质养分的吸收主要有截获(interception)、质流(mass flow)和扩散(diffusion)3种方式。截获是指根系在生长过程中直接接触养分，而使养分转移到根表面的过程，其实质是直接接触性交换。质流是指由于根系水分吸收形成的水流而引起养分离子向根表面迁移的过程。它与蒸腾作用强弱和离子浓度呈正相关。扩散是指由于植物根系对养分离子的吸收，导致根表面离子浓度下降，形成土体和根表面之间的浓度梯度，使养分离子从浓度高的土体向浓度低的根表面迁移的过程。它与养分离子的扩散系数、土壤水分含量、土壤质地和土壤温度有关。

树木根系从介质中吸收矿质养分，一部分在根细胞中被同化利用；另一部分经皮层组织进入木质部输导系统向地上部输送，供应地上部生长发育所需要。同时，树木地上部绿色组织合成的光合产物及部分矿质养分则可通过韧皮部系统运输到根部，构成体内的物质循环系统，调节着养分在体内的分配。

一般来说，养分运输的主要过程有2种：①短距离运输(short distance transport)，即养分转运到根部相邻的细胞(细胞到细胞)，介质中的养分沿根表皮、皮层、内皮层到达中柱(导管)的迁移过程。由于其迁移距离短，故称为短距离运输。②长距离运输(long distance transport)，养分进入根部，通过输导组织转移到地上部各器官(由下往上)或养分从地上组织通过输导组织转移到根部(由上往下)。

3.1　养分的短距离运输

短距离运输又叫横向运输，是指养分在植物细胞和组织中的转移。

3.1.1　运输途径

养分在根中的横向运输有两条途径：即质外体途径(图3-1A)和共质体途径(图3-1B)。

3.1.1.1　质外体途径

质外体是由细胞壁及细胞间隙等空间(包含导管与管胞)组成的连续体。它与外部介质相通，是水分和养分可以自由出入的地方，养分可以通过质外体直接进入木质部导管，因此，养分迁移速率较快。但在质外体途径中，养分从表皮迁移到达内皮层后，由于凯氏带的阻隔，不能直接进入中柱，而必须首先穿过内皮层细胞原生质膜转入共质体途径，才能进入中柱(图3-2、图3-3)。

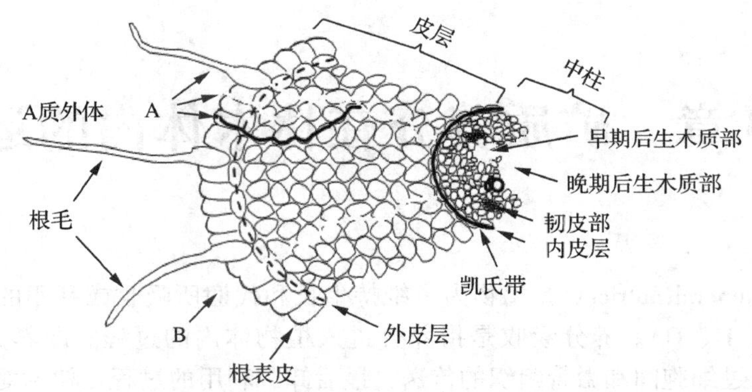

图 3-1　根中离子横向运输的质外体(A)及共质体(B)途径示意

(引自 Marschner, 1986)

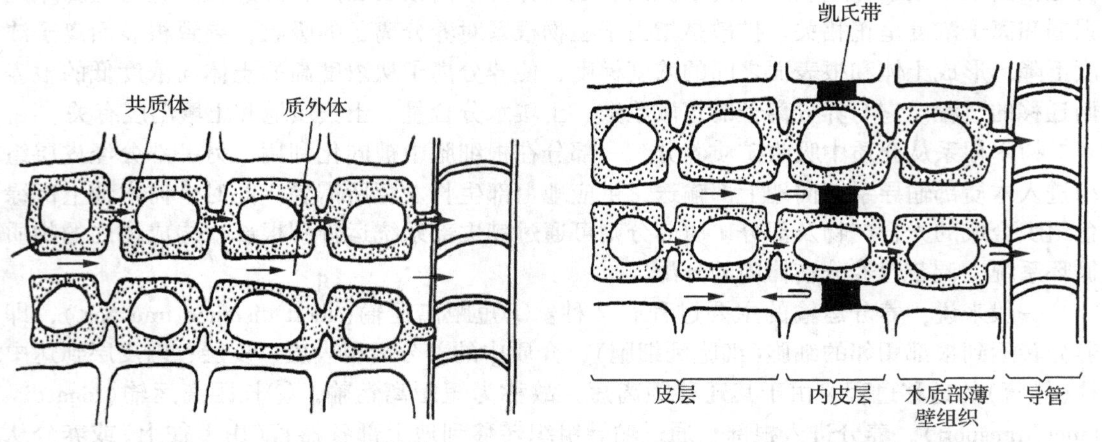

图 3-2　允许质外体和共质体运输的未木栓化的幼根

图 3-3　只允许共质体运输有凯氏带的木栓化根

质外体途径的运输部位主要在根尖分生区和伸长区。由于内皮层还未充分分化，凯氏带尚未形成，质外体可延续到木质部，即养分可直接通过质外体进入木质部导管。其运输方式通常有自由扩散和静电吸引。质外体运输的养分种类有 Ca^{2+}、Mg^{2+}、Na^{+}等。Ca^{2+}主要通过质外体运输，只有少量进入细胞内，因为质外体中的 Ca^{2+}与果胶转化为果胶酸钙；细胞内的 Ca^{2+}与草酸转化为草酸钙，所以 Ca^{2+}的运输受到限制。

3.1.1.2　共质体途径

共质体是由细胞的原生质组成(不包括液泡)，由穿过细胞壁的胞间连丝把细胞与细胞连成一个整体。共质体通道是靠胞间连丝把养分从一个细胞转运到相邻细胞中，借助原生质的环流，带动养分的运输，最后向中柱转运。在共质体运输中，胞间连丝起着沟通相邻细胞间养分运输的桥梁作用。因此，胞间连丝的数量和直径大小对养分的运输都具有重要意义。

共质体途径的运输部位主要在根毛区。当内皮层充分分化，凯氏带已形成，养分进入共质体(细胞内)后，靠胞间连丝在相邻的细胞间进行运输，最后向中柱转运。其运输方式通常有扩散作用、原生质流动(环流)和水流带。共质体运输的养分种类有 NO_3^-、$H_2PO_4^-$、K^+、SO_4^{2-}、Cl^-等。共质体内被运输的离子并不完全进入导管，除一部分在根内被利用和同化外，还要优先被液泡选择吸收而积累在液泡的“离子库”中。当通过共质体运输的离子暂时减少时，液泡又释放离子，使之通过运输到达导管。

养分在横向运输过程中是通过质外体还是共质体途径，主要取决于养分种类、养分浓度、根毛密度、胞间连丝数量、表皮细胞木栓化程度等多种因素。一般而言，以主动跨膜运输为主的养分，如 K^+、$H_2PO_4^-$，其横向运输以共质体途径为主，而以被动跨膜运输为主的养分，如 Ca^{2+}，则以质外体途径为主。此外以分子态被吸收的养分，如 H_3BO_3、H_4SiO_4，也常以质外体途径为主。对某一养分而言，随着养分浓度的升高，质外体运输的比例趋于增加。根毛对多种养分的吸收有十分重要的作用，根毛密度越大，共质体途径的作用也就越重要。胞间连丝是共质体系统连接相邻细胞的运输桥梁，其数量大小决定着共质体的运输潜力，大量的胞间连丝有利于养分通过共质体向中柱转运。

3.1.2　运输部位

由于根在不同部位其解剖学和生理学特征不同，因而从根尖至基部各部位吸收养分的能力存在很大的差异，表现在横向运输方面也有不同的特点(图 3-4)。

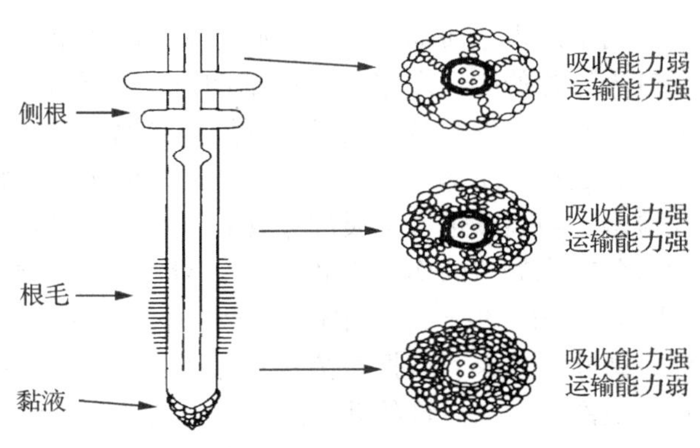

图 3-4　不同根区 P 和 Ca 的吸收量示意

(引自 Hauessling，1989)

例如，根尖部生理活动旺盛，细胞吸收养分的能力较强，但由于该部位的输导系统尚未形成，不能将养分及时输出。因此，养分的横向运输量很少。伸长区及稍后的区域输导系统初步形成，同时内皮层尚未形成完整的凯氏带，养分可以通过质外体直接进入木质部导管。这个区域是靠质外体运输的养分的主要吸收区，如 Ca^{2+}和 Si，这些养分在该根区的横向运输量最大。在根毛区，内皮层形成了凯氏带，阻止质外体中的养分直接进入中柱木质部。而从共质体途径运输的养分则受影响不大，如 P、K、N 等。因此，根毛区养分的运输主要是以共质体形式进行的。根毛区以后是根的较老部分，这部分根的外周木栓化程度较高，水分和养分都难以进入，显然养分的横向运输也是极其微弱的。

3.1.3　养分进入木质部

介质中的养分经质外体或共质体到达内皮层后，都并入共质体途径，从而进入中柱。除尚未分化完全的木质部导管含有细胞质外，其余导管都不含细胞质，形成中空的质外体空间。养分从中柱薄壁细胞向木质部导管的转移过程，实际是离子自共质体向质外体的过渡过程。

离子以“双泵模型”的形式进入木质部。如图 3-5 所示，离子进入木质部导管需经 2 次泵的作用，第 1 次是将离子由介质或自由空间主动泵入细胞膜内，进入共质体；第 2 次是将离子由木质部薄壁细胞主动泵入木质部导管。

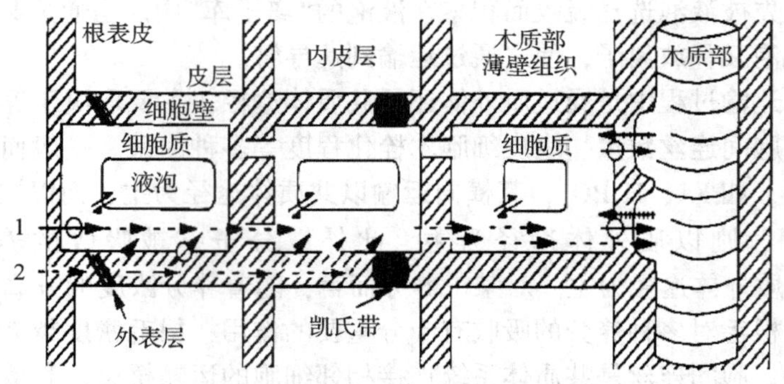

图 3-5 根部离子短距离运输进入木质部的双泵模型

（根据 Leauchli，1975 的结果修改）

1. 共质体 2. 质外体

离子进入木质部过程中，薄壁细胞起着重要的作用，它们紧靠木质部导管外围，是离子进入导管的必经之路，这些细胞含有浓厚的细胞质和发达的膜系统，还有大量的线粒体，这些都是细胞具有旺盛代谢能力和离子转运能力的特征。

引起根木质部中离子移动的动力是根压和蒸腾作用。植物根细胞膜对水的透性比离子大得多。当离子进入木质部导管后，增加了导管汁液的浓度，使水势下降，引起导管周围的水分在水势差的作用下扩散进入导管，从而产生一种使导管汁液向上移动的压力，即“根压”。由于根压的作用使水分和离子在导管中向地上部移动，可在叶尖或叶缘泌出水珠，即吐水现象，若把幼苗茎基部切断，可以收集到木质部汁液，即伤流液。根压是离子在木质部长距离运输的动力之一，而蒸腾作用则是木质部汁液向上移动的另一个动力。木质部汁液的离子浓度与体积的乘积就是离子进入木质部导管的总量，其数量大小取决于外部环境条件、养分特性以及植物代谢活性等诸多因素。外界离子浓度适中，进入的离子总量最大；外部温度升高，水分易扩散进入，使木质部汁液体积增加；质膜的选择性随温度升高而增加，利于 K^+ 吸收，对 Ca^{2+} 不利；当呼吸作用受抑制时，K^+、Ca^{2+} 运输量减少，但 K^+/Ca^{2+} 比值不变。

3.2 养分的长距离运输

3.2.1 木质部运输

养分从根经木质部或韧皮部到达地上部的运输以及养分从地上部经韧皮部向根的运输过程，称为养分的纵向运输，由于养分迁移距离较长，又称为长距离运输。植物体内养分的长距离运输包括木质部运输和韧皮部运输 2 种。

3.2.1.1　运输动力和移动方向

(1)运输动力

木质部养分运输的驱动力是根压和蒸腾拉力。它们在养分运输中所起作用的大小取决于诸多因素。一般在蒸腾作用强的条件下，蒸腾起主导作用，根压由于力量较小，作用微弱；而在蒸腾作用微弱或停止的条件下，根压则上升为主导作用。

(2)移动方向

由于根压和蒸腾作用使木质部汁液向上运动，而不可能向相反方向运动，因此，木质部中养分的移动是单向的，即自根部向地上部的运输，移动部分主要是叶、果实。

3.2.1.2　运输机理

木质部中养分的移动是在死细胞的导管中进行，移动的方式以质流为主。但木质部汁液在运输的过程中，还与导管壁以及导管周围薄壁细胞之间存在重要的相互作用，表现在阳离子与导管壁的交换吸附，薄壁细胞对离子的再吸收，以及导管周围的活细胞(木质部薄壁细胞和韧皮部)向导管释放有机化合物等。

(1)交换吸附

木质部导管壁上有很多带负电荷的阴离子基团，它们与导管汁液中的阳离子结合，将其吸附在管壁上，所吸附的离子又可被其他阳离子交换下来，继续随汁液向上移动，这种吸附称为交换吸附。交换吸附会降低离子的运输速率，出现滞留作用。导管周围组织带负电荷的细胞壁也参与吸引滞留在导管中的阳离子的作用。

交换吸附作用的强弱取决于离子种类、离子浓度、离子活度、竞争离子、导管电荷密度等因素。

①离子种类　由于木质部导管壁上有带有负电荷阴离子基团，因此只有阳离子才具有交换吸附的作用，阳离子中价数越高，静电引力越大，吸附就越牢固。例如，导管壁对 Ca^{2+} 的吸附力就大于 K^+，因而导致向上运输途径中 Ca^{2+} 移动的阻力比 K^+ 大。

②离子浓度　提高离子浓度可减少被导管壁吸附的离子相对数量，因此有更多的离子能向上运输；相反，浓度降低，则被吸附的离子比例增加，运输到地上部的养分减少。

③离子活度　离子是否被吸附不仅与浓度有关，还受其活度的影响。离子活度降低，不易被管壁吸附，而移动性增加。很多有机化合物都能螯合或配合金属阳离子，尤其是高价阳离子。在植物导管中这些有机化合物的存在有利于阳离子向上运输。

④竞争离子　木质部汁液中各种竞争性阳离子会争夺管壁上的负电荷位点，并将吸附的离子交换下来，促进其向上运输。因此，竞争性离子的浓度越高，则离子的吸附阻力就越小，向地上运输的数量就越多。

⑤导管壁电荷密度　木质部的非扩散性负电荷是产生交换吸附的原因，因而，其负电荷密度越高，则吸附阳离子的能力越强，离子运输的阻力也就越大。

(2)再吸收

溶质在木质部导管运输过程中，部分离子可被导管周围薄壁细胞吸收，从而减少了溶质到达茎叶的数量，这种现象称为再吸收。再吸收使木质部汁液中的离子浓度从下向上的运输路途上呈递减趋势。其递减梯度取决于植物生物学特性和离子性质等因素。

了解木质部运输中离子再吸收的重要性，对指导施肥也有重要作用。例如，Cu 和 Zn 在油茶枝上积累较多，叶片积累较少；而巨桉中的 Cu 和 Zn 则更多地集中在叶片上(表 3-1)。因此，要使油茶长得更好，叶面喷施 Cu 肥效果会更好，而巨桉中的 Cu 更容易运输到叶片，可不施 Cu 肥。

表 3-1 油茶和巨桉中 Cu 和 Zn 的含量

植株部位	含 Cu 量/($mg \cdot kg^{-1}$ 干重)		含 Zn 量/($mg \cdot kg^{-1}$ 干重)	
	油茶	巨桉	油茶	巨桉
叶片	4.95	781.9	15.52	28.52
枝	15.67	128.8	50.76	6.64
干	6.64	138.9	36.14	7.15
根	3.26	247.5	32.72	18.6

注：引自陈隆升等，2019；郭加林等，2014。

(3)释放

木质部运输过程中导管周围的薄壁细胞不仅具有再吸收作用，而且能将离子再释放到导管中。因此，对木质部汁液的成分起到调节作用。例如，当植物根部养分供应充足时，木质部汁液养分浓度高，再吸收作用加强，部分养分贮存在导管的周围细胞中；当根部养分供应不足时，导管中的养分浓度下降，此时，贮存在薄壁细胞中的养分又释放到导管中，以维持木质部汁液中养分浓度的稳定性。对于某些养分来说，再吸收与释放作用不仅调节导管中养分的浓度，而且能改变其形态(如氮)。向非豆科植物供给硝态氮时，随着运输路途的加长，木质部汁液中硝酸盐的浓度随之下降，而有机态氮尤其是谷氨酰胺的浓度则相应增加。这表明，导管中的氮一方面以硝酸盐形态不断地被再吸收；另一方面导管周围细胞又可以将氮以谷氮酰胺等有机形态不断地再释放进入导管。

3.2.1.3 蒸腾作用与木质部运输

木质部汁液的移动是根压和蒸腾作用驱动的共同结果，但两种力量的强度并不相同。从力量上，蒸腾拉力远大于根压压力。从作用的时间上，蒸腾作用在一天内有阶段性，而根压具有连续性。蒸腾对木质部养分运输作用的大小取决于植物生育阶段、昼夜时间、离子种类和离子浓度等因素。

(1)植物生育阶段

植物生育阶段不同，叶面积差异很大，蒸腾强度也会相差悬殊，因而对木质部养分运输有不同影响。在幼苗期，植物叶面积小，蒸腾作用弱，养分运输主要靠根压作用。在植物生长旺盛期，蒸腾强度大，木质部养分的运输主要靠蒸腾拉力。

(2)昼夜时间

叶片总蒸腾量中 90%以上是通过气孔进行的。白天气孔张开，气温较高，蒸腾作用旺盛；晚间气孔关闭，气温低，蒸腾减弱，甚至几乎停止。因此，白天木质部运输主要靠蒸腾作用，驱动力较强，运输量大。夜间主要靠根压，其动力弱，养分运输量小。

(3)离子种类

在其他条件相同的情况下，蒸腾作用对养分运输的影响程度与养分种类有密切关系。

一般以质外体运输为主的养分受蒸腾作用影响较大，而以共质体运输为主的养分则受影响较小。表 3-2 表明，高蒸腾强度对 K^+的木质部运输速率影响不大，但能大幅度提高 Na^+的运输速率。因为 K^+是从主动过程进入细胞内和转入木质部的，跨膜运输是其限制的主要因素。而 Na^+主要是通过被动过程扩散进入木质部的，蒸腾拉力决定的木质部汁液流速是其运输量的限制因子。

表 3-2　蒸腾强度对甜菜木质部运输 K^+和 Na^+的影响

介质浓度/(mmol · L^{-1})	K^+/(μmol · 株$^{-1}$ · 4h)		Na^+/(μmol · 株$^{-1}$ · 4h)	
	低蒸腾	高蒸腾	低蒸腾	高蒸腾
$1K^++1Na^+$	2.9	3.0	2.0	3.9
$10K^++10Na^+$	6.5	7.0	3.4	8.1

注：引自 Mix 和 Marschner，1976b。

(4) 离子浓度

介质中养分的浓度明显影响进入木质部离子的数量，在一定范围内，当介质中养分浓度升高时，不仅吸收的数量增加，而且木质部运输的数量也相应提高。植物体内的养分浓度，植物的营养状况，也会影响蒸腾作用对木质部养分运输作用程度。体内养分浓度越高，养分被动吸收的比例越大，蒸腾作用的影响也就越强。

(5) 植物器官

植物各器官的蒸腾强度不同，在木质部运输的养分数量上也有差异。因而，造成某些养分在各器官间的不同分布模式。养分的积累量取决于蒸腾速率和蒸腾持续的时间。因此，蒸腾强度越大和生长时间越长的植物器官，经木质部运入的养分就越多。

例如，不同供 B 水平和供 B 方式下，枳橙各器官 B 积累量情况如图 3-6 所示。从图中可以看出，是否施 B 和施 B 方式对枳橙各器官中 B 积累量的影响不同，是否施 B 对茎中 B 的积累量几乎没有影响。B 是只能在木质部运输的元素，根部施 B 肥，根能积累更多的 B，且在蒸腾作用下通过木质部运输到叶部；叶面施 B 肥显著提高了叶片 B 的积累量，但却不能运输到其他器官，所以根、茎 B 积累量与不施 B 对照相比几乎无变化。

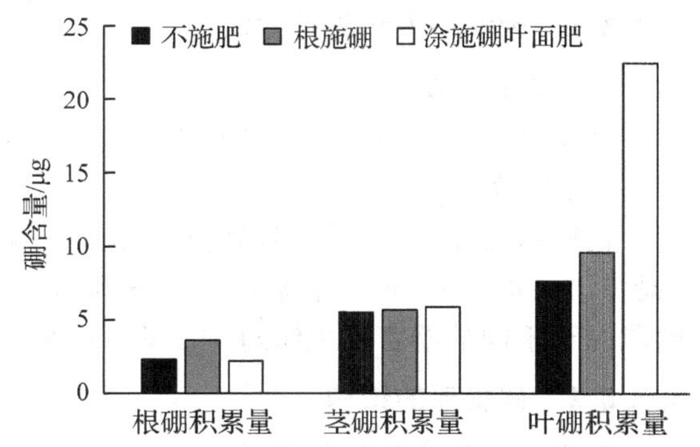

图 3-6　供 B 方式对枳橙各器官中 B 含量的影响

(引自刘磊超，2015)

当供 B 水平较高时，甚至在同一个叶片上也会因蒸腾量的局部差异而造成含 B 量的明显变化。一般，叶尖蒸腾量最大，B 的含量最高；叶柄蒸腾量最小，相应地含 B 量也最低；叶片中部蒸腾量中等，B 的含量也居于二者之间。所以，当介质中 B 过高时，植物 B 毒害的症状首先出现在叶尖和叶缘。盐碱土上生长的植物其叶片含氯量也有类似的分布特点。

Ca 是主要在木质部运输的元素，它在植物各器官间的分布也与蒸腾作用有密切关系。

例如，红辣椒植株的叶片由于其蒸腾量大，木质部运入的 Ca 也多，叶片含 Ca 量高(3%～5%)，而辣椒的果实由于蒸腾量小，含 Ca 量低得多(<0.1%)。由此可见，改变某一器官的蒸腾量，即可显著影响 Ca 的运输量，例如，将红辣椒果实的相对蒸腾率从 100% 降至 35%，则果实的含 Ca 量减少了近一半(表 3-3)。在生产实践中，茄果类的番茄在结果期若遇较长时间的低温或阴雨天，蒸腾强度低，常会发生果实生理性缺 Ca，而出现脐腐病。设施栽培生产中，由于棚内湿度大，作物蒸腾受到抑制，导致生理性缺 Ca 的想象也相当普遍。

K 和 Mg 与 Ca 不同，当其木质部运输量不足时，还能通过韧皮部给予补充，所以受蒸腾作用的影响较小。

表 3-3 红辣椒结果期地上部蒸腾率对其果实中矿质元素含量的影响

相对蒸腾率	矿质元素含量/($mg \cdot g^{-1}$ 干重)			果实干重/($g \cdot 个^{-1}$)
	K	Mg	Ca	
100	91.0	3.0	2.8	0.6
35	88.0	2.4	1.5	0.69

注：引自 Mix and Marschner，1976b。

还应指出，虽然蒸腾作用是影响养分吸收和分配的重要因素，但并非是唯一的因素，例如，蒸腾作用很小的果实或种子仍能累积大量的养分恰好说明了这一点。因为根压和植物自身的主动调节也起着相当的重要作用。

3.2.2 韧皮部运输

3.2.2.1 运输动力和移动方向

(1)运输动力

韧皮部运输的驱动力也是根压和蒸腾拉力。其作用机理与木质部运输一致。

(2)移动方向

韧皮部运输是在活细胞(筛管、伴胞、薄壁细胞)内进行的，具有双向方向运输的功能(既可上又可下)。但一般来说，韧皮部运输养分以下行为主(由源到库的运输)。运输方向取决于不同的器官和组织对矿质养分的要求，受蒸腾作用影响较小。

3.2.2.2 韧皮部的结构

韧皮部是包含筛管分子或筛胞、伴胞、纤维等不同类型细胞的一种复合组织(图 3-7)。筛管是由一些管状活细胞纵向联结而成，组成该筛管的每一个细胞称为筛管分子。筛管分子最重要的特征是端壁上有一些小孔，称为筛孔；具有筛孔的端壁称为筛板，纵向相邻的筛管分子通过筛板联结起来，筛孔是溶质运输通道。成熟的筛管分子中有一薄层细胞质紧贴于细胞膜上。筛管行使运输功能时，筛孔张开，一旦筛管遭受损伤，大量黏胶状的韧皮部蛋白(称为 P 蛋白)沉积在筛板上，堵塞了筛孔，从而阻止韧皮部内溶质流失。

伴胞和筛管分子相伴而生，两者均由同一母细胞分裂而来，但伴胞不像筛管分子那样高度分化。伴胞具有细胞核和细胞质，细胞质中含有丰富的细胞器。伴胞与筛管毗邻的侧壁之间，有许多胞间连丝，以保证两者之间的密切联系。研究表明，伴胞在韧皮部装载中

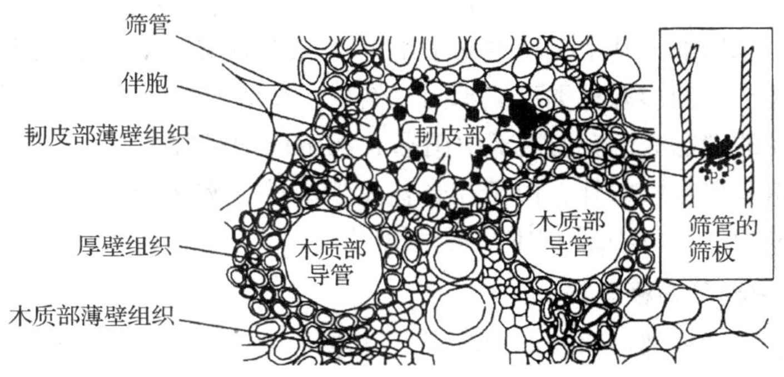

图 3-7　茎维管束的横切面(引自 Eschrich, 1976)

起着重要作用。

3.2.2.3　韧皮部汁液的组成

韧皮部汁液的组成与木质部比较，无论在酸碱性、组成成分，还是养分浓度方面都有显著的差异(表 3-4)。与木质部相比，韧皮部汁液的组成有以下特点：

①韧皮部汁液的 pH 值高于木质部，前者偏碱性而后者偏酸性。韧皮部偏碱性可能是因其含有 HCO_3^- 和大量 K^+ 等阳离子所引起的。

②韧皮部汁液中干物质和有机化合物远高于木质部，而木质部中基本不含同化产物。

表 3-4　烟草韧皮部与木质部汁液组成的比较

物质	韧皮部汁液(茎切) pH 7.8~8.0/(μg·mL^{-1})	木质部汁液(导管) pH 5.6~6.9/(μg·mL^{-1})	韧皮部/木质部浓度比
干物质	170^a~196^a	1.1^a~1.2^a	155~163
蔗糖	155^a~168^a	ND	—
还原糖	没有	NA	—
氨基化合物	10 808.0	283.0	38.2
硝酸盐	ND	NA	—
铵	45.3	9.7	4.7
K	3673.0	204.3	18.0
P	434.6	68.1	6.4
Cl	486.4	63.8	7.6
S	138.9	43.3	3.2
Ca	83.3	189.2	0.44
Mg	104.3	33.8	3.1
Na	116.3	46.2	2.5
Fe	9.4	0.6	15.7
Zn	15.9	1.47	10.8
Mn	0.87	0.23	3.8
Cu	1.20	0.11	10.9

注：1. 引自 Hocking，1980b；2. ND 表示未检测到，NA 表示无数据；3. 上标 a 的单位 mg·mL^{-1}。

③某些矿质元素，如 Ca 和 B，在韧皮部汁液中的含量远小于木质部，其他矿质元素的浓度一般都高于木质部，其中无机态离子中 K 的浓度最高。对于具有不同形态的养分，其在韧皮部和木质部中的形态种类可能不同。例如，在地上部还原 NO_3^- 的植物，其木质部汁液中含有高浓度的硝态 N，而韧皮部中硝态 N 的浓度却经常很低，N 的形态主要为有机态氮，如酰胺和氨基酸等。此外，由于光合作用形成的含碳化合物是通过韧皮部运输的，因此，韧皮部汁液中的 C/N 比值比木质部汁液宽。

3.2.2.4 韧皮部中养分的移动性

不同营养元素在韧皮部中的移动性不同。可将营养元素按其在韧皮部中移动的难易程度分为移动性大的、移动性小的和难移动的 3 组。在必需大量元素中，N、P、K 和 Mg 的移动性大，微量元素中 Fe、Mn、Cu、Zn 和 Mo 的移动性较小，而 Ca 和 B 是难移动的。

韧皮部中养分移动性的大小与它们在韧皮部汁液中的浓度大小基本吻合，虽然韧皮部汁液中含有一定数量的 Ca，但它却很难移动。同位素标记试验证实，当把放射性同位素 Ca 标记在某一叶片上，植物的其他部位并不能检测到它的存在。Ca 在韧皮部中难以移动，可能一方面是由于 Ca 向韧皮部筛管装载时受到限制，使 Ca 难以进入韧皮部中；另一方面是即使有少量 Ca 进入了韧皮部，也很快被韧皮部汁液中高浓度的磷酸盐所沉淀而不能移动。B 是另一个在韧皮部难以移动的营养元素，其原因尚不清楚。有人认为筛管原生质膜对 B 的透性高，因此 B 即使进入筛管中，也会很快渗漏出来。此外，硼酸易于与含有羟基的有机大分子形成酯键，从而降低 B 的移动性。很多养分在韧皮部的运输在很大程度上取决于养分进入筛管的难易。离子养分进入筛管是跨膜的主动过程，因此，凡是会影响能量供应的因素都可能对离子进入筛管产生影响。

3.2.3 木质部与韧皮部之间的养分转移

木质部与韧皮部在养分运输方面有不同的特点，但两者之间相距很近，只隔几个细胞的距离。在两个运输系统间也存在养分的相互交换，这种交换对于协调植物体内各个部位的矿质营养非常重要。在养分的浓度方面，韧皮部高于木质部，因而养分从韧皮部向木质部的转移为顺浓度梯度，可以通过筛管原生质膜的渗漏作用来实现。相反，养分从木质部向韧皮部的转移是逆浓度梯度、需要能量的主动运输过程。这种转移主要需由转移细胞进行。木质部首先把养分运送到转移细胞中，然后由转移细胞运转到韧皮部(图 3-8)。

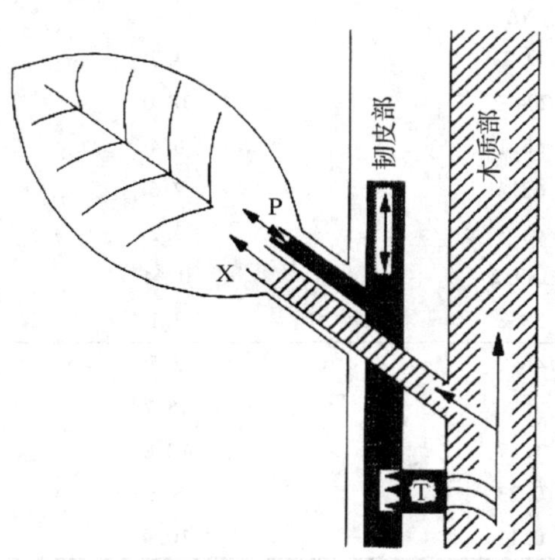

图 3-8 木质部与韧皮部之间养分转移示意

木质部向韧皮部养分的转移对调节植物体内养分分配，满足各部位的矿质营养起着重要的作用。因为木质部虽然能把养分运送到植株顶端或蒸腾量最大的部位，但蒸腾量最大的部位往往不是最需要养分的部位。由图 3-8 可看到，养分通过木质部向上运输，经转移细胞进入韧皮部；养分在韧皮部中既可以继续向上运输到需要养分的器官或部位，也可以向下再回到根部。这就形成了植物体内部分养分的循环。

3.3　植物体内养分的循环

养分循环指在韧皮部中移动性较强的矿质养分，通过木质部运输和韧皮部运输形成自根至地上部之间的循环流动。在韧皮部中移动性较强的矿质养分，从根的木质部中运输到地上部后，又有一部分通过韧皮部再运回到根中，而后转入木质部继续向上运输，从而形成养分自根至地上部之间的循环流动。养分循环是植物正常生长所必不可少的一种生命活动。N 和 K 的循环最为典型。当植物根吸收的氮源为硝态氮时，运输到地上部的硝态氮经还原后其中大部分又经韧皮部返回到根中。

植物体内氮的循环模式如图 3-9 所示。植物从土壤中吸收的硝态氮，一部分在根中还原成氨，进一步形成氨基酸并合成蛋白质；另一部分 NO_3^- 和氨基酸等有机态氮，进入木质部向地上部运输，在地上部尤其是叶片中，NO_3^- 进行还原，进而与酮酸反应形成氨基酸，它可以继续合成蛋白质，也可以通过韧皮部再运回根中。植物体内发生氮素的大规模循环，可能是由于根部硝态氮的还原能力有限，而必须经地上部还原后再运回根系，满足其合成蛋白质等代谢活动的需要。

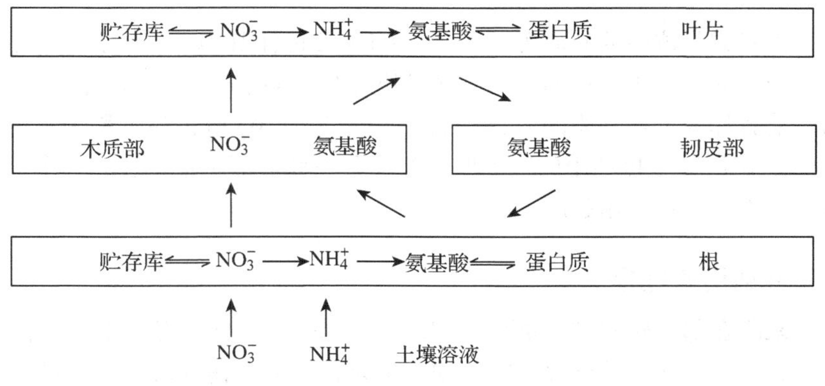

图 3-9　植物体内氮的循环模式

K 也是植物体内循环量最大的元素之一。它的循环对体内电性的平衡和节省能量起着重要的作用。图 3-10 为植物体内 K 的循环模式。根吸收的 K^+ 在木质部中作为 NO_3^- 的陪伴离子向地上部运输，到达地上部后 NO_3^- 还原成 NH_3，为维持电荷平衡，地上部必须合成有机酸(主要是苹果酸)，以便与 K^+ 形成有机酸盐，使阴、阳离子达到平衡。苹果酸钾可在韧皮部中运往根中，在那里苹果酸可作为碳源构成根的结构物质，或转化成 HCO_3^- 分泌到根外。在根中的 K^+ 又可再次陪伴所吸收的 NO_3^- 向上运输。如此循环往复。有研究表明，参加体内往复循环的 K 可占到地上部总 K 量的 20%以上。

植物体内养分的循环还对根吸收养分的速率具有调控作用。植物根对多种养分的吸收受植物体内营养状况的影响，地上部养分在韧皮部中运到根部的数量是反映地上部营养状

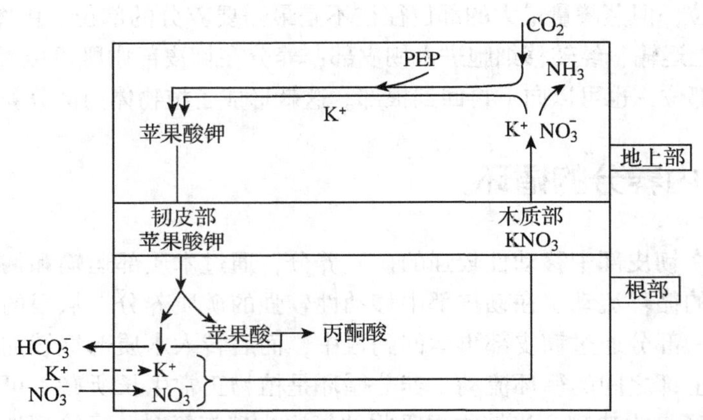

图 3-10　硝酸根与苹果酸的运输与地上、地下部之间 K 循环模式

（引自 Kirkby 和 Knighet，1977）

况的一种信号。当运往根部的数量高于某一临界值时，表明植物的营养状况良好，根系可降低吸收速率；如运往根部数量低于临界值时，则表明植物缺乏这种养分，通过植物本身的调节系统使根提高吸收速率，以满足其需要。

3.4　养分的再利用

植物某一器官或部位中的矿质养分可通过韧皮部运往其他器官或部位而被再度利用，这种现象称为养分的再利用。植物体内有些矿质养分能够被再度利用，而另一些养分不能被再度利用。前者称为可再利用的养分，如 N、P、K 和 Mg 等，后者称为不可再利用的养分如 Ca、B 等。矿质养分再利用的程度取决于养分在韧皮部中移动性的大小。韧皮部中移动性大的养分元素，其再利用程度也高。

3.4.1　养分再利用的过程

养分从原来所在部位转移到能被再度利用的新部位，其间要经历很多步骤：

第一步，养分的激活。养分离子在细胞中被转化为可运输的形态，例如，氮在转移前先由不能移动的大分子有机含氮化合物分解为可移动的小分子含氮化合物；磷由有机含磷化合物分解为无机态磷。这一过程是由来自需要养分的新生器官（部位）发出的“养分饥饿”信号引起的，该信号传递到老器官（部位）后，引起该部位细胞中的某种运输系统激活而启动，将细胞内的养分转移到细胞外，准备进行长距离运输。

第二步，养分进入韧皮部。被激活的养分转移到细胞外的质外体后，再通过原生质膜的主动运输进入韧皮部筛管中。进入筛管中的养分根据植物的需要而进行韧皮部的长距离运输。运输到茎部后的养分可以通过转移细胞进入木质部向上运输。

第三步，进入新生器官。养分通过韧皮部或木质部先运至靠近新生器官的部位，再经过跨质膜的主动运输过程卸入需要养分的新生器官细胞内。

养分再利用的过程是漫长的（图 3-11），需经历共质体（老器官细胞内激活）→质外体

(装入韧皮部之前)→共质体(韧皮部)→质外体(卸入新生器官之前)→共质体(新生器官细胞内)等诸多步骤和途径。因此，只有移动性强的养分元素才能被再度利用。

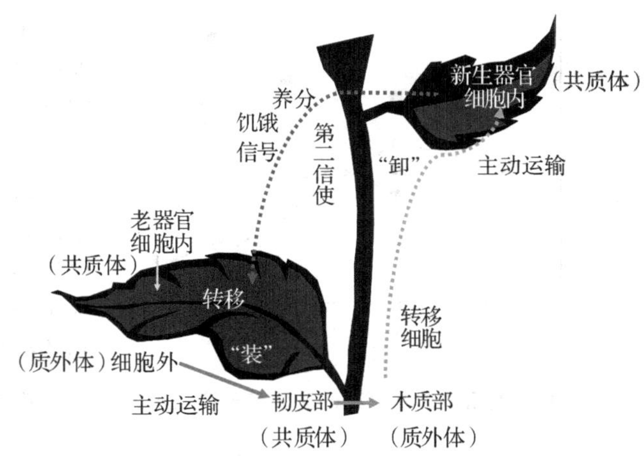

图 3-11　植物体内养分再利用过程示意

3.4.2　养分再利用与缺素部位

在植物的营养生长阶段，生长介质的养分供应常出现持久性或暂时性的不足，造成植物体内营养不良。为维持植物的生长，使养分从老器官向新生器官的转移是十分必要的。植物体内不同养分的再利用程度是不相同的，再利用程度大的元素，养分的缺乏症状首先出现在老的部位；而不能再利用的养分，在缺乏时由于不能从老部位运向新部位，而使缺素症状首先表现在幼嫩器官。表 3-5 总结了不同营养元素缺素症部位与再利用程度的关系。N、P、K 和 Mg 4 种养分在体内的移动性大，因而，再利用程度高。当这些养分供应不足时，可从老部位迅速及时地转移到新器官，以保证幼嫩器官的正常生长。

Fe、Mn、Cu 和 Zn 等是韧皮部中移动性较差的营养元素，再利用程度一般较低。因此，其缺素症状首先出现在幼嫩器官。但老叶中的这些微量元素通过韧皮部向新叶转移的比例及数量还取决于体内可溶性有机化合物的水平。当能够螯合金属微量元素的有机成分含量增高时，这些微量元素的移动性随之增大，因而老叶中微量元素向幼叶的转移量随之增加。例如，将成熟菜豆叶片进行遮光处理，使叶片中蛋白质加速分解，转化成具有螯合能力的小分子氨基酸，结果使 Cu 的再利用率提高一倍多。

表 3-5　缺素症状表现部位与养分再利用程度之间的特征性差异

矿质养分种类	缺素症出现的主要部位	再利用程度
N、P、K、Mg	老叶	高
S	新叶	较低
Fe、Zn、Cu、Mo	新叶	低
B 和 Ca	新叶顶端分生组织	很低

注：引自 Marschner，1986。

3.4.3　养分再利用与生殖生长

植物生长进入生殖生长阶段后，同化产物需要供应生殖器官发育所需，因此运输到根、枝、叶的数量急剧下降，从而根的活力减弱，养分吸收功能衰退。这时植物体内养分总量往往增加不多，各器官中养分含量主要靠体内再分配进行调节。营养器官将部分养分

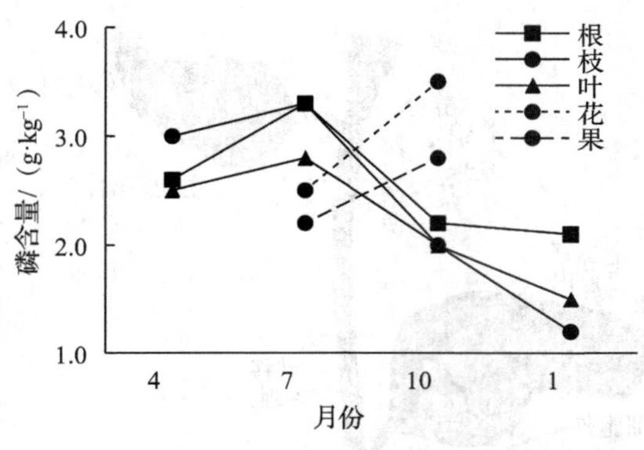

图 3-12　油茶个体发育期间矿质养分变化示意

运往生殖器官，随着时间的延长，养分在营养器官和生殖器官中的比例不断发生变化，即营养器官中的养分所占比例逐渐减少。如油茶，随着7月果实膨大成熟和花芽分化和开花，其营养器官(根、枝、叶)中的P养分逐渐向花果转移，含量呈下降趋势，而花芽和果实中的P含量则逐渐升高(图 3-12)。在果树生产中养分的再利用程度是影响经济产量和养分利用效率的重要因素，通过各种措施提高植物体内养分的再利用效率，就能使有限的养分物质发挥其更大的增产作用。

本章小结

本章主要讲述矿质养分运输的主要过程及其在木质部、韧皮部中的运输途径，简述矿质养分的转移和再利用。重点掌握矿质养分运输过程与途径，了解养分运输过程中主要影响因素，为林木养分有效利用和调控提供理论依据。

思考题

1. 名词解释：

质外体　共质体　养分再利用

2. 什么是养分的短距离运输和长距离运输？

3. 木质部汁液与韧皮部汁液的特性有何差别？

4. 养分的再利用有何意义？

参考文献

陈隆升，罗佳，陈永忠，等，2019. 油茶果实生长高峰期养分分配特征[J]. 中南林业科技大学学报，39(4)：11-15.

郭加林，钟永坤，闵安民，等，2014. 巨桉幼树器官组织中养分元素的分布与积累特点[J]. 四川林业科技，35(5)：23-28.

刘磊超，2015. 硼营养对枳橙砧木生长及硼营养特性的研究[D]. 武汉：华中农业大学 .

陆景陵，2003. 植物营养学(上)[M]. 北京：中国农业大学出版社.

潘瑞炽，2001. 植物生理学[M]. 北京：高等教育出版社.

王忠，2000. 植物生理学[M]. 北京：中国农业出版社.

浙江农业大学，1988. 植物营养与肥料[M]. 北京：中国农业出版社.

第4章　林木养分管理的基本原理

19世纪中叶至20世纪初，基于大量的植物营养研究工作，先后提出了一系列植物营养与合理施肥方面的学说和规律，如养分归还学说、最小养分律、报酬递减律与米氏学说等。这些学说和规律，反映了施肥实践中存在的客观事实，至今在农林业生产施肥中仍起到指导作用。

4.1　养分归还学说

1840年，德国化学家、现代农业化学的倡导者李比希(Justus von Liebig，1803—1873)在伦敦英国有机化学学会上作了《化学在农业和生理学上的应用》的报告，系统地阐述了矿质营养理论，并基于此理论提出了养分归还学说(theory of nutrient returns)。他指出：植物以不同的方式不断地从土壤中吸收其生活所必需的矿质养分，每次收获，必然要从土壤中带走一些养分，导致土壤中的这些养分减少，从而变得贫瘠。采取轮作倒茬只能减缓土壤中养分的贫瘠或是较协调地利用土壤中现有的养分，但不能彻底解决养分贫瘠的问题。为了保持土壤肥力，必须将植物带走的矿质养分和氮素以肥料形式全部归还给土壤，否则，土壤迟早会变得非常贫瘠，甚至寸草不生。

李比希的养分归还学说归纳起来有以下4点：①一切植物的原始营养只能是矿物质；②由于植物不断地从土壤中吸收带走矿质养分，土壤中这些养分将会越来越少，以至于缺乏这些养分；③采用轮作和倒茬不能彻底避免土壤养分的贫瘠，只能起到减轻或延缓的作用或是使现存养分利用得更协调些；④不可能完全避免土壤中养分的损耗，要想恢复土壤中原有物质成分，就必须施用矿质肥料使土壤养分的损耗与归还之间保持一定的平衡，否则土壤将会逐渐成为不毛之地。

植物收获物从土壤带走的养分必须归还土壤才能维持生产力。土壤虽是个巨大的养分库，但并非取之不尽。为维持土壤养分平衡并不断提高地力，必须合理施用肥料，归还消耗掉的养分，才能保持土壤有足够的养分供应容量和强度。然而，在生产实践中，常出现肥料分配不平衡、片面强调以氮素为主的归还等现象，不利于地块养分均衡、持续增产。

养分归还学说对恢复和维持土壤肥力具有积极意义，为提高植物产量提供了物质基础。从现在的观点来看，归还基本上是正确的，但归还不是绝对的全部归还，不像李比希强调的那样，植物带走的所有养分都要归还，这是不经济、不必要的，而应是“还”其所缺，有重点地归还养分。该归还什么养分，应依据植物特性和土壤养分的供给水平而定，可分为重点归还(如N、P、K)、中度归还(如Ca、Mg、S等)和少量归还或不归还。例如，华北石灰性土壤含有较多的碳酸盐类($CaCO_3$、$MgCO_3$)，种植喜Ca的豆科植物不必考虑归还 Ca；而在华南缺 Ca 的酸性土壤上，则必须施用石灰。

至于归还养分的数量，也不是植物带走多少，就归还多少，那样至多只能维持土壤原来的肥力水平。所以，农林业生产要持续发展，养分归还的数量应大于携出量，同时还应考虑肥料利用率的问题。养分归还学说在生产实践中不断被充实和完善，在指导施肥方面的作用将更大。

4.2 最小养分律

李比希继提出养分归还学说以后，为了保证有效地施用化学肥料，他在试验的基础上，于 1843 年又进一步提出了最小养分律(law of the minimum nutrient)的观点。最小养分律的内容是：植物产量受数量最小的养分所控制，产量的高低随着这种养分的多少而变化，所谓最小养分就是指土壤中最缺乏的那种养分元素。植物为了生长发育，需要吸收各种养分，但是决定植物产量的却是土壤中那个相对含量最小的养分元素，产量在一定限度内随着这个因素的增减而相对变化，因而无视这个限制因素的存在，即使继续增加其他营养成分也难以再提高植物的产量。

最小养分律，也被称为“木桶效应”或“木桶法则”，如图 4-1 所示。

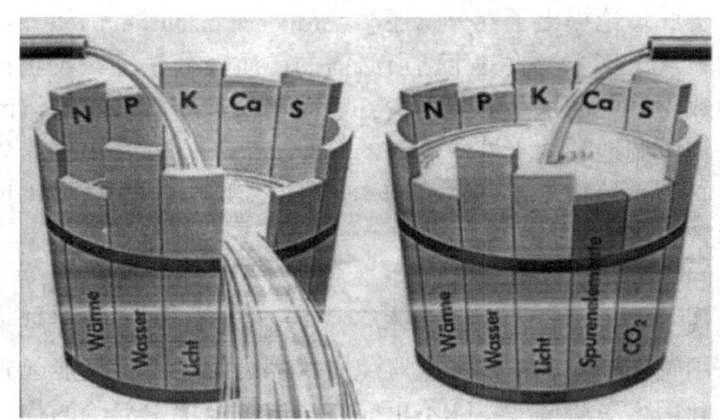

图 4-1　最小养分律“木桶效应”示意

最小养分律指出了植物生产过程中施肥应解决的主要矛盾，这是配方施肥的主要原理之一。以最小养分律指导施肥，可以使施肥工作更加科学化。施肥时，应找出各种养分的比例关系，确定土壤中最小养分元素，有针对性地施肥，即“缺啥补啥”，以获得良好的增产效果。施肥时，不但要考虑各种养分的供应状况，而且要注意与植物生长有关的环境因素。在生产实践中，不仅要注意最小养分，还要考虑其他生态因子，只有在各种生态因子足以保证植物生产的前提下，施肥才能发挥最大的增产潜力。

最小养分律在推动施肥技术进步方面起到了重要的作用，但由于历史的局限性，最小养分律也存在着不足，其主要的缺陷是孤立地看待植物各种营养元素的需求量，没有从相互协调、综合作用的角度分析各种营养元素之间的关系。因此，在利用最小养分律指导施肥实践时，应注意以下问题：最小养分，并不是土壤中绝对数量最少的那种养分，而是指相对于植物的需要来说最少的那种养分，必须首先得到补充；最小养分可能是大量元素，也可能是微量元素；最小养分也不是固定不变的，会随时间、地点、植物种类、植物生长期、产量水平和肥料施用状况等条件而变化，当一种最小养分得到补充和改善以后，另一种原来不是最小养分的营养元素可能会成为限制植物产量的新的最小养分，若继续增加最小养分以外的其他养分，将难以提高产量，并降低了施肥的经济效益。

最小养分并不是固定不变的。N、P 和 K 等大量营养元素可能最先是最小养分。在特定条件下，Fe、B、Mn、Cu 等微量营养元素也可能成为最小养分。另外，原来的最小养分解决了，还会产生新的最小养分。这一点从我国农业生产发展历史和施肥实践中已经得到了证明。20 世纪 50 年代，N 是最小养分。不施 N 肥，农作物的产量明显更低，施 N 肥增产效果显著；60 年代，当 N 得到满足后，土壤又缺 P 了，P 成为新的最小养分，而 N、P 配合的增产效果更好；70 年代，长江以南各省土壤缺 K，K 又成了新的最小养分。因此，在施 N、P 肥的基础上，增施 K 肥效果显著。最小养分随条件而变化。如果不了解最小养分规律，简单地增加 N、P、K 用量，则无法达到增产的效果。随着条件的变化，要维持较高的产量(或生物量)，各营养元素的施用量就要改变，否则产量就会受影响。

图 4-2 是以 N、P、K 3 种元素为例来说明最小养分会随各种条件而变，当然，这也适用于中量和微量元素。图 4-2(a)表明，对于 N、P、K 3 种养分来说，由于 N 满足植物所需的程度最小，故植物生物量因 N 素水平的限制而很低，N 是最小养分。图 4-2(b)表明，在原来 P、K 水平不变的基础上，增加 N 的供应，直至达到植物需要的程度，植物生物量随之提高，但由于 P 的水平仍低，未达到满足植物需要的程度，生物量虽有提高，仍然未达到最理想的水平，P 又成为新的最小养分。图 4-2(c)说明，增加 P 的供应，使之达到植物需要的程度，植物生物量就会提高，但并没有提高到更理想的水平，这时 K 又成为新的最小养分。需要说明的是，图 4-2 只表示植物对养分的需要程度，并不表示植物对养分的绝对需要量。

林木施肥要按照最小养分律基本原理，因地制宜，准确分析最小养分因子，然后缺什么养分元素，就要有针对性地施什么肥料，这样才能获得明显的增产效果。而施用最小养

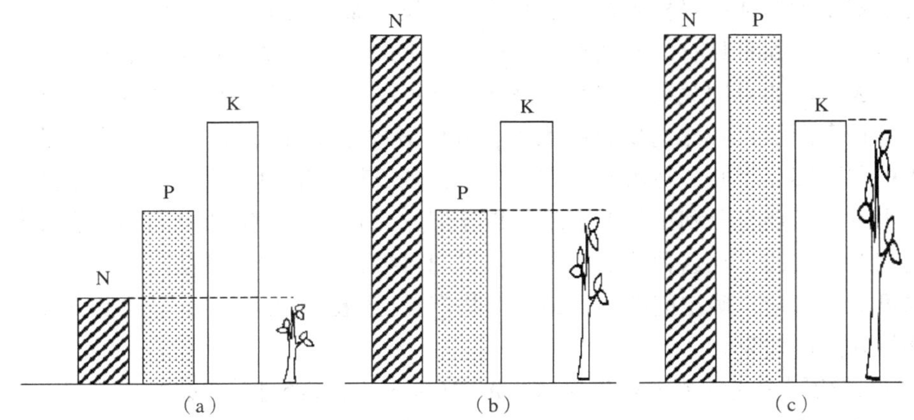

图 4-2　最小养分动态变化图

(a)氮是最小养分　(b)磷是最小养分　(c)钾是最小养分

分以外的其他养分，只能增加生产成本，难以取得预期效果。由于最小养分因子是变化的，所以要注意养分平衡供应，才能使林木对养分吸收利用比较充分，有利于提高肥料利用率，以达到增产增收和节肥的综合效果。

李比希提出的“养分归还学说”和“最小养分律”对合理施肥至今仍有深远的指导意义，只是他尚未认识到养分之间的相互联系，把养分的作用各自独立起来。

4.3 报酬递减律与米氏学说

18 世纪后期，法国古典经济学家杜尔格(Anne Robert Jacques Turgot，1727—1781)在对大量科学实验进行归纳总结的基础上，提出了报酬递减律(law of diminishing returns)。其基本内容为：土地生产物的增加与费用对比起来，在其尚未达到最大界限的数额以前，土地生产物总是随费用增加而增加，一旦超过这个界限，就会发生逆转的现象，不断地减少下去。大量的科学实验不仅证实了土地报酬递减律是一种客观规律，并且还推演出具有广泛指导意义的资源报酬递减律，反映了在技术条件不变的情况下投入与产出的关系。其中，以肥料和作物产量为研究对象的实验研究均得出了肥料报酬递减律，即在技术和其他投入量不变的情况下，作物产量随着一种肥料投入量的不断增加，依次表现为递增、递减的变化。当施肥量在适量范围内，作物产量与施肥量的关系呈曲线模式，当施肥量超过适量范围时，原来对作物增产的有利因素可能转化为毒害因素，增施肥料不仅不能增加产量，相反还会降低产量，呈抛物线模式。

肥料报酬递减律是一个经得起生产实践检验的自然规律，其原因在于：肥料作用的对象是植物，施用对象是土地，植物和土地在一定的条件下都客观地存在着容纳度的界限，追加的肥料超过植物和土地的容纳度便不起作用，而且任何一种肥料投入都必须和其他肥料投入相配合，并且还要与其他资源投入水平相协调，形成一种多因素的平衡关系，如果不能形成这种多因素的平衡关系，仅追求一种肥料的用量，其报酬必然递减。

在技术不变和包括肥料投入在内的其他资源投入保持在某个水平的前提下，肥料报酬递减律对指导配方施肥具有重要的意义。如果技术进步了，并由此使其他资源改变了投入水平，且形成了新的协调关系，肥料的报酬必然提高。随着农业科学技术的进步，包括肥料在内的各种资源投入必然达到新的水平，并使其关系更加协调，肥料报酬也随之增加，这已为历史所证实。因此，在农业生产过程中，既要努力推动农业科学技术的进步，提高肥料报酬水平，又要充分利用肥料报酬律指导配方施肥。在一定的时间内，农业科学技术水平总是相对稳定的，在这种情况下，应依据肥料报酬递减律，根据当时的技术水平和其他资源的可能投入量，确定能够获得最佳植物产量(生物量)的某种肥料的投入量，实现肥料的最佳投入产出效果。

1909 年，德国土壤学家米切里希(E. A. Mitscherlich)经过深入研究施肥量与产量之间的关系，发现可用指数方程(米氏方程)表示这种关系：

$$Y = A(1 - \mathrm{e}^{-cx}) \tag{4-1}$$

式中：Y 为产量；x 为施肥量；A 为最高产量；e 为自然常数；c 为效应系数。

即增加一单位某一生长因子(其他生长因子恒定时)所引起的作物产量的增长率与该因子所能达到的最高产量与现有产量之差呈正比。

米氏方程揭示了植物产量与施肥量之间的一般规律；首次用函数关系反映了肥效递减规律，其应用使得肥料施用由经验性、定性化走向了定量化。施用某种养分的效果以在土壤中该种养分越不足时效果越大，如果逐渐增加该养分的施用量，增产效果将逐渐减小。在达到最高产量之前，尽管肥料报酬是递减的，但依然是正效应，总产量随施肥量增加而增加；当超过最高产量之后，肥料报酬则呈现负效应，此时产量与施肥量之间的关系不再是曲线模式，而呈抛物线模式，如图 4-3 和图 4-4 所示。

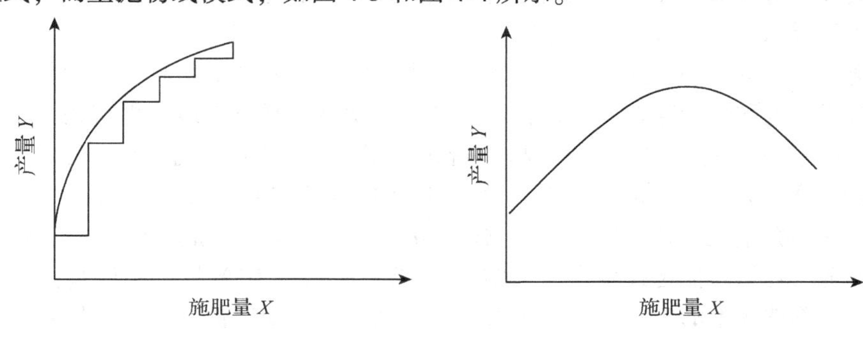

图 4-3　增产效应的曲线图　　**图 4-4　增产效应的抛物线图**

综上所述，报酬递减律和米氏方程与合理施肥关系密切，是林木施肥的基本原理之一。只有遵循报酬递减律和米氏方程，才能避免施肥的盲目性。应不断注意技术创新，促进生产条件的改变，在逐步提高施肥水平的情况下，提高肥料的经济效益，促进林业生产的可持续发展。

4.4　矿质养分与林木生长、产量和品质的关系

林木生长是指树木细胞不可逆地增长和分化，致使树高增加、直径增大的过程。林木在其生长过程中，不断地与环境进行物质、能量和信息的交换。在环境综合因子的作用下，林木从环境中吸收矿质养分和水分并在体内运转和利用的过程称为林木营养。

林木正常生长发育需要多种矿质营养元素，而且各种养分元素之间存在平衡的比例关系，这是由林木生物学特性所决定的。若矿质养分供应适当，林木生长旺盛；矿质养分供应不足，则会限制林木的生长；矿质养分供应过量，林木生长反而会下降。因此，只有了解和掌握矿质养分与林木生长的关系，才能较好地根据树种的不同需要使用矿质养分来满足其生长，指导对林木施用矿质养分(即施肥)。

19 世纪中叶，法国科学家首先采用草木灰、铵盐及矿渣进行林木施肥，使树木生长量提高 17%~20%。林木施肥作为一种营林措施直到 20 世纪 50 年代才开始进入实用阶段并有较快发展。美国、加拿大、澳大利亚及日本等国首先开展试验研究，施肥对象集中于速生用材树种和经济价值较高的树种，并与定向培育相结合。例如，美国集中于北美黄杉、湿地松和火炬松，澳大利亚为辐射松和桉树，北欧主要为欧洲赤松，日本则为竹子、柳杉和扁柏，巴西为桉树纸浆材林施肥，韩国、法国为杨树人工林施肥。我国从 20 世纪

70 年代末开始进行林木施肥试验，主要集中于杨树、泡桐、桉树和杉木等主要速生用材树种。

多数研究结果表明，施肥可以提高林木生长量，缩短成林年限，促进林木结实，缩短幼林抚育期，促进幼林郁闭，改善木材的品质。但林木生长周期长，并受树种特性、品种、立地、气候影响着树木生长，所以不同地区树木生长存在一定差异，施肥效果也不相同，尤其是用材林林地施肥效果表现不一。研究者们对杨树、桉树、马尾松和栎类(如大叶栎)等的施肥试验结果表明，施肥对其胸径(或地径)、树高(或苗高)生长有显著促进作用，收获量及木材等级明显提高。但也有研究表明施肥措施能够促进闽楠幼树生长，但对树高、地径和冠幅的影响程度不尽相同。

林分施用矿质营养的肥效具有阶段性，表现出同一树种的幼龄林、中龄林、近熟林所需的矿质营养种类和数量存在差别。杉木、马尾松幼林施肥与立地条件有关，一般在立地指数为 14~16 的林地施肥效果最好。桉树造林 1 年成林，3 年成材，5 年可主伐，由于生长迅速须从土壤中吸收大量的矿质营养才能满足其生长需要。桉树对 N、P 和 K 要求敏感，适当施一些微量元素效果更好，如 Mg、Mn、Mo、Cu、Zn 和 B 等。只有 N、P、K 等矿质营养齐全，林木才能迅速生长，单施 N 肥或 P 肥或 K 肥效果都不够理想。中龄林施肥目的是提高单株林木的生长量和改善材性，增加单位面积产值，并可缩短轮伐期，与其他营林措施相结合，使人工林生态系统内的养分循环处于合理。有研究发现，单施 N 肥对杉木中龄林有明显的效应；单施 P 肥或 K 肥效应有限，特别是 K 肥效果更小。对马尾松中龄林 3 年施肥效应研究结果表明，P 为马尾松生长限制因子，施用 Ca、Mg、P 肥能显著地促进马尾松中龄林生长。欧洲和北美洲一些国家很重视近熟林施肥，一般于主伐前 5~10 年施肥，投资回收快，经济效益高。我国杉木和马尾松近熟林施肥技术研究相对较少。研究发现，杉木近熟林施 N 肥或 K 肥均能明显促进林木生长；单独施 P 肥效果较低；N 肥与 K 肥配合施用效果最好。施肥对马尾松近熟林生长也有明显的促进作用，尤其是对胸径生长的促进效果最好。

养分平衡是提高品质的基本保障。供肥水平适当会明显提高产品品质，供肥过量反而降低其品质。以果树为例，矿质元素对果树的生理代谢和果实的营养品质有着重要的作用。大量元素或微量元素的缺失或过多都将影响果树的生长发育、果实品质(如单果质量、纵径、横径、纵横比、果形指数、可食率、可溶性固形物含量、可滴定酸含量、固酸比、糖酸比和维生素 C 含量等衡量指标)的改善与产量的提高。相关研究表明，果实中大量元素 N、P、K 含量与可溶性固形物含量和固酸比均呈极显著或显著负相关，与可滴定酸含量呈极显著正相关；中量元素 Ca 和 Mg 含量的缺乏会使果实变小及果实可溶性固形物降低；微量元素与果实品质也存在一定的相关性。果实中的矿质元素含量受果树种类、砧木类型、品种、土壤质地、土壤肥力、水分条件和栽培管理技术等多种因素影响。目前，矿质营养元素与果实品质的研究涉及赣南脐橙、云南冰糖橙、柑橘、枇杷、苹果、蓝莓等果树。下面将以柑橘和苹果为例来看施肥与果树生长和果实品质的关系。

柑橘种类、品种繁多，周年多次抽梢和发根，挂果期长，故树体具有一定的营养特点和需肥规律。当立地条件确定后，自然因素的影响很难被改变，但是通过合理施肥，可以很大程度上改善柑橘树体营养，提高产量及品质。N 肥对柑橘的营养生长影响最大，包括枝梢长度、直径和生长量以及茎秆重量，而对柑橘产量和品质，N、K 肥的影响程度大于 P 肥。在使用有机肥和 P、K 肥的基础上，不同施 N 量对柑橘产量具有极显著的影响，并且改善了柑橘品质，施 N 量为 0~1.75 kg·株$^{-1}$，总酸含量由 7.7 g·kg^{-1} 下降到 5.0 g·kg^{-1}，而转化糖、还原糖及维生素 C 含量分别增加了 12.2%、12.3%和 13.3%。对温州蜜柑的研究表明，P 供应量小于 0.115 kg·株$^{-1}$ 或大于 0.865 kg·株$^{-1}$ 均有阻碍春梢生长的作用，从产量构成因素上看，当 P 施用量为 0.615 kg·株$^{-1}$，单株挂果数增加了 21.0%，而为 0.365 kg·株$^{-1}$，则使单果重增加了 17.9%。以施 P 量 0.615 kg·株$^{-1}$ 为极限，在这一范围内，糖和维生素 C 含量分别提高了 13.3%和 0.9%，果实品质得以改善。合理施用 K 有利于减轻或防止果实日灼、裂果的发生。不同的施 K 肥时期对柑橘果实发育、裂果和品质也有不同的影响。在施 N、P、K 基础上，施用 Ca、Mg、S 和微量元素，也会影响柑橘的产量和品质。初步研究表明，福建南部丰产柑橘园土壤微量元素适宜含量指标为：有效态锌 2.0~8.0 mg·kg^{-1}，代换态锰 3.0~7.0 mg·kg^{-1}，易还原态锰 100~200 mg·kg^{-1}，有效态铜 2.0~6.0 mg·kg^{-1}，水溶态硼 0.5~1.0 mg·kg^{-1}，有效态钼 0.15~0.30 mg·kg^{-1}。

对北京市昌平区 34 个成龄苹果园土壤养分、pH 值和果实矿质元素含量的调查和多元统计分析发现，土壤有机质和 pH 值对果实矿质元素含量具有重要影响；线性规划求出果实矿质元素含量最佳的土壤养分和 pH 值优化方案为：有机质 27.62~40.00 g·kg^{-1}、全氮大于 3.00 g·kg^{-1}、碱解氮大于 100.00 mg·kg^{-1}、有效磷 140.68~550.00 mg·kg^{-1}、速效钾 293.60~650.00 mg·kg^{-1}、有效钙 1.75~3.04 mg·kg^{-1}、有效铁 15.00~60.00 mg·kg^{-1}、有效锌 4.00~20.00 mg·kg^{-1}、有效硼 0.50~2.00 mg·kg^{-1} 和 pH 6.49~7.50。

施肥与产量和品质的关系表现为：①随着施肥量的增加，最佳产品品质出现在达到最高产量之前；②随着施肥量的增加，最佳产品品质出现在达到最高产量之后；③随着施肥量的增加，最佳产品品质与达到最高产量同步出现。

因此，提高产量和品质的选择原则为：①在不至于使产品品质显著降低或对人畜安全产生影响时以实现最高产量为目标；②在不至于引起产量显著降低时以实现最佳品质为目标；③产品和品质矛盾较大时，在有利于改善品质前提下提高产量。

随着林地施肥技术与理论的不断进步，判断林地施肥效果不应仅局限于其对树高生长、胸径和木材蓄积量的影响，更应注重研究施肥对林木品质性状的改善，只有全面认识林木生长的施肥效应，才能科学地指导林木施肥，不断提高我国林业生产的竞争力，促进我国林业生产的可持续发展。

4.5 林木营养的诊断方法和指标

4.5.1 植物营养诊断原理和目的

4.5.1.1 植物营养诊断

植物营养诊断是指对植物的营养状况进行科学判断并指导施肥的技术。通过研究植物形态、结构、生理、生化变化，以判断植物的营养状况，采用物理的、化学的或生物的技术手段获取植物养分丰缺和土壤养分供给强弱的信息，为合理施肥提供依据，以达到一定的目标产量、改善品质及增加经济效益的目的。

营养诊断主要是指某种养分缺乏或者过剩，即进行缺素诊断或过剩诊断。此外，多元素平衡状况的综合诊断也得到重视。植物营养诊断方法很多，一般从植物自身营养状况和土壤养分供给两方面入手，分别称为植物诊断和土壤诊断。植株诊断是对正在生长中的植物本身进行营养状况的判别，营养元素的缺乏或过剩，会引起形态和生理生化状况的变化，因此植物诊断可分为植物形态诊断、植物生理诊断等。土壤诊断则是通过土壤状况的分析来明晰土壤养分供应状况，探明植物营养环境状况，用于诊断植物营养障碍的症结。土壤诊断则主要是土壤养分元素有效态分析诊断。

从诊断的手段看，可分为形态诊断、化学诊断、生理生化诊断和施肥诊断等多种。

植物营养诊断是植物营养学、土壤学、植物生理、生化等学科在生产实践中的综合应用，据此指导施肥。由此，营养诊断是手段，施肥是目的，所以这一方法的关键是营养诊断。

通过营养诊断可以用来判断营养元素缺乏或过剩而引起的失调症状，以决定是否追肥或采取补救措施；通过判断(土壤、植物)营养元素丰缺情况，预测植物生长期间是否需要补充某养分；还可以通过营养诊断查明土壤中各种养分的储量和供应能力，为制订施肥方案、确定肥种类、施肥量、施肥时期等提供参考等。

4.5.1.2 林木植物营养诊断特点

林木属多年生植物，其生长特点、养分需求规律等与一年生草本植物有很大的不同，因此其营养生理与营养诊断技术要求也有其不同的特点。相比一年生植物，多年生的林木植物生育周期长，地上部、地下部树体庞大，树体能积累较多的养分用于枝叶的生长，根系吸收土壤养分的土体范围广。一旦地上部叶片有可见养分障碍症状时，土壤养分状况问题早已发生。因此，在进行植物营养诊断时不仅只注意诊断器官，还需要兼顾树体营养、土壤诊断。

栽培目的不同，营养诊断的目标和施肥管理措施要求也不同，如收获果实、木材、胶乳等，在营养诊断与施肥上显得复杂和多样。对于以生殖器官果实为收获物的树木，树体在年生长周期中具有营养生长和生殖生长阶段，需要兼顾生长期间各个阶段植株各部分间的营养平衡需求。

此外，大多林木植物根系有菌根共生，树体通过菌根从土壤中获得的养分不可忽视；许多林木植物以无性繁殖进行栽培管理，采用优良接穗嫁接相应的砧木上，不同砧穗组合影响树体的养分吸收和转运能力。

4.5.2 营养诊断方法

4.5.2.1 营养诊断的依据

基于田间生产实际，植物营养诊断主要从土壤养分状况和植株营养状况 2 个方面考虑。土壤诊断和植物诊断中各有许多方法，目前采用最多的是土壤化学诊断和植物化学诊断。通常进行一项诊断工作需要几种方法综合运用，尽可能从各个方面获取多的信息，互相印证、相辅相成，提高诊断的可靠性。

(1)土壤养分诊断的依据

植物生长发育所需的营养元素主要来自土壤，土壤需提供给植物的养分量随植物生物量和产量的提高而增加，土壤中营养物质的丰缺、协调与否直接影响植物的生长发育和产量，也关系施肥的种类、数量和效果。因此，土壤营养诊断，是确定施肥的重要依据。在制订施肥计划前应首先进行土壤营养诊断，需根据土壤养分的含量和供应状况以便确定肥料的种类和适宜的用量。

土壤营养诊断主要依据土壤养分的强度因素和数量因素。

①土壤养分供应的强度因素　即土壤养分供应水平的高低。可以简单理解为土壤溶液中养分的浓度(活度)。强度因素是土壤养分有效性大小的一个量度，但它不具有量的意义，它代表植物利用这种养分的难易。由于土壤液相养分和固相养分处于平衡状态，所以强度因素也意味着土壤胶体对这种养分吸持的强弱。

②土壤养分供应数量因素　土壤养分供应不仅决定于土壤溶液的养分浓度(强度因素)，而且还取决于固相养分及其在固、液相间的平衡。这种与液相养分处于平衡状态的养分，可因液相养分被植物吸收或因其他原因减少时，很快进入溶液，补充供给植物吸收利用。这种当季植物生长期间能够提供的养分的总量称为土壤养分供应的数量因素，也称有效养分总量。不同的土壤，尽管它们具有同样的强度因素，它们的养分供应能力也可能不同。例如，相同强度因素水平下砂质土壤的养分数量比黏质土壤少。

植物的生长和产量状况与土壤养分供应能力(强度因素和数量因素)密切相关，并呈现出一定的规律性，这是利用土壤进行植物营养诊断的理论基础。农业生产中，有采用化学分析方法的土壤化学诊断、通过肥料试验的田间肥效试验法等，其中以化学法测定土壤有效养分的土壤化学诊断法目前最为普遍。

(2)植株营养诊断的依据

植株营养诊断主要依据植物的外部形态和植株体内的养分状况及其与植物生长、产量等的关系来判断植物的营养丰缺程度及协调与否，以便作为确定施肥的依据。由于植株体内的养分状况是各种影响因子的综合作用的结果，如植物自身特点包括植株体内养分的分布特性、养分再利用规律等，这些因子又处于不断地变化之中(植物生长的变化、环境的变化等)，而且植株营养状况又是土壤养分状况的具体反映，所以植株营养诊断要比土壤养分诊断复杂得多。针对植物形态、结构、生理生化等变化反映植物营养状况采用形态学、物理、化学和生物学技术进行植物营养诊断。相应的诊断方法有形态学，包括外形诊断、叶色卡比色诊断、显微形态结构和超显微形态结构诊断；化学的诊断方法包括植物组织速测诊断、叶分析诊断和土壤化学诊断；生物学的诊断方法包括酶学诊断、室内培养和生物技术等；物理学的诊断方法包括电子探针诊断及遥感技术诊断等。当今应用最多的是形态学诊断和化学诊断，其他各种诊断一般作为补充或辅助方法。化学诊断是最重要、最基本的方法。既能分析植物必需的元素，又能精确定量测定。

4.5.2.2　土壤诊断方法

(1)土壤化学诊断

土壤化学诊断也称化学分析法。即采用化学分析方法测定土壤养分含量，并参比标准比较，以判断养分丰缺的方法，可分常规分析和速测 2 类。土壤化学诊断一直是指导施肥实践的重要手段。由于土壤养分的全含量与有效含量之间并不是都有相关关系，土壤中仅有很小一部分的养分呈有效态能够被植物当季生长吸收，用于诊断目的的分析一般仅为有效养分。

土壤化学诊断与植株化学诊断比较各有优点和缺点。植株养分含量与土壤养分含量在一般情况下是密切相关的，但植株养分含量不仅受土壤养分支配，还与根系吸收能力有关。如果根系吸收发生障碍不能很好吸收时，即使土壤有丰富的养分而植株仍可能表现养分不足或缺乏，这时测定两者方法的结果就可能不一致。林木植物由于树体养分的存贮而表现一定的缓冲作用，土壤中短时期的元素缺乏常常不能迅速反映出来，也同样导致上述结果的不一致。

土壤化学诊断对植物施肥推荐和植物营养不良的土壤障碍原因解决有重要作用，即可用于测土施肥、土壤改良，在播种和移栽前进行土壤化学分析测定可以预估缺什么、存在哪些土壤障碍，制订施肥方案和土壤改良方案，从而可及早防范；矫治因土壤养分不足或植物根系营养障碍等土壤问题引起的植物营养不良，这些都是植株分析无法实现的。所以植株分析和土壤分析在一般诊断中都是结合进行互为补充、相互印证，以提高诊断的准确性。

(2)田间肥效试验法

开展田间试验，采取不同的施肥处理，即不施肥与施一定量的肥料，观察植物长势与长相，直至最后收获产量，从而可以比较土壤供养分量。

(3)施肥探索诊断

以施肥方式给予某种或几种元素以探知植物缺乏某种元素。施肥探索诊断直接观察植物对被怀疑元素的反应，结果最为可靠，也用于诊断结果的检验。有根外施肥诊断和土壤施肥诊断2种。

①根外施肥诊断　多应用于微量元素探索，通过叶面喷施等方式直接提供养分给植株，不与土壤接触，避免土壤干扰。采用叶面喷、涂、切口浸渍、枝干注射等办法，提供某种被怀疑缺乏的元素让植物吸收，观察其反应，根据症状是否得到改善等作出判断。这类方法主要用于微量元素缺乏症的应急诊断。在树木微量元素缺乏的诊断上应用较多，有吸收见效快、用量少、经济、简单等优点。

②土壤施肥诊断　根据对植物形态症状的初步判断基础上，设置被怀疑的一种或几种主要导致症状形成的元素肥料做处理，将肥料施于植物根际土壤，以不施肥为对照，观察植物反应作出判断。除易被土壤固定而不易见效的元素如Fe等之外，大部分元素都适用。

(4)生物培养诊断

以生物为指示，根据生长情况对被试土壤养分丰缺作出判断。指示生物可以是植物幼苗、微生物等，多以生长周期短的微生物为主。指示生物必需对某种养分丰缺十分敏感，足以明确指示土壤养分的不同含量等级。

①幼苗法　利用植株幼苗敏感期或敏感植物来反映土壤的营养状况。例如，向日葵诊断土壤B，以供试土壤加无B营养液培养向日葵，以幼苗出现缺B症的天数为度量指示等。

②微生物法　利用某种真菌、细菌对某种元素的敏感性来预知某一种元素的丰缺情况。如用黑曲霉(*Aspergillus niger*)可检测K、Mg、Cu、Zn、Mn、Mo等多种营养元素。

4.5.2.3　植物诊断方法

直接以植物植株自身为对象，进行的各种植物营养诊断，凡能用来判断植物营养状况的定性、定量方法都可应用。营养元素的缺乏或过剩，会引起植物形态和生理生化等状况的变化，借助一定的技术手段进行测定，判明植物营养状况，因此，有形态、化学、生理生化等多种类别的方法。

(1)形态分析诊断

①形态诊断　根据植物外表形态的变异判断营养丰缺的方法。植物外表形态的变化是内在生理代谢异常的反映，这是形态诊断法的依据。形态诊断凭视觉形象判断。当植物缺乏某种营养元素时，植物生理代谢失调，在形态上表现出一定的病症，这种生理病症即为植物缺素症。因营养元素缺乏引起的症状包括生长发育的推迟或提前，株型长相异常，叶色变化，器官畸形、退化，组织坏死等。最易出现症状和易于观察到的组织器官是叶片，绝大部分缺素症都有叶部症状。不同营养元素的生理功能不同，有其特征的缺素症，根据症状的表现可以推断缺乏哪种元素。

形态诊断的优点是直观、简单和快速，不需任何仪器设备。但准确地进行形态诊断会因具体情况而复杂、困难。如不同元素可能引发相似的症状，对一些比较复杂的诊断问题如疑似症、重叠缺乏等凭形态诊断，一般是难以解决；形态诊断的经验性强，实践经验在诊断中起主要作用，因此，通常与其他营养诊断方法配合使用。此外，该方法诊断结果有一定的滞后性，特别是微量元素的缺乏，一旦表现出明显的缺素症状时，损失已经造成，无法弥补。表 4-1 给出了针叶树严量缺素的主要表现症状。

表 4-1　针叶树严量缺素的主要表现症状

元素	症　　状
N	一般地，针叶的失绿和生长障碍随缺素状况增加而增加，大多数情况下，针叶表现为短小，僵硬，并呈黄绿色。有时，在生长季节结束后，会出现叶尖发紫和叶身起枯斑
P	幼嫩针叶呈绿色或黄绿色，老的针叶明显发紫，紫色的深度随缺素加重而加深，某些非常严重缺素情况下，所有针叶都呈紫色
K	缺素症状多种多样，通常针叶变小且有失绿，并在其针叶基部保留一些绿色，在严重缺素情况下，针叶发紫和出现枯斑，且顶端枯萎，或者针叶虽很少或几乎不呈现失绿症，但会发紫、变棕和出现枯斑
Ca	一般地，在针叶出现枯斑后发生失绿症，尤其是树枝顶部，更是如此。在缺素严重时，会发生顶芽死亡和顶端枯萎，以及松脂渗出现象
Mg	缺素严重时，顶端针叶出现枯萎，继而新叶顶端呈现黄色
S	一般发生失绿症，在缺素严重时，继而在针叶上出现枯斑
Fe	在缺素不太严重时，新叶会发生不同程度的失绿症。但在严重缺素时，针叶将呈亮黄色，并且不再形成芽
Mn	一般情况下，针叶有轻度失绿症发生；严重缺素时，针叶会出现一些枯斑
B	缺素时，针叶失绿和形成枯斑，并在生长后期出现叶尖枯萎；顶梢也将枯萎并具有弯曲的钩状特征
Zn	缺素时，枝条缩短，树木生长发育严重受阻，针叶呈黄色、变短、并簇生在小枝上，有时针叶尖端呈古铜色。老叶脱落较早，且针叶簇生。严重缺素时，树干丛生，顶端枯萎
Cu	缺素时，针叶呈螺旋卷曲，颜色呈黄色或古铜色。针叶顶端有明显的枯斑或形似“烧伤痕”。严重缺素时，嫩枝也呈卷曲或弯曲
Mo	缺素时，针叶失绿，继而出现枯斑，这一现象，从针叶尖端开始，最终覆盖整个针叶

资料来源：引自 Morrision，1974.

②显微结构诊断　借助显微技术观察植物解剖结构的变化，用于判断植物营养状况的方法。营养元素失调引起植物内部细胞显微解剖结构的变化，如植物缺 Cu 的典型显微结构变化为细胞壁的木质化程度削弱，细胞壁变薄而非木质化，从而使幼叶畸形，嫩茎及嫩枝扭曲，故木质化程度可作为缺 Cu 的指标。植物缺 B 导致分生组织退化，形成层和薄壁细胞分裂不正常，木质部和韧皮部的形成过程受阻，输导组织坏死，维管束不发达，薄壁细胞异常增殖、破裂、排列混乱；叶绿体和线粒体形成数量减少，内部结构改变；花丝细胞伸长、排列不齐，细胞间隙加大，花药内圈气孔少，花粉壁不易消失，特别是绒毡层延迟消失而膨大，花粉粒不充实，或者下陷、空瘪等。这些与缺 B 植株的生长点死亡，叶片褪色、变厚，枝条、叶柄变粗，环带突起以及繁殖器官受损等外部症状一致。由于显微结构诊断所采用的光镜观察技术，步骤烦琐，一般只作为诊断的一种辅助方法。

③电子探针诊断　电子探针是一种电子扫描显微装置，具有面扫描、线扫描或点分析功能。用于元素微区分析，如确定元素种类、含量、分布，能取得分析样本的组织结构与元素间的原位关系，可用以判断植物营养状况。电子探针诊断分析灵敏度极高，检出限量为 $10^{-18} \sim 10^{-15}$g，在植物营养诊断中用来解决一般化学分析无法解决的问题。例如，元素的定位问题，研究元素缺乏或过剩，以及病理病引起的病斑组织的元素分布特征，可为区分生理病和病理病，以及元素的缺乏或过剩提供依据。

(2)植株化学诊断

植株化学诊断利用化学分析方法分析植物体营养元素的含量，并与参比标准比较，以判断植物营养丰缺的方法。植株分析结果最能直接反映植物的营养状况，是判断营养丰缺与否最可靠的依据。是国内外常采用的植物营养诊断的基本手段之一。

①化学分析方法　由于植物体内养分浓度的改变早于外部形态的变化，因此，测定植株养分浓度，可以在可见症状出现之前或不明显时就能发现潜伏缺素现象，从而起到诊断的预测、预报作用。植株化学分析分为组织快速测定和全量分析两种。

组织速测：取新鲜植物组织样品测定植物体内未同化部分的养分，利用呈色反应，目测分级，简易快速。一般适用于田间诊断，因此较粗放。通常作为是否缺乏某种元素的大致判断，测试的范围局限于几种大、中量元素如 N、P、K、Ca 等，微量元素因为含量极微，对测定方法的灵敏度要求高，速测难以实现。速测部位的选择十分重要，常选用叶柄(或叶鞘)作为测定部位，这是因为叶柄(或叶鞘)养分变化幅度常比叶片大，对养分丰缺反应更敏感。加之，叶柄(叶鞘)含叶绿素少，对比色干扰也小。某些营养元素也可以采用离子选择性电极进行营养诊断，如 K^+、NH_4^+、Ca^{2+}、NO_3^-、Cl^-等离子选择性电极。它的优点是简便快速、不受有色溶液的干扰、测定范围大、灵敏度度高、被测离子和干扰离子一般不需要分离。

全量分析：在不同生育期取正常植株和不正常植株的同一部位如叶片或整个植株等，测定其中某元素的总量，多采用干样测定。以叶片或叶柄等诊断器官(或全株)的常规（全量)分析结果为依据的，一般采用全量分析。

②影响化学分析的因素　植物化学诊断结果准确、可靠与否，很大程度上取决于所取样本的代表性。主要影响因素有营养诊断器官，采样时间，采样的代表性、典型性等。

诊断器官：不同器官的养分含量不同，所以正确选择什么器官是很重要。选择取样部位的基本原则是所选部位取样方便和最能反映养分的丰缺程度的组织或器官，即诊断器官。一般将器官中对某种元素的含量变异最大，而且变异与产量的大小相关性最大者作为诊断器官。

常用的植株器官有整个植株、根、茎、叶、叶柄、种子、果实、籽粒等。叶片是最常用的植物营养诊断器官，因为叶片的养分含量和养分供应水平常有较高的相关，以叶片为组织的诊断称为叶分析诊断，是以叶片为样本分析各种养分含量，与参比标准比较，判断植物养分丰缺的方法。在采取叶片样品时，由于叶柄的养分含量常和叶片有甚大差别，所以要除去叶柄、以不带叶柄的那部分叶片组织进行分析测定。叶片分析诊断被广泛应用于大田作物、果树和林木等，尤其对多年生林木的营养诊断，由于生育期长，可以根据叶片分析诊断结果采取的补救措施，当季有效。

对于在植株体内移动性较大的养分，如 N 和 P 等，老器官中积累的养分会向其他器官(如幼嫩器官)大量输送。在养分供应不足的情况下，就出现幼年植物组织中养分浓度较高。相反，在养分供应充足的条件下，幼嫩叶片中养分浓度较正常功能叶低。对于在植物体内移动性小的养分如 Ca，有时新形成器官已出现缺素症状，而老叶片含量还很高。所以老叶片不用作营养诊断器官。

一般采用能反映植物营养状况的最新成熟叶；对于移动性小的营养元素可以采用更灵敏的最新展开叶。适于诊断分析的叶片是生理成熟的新叶。生理年龄幼嫩的，组织尚未充实，养分含量变化大。如对已经出现缺乏症状的应急诊断，应从有典型症状植株上采取有症状的叶片，同时采取生长正常植株的同一部位叶样进行比较；为探明潜在缺乏的诊断，要根据可能缺乏元素在植株体内移动难易决定部位，容易移动的元素如 N、P、K、Mg 采下位老叶，不易移动的元素如 Ca、Fe 等应采上位新叶。

对于林木叶样采集，还需确定取样部位，应考虑林木的立地条件、树势、树龄、叶片在树冠的位置及叶龄等因素。对一块林地，首先确定在哪些树上采取，然后再确定所采叶片的部位及叶龄。林木叶片营养诊断，一般在林地中选取生长正常、无病虫危害的优势和亚优势树作为采样树。取样部位的选择，则要考虑整个树冠中叶养分浓度的垂直及水平变化。

采样时期：植物同一器官不同生长发育阶段的养分含量不同。在叶子迅速伸展的阶段，养分浓度变化剧烈；在生长后期，由于存在养分的再分配，叶片养分浓度也有较大变化；而在上述两个生长阶段的中间(对于果树来说大概可延续 3~6 个月)，叶片养分浓度相对比较稳定，大部分果树叶片诊断的采样多选择在这一阶段。

通常，植物在营养生长与生殖生长的过渡时期对养分需求最多，易发生供不应求而出现缺素症，此时的植株养分含量与产量水平相关性也常常最高，为取样的最适时期。

环境因素：环境因素(包括气温、光照、水分等)也会导致植物生长和养分需求的变化，从而影响植株的养分浓度。

养分元素间的交互作用：养分间存在着拮抗和协同作用，因而植物的养分浓度受养分之间的相互影响。例如，随着土壤 K 素含量的增加，叶片的 K 浓度也会增加，它可能导致 Mg 的缺乏；Cu、Zn 和 Mn 3 种元素间相互存在着明显的拮抗作用，其中一种元素的高含量可导致另一元素在叶子中浓度的减少。

如果植物同时缺乏 2 种或多种营养元素，但它们缺乏的严重程度不同时，严重缺乏的元素往往掩盖了另一种元素的缺乏，当前一种元素得到补充后才显出另一种元素的缺乏。这是“最小养分律”的表现。所以仅测定一种养分状况常常得到错误结论，除非已事先知道除去被测定元素外，其他养分均在充足水平。

(3)生理生化诊断

生理或生物化学诊断是根据养分缺乏所引起的某种代谢的、酶活性的变化而进行的诊断。生理生化的变化对植物元素丰缺状况的响应，在元素含量还未呈现显著差异时已明显发生，比形态症状的出现更早，因而使诊断时期大大提早，从而提高营养诊断的价值。

酶学诊断：是利用植物体内酶活性或数量变化来判断植物营养丰缺的方法。植物必需元素中不少是酶的组成成分或活化剂，当缺乏某种元素时，与该元素有关的酶活性或数量就会发生变化。检测相关酶的变化，就可判断何种元素缺乏及缺乏程度。例如，Zn 和核糖核酸酶、碳酸酐酶，Cu 和抗坏血酸氧化酶，Fe 和过氧化酶，钼和硝酸还原酶等。

酶是植物体内生理代谢变化的最早反应物，酶学诊断最有价值的一点在于它能提早诊断时期。酶学诊断的方法较灵敏，可以克服元素分析的许多不足，因而是一种极有发展前途的诊断方法。但酶学诊断法也有一定缺点，如测定值不稳定，不少酶的测定方法较烦琐，有关测试技术还有待完善。

其他生理或生化诊断方法：营养元素参与各种生理生物化学反应，元素的丰缺，也反映在各类代谢反应中，从而使代谢产物发生异常。例如，缺 Cu 导致木质化作用降低，利用酸化间苯三酚使木质素变红色的原理，通过茎横截面染色，着色深浅可以指示 Cu 的丰缺。

(4)生物工程诊断

随着生物工程技术的不断深入，基因重组技术逐渐被应用于植物营养分子水平的诊断，为植物营养诊断提供了全新的发展方向。通过生物工程技术手段，培育出缺 Zn 特异指示植物，从而实现了对植物体内 Zn 营养的快速诊断和可视化动态监测。例如，缺 Zn 系统对 Zn 营养具有专一性，在缺 Zn 处理下，随着缺 Zn 时间的增加转基因烟草叶片紫色逐渐变深；恢复供 Zn 后，转基因烟草在短期内恢复正常的绿色。另外，系统不受 N、P、K、Fe、Mg 等其他营养胁迫的影响。

(5)无损诊断

①遥感诊断　遥感诊断是不直接与土壤、植物接触而感知其土壤肥力和植物营养状况的诊断方法。遥感信息具有宏观、多光谱和多时相等特性，可进行全球、全国和区域土壤肥力和植物营养状况的诊断。主要方法是研究和测定土壤和植物的光谱特性，如土壤有机质、Fe_2O_3 和水分等对太阳辐射能均有不同程度的吸收能力。用于植物诊断上，利用遥感技术通过检测植物冠层的光反射和光吸收性质来检测植物营养状况的一种最先进的诊断技术。植物营养状况如叶色的黄绿差异，与光反射率有显著相关性，通过测定植物的光谱反射率，可估算出植物的叶绿素、N 含量，了解植物的缺素状况。遥感技术诊断目前在植物 N 营养状况诊断上应用较多，在 P、K 及中微量元素上才刚刚起步。

遥感诊断属于无损测试技术，可以在不破坏植物组织结构的基础上对植物的生长营养状况进行诊断、监测；可以客观、迅速、大范围地对田间植物营养状况进行监测，为合理施肥提供信息决策，具有常规方法无可比拟的优越性。

②叶绿素仪诊断技术(SPAD 值法)　利用手持叶绿素仪(SPAD 仪)测定叶片叶绿素含量进行氮素营养诊断的一种技术。仪器以叶绿素对红光和近红外光的不同吸收特性为原理来测定植物叶片的相对叶绿素含量。叶绿素与叶片氮营养状况相关，因此，通过研究不同种植条件下叶绿素仪测定值与植物叶片全氮、植物生长状况和产量之间的关系，可以确定叶绿素仪测定值的临界水平以及植物 N 营养状况。SPAD 仪使用简便、测定快速、结果准确。因此，可以作为快速、灵敏和无损伤的探测和诊断作物 N 营养状况的一种方法。

③叶绿素荧光分析技术　利用叶绿素荧光分析测定植物体内发出的叶绿素荧光信号(光化学效率)，它与叶片含 N 量之间呈显著相关性，从而分析诊断植物 N 营养状况。也是快速、灵敏和无损伤的探测和诊断植物 N 营养状况的一种新方法。

4.5.3　营养诊断指标

林木营养诊断是预测、评价肥效和指导施肥的一种综合技术，包括缺素诊断、土壤分析、植物组织分析、盆栽试验和田间试验等方法。田间试验是评价林木生产潜力的最可靠方法，但它要求技术熟练，调查面积大，确定肥效反应的时间长，所需成本也高。植物生产潜力的发挥有赖于植物体各养分元素状况是否适宜，而生长在土壤中植物养分丰缺与否则取决于土壤养分丰缺和土壤肥力水平。目前一般采用土壤化学诊断和植物组织分析诊断所得养分含量与植物生长、产量的关系用于营养诊断指标。

4.5.3.1　养分丰缺的确定

(1)土壤养分丰缺的确定

土壤养分供应是否适宜和充足直接就确定了林木生长状况和产量潜力，通常采用相对产量的方法来衡量土壤肥力状况。通过田间试验，用相对产量法对土壤肥力进行分级。相对产量是指在其他养分供应充足的条件下，不施某种养分的产量占施足该养分产量(最高产量)的百分比。相对产量法中的分级标准没有严格的规定，不同研究者采用的分级标准也有所不同。根据土壤养分含量与植物产量关系划分养分等级，通常分为 3 级，以高、中、低表示。“高”——施肥不增产，其中可再分出“极高”——超过一般所见的高含量；“中”——不施肥可能减产，但减产幅度不超过 20%~25%；“低”——不施肥显著减产，减产幅度大于 25%，其中又可分出“极低”，减产大于 50%。

(2)植物营养丰缺状况的确定

植物生长生物量或农产品产量与营养元素含量之间的关系是营养诊断的出发点，植物体内养分含量，可以分为缺乏范围、适宜范围和毒害范围(图 4-5)。

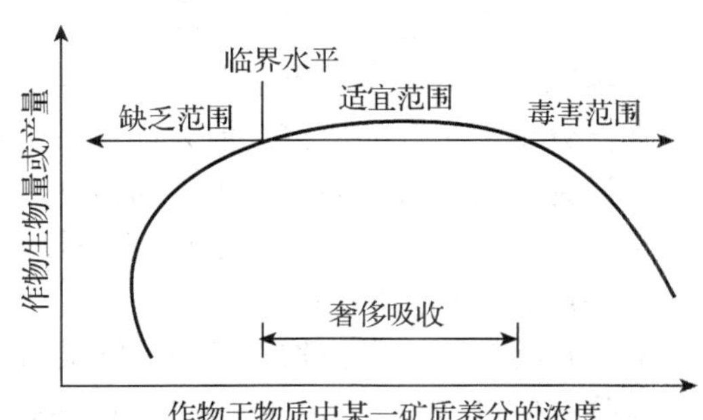

图 4-5　植物组织中养分的浓度(干重)与植物生长的关系

①缺乏范围　指营养元素含量达到临界浓度之前，植物产量随元素补给而上升的范围。

②适宜范围　养分含量超过临界水平后，植物产量不再随养分含量提高而上升，

即植物积累的养分不起增产作用，故又称为奢侈吸收。

③毒害范围　养分含量超过适宜范围，进入了过剩阶段，使植物生长受阻，产量下降，甚至死亡。

采用盆栽试验、田间肥料水平试验以及田间调查的方法，在较大范围内发生缺素症时，可以采集到包括从正常到有严重缺乏症状程度的植物样本，通过分析养分浓度与植物生长之间的关系，获得临界值(临界水平)。在“缺乏”与“足够”(适宜范围)之间往往存在较宽的过渡区。在这里，临界值并不是某一个“点”，而是一个范围，因此用“临界范围”更切合实际。

4.5.3.2　营养诊断指标的建立

土壤和植物养分丰缺状况依最佳营养条件下的生物量或农产品产量确定，因此，可以根据各种土壤、植物诊断方法所用参数确定相应的营养诊断的数量指标。国内外应用最为广泛的是采用土壤有效性养分和植物养分含量。根据考察因子和分析方法的不同有不同的方法确定。

(1)土壤养分诊断指标

通过肥料试验，确定植物产量和施肥量之间的数学函数关系，明确土壤养分状况与植物生长的关系，获得土壤养分丰缺指标、土壤养分临界值。

土壤养分临界值：土壤有效养分的临界值是指土壤有效养分与植物对肥料反应之间的一个特定值，凡土壤有效养分低于这个特定值，施肥有明显的增产作用；高于这个特定值时，施肥的增产作用微小甚至没有。目前，一般多用相对产量来划分临界点。常把相对产量为90%、95%或99%时所对应的土壤有效养分测定值称为养分的临界值，也有人把相对产量为85%~90%时对应的养分，称为临界值。因为植物对微量元素需求量小，所需微量元素肥料用量很小，除划分应施用与不应施用外，不需要再划分施用量等级。

土壤养分等级：根据土壤植物养分测定值及植物产量反应，将土壤养分水平分级。据此，可以对未知土壤进行有效养分测定，获知该土壤的养分和土壤肥力水平，并定性给出施肥量的建议，用于指导生产。此法虽简便易行，但精度差。

土壤有效养分水平与土壤 pH 值、质地等显著相关，因为这些因素直接影响根系对养分的吸收。如植物从黏土吸收养分比从砂土中吸收要难，植物吸收某一定量的养分，所需的临界值(浓度)黏土比砂土高。同一营养元素采用不同的方法得到的有效态含量也不同。通常土壤诊断标准的建立可和植株诊断标准同时进行。

土壤肥力高低大多以土壤有效养分含量来衡量。我国土壤肥料工作者进行了大量的土壤有效养分丰缺指标的研究，但大都集中于大宗栽培植物特别是大田农作物，对林木栽培植物的研究相对比较薄弱。由于不同植物对养分需求差异很大，因此，对土壤养分水平的需求也不同。表4-2、表4-3中给出了一般栽培植物的土壤养分有效性分级指标。

(2)植物营养诊断指标

养分指标分级。在植物生长与诊断器官养分含量关系中，在“缺乏范围”，严重缺乏时为出现症状的区域，至“适宜范围”中间转折部为“转变区”(“临界水平”前后)是症状出现或不出现的过渡区域；转折后的水平部分为养分充足区域，此区没有不良症状。通常以转变区的中点作为临界值，这一点大致落在最高产量的90%~100%范围内(图4-6)。

表 4-2　土壤大中量元素有效性的分级指标　　mg · kg^{-1}

元素	元素形态	分级指标		
		低	中等	高
N	碱解氮	50~100	100~150	>150
P	有效磷	5~10	10~20	>20
K	速效钾	50~100	10~20	>150
Ca	速效钙	50~100	500~800	>800
Mg	速效镁	50~100	50~100	>100

表 4-3　土壤微量元素有效性的分级指标　　mg · kg^{-1}

元素	浸提剂	分级指标		
		低	中等	高
B	沸水	0. 25~0. 50	0. 50~1. 00	1. 00~2. 00
Mn	对苯二酚-中性乙酸铵(活性锰)	50~100	100~200	200~300
Zn	DTPA-TEA	0. 5~1. 0	1. 0~2. 0	2. 0~4. 0
	0. 1 mol · L^{-1} HCl	1. 0~1. 5	1. 5~3. 0	3. 0~5. 0
Cu	DTPA-TEA	0. 1~0. 2	0. 2~1. 0	1. 0~1. 8
	0. 1 mol · L^{-1} HCl	1. 0~2. 0	2. 0~4. 0	4. 0~6. 0
Mo	草酸-草酸铵	0. 1~0. 15	0. 15~0. 20	0. 20~0. 30
Fe	DTPA-TEA	2. 5~4. 6	4. 6~10. 0	10. 0~20

通过土壤养分含量的分级对植物养分的丰缺程度作出评价，常用分级指标为：缺乏、正常、过剩。其与植物产量关系大致是：达到最高产量的 90%~100% 为正常(充足)；相对产量小于 90%为缺乏，其中相对产量为 80%~90%，不出现明显症状为潜在缺乏，小于 80%出现明显症状为缺乏，小于 50%~60%为严重缺乏。土壤养分过剩(过量)指土壤养分含量超过正常足量而产量低于正常足量。因为植物对微量元素需求量小，从缺乏至中毒之间范围小，所需微量元素肥料用量很小，过多施用还易引起植物中毒和环境污染风险，所以生产上对植物是否缺乏某微量元素的诊断更重要。

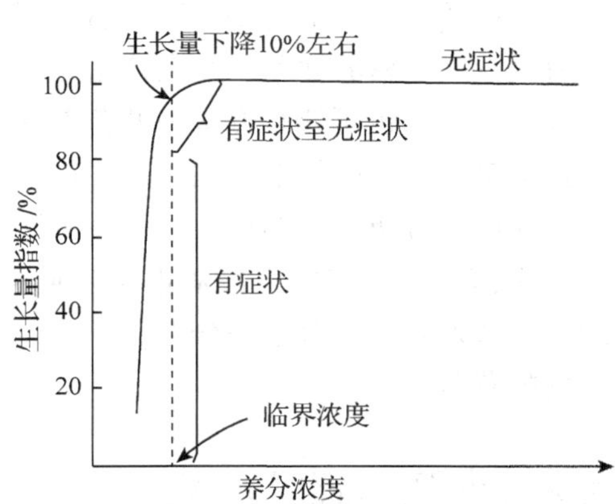

图 4-6　植物组织中养分的浓度(干重)临界值的确定

(3)植物养分丰缺诊断方法

①临界值诊断法　也称临界浓度值法，是以“养分临界值”作为判断植物养分丰缺标准的诊断法。“养分临界值”是一种指标，临界值又称临界浓度，是产量达到最高水平时的养分含量值。意为植物体内所含养分浓度低于这一数值时产量将趋于下降，是诊断中应用最多的指标，多用于监测植物养分元素丰缺状况。但对于 Fe 在叶片中的含量与植物生长的

关系比较特殊，采用植物含 Fe 总量作为缺 Fe 诊断指标往往并不可靠，必须了解总量中有效铁所占的比例。有人提出采用植物体中"活性铁"($1\ mol \cdot L^{-1}$ HCl 提取)的含量作为植物缺 Fe 的诊断指标。因此，临界值仅仅是判断植物是否缺乏某种营养元素的一个度量标准，在营养诊断中，不论是用化学方法或其他方法测得的养分含量，凡最后用临界值进行判断的都属于临界值诊断法范畴。临界值诊断法并不是一种具体的方法或手段，而是方法的属性或归类。

由于受其他养分水平的影响，在应用临界值时也有兼用元素比值如 K∶N、K∶Mg、P∶Zn、Ca∶B、Cu∶Fe 等比值作为指标，但判断时仍以高于或低于某一值限来确定丰缺。临界值诊断法存在一些缺点，即受植物生育期、采样部位和品种等的影响。在用临界浓度法进行叶分析诊断时，发现在"不足""正常"和"过量"各个等级的测试值之间总有互相重叠交叉的现象，判断时易引起混淆。

②标准值诊断法　营养诊断标准值，是指生长正常、不表现任何症状植株特定部位的养分测试的平均值。标准值加上平均变异系数，即可作为诊断指标。以此标准与其他植株的测试值相比较，低于标准值的就应采取措施补充植物养分，这样就能将植物营养水平提高到健康植株内元素的含量水平上，能更主动、更有效地预防营养失调。

③诊断推荐施肥系统(DRIS)　以高产群体元素间比值为参比，用距参比的变异程度衡量植物营养平衡状态的诊断方法。其最大的特点是采用养分间的比值作标准进行诊断，充分考虑养分元素之间的平衡。由于该方法建立在数理统计分析基础上，可对多种营养元素同时诊断，具有较高的可靠性；能够反映植物对各种营养元素的相对需求顺序；与临界浓度法比较，该法受植物品种和株龄等影响较小。缺点是过程极为烦琐。另外，DRIS 法没有反映某一营养元素浓度具体指标，只表达营养元素之间相对平衡状态，这种平衡可能是高水平的，也可能是低水平的营养平衡，因此，应用此法须谨慎。其结果也不能指出施肥推荐量，可与临界浓度法并用，提高确诊率。

④向量分析法　向量分析是一种评估养分状况的图解方法，是根据养分浓度变化、养分吸收(含量)和植物生长来评价多种养分相互关系的定量体系。研究表明，将叶中养分浓度、含量及叶重结合起来分析，评价树木养分的供应状况，可以较好地评价施肥后冷杉及杨树的营养状况。

4.6　施肥与施肥技术

施肥能提高植物产量和品质，有利于培肥地力。肥料的施用是根据不同土壤性状、养分状况、植物种类及其生育期、气候特点和肥料特性，采用不同的施肥方法，以最大限度地发挥肥效，提高肥料的利用率。

科学的施肥是调节植物与环境之间营养物质和能量交换过程的重要手段，也是提高植物产量、改进林木品质和保持生态平衡的重要措施。

西汉是我国古代施肥技术发展的全盛时期，依靠经验施肥，它只强调供给农作物生长和培肥土壤的充足肥料即"肥大水勤"的传统概念，没有认识到施肥的数量化概念和施肥的经济效益。近代的科学施肥是以高产、优质、环保和低成本为目标，应用数学方法建立施肥模型，以确定获得最大利润的施肥量和不同营养元素的比例才能实现目标。因此，近代施肥是高产、品质、环境和经济效益相结合的数量化施肥方法。

4.6.1　常规施肥

林木施肥是依据林木营养特性、对营养元素的需求与土壤养分的供应能力，对林木进行营养补充，以满足林木生长的需要，提高林木蓄积量和质量。要想获得林木的高产优质，既要供给整个营养期对养分的需要，也要满足不同营养阶段对养分的特殊需求。为此，林业生产上常采用基肥、追肥和种肥相结合的施肥方式，从而为林木生长创造良好的营养条件。

(1)基肥

林木播种或定植前结合土壤耕作施用的肥料称为基肥，也称底肥。其主要目的是供给林木整个生长期所需的养分，一般以有机肥和不易损失的化肥作基肥。基肥可采用撒施、条施、穴施、环状施肥和放射状施肥法。

①撒施　在苗圃或造林地整地前将肥料均匀撒在地表，结合耕作翻入土壤中。

②条施　也称带状施肥法。开直沟施入肥料、立即覆土的方法。一般平坦开阔地带机械化造林常用此施肥方法。

③穴施　在开挖栽植坑底部施入肥料的方法。苗木移栽、城市路旁绿化造林常用此施肥方法。

④环状施肥　在树冠外围垂直的地面上挖一环形沟施入肥料的方法。一般，沟深 0.3～0.6 m，沟宽 0.3～0.6 m，施肥后用回填土踏实(图 4-7)。如果次年再施肥，在第一年施肥沟外侧再挖施肥沟，以此逐年扩大施肥范围。经济林和人工造林单株施肥常用此法。

⑤放射状施肥　在距树干一定距离处，以树干为中心向树冠外围挖数条放射状直沟施入肥料的方法。一般，沟长与树冠相齐，沟宽 0.3～0.5 m，施肥后覆土(图 4-8)。翌年再施肥时交错位置。经济林和人工造林单株施肥常用此法。

(2)追肥

植物生长期间为调节植物营养而施用的肥料称为追肥。其目的是及时供给林木或苗木生长发育过程中所需养分，特别是需肥关键期(最大吸收期)对养分的需求。追肥一般用速

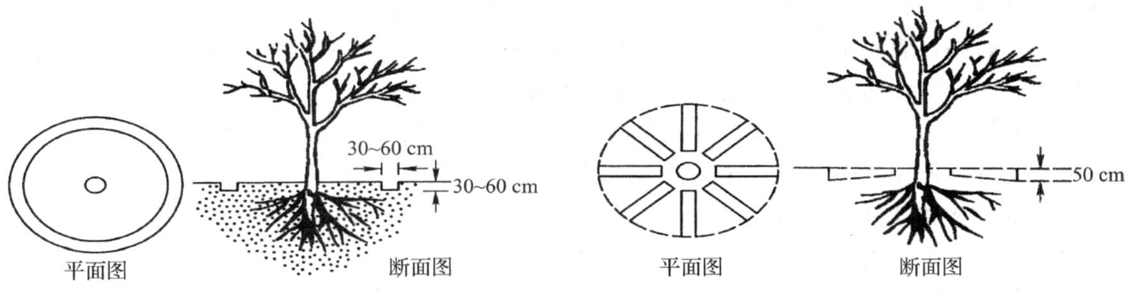

图 4-7　环状施肥示意　　图 4-8　放射状施肥示意

效性化肥、微肥或高度腐熟的有机肥。追肥可采用撒施、条施、洞施、浇灌和根外施肥。

①撒施　将肥料均匀撒在地表，及时耕作翻入土壤或浇灌进入土壤中。此法适合密度较大的林地施肥。

②条施　林木行间或行列附近开沟施入肥料、立即覆土的方法。此法较适合人工林幼林施肥。

③洞施　在距树干一定距离处，以树干为中心打若干小洞施入肥料的方法。如是大树，施肥洞点应分布到树冠区外沿 2~3 m 处，从距树干 75~120 cm 处开始，每隔 80 cm 钻一个施肥穴(图 4-9)；如果地面狭窄，穴距可减小到 50~60 cm。此法较适合经济林木和园林树木施肥。

④浇灌　将肥料溶解于水中，全面浇在地面上或在行间开沟注入后覆土，也可使肥料随灌溉水一起进入土壤中。

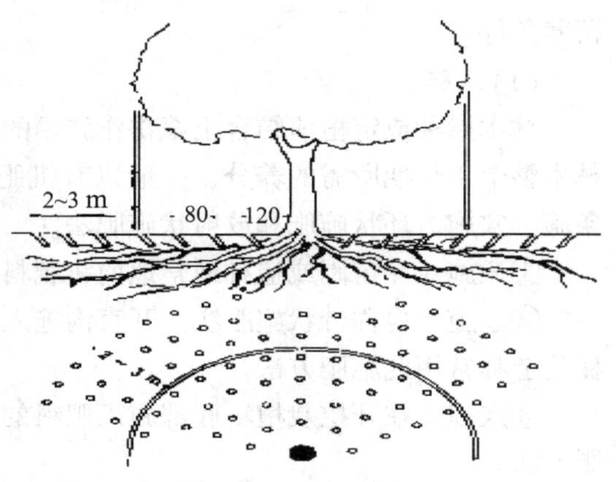

图 4-9　大树下打洞施肥示意

⑤根外施肥　也称叶面喷施。植物生长发育期间，将低浓度的肥料溶液喷洒在植物叶片或注入植物地上部的施肥方法。喷在叶片上的养分可通过气孔或叶片表面角质层的分子间隙进入叶细胞。它是林木营养的辅助手段，不能代替根部营养(土壤施肥)。一般，在土壤中易被固定的肥料和根部养分吸收运转慢的肥料适合采用叶面喷施；当植物对某种营养成分需求量较小，且土壤中供肥速率较慢时适合采用叶面喷施。常用根外施肥的肥料有磷酸二氢钾、微肥、尿素和生长调节剂等。

(3) 种肥

播种和定植时，施于种子幼苗附近或供给植物苗期营养的肥料，称为种肥。一方面供给幼苗养分特别是满足幼苗营养临界期对养分的需要，另一方面用腐熟的有机肥作种肥还能改善种子床和苗床物理性状。在基肥不足的情况下施用种肥也有显著的增产作用。种肥一般用微肥和腐殖酸类肥料及微生物肥料，也可用速效性化肥。在土壤养分含量较低的地区，造林时可适当用化肥作种肥。用化肥作种肥必须了解不同树种的需肥特性和使用的肥料性状。有些化肥易烧伤种子或幼苗根系，如 NH_4HCO_3、NH_4NO_3 和尿素等不宜做种肥。种肥可采用分层施用法、浸种法、拌种法和蘸苗根法。

①分层施用法　将种子和肥料分别施入不同土壤深度，以免烧伤种子。一般，肥料施在下层，种子播在上层。速效性化肥作种肥时用此法较安全。

②浸种法和拌种法　用一定浓度的肥料稀溶液浸种一定时间或与种子一起掺和拌匀。常用微肥、菌肥和生长调节剂等。

③蘸苗根法　在移栽幼苗时，以一定浓度的微肥、菌肥等浸蘸幼苗。

林木施肥的效果与施肥技术如施肥方法、施肥时期、施肥次数等有关。不同树种间的施肥技术差异也对施肥效果产生重要影响。我国近年来林木施肥不论在研究还是生产上主要关注速生丰产树种，如杨树、桉树、泡桐、杉木、国外松和毛竹等，均有相应的配套施肥技术。施肥须全面分析土壤养分状况、土壤性状和树种需肥特性以确定肥料配比、施肥量和施肥时期。N、P、K 比例是否与树种需求比例相同是关键因素；施肥量的确定可依据地力差减法、土壤养分丰缺指标法、养分平衡估算法、肥料效应函数法和植物营养诊断法；施肥时期应选择在幼苗期和速生期进行，一般是在林木生长高峰期之前，通常为春季或初夏，如杨树追肥在 4 月下旬或 5 月上旬，毛竹林施肥以 5 月和 9 月为宜。施肥时期不仅与林木生长高峰期有密切关系，与土壤水分条件、气候因素、生长期长短及肥料特性等也相关。因此，林地施肥时期须通过多年不同立地条件林地施肥试验确定。

4.6.2　测土配方施肥

测土配方施肥技术是以土壤测试和肥料田间试验为基础，根据植物对土壤养分的需求规律、土壤养分的供应能力和肥料效应，在合理施用有机肥料的基础上，提出 N、P、K 及中微量元素肥料的施用数量、施用时期和施用方法的一套施肥技术体系。从 20 世纪 80 年代至 90 年代末，我国测土配方施肥方法先后经历了由简到繁、由粗放到精确的发展过程，在农业生产中发挥了重要作用，但在林业生产中仅在速生丰产林树种和经济林等林木中有尝试应用，并取得了阶段性成果，可用于指导科学施肥。

桉树是我国南方速生丰产林的战略性树种和木材战略储备基地重要的核心树种。研究实践证明，施肥是桉树速生丰产最有效的营林措施之一。在《桉树速丰林配方施肥技术规程》(LY/T 2749—2016)中，明确给出桉树新造林基肥采用总养分 25%～30%的有机—无机复混肥，其中要求养分 P_2O_5>N>K_2O，有机质含量≥15%；桉树新造林追肥总养分 25%～40%，其中要求养分 N>K_2O>P_2O_5，并适当添加 B、Zn 等微量元素(添加总量 0.04%～0.30%)。桉树新造林追肥的种类和配方见表 4-4。

表 4-4　桉树新造林和萌芽林追肥的种类和配方

桉树生长期	肥料种类	有机质/%	N + P_2O_5 +K_2O/%	N/%	P_2O_5/%	K_2O/%	Zn/($mg \cdot kg^{-1}$)	B/($mg \cdot kg^{-1}$)
新造林	有机—无机复混肥料	≥ 15	25～30	12～14	6～7	7～9	200～1 000	200～2 000
	复混肥料	—	30～40	15～18	6～9	9～13	200～1 000	200～2 000
	缓释肥料	—	≥ 35	≥ 20	7～10	8～15	200～1 000	200～2 000

类似地，《马尾松人工幼林配方施肥技术规程》(DB45/ T 1373—2016)、《毛竹林(冬鞭笋型笋用林、笋竹两用林、材用林)配方施肥技术规程》也相应制订，可作为合理施肥的科学依据，以提高土壤肥力，改善林木营养状况和促进其生长，达到优质、高产、高效和低成本的营林目的。

对于果树而言，测土配方施肥的一般步骤如下：

①确定果园土壤主要养分含量与果树生长量、产量及品质等的关系。

②建立果园土壤养分测试指标体系(如土壤 pH 值、有机质、土壤 N、有效 P、速效 K

以及中微量元素的有效态)。

③确定不同果园土壤养分测试值相应的果树施肥原则和依据。

④确定果树主要养分的吸收参数(如幼龄时，果树单位生长量的养分吸收量；成龄时，果树形成单位产量的养分吸收量)。

⑤进行果园土壤的测试。

⑥根据土壤测试结果，结合果园土壤养分测试指标，选用消除果树营养障碍因素的措施，将土壤 pH 值调节至适宜范围、将土壤有机质调节至适宜水平、将土壤 P 和 K 的水平提高至中等肥力以上等。

⑦根据土壤测试结果，制订并实施 N 肥、P 肥、K 肥和中微量元素肥料的施用方案。

中国农业大学张福锁教授等给出了根据主要果树营养特性及长期施肥实践而总结的主要果树养分各生育期分配比例，可依据当地实际修正后用于田间试验中，也建议在测土配方施肥中推荐应用(表 4-5)。

表 4-5 果树测土配方试验中氮磷钾肥料分配比例(结果期)

果树	养分	肥料配比例				施肥时期			
		基肥	追肥 1	追肥 2	追肥 3	基肥	追肥 1	追肥 2	追肥 3
苹果	N	20	60	20	—	9 月中旬至 10 月中旬萌芽前	(3 月上中旬)	花芽分化期(6 月中下旬)	—
	P	20	40	40	—				
	K	15	30	55	—				
梨	N	50	50	0	—	秋季基肥	3 月中旬	6 月中旬	—
	P	30	40	30	—				
	K	20	30	50	—				
桃	N	20	40	40	0	9 月中旬至 10 月中旬	萌芽前	5 月下旬至 6 月上旬	采前 40 d
	P	30	40	30	0				
	K	10	25	25	30				
樱桃	N	40	20	40	—	落叶前后(9 月底)	开花前 1 周	采果后 1 周	—
	P	40	30	30	—				
	K	25	75	0	—				
杏	N	20	40	40	—	9 月中旬至 10 月中旬	萌芽前	硬核期(4 月下旬至 5 月初)	—
	P	30	40	30	—				
	K	15	30	55	—				
李	N	20	40	40	—	8 月下旬至 9 月中旬	开花前	果实膨大期(采前 30~40 d)	—
	P	30	40	30	—				
	K	15	30	55	—				
葡萄	N	40	40	20	—	采收后 9~10 月	开花前(4 月)	幼果膨大期(5 月底)	浆果期(7 月中旬)
	P	60	40	0	—				
	K	0	0	50	50				
冬枣	N	25	30	30	15	发芽前 1 个月	幼果(7 月初)	果实膨大期(8 月初	9 月
	P	25	30	30	15				
	K	0	50	0	50				

（续）

果树	养分	肥料配比例				施肥时期			
		基肥	追肥 1	追肥 2	追肥 3	基肥	追肥 1	追肥 2	追肥 3
菠萝	N	60	30	10	—	中苗期	大苗—抽蕾期	果实成长期	—
	P	50	20	30	—				
	K	0	80	20	—				
板栗	N	25	35	40	—	秋肥（9 月底）		早春发芽肥（4 月中下旬）	膨大肥（6 月底至 7 月初）
	P	70	0	30	—				
	K	60	0	40	—				
猕猴桃	N	30	40	30	—	落叶前后（9 月底）		萌芽肥	壮过促梢肥（落花后）
	P	50	50	0	—				
	K	40	20	40	—				
柑橘	N	35	35	30	—	萌芽（2 月中旬至 3 月中旬）	果实膨大（6 月中旬至 7 月中旬）	果实成熟、收获（还阳肥，11~12 月）	—
	P	30	20	50	—				
	K	20	40	40	—				
香蕉	N	30	50	20	—	营养生长期（定植后 1~3 个月）	树体和果实孕育期	果实生长发育营养期（移栽后 6~9 个月）	—
	P	45	45	10	—				
	K	35	50	15	—				
荔枝	N	75	10	15	—	营养体生长期（收获后 1~2 周）	营养与生殖生长期（开花前后）	果实膨大营养生长期（坐果期）	—
	P	40	30	30	—				
	K	35	30	35	—				
龙眼	N	50	15	35	—	采果前（8 月底）	开花前（3~4 月）	幼果期（6 月上旬）	果实膨大期
	P	40	20	40	—				
	K	30	20	50	—				

随着我国社会经济的快速发展，养分资源综合管理必将成为植物高产、资源高效和生态环境保护目标的理论指导和技术手段。测土配方施肥技术是养分资源综合管理的一个重要组成部分，能否推广应用于更多的用材林树种还有待研究。

4.6.3　指数施肥

常规施肥（又称传统施肥）是指在生长期内重复施用同样剂量的肥料，而指数施肥则是根据植物在各生长阶段对养分的需求规律，采用指数递增的养分添加方式的一种施肥方法。指数施肥可有效提高苗木体内养分载荷，增强苗木的竞争能力，从而使苗木更好地适应造林地的立地条件。相对于常规施肥，指数施肥培育的苗木成活率更高，生长效果更好，也能避免因肥料过量施用造成土壤污染。目前，国外用于指数施肥研究的树种有黑云杉（*Picea mariana*）、日本落叶松（*Larix kaempferi*）、西铁杉（*Tsuga heterophylla*）和花旗松（*Pseudotsuga menziesii*）等，指数施肥已逐渐成为国外苗木培育的主要施肥方式。霍金斯等（Hawkins et al.，2005）总结了过去指数施肥的相关报道（表 4-6）。

近年来，国内利用稳态养分理论对杉木（*Cunninghamia lanceolata*）、栓皮栎（*Quercus variabilis*）、山桃稠李（*Padus maackii*）、楸树（*Catalpa bungei*）、檀香（*Santalum album*）和红楠（*Machilus thunbergii*）等树种幼苗开展了指数施肥的研究，取得了一些成果。例如，以 1 年

表 4-6　Hawkins 等(2005)关于指数施肥的报道

编号	作者，年代，材料	供N量 x/(mg·株$^{-1}$)	生物量 y_1/(mg·株$^{-1}$)	临界值		含N量 y_2/(mg·株$^{-1}$)	临界值	
				x	y_1		x	y_2
1	Quoreshi and Timmer 1998，2000，*Picea mariana*(黑云杉)	12.5	495.00	41.72	705.34(+)	8.42	50.00	13.33(+)
		25.00	634			11.16		
		50.00	685			13.36		
2	Salifu and Timmer 2001，2003，*Picea mariana*(黑云杉)	30.00	459	49.08	493.57(+)	11.20	59.18	15.49(+)
		65.00	472			15.01		
		80.00	390			12.95		
3	Timmer and Armstrong，1987，*Pinus resinosa*(北美红松)	9.75	266	32.05	269.01(+)	5.59	250.00	10.20(+)
		19.50	269			5.97		
		39.00	270			6.70		
4	Burgess，1991a，*Pseudotsuga menziesii*(花旗松)	9.98	720	181.50	1 337.55(+)	4.61	93.33	25.60(+)
		12.28	800			6.00		
		26.28	850			12.07		
		83.05	1 150			25.42		
5	Burgess，1991b，*Tsuga heterophylla*(异叶铁杉)	9.33	230	38.16	549.79(+)	1.73	39.20	9.50(+)
		10.35	260			1.98		
		16.51	370			4.92		
		41.48	540			9.30		
6	Xu and Timmer，1998，1999，*Cunninghamia lanceolata*(杉木)	15.00	910	42.27	961.33(+)	16.74	57.69	31.00(+)
		45.00	951			29.67		
		75.00	892			28.63		
7	Qu *et al.*，2003a，*Larix kaempferi*(日本落叶松)	10.00	293	−18.50	252.56(−)	3.84	−812.50	−50.32(−)
		20.00	326			5.35		
		40.00	421			8.84		
8	Qu *et al.*，2003b，*Larix gmelinii*(兴安落叶杉) *Larix kaempferi*(日本落叶松)	10.00	231	6.25	228.42(−)	2.657	−23.08	1.28(−)
		20.00	260			3.61		
		40.00	416			6.323		
9	Miller and Timmer，1997	40.00	318	48.75	−77.60(−)	8.33	48.06	−0.56(−)
		60.00	286			8.32		
	Malik and Timmer，1998	32.00	1 030			8.30		
		64.00	1 110			8.32		
	Imo and Timmer，2001，2002	64.00	810			23.07		
		64.00	810			26.75		
	Boivin *et al.*，2002，*Picea mariana*(黑云杉)	38.7	318			24.71		
		57.6	286			24.71		
10	Miller and Timmer，1994，*Pinus resinosa*(北美红松)	25.00	1 029	—	—	17.80	—	—
		75.00	1 382	—	—	36.76	—	—
11	McAlister and Timmer，1998，*Picea glauca*(白云杉)	173.50	61	—	—	1.79	—	—

注：(+)和(−)分别表示临界最大值和最小值．

生无性系杉木幼苗为材料，采用温室盆栽方法，设定不施肥(对照)、常规施肥和指数施肥。研究结果发现，施肥显著促进了杉木无性系的苗高、地径和生物量的生长，以指数施肥处理为最佳。与对照相比，常规施肥的根、茎、叶的 N 质量分数增加 39.6%、16.6%和 41.1%，而指数施肥的根、茎、叶的 N 质量分数分别增加了 22.6%～81.4%、27.3%～152.6%和 73.6%～135.5%。杉木幼苗根、茎和叶的 N 质量分数和 N 积累量均表现为指数施肥显著大于常规施肥($P<0.05$)。施 N 显著提高了杉木无性系幼苗的生长，其中施 N 量为 1 g·株$^{-1}$ 的指数施肥是杉木幼苗温室培育的适宜方法。又如，有研究者对比研究了常规施肥和指数施肥对 1 年生青冈栎[*Cyclobalanopsis glauca*(Thunb)Oerst]苗木苗高、地径和生物量等指标的影响，结果发现，在相同施肥量下，指数施肥的苗高是常规施肥的 116.7%，生物量是 107.3%，并且随着施肥水平的提高，苗木的苗高、生物量也随之增加，且表现出显著性差异。

总之，在全面分析土壤养分状况和树种需肥特性后，应通过施肥试验确定肥料配比、施肥量和施肥时期，选择适宜的施肥技术，制订相应的施肥方案。

本章小结

本章介绍了养分归还学说、最小养分律和报酬递减律等学说和规律，以期为林木营养与合理施肥提供理论指导；阐述了矿质营养与林木生长、产量和品质的关系，并以用材林和经济林为例，对常规施肥、测土配方施肥和指数施肥技术进行了总结。

思考题

1. 林木养分管理的基本原理有哪些？
2. 简述养分归还学说在指导施肥上的意义与存在的不足之处。
3. 简述最小养分律在指导林木施肥上的意义及局限。
4. 施肥如何影响林木的生长和品质？
5. 以果树为例，简述测土配方施肥的基本步骤。
6. 林木营养诊断有哪些特点？
7. 植株营养诊断的依据是什么？
8. 植物营养诊断有哪些方法？各有什么优缺点？需要掌握哪几种典型的具体诊断方法？
9. 与常规施肥相比，指数施肥的优势表现在哪些方面？

参考文献

陈伦寿，1982. 报酬递减律与合理施肥[J]. 北京农业大学学报，8(1)：69-76.

高祥照，申朓，郑义，等，2002. 肥料实用手册[M]. 北京：中国农业出版社.

姜岳忠，吴晓星，马玲，2004. 毛白杨苗期生长特性及需肥量研究[J]. 甘肃农业大学学报(4)：423-426.

李贻铨，1981. 林木施肥与营养诊断[J]. 林业科学，27(4)：435-442.

刘桂东，姜存仓，王运华，等，2010. 柑橘对不同矿质营养元素效应的研究进展[J]. 土壤通报，41(6)：1518-1523.

刘欢，王超琦，吴家森，等，2017. 氮素指数施肥对 1 年生杉木苗生长及氮素积累的影响[J]. 浙江农林大学学报，34(3)：459-464.

刘运武，1998. 施用氮肥对温州蜜柑产量和品质的影响[J]. 土壤学报，35(1)：124-128.

鲁剑巍，陈防，王运华，等，2004. 氮磷钾肥对红壤地区幼龄柑橘生长发育和果实产量及品质的影响[J]. 植物营养与肥料学报，10(4)：413-418.

欧建德，2015. 福建闽楠人工幼林氮磷钾施肥效应与施肥模式[J]. 浙江农林大学学报，32(1)：92-97.

申建波，毛达如，2011. 植物营养研究方法[M]. 北京：中国农业大学出版社.

宋曰钦，乔春华，马小利，等，2015. 不同施肥方法对青冈栎苗木生长的影响[J]. 西南林业大学学报，35(1)：12-16.

孙向阳，2005. 土壤学[M]. 北京：中国林业出版社.

王东，龚伟，胡庭兴，等，2011. 施肥对巨桉幼树生长及生物固碳量的影响[J]. 浙江农林大学学报，28(2)：207-213.

魏红旭，徐程扬，马履一，等，2010. 苗木指数施肥技术研究进展[J]. 林业科学，46(7)：140-146.

张福锁，2011. 测土配方施肥技术[M]. 北京：中国农业出版社.

张强，魏钦平，刘旭东，等，2011. 北京昌平苹果园土壤养分、pH 与果实矿质营养的多元分析[J]. 果树学报，28(3)：377-383.

庄伊美，王仁玑，谢志南，等，1993. 福建南部丰产柑橘园土壤的微量元素含量[J]. 福建农学院学报(自然科学版)，22(1)：34-40.

Hawkins B J, Burgess D, Mitchelli A K, 2005. Growth and nutrient dynamics of western hemlock with conventional or exponential greenhouse fertilization and planting in different fertility conditions [J]. Can J For Res, 35(4): 1002-1016.

第5章 林木的氮素营养与氮肥

氮素是林木生长发育所必需的营养元素之一，是林木体内核酸、蛋白质和激素的重要组成成分，在林木的生理代谢中起着重要的作用。近年来，随着现代林业的发展，化肥使用量逐年增加，尤其是氮肥用量显著增加。在林业生产中，氮肥的增产效果显著，它对提高林木生物量和林产品质量有着十分重要的作用。了解林木氮素营养特点、掌握各种化学氮肥的成分、性质，以及它们在土壤中的转化和科学施用方法，对于增加土壤养分含量、维持和提高土壤肥力，促进林木生长、改善林产品质量，提高氮肥利用率均有非常重要的意义。

5.1 林木体内氮的分布、形态及含量

5.1.1 林木体内氮的含量与分布

林木需要多种营养元素，而氮素尤为重要。从世界范围看，在所有必需营养元素中，氮是限制林木生长和产量形成的首要因素，它对改善产品品质也有明显作用。通常氮含量占林木体干重的 0.3%~5%，而含量的多少与林木种类、器官、发育阶段等有关。

以林龄 28 年的油松人工林为例，油松各器官的氮含量大致顺序为：针叶>带枝叶>层外老叶>球果>小根>树皮>不带叶枝>大根>根茎>树干(表 5-1)。其中，层外老叶是指已形成离层，一摇动即脱离树体的树叶。

表 5-1 油松各器官的 N 含量 $g \cdot kg^{-1}$

名称	针叶	带枝叶	层外老叶	球果	小根	树皮	不带枝叶	大根	根茎	树干
含量	12.153	5.715	5.385	3.420	2.456	2.378	1.976	1.103	0.900	0.685

叶是林木的同化器官，叶接收光能合成有机物是林木其他一切生理过程的基础和出发点。油松针叶的平均寿命为 3 年，其含氮量随叶龄增加而减少。不同生长级林木针叶的氮含量差异很小，只要叶龄及层次相同，它们就基本处于同一水准上。

枝不仅是叶片得到养分的渠道，也是叶片的临时“仓库”。在许多情况下，枝叶的养分含量都会出现“互补”效应。与叶相同，同龄枝的氮含量无明显差异。随着枝龄的增加，氮含量显著减小。1~2 年生枝条的氮含量随高度升高而降低，显著地反映了枝叶养分的互补效应。3 年生以上的枝条及不带叶枝随高度变化很小或随高度的增加略有升高。树干中养分含量较低，其氮含量随高度增加而增加，到梢头部位则显著增加。

林木体内氮素的含量与分布受施氮水平和施氮时期的影响。以华北落叶松人工林为例，施氮肥显著增加针叶的氮含量，降低针叶的磷含量；施磷肥则显著降低针叶的氮含

量，提高针叶的磷含量。不同施肥处理华北落叶松针叶的氮含量随季节波动变化，呈先降低后升高再下降的趋势，在生长季节中期的7月至8月达到顶峰，而在10月达到最低值。施氮肥可以显著提高华北落叶松茎干的氮含量，在生长初期尤为突出。在生长季内，采取不同施肥处理后华北落叶松茎干的氮含量呈先升高后降低再升高的趋势。

5.1.2 氮的营养功能

氮是林木体内许多重要有机化合物的组分。例如，蛋白质、核酸、叶绿素、酶、维生素、生物碱和一些激素等都含有氮素。氮素也是遗传物质的基础，在所有生物体内，蛋白质最为重要，它常处于代谢活动的中心地位。

5.1.2.1 蛋白质的重要组分

蛋白质是构成原生质的基础物质，蛋白态氮通常可占植株全氮的80%~85%。蛋白质中平均含氮16%~18%，在林木生长发育过程中细胞的增长和分裂以及新细胞的形成都必须有蛋白质的参与。缺氮时因新细胞形成受阻而导致林木生长发育缓慢，甚至出现生长停滞。蛋白质的重要性还在于它是生物体生命存在的形式。一切动、植物的生命都处于蛋白质不断合成和分解的过程之中，正是在这种不断合成和不断分解的动态变化中才有生命存在。如果没有氮素，没有蛋白质，也就没有了生命。氮素是一切有机体不可缺少的元素，所以它被称为生命元素。

5.1.2.2 核酸和核蛋白的成分

核酸也是林木生长发育和生命活动的基础物质，核酸中含氮15%~16%。无论是在核糖核酸(RNA)或是在脱氧核糖核酸(DNA)中都含有氮素。核酸在细胞内通常与蛋白质结合，以核蛋白的形式存在。核酸和核蛋白大量存在于细胞核和林木顶端分生组织中。信使核糖核酸(mRNA)是合成蛋白质的模板，DNA是决定林木生物学特性的遗传物质，DNA和RNA是遗传信息的传递者。核酸和核蛋白在林木生长和遗传变异过程中有特殊作用。核酸态氮约占植株全氮的10%。

5.1.2.3 叶绿素的组分元素

林木依赖于叶绿素进行光合作用，而叶绿素a和叶绿素b中都含有氮素。据测定，叶绿体占叶片干重的20%~30%，而叶绿体中含蛋白质45%~60%。叶绿素是林木进行光合作用的场所。叶绿素的含量往往直接影响着光合作用的速率和光合产物的形成。当林木缺氮时，体内叶绿素含量下降，叶片黄化，光合作用强度减弱，光合产物减少，从而影响林木生长。因此，氮素是林木生长和发育过程中必不可少的营养元素之一。

5.1.2.4 许多酶的组分

酶本身就是蛋白质，是林木体内生化作用和代谢过程中的生物催化剂。林木体内许多生物化学反应的方向和速率都是由酶系统控制的。通常植物体内各代谢过程中的生物化学反应都必须有一个或几个相应的酶参加。缺少相应的酶，代谢过程就很难顺利进行。氮素常通过酶间接影响着林木的生长和发育，氮素供应状况关系到林木体内各种物质及能量的转化过程。

此外，氮素还是一些维生素(如维生素B_1、维生素B_2、维生素B_6、维生素PP等)的组分，而生物碱(如烟碱、茶碱、胆碱等)和植物激素(如细胞分裂素、赤霉素等)也都含有氮。这些含氮化合物在林木体内含量虽不多，但对于调节某些生理过程却很重要。例如，维生素 PP，它包括烟酸和烟酸胺，都含有杂环氮的吡啶，而吡啶是生物体内辅酶Ⅰ和辅酶Ⅱ的组分，辅酶又是多种脱氢酶所必需。又如，细胞分裂素，它是一种含氮的环状化合物，可促进植株侧芽发生，在调控林木生长发育的许多过程中都起到了关键作用，包括细胞的分裂与分化、茎和根的生长、顶端优势维持、衰老、果实和种子发育、营养信号传递，以及对生物和非生物胁迫的响应；而增施氮肥则可促进细胞分裂素的合成，因为细胞分裂素的形成需要氨基酸。此外，细胞分裂素还可以促进蛋白质合成，防止叶绿素分解，长期保持绿色，延缓和防止林木器官衰老等。

总之，氮对林木生命活动以及林木生长量和林产品品质等均有极其重要的作用。合理施用氮肥是提高森林生产力的有效措施。

5.2　土壤氮素形态及转化

5.2.1　土壤中氮的形态

土壤中的氮一般可分为无机氮和有机氮。在表土中，氮的 95%或更多为有机氮。

5.2.1.1　无机态氮

土壤无机态氮包括铵态氮(NH_4^+-N)、硝态氮(NO_3^--N)、亚硝态氮(NO_2^--N)、分子态氮(N_2)、氧化亚氮(N_2O)和氧化氮(NO)。土壤中的气态氮除 N_2 外，N_2O、NO 含量都很低。无机态氮在土壤中占全氮的比例变化幅度比较大，一般为 2%~8%。分子态氮表现为惰性，只能被根瘤菌和其他固氮微生物所利用。就土壤肥力而言，主要以 NH_4^+ 和 NO_3^- 两种形态的氮最为重要，通常占土壤全氮的 2%~5%，这两种形态的氮主要来源于土壤有机质的好氧分解或施入的各种商品肥料。N_2、N_2O 和 NO 是土壤中氮经反硝化作用造成氮素损失的主要形式，它们与整个生态系统的氮循环以及大气环境质量密切相关。

5.2.1.2　有机态氮

土壤有机态氮一般占土壤全氮的 92%~98%，包括胡敏酸、富里酸和胡敏素中的氮、固定态氨基酸(即蛋白质)、游离态氨基酸、氨基糖、生物碱、磷脂、胺和维生素等，以及其他未确定的复合体(如胺和木质素反应的产物，醌和氮化合物的聚合物，糖与胺的缩合产物等)。目前人们对有机氮的了解仍然十分有限，还没有一种方法可以不破坏土壤有机氮的组分而把不同化学形态的氮分离出来。因此，采用酸水解的方法将有机氮分为水解性氮和非水解性氮两大类，其中水解性氮包括 NH_4^+-N、氨基糖 N、α-氨基酸氮和未知态氮。

5.2.2　陆地生态系统中的氮循环

在陆地生态系统中的氮以不同形态存在于大气圈、岩石圈、生物圈和水圈，并在各圈层之间相互转换，大气中氮以分子态氮(N_2)和各种氮氧化物(NO_2、N_2O、NO 等)形式存在。其中生物不能吸收利用的惰性氮气(N_2)占大气体积的 78%，它们在微生物作用下通过同化作用或物理、化学作用进入土壤，转化为土壤和水体的生物有效氮——铵态氮

(NH_4^+-N)和硝态氮(NO_3^--N)，然后又从土壤和水体中的生物有效氮回归到大气中。自然界氮的形态变化、运转和移动构成了陆地生态系统中的氮素循环。

5.2.3 土壤氮的内循环

陆地生态系统氮素循环由两个重叠循环构成：一个是大气层的气态氮循环，氮的最大存储库是大气，整个氮循环的通道多与大气直接相连，几乎所有的气态氮对大多数高等植物无效，只有若干种微生物及少数与这些微生物共生的植物可以固定大气中的氮素，使它们转化成生物圈中的有效氮；另一个是土壤氮的内循环，即在土壤—植物系统中，氮在动植物体、微生物体、土壤有机质和土壤矿物中的转化和迁移，包括有机氮的矿化和无机氮的生物固定(持)作用、黏土矿物对铵离子的固定和释放作用、硝化和反硝化作用、腐殖质形成和腐殖质稳定化作用等(图 5-1)。氮经由矿化过程和生物固定过程从无机氮变为有机氮，又从有机氮变为无机氮，是土壤氮的内循环最主要的特征。

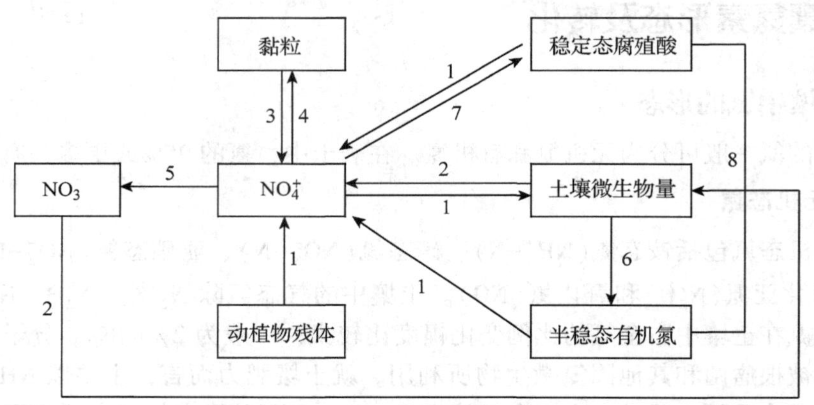

图 5-1 土壤氮的内循环

1. 矿化作用 2. 生物固氮作用 3. 铵的黏土矿物固定作用 4. 固定态铵的释放作用
5. 硝化作用 6. 腐殖质形成作用 7. 氨和铵的化学固定作用 8. 腐殖质稳定化作用

5.2.4 土壤有机氮的矿化

占土壤全氮量 95% 以上的有机氮，必须经微生物的矿化作用，才能转化为无机氮(NH_4^+和NO_3^-)。矿化过程主要分两个阶段。第一阶段先将复杂的含氮化合物，如蛋白质、核酸、氨基糖及其多聚体等，经过生物酶的系列作用，逐级分解而形成简单的氨基化合物，称为氨基化阶段(氨基化作用)。其过程表示为：

$$\text{蛋白质} \longrightarrow RCHNH_2COOH\ (\text{或}\ RNH_2) + CO_2 + \text{中间产物} + \text{能量} \qquad (1)$$

然后在微生物作用下，各种简单的氨基化合物被分解成氨，称为氨化阶段(氨化作用)。氨化作用可在不同条件下进行：

(1)在充分通气条件下

$$RCHNH_2COOH + O_2 \longrightarrow RCOOH + NH_3 + CO_2 + \text{能量} \qquad (2)$$

(2)在嫌气条件下

$$RCHNH_2COOH + 2H \longrightarrow RCH_2COOH + NH_3 + 能量$$

或

$$RCHNH_2COOH + 2H \longrightarrow RCH_3 + CO_2 + NH_3 + 能量 \tag{3}$$

(3)一般水解作用

$$RCHNH_2COOH + H_2O \longrightarrow RCH_2OH + NH_3 + CO_2 + 能量$$

或

$$RCHNH_2COOH + H_2O \longrightarrow RCHOHCOOH + NH_3 + 能量 \tag{4}$$

有机氮的矿化是在多种微生物作用下完成的。包括细菌、真菌和放线菌等，它们均以有机质中的碳素作为能源，可在好气或嫌气条件下进行。在通气良好，温度、湿度和酸碱度适中的砂质土壤上，矿化速率较大，且积累的中间产物有机酸较少；相反，在通气较差的黏质土壤上，矿化速率较小，中间产物有机酸积累较多。对多数土壤而言，有机氮的年矿化率为 1%~3%。假如某土壤的有机质含量为 4%，有机质的含氮量为 5%，若以矿化率为 1.5%计算，则每年每公顷耕层土壤有机质中释放的氮约 70 kg。

5.2.5　土壤铵的硝化

有机氮矿化释放的氨在土壤中转化为铵离子(NH_4^+)，一部分被带负电荷的土壤黏粒表面和有机质表面功能基吸附，另一部分被林木直接吸收。最后，土壤中大部分铵离子通过微生物的作用氧化成亚硝酸盐和硝酸盐。反应式为：

$$2NH_4^+ + 3O_2 \xrightarrow[\text{(以亚硝化为主)}]{\text{亚硝化微生物}} 2NO_2^- + 2H_2O + 4H^+ + 能量 \tag{5}$$

第二步再把亚硝态氮转化为硝态氮，反应为：

$$2NO_2^- + 2O_2 \xrightarrow[\text{(以硝化为主)}]{\text{硝化微生物}} 2NO_3^- + 能量 \tag{6}$$

土壤中铵态氮在亚硝化和硝化细菌作用下转化为硝态氮的过程称为硝化作用。每氧化 1 个 NH_4^+ 转化为 $2NO_3^-$ 要释放 2 个 H^+，这是引起土壤酸化的重要来源之一。

5.2.6　土壤无机氮的生物固定

矿化作用生成的铵态氮、硝态氮和某些简单的氨基态氮($—NH_2$)，通过微生物和植物的吸收同化成为生物有机体组成部分，称为土壤无机氮的生物固定(immobilization，又称生物固持)。它和土壤有机氮的矿化是土壤中两个同时进行但方向相反的过程。这两者的相对强弱受到许多因素的影响，特别是可供微生物利用的有机碳化物(即能源物质)的种类和数量的影响。当土壤中易分解的能源物质过量存在时，矿质氮的生物固定作用就大于有机氮的矿化作用，表现为矿质氮的净生物固定。只有在矿化作用大于固定作用时，才能有多余的无机氮化物供给林木营养，这主要取决于环境中有机碳和氮的比率(C/N)。

经生物固定作用形成的新的有机态氮化合物，一部分被作为产品从土壤中输出，另一部分和微生物的同化产物一样，再一次经过有机氮氨化和硝化作用，进行新一轮的土壤氮循环。林木和微生物在吸收同化土壤中的 NH_4^+-N 和 NO_3^--N 过程存在着一定的竞争，但从土壤氮素循环的总体来看，微生物对速效氮的吸收同化，有利于土壤氮素的保存和周转。

5.2.7 土壤铵离子的矿物固定

另一个无机氮固氮反应称为铵离子的矿物固定作用(ammonium fixation)，在2∶1型黏粒矿物的膨胀晶格中，层间的阳离子(Ca^{2+}、Mg^{2+}、Na^{+}、K^{+})被NH_4^+取代后，可引起铵的固定。被吸附的NH_4^+容易脱去水化膜，进入黏粒矿物层间表面由氧原子形成的六角形孔穴中，当NH_4^+进入层间的孔穴后，由于环境条件的变化(干湿交替)，可导致黏粒矿物晶层的收缩，使NH_4^+固定，暂时失去生物有效性。不同土壤对NH_4^+的固定能力不同，与下列因子有关：

(1)土壤黏粒矿物类型

蛭石NH_4^+的固定能力最强，其次是水云母，蒙脱石较小；高岭石为1∶1型黏粒矿物，基本上不固定铵。

(2)土壤质地

一般随黏粒含量的增加而增加；在土壤剖面中，表土的固铵能力较心土和底土低。

(3)土壤中K的状态

当晶层间为K^{+}所饱和时，会影响NH_4^+的进入，铵的固定大幅减少。施用K肥对NH_4^+的固定有一定的影响。

(4)铵的浓度

土壤中铵的固定量随铵态氮肥施用量的增加而增加，但施入NH_4^+的固定率随施用量的增加而减少。铵的固定过程虽能持续一段时间，但多在几个小时内完成。

(5)水分条件

施NH_4^+后土壤变干时，可增加铵的固定率和固定量，蛭石和水云母在大多数条件下能固定NH_4^+，但蒙脱石必须在土壤干旱时才能固定铵。干湿交替可能会促进土壤铵的固定作用。

(6)土壤pH值

土壤酸度和NH_4^+固定能力之间的关系尚未肯定。但随着pH值的增加，如通过施用石灰，铵的固定趋向于略微增加。强酸性土壤($pH<5.5$)一般固定的NH_4^+很少。施用铵态氮肥后形成的土壤“新固态铵”，其有效性较高；而土壤中“原有固态铵”的有效性则低，能释放出来的数量很少。

5.2.8 土壤氨的挥发

氨的挥发易发生在石灰性土壤上，特别是表施铵态氮和尿素等化学氮肥时，氨挥发损失可高达施肥氮量的30%，这是因为土壤中的氨(NH_3)和铵(NH_4^+)存在下列平衡：

$$NH_3 + H^+ \rightleftharpoons NH_4^+ \tag{7}$$

反应形成的NH_4^+易溶于水，易被土壤吸附，而NH_3分子易挥发。这个反应平衡取决于土壤的pH值，若土壤pH值接近或低于6时，NH_3被质子化，几乎全部以NH_4^+形式存在；在pH值7时，NH_3约占6%；在pH值9.2~9.3时，则NH_3和NH_4^+约各占一半。氨的挥发还与土壤性质和施用化肥种类有关，在石灰性土壤上施用硫酸铵时，形成溶度低的硫酸钙并释放出较多的氨，故比施用氯化铵和硝酸铵的氨挥发损失要大得多。土壤黏粒和腐殖质能吸附 NH_4^+，阻止氨的挥发，在阳离子交换量低的砂质土上施铵态氮，其氨的挥发损失比黏质土大，改化学氮肥表施为深施、粉施和粒施，都可以减少氨的挥发损失。

土壤中的含氮化合物还可能通过纯化学反应形成气态氮的损失。化学脱氮反应有：

$$NH_4NO_2 \longrightarrow 2H_2O + N_2 \uparrow \tag{8}$$

这个反应的条件是铵态氮和亚硝态氮同时大量并存于土壤溶液中，生成亚硝铵（NH_4NO_2），产生双分解作用。这种作用有自动催化能力，随着反应的进行，其分解速率加快。但这一反应需要较酸的条件即 pH 值为 5.0~6.5，较高温度和较干燥的土壤环境，一般认为在正常土壤中很少发生。另一个反应是：

$$3HNO_2 \longrightarrow HNO_3 + 2NO \uparrow + H_2O \tag{9}$$

在酸性土壤中，HNO_2 不稳定，会产生自动分解作用，土壤 pH 值越低，分解越快。但由此产生的一氧化氮（NO），大部分仍可被土壤吸附或在土壤中再氧化成 NO_2，最后再溶解于水，形成硝酸盐。

5.2.9　土壤硝酸盐淋失

饱和硝酸盐在水中溶度很大。NH_4^+ 因带正电荷，易被带负电荷的土壤胶体表面吸附；硝酸盐带负电荷，是最易被淋洗的氮形式，随着渗漏水的增加，硝酸盐的淋失增大。在自然条件下，硝态氮的淋失主要取决于土壤、气候、施肥和栽培管理等条件。在林木密集且不施肥或施肥较少的土壤中，氮的淋失很少，因为土壤中硝酸盐含量较低，易被林木吸收和利用；在湿润和半湿润地区的土壤中，氮的淋失较多；在半干旱地区，硝酸盐很少淋失；而在干旱地区，除砂质土壤外，几乎无淋失。硝酸盐与地表覆盖也有密切的关系，土壤中根系密集吸氮强烈，则土壤中很少有硝酸盐积累，即使在湿润地区，氮的淋失也较弱；相反，则硝酸盐淋洗作用较强。淋洗出的硝酸盐可随地表径流排入江河、湖泊等水体中，从而增加水体的氮负荷，引起水体富营养化，若排入地下水则会引起地下水污染。

5.2.10　土壤反硝化损失

土壤氮经反硝化作用形成气体氮逸出进入大气的过程称为土壤氮的反硝化损失。所谓反硝化作用，是指在嫌气条件下，硝酸盐在反硝化微生物作用下，还原为 N_2、NO_2 或 NO 的过程。反硝化作用生化过程的通式可用下式表示：

$$2NO_3^- \longrightarrow 2NO_2^- \longrightarrow 2NO \longrightarrow N_2O \longrightarrow N_2 \tag{10}$$

反硝化作用实质上是硝化作用的逆过程，其条件需要较严格的土壤嫌气环境。试验表明，随着土壤溶液中溶解氧浓度减少，反硝化强度逐渐加强，当氧浓度减少至 5%以下时，反硝化强度明显增高。但对矿质土壤而言，只有当其平衡空气中氧浓度少到 0.3%以下时，即溶液中氧浓度下降至 4×10^{-6} mol · L^{-1} 以下时，整个土体才可能被反硝化作用所控制。实际上这种土壤已处于水分饱和的淹水状态，孔隙中几乎已不存在空气。在一般含水量情况下，即使达到田间持水量，土壤结构内或分散土粒间的小孔隙中已充满水，但其结构间的非毛管孔却仍然充有空气。因此，在这种土壤中硝化作用和反硝化作用往往可以同时并存。但也有例外，如有些土壤的排水条件并不恶劣，但因含有大量易分解有机质，使土壤产生了局部嫌气环境，也会产生强烈的反硝化作用。所以通过反硝化作用损失的土壤氮取决于土壤中硝酸盐的含量，易分解有机质含量，土壤通气、水分状况及温度、酸碱度等因素。研究表明反硝化的临界氧化还原电位约为334 mV，最适 pH 值为7.0~8.2的微碱性土壤，pH 值为5.2~5.8的酸性土壤或 pH 值为8.2~9.0的碱性土地，反硝化作用显著下降。

土壤中已知的能进行反硝化作用的微生物种类有 24 个属，如不动杆菌属、假单胞菌属、芽孢杆菌属、固氮螺菌属、弧菌属和亚硝化单胞菌属等，这些反硝化细菌绝大多数是异养型细菌，也有少数是自养型细菌。由反硝化微生物引起的反硝化过程是由反硝化微生物分泌的酶体系来催化的。

5.2.11 土壤中氮损失的环境效应

土壤中氮的损失和去向关系到水体和大气环境质量。施入土壤中的肥料氮，除 20%~75%被吸收和部分以有机氮残留在土壤中外，一部分以气态形式逸入大气，另外一部分经径流和淋溶损失进入水体。氮素的气态损失和淋溶损失严重影响生态环境，威胁着人类健康。地表径流流失的大量氮是引起水体富营养化的原因之一，硝态氮的淋溶、迁移会导致地下水中硝酸盐氮的污染，反硝化作用产生的 N_2O 则是一种重要的温室气体。因此，土壤氮损失对环境的影响主要表现在 3 个方面：一是径流和淋洗损失对地表水和地下水质的影响；二是气态损失对大气的污染；三是硝酸盐累积对林副产品的污染。

5.2.12 土壤氮的调控

在土壤氮转化过程中，矿化作用和硝化作用是使土壤有机氮转化为有效氮的过程。反硝化作用和化学脱氮作用是使土壤有效氮遭受损失的过程。黏粒矿物对氮的矿物固定是土壤有效氮转化为无效或迟效态氮的过程。在土壤氮转化过程中，最有实际意义的是有机氮矿质过程中的净矿化量，所谓矿质氮素的净矿化量等于有机氮的矿化量与矿质氮固定量之差。这是因为在土壤中有机氮矿化作用与矿质氮的固定作用同时进行且处于平衡状态。

$$\text{有机态氮} \underset{\text{固定作用}}{\overset{\text{矿化作用}}{\rightleftharpoons}} \text{矿质氮}(NH_4^+、NO_3^-) \tag{11}$$

根据土壤中氮的转化过程特点，采用科学的调控管理措施，如合理施肥、灌溉等，可以控制土壤有机氮的矿化速率和减少有效氮的固定量，最大限度地发挥土壤氮素的林木营养功能，促使土壤氮素既能满足林木速生、丰产、优质的需要，有利于氮素的保存和周转，最大限度地提高土壤氮素的利用率，又能避免或减少土壤氮素的淋洗和气态损失，减轻其潜在的环境风险。

(1)有机质 C/N 比值与土壤有效氮

土壤氮的净矿化量与有机物质本身的 C/N 比值有关，这是因为有机营养型微生物在分解有机物质使之矿化过程中，需要以有机物质中所含的碳作为能源，并利用碳源作为细胞体的构成物质，同时在营养上还需要氮的供应，以保持细胞体构成中 C/N 比例的平衡。氮的来源除由有机物质供应外，还可以吸取利用土壤中的铵态氮或硝态氮，以补其不足。

如果有机物质本身所含 C/N 比值超过某一定数值，微生物在有机物质矿化过程中就会出现氮素营养不足的现象，其结果会使土壤中原有矿质态有效氮也被微生物吸收而被同化，这样林木不仅不能从有机物质矿化过程中获得有效氮的供应，反而会使土壤中原来所含的有效氮暂时失去有效性，导致土壤有效氮素的所谓微生物同化固定现象。另外，如果有机物质的 C/N 比值小于某一值，则情况恰恰相反。这时矿化作用结果产生的净矿化氮较高，除满足微生物自身在营养上的同化需要外，还可提供给林木吸收利用。一般认为，如果有机物质 C/N 比值大于 30∶1，则其矿化作用的最初阶段就不可能对林木产生供氮的效果，反而有可能使林木的缺氮现象更为严重。但如果有机物质 C/N 比值小于 15∶1 时，在其矿化作用一开始，它所提供的有机氮量就会超过微生物同化量，使林木有可能从有机物质矿化过程中获得有效氮的供应。了解这一规律，对于采用施肥措施调节土壤的有效氮素，促进林木速生、丰产、优质具有一定的指导意义。

(2)土壤有机质“激发效应”和氮素平衡

激发效应又称起爆效应，是指外加有机物质或含氮物质而使土壤中原来有机质的分解速率改变的现象。对于有机质丰富的土壤，施用绿肥等新鲜有机肥产生正激发效应，促进土壤原来有机氮的矿化和更新；而对于有机质缺乏的土壤，施用富含木质素的有机肥，产生负激发效应，增加土壤有机质和氮素的积累。

(3)科学调控施肥，防止土壤氮的损失

有些土壤具有明显的氧化层和还原层的分异现象。由于这一层次分异特点，使得氮转化和分布规律不同于一般土壤。氧化层的氧化还原电位较高，土壤氮素主要以硝态氮为主。如果将氮肥(NH_4^+)表施在氧化层，就会产生硝化作用，转化为硝态氮，随水下渗到还原层；由于还原层还原性较强，在嫌气条件了产生反硝化作用，从而导致氮素以 N_2O、NO、N_2 等气体形式从土壤中逸出。因此，在这一类型土壤中施用铵态氮应尽可能施入还原层，使铵离子(NH_4^+)能被带负电荷的土壤胶体所吸附以防止损失。

(4)避免 NO_2^- 的积累

亚硝酸盐是人类的致癌物质之一，对林木自身也会产生不良影响。如果土壤通气条件不足，则会造成土壤中亚硝酸盐的积累，故应改善土壤通气条件，避免因亚硝酸盐的积累所造成的危害。

5.3　林木对氮的吸收、同化和运输

林木吸收利用的氮素主要是无机态氮，即硝态氮(NO_3^-)和铵态氮(NH_4^+)等。此外，也可吸收某些可溶性的有机氮化物，如尿素、氨基酸及酰胺等，但数量有限，其营养意义不及硝态氮和铵态氮重要。铵态氮、硝态氮进入林木内后，通过参与一些低分子有机氮化合物，如氨基酸、酰胺、胺类化合物的结构，最终进入高分子有机氮化合物，如蛋白质、核酸等组分中。

大多数林木是通过根系吸收土壤中的硝态氮和铵态氮，而根系对不同形态的氮素的吸收、运输和同化的途径不同。

5.3.1 林木对硝态氮的吸收、运输和同化

5.3.1.1 林木对硝态氮的吸收、运输

土壤中的硝态氮通过径流的方式运输到根系表面，并且通过主动运输的方式被林木吸收。高等植物中负责吸收硝酸盐的主要是 NRT 型硝态氮转运蛋白家族的成员。NRT1 是低亲和性的硝酸盐转运系统的组成成分；NRT2 是高亲和性的硝酸盐转运系统的组成成分。

不考虑硝酸盐转运蛋白的类型，硝酸盐通过质膜向内运输，需要克服强烈的电位梯度，因为带负电荷的硝酸根离子不仅需要克服负的质膜电位，还有内部较高的硝酸盐浓度梯度。因此，硝酸盐的吸收是一个消耗能量的过程。硝酸盐转运蛋白跨膜运输硝酸盐，伴随着氢离子的同向转移，相反地，H^+- ATP 酶需要消耗 ATP，由氢离子泵向外运输氢离子以维持质膜上的氢离子梯度。

被根系吸收的硝态氮主要有以下 4 种去向：①在细胞质中，通过硝酸还原酶被还原成 NO_2^-；②通过细胞膜流出原生质体，再次到达质外体内；③存储在液泡中；④通过木质部运输到地上部被还原利用。

5.3.1.2 林木对硝态氮的同化

进入林木体内的硝酸根离子，在形成氨基酸、蛋白质以前，必须经过还原过程。硝态氮的还原过程分为两步：第一步 NO_3^- 在细胞质中经硝酸还原酶催化还原为 NO_2^-；第二步 NO_2^- 在质体中经亚硝酸还原酶催化还原为 NH_3。形成的 NH_3 在谷氨酰胺合成酶和谷氨酸合成酶的作用下形成氨基酸。

细胞生物学的研究结果表明，硝酸盐还原成铵盐的过程主要是在叶绿体(叶片)和前质体(根部)中进行。在一般条件下，根系同化的硝酸盐占吸收量的 10%~30%，叶片同化的硝酸盐占吸收量 70%~90%。光照不足，气温过低，施氮过多和微量元素缺乏均可导致林木体内硝酸盐的大量积累。

5.3.2 林木对铵态氮的吸收、运输和同化

5.3.2.1 林木对铵态氮的吸收

吸收铵态氮的机理有两种认识：第一种，爱波斯坦(Epstein，1972)认为吸收 NH_4^+ - N 与 K^+相似，吸收两种离子的膜位点(载体)相似，故出现竞争现象；第二种，门格尔(Mengel，1982)认为铵态氮不是以 NH_4^+ 的形式吸收，当 NH_4^+ 与原生质膜接触时发生脱质子化，H^+保留在膜外的溶液中，形成的 NH_3 则跨过原生质膜而进入细胞。

5.3.2.2 林木对铵态氮的同化

由谷氨酰胺合成酶和谷氨酸合成酶催化的“谷酰胺—谷氨酸循环”是林木同化氨的主要途径。在氮源充足和碳源相对不足的条件下，谷氨酸主要用于谷酰胺—谷氨酸循环，形成谷酰胺，林木体内的谷酰胺质量分数增加。因此，可以利用谷酰胺在林木体内的质量分数及其变化情况，早期诊断林木氮素的丰缺，指示 C/N 代谢状况。

5.3.3　林木对尿素和其他有机氮化物的吸收、运输和同化

5.3.3.1　尿素

与其他形态的氮素相比，尿素[$CO(NH_2)_2$]容易被吸收且速率较快。其吸收速率，主要受环境中尿素浓度的影响。在一定浓度范围内，尿素的浓度越高，林木的吸收速率越快，但如果过量吸收，尿素会在体内发生积累，积累量超过一定阈值，林木则会中毒死亡。

尿素进入细胞之后，被进一步同化。目前，关于尿素的同化机理有两种认识：多数学者认为，尿素进入林木细胞后，在脲酶的作用下分解成氨和 CO_2，当该酶活性达到最高值后，就逐渐减弱；另一种见解认为，有些林木的体内几乎检测不到脲酶的活性，尿素是被直接同化的。

林木叶子也能吸收尿素并将它水解。当分解成氨后，就按前面所讲的方式进行氨的同化。尿素分子体积小，易透入细胞，而且它不易灼伤茎叶，所以用它作根外追肥较其他形态的氮肥效果好。

5.3.3.2　氨基态氮肥

根据各种氨基酸和酰胺对林木幼苗生长的效果，可分为下列 4 类。

第 1 类：效果优于硫酸铵，如甘氨酸、天门冬酰胺、丙氨酸、丝氨酸和组氨酸。

第 2 类：效果虽不及硫酸铵，但较尿素好，如天门冬氨酸、谷氨酸、赖氨酸和精氨酸。

第 3 类：效果较硫酸铵和尿素差，但有一定效果的，如脯氨酸、缬氨酸、亮氨酸和苯丙氨酸。

第 4 类：有抑制作用，如蛋氨酸。蛋氨酸抑制天门冬氨酸激酶的活性，使天门冬氨酸不能转化为其他必需的氨基酸，因此难以合成蛋白质，产生反馈抑制。

总之，林木主要吸收和利用硝态氮和铵态氮，是林木氮素营养的主要供应方式。极少量吸收利用其他形态的氮，只能作为林木氮素营养的辅助供应方式。另外，林木对硝态氮和铵态氮的吸收和同化途径不同，两种氮源的混合比例和施用环境也会对林木生长有显著影响，因此，要根据林木对氮源的喜好以及环境要素来确定氮源的形态和配比。

5.4　氮肥生产及施用

5.4.1　氮肥生产

5.4.1.1　氮肥生产概述

我国的氮肥工业发展较晚。1925 年才开始生产硫酸铵(简称硫铵，用硫酸吸收焦炉气中的氨)，到 1935 年后才先后由大连和南京两座氮肥厂生产硫酸铵。1949 年前全国累计生产的氮肥量约为 60×10^4 t 氮，主要用于沿海各省。中华人民共和国成立后，氮肥工业先于磷钾肥获得迅速发展。1953 年我国年产 5×10^4 t 氮，超过历史上 1941 年最高年产量(4.8×10^4 t 氮)。经过第一和第二个国民经济五年计划，至 1965 年，全国氮肥产量已达 $103.7\times$

10^4 t 氮，比 1953 年增长近 20 倍。之后，经过 1969—1978 年 10 年间大、中、小型化肥厂并举和 1978 年以后 10 余年的大发展时期，全国新建了 1 000 余座小氮肥厂和 20 余座年产 30×10^4 t 合成氨态氮肥厂。至 1998 年，全国氮肥产量猛增至 2 108×10^4 t 氮，成为世界上最大的氮肥生产国。目前，氮肥最主要的产品尿素产能高达 6 000×10^4 t，产量约为 5 000×10^4 t，仍为世界首位。

除石灰氮、天然硝石(硝酸钠)等少数氮肥品种外，当今世界上施用的所有主要氮肥品种，都以合成氨为基本原材料。因此，氮肥生产的第 1 步是氨的合成，第 2 步将氨加工成氮肥产品。

5.4.1.2　氨合成及氨的性质

合成氨工艺由德国科学家弗里茨·哈伯(Fritz Haber)在 1904 年发明，于 1909 年实验室试验成功(NH_3，80 $g\cdot h^{-1}$)，至 1913 年才在德国奥堡实现工业规模生产(NH_3，30 $t\cdot d^{-1}$)，合成氨的反应为：

$$3H_2+N_2 \underset{\text{催化剂}}{\overset{\text{温度、压力}}{\rightleftharpoons}} 2NH_3 \tag{12}$$

反应中放热。氨是气态，18 ℃时生成每千克氨净反应热为 2.71 MJ，并随温度而升高。反应可逆，增加压力有利于提高氨的得率，温度升高，则氨转化率下降。因此，工业上使用催化剂以加速氨合成的反应，同时寻求适宜的、氨转化率高而生产成本较低的温度与压力条件。目前，基本采用中温(400~500 ℃)、中压(27.4~34.3 MPa)和铁系催化剂。合成氨生产规模日益增大，日产 1 000~1 200 t 氨的大型合成氨厂已较普遍。

合成氨所用的 N_2 来自空气，H_2 来自煤、焦、天然气或重油等石油馏分物，均须经过净化和压缩。纯净的合成氨在标准状况下是无色气体，比空气轻，有较强烈的刺激性气味，一般若空气中氨浓度达到 50 $mg\cdot m^{-3}$ 时，人们即能嗅到氨气味，浓度再高时人体将出现各种氨中毒症状以至窒息致死。表 5-2 为氨的理化性质列表。

表 5-2　氨的理化性质

指标	数值	指标	数值
相对分子质量	17.03	临界温度	132.4 ℃
含氮量	82.2%	临界压力	11.3 MPa
摩尔体积(0 ℃，0.1 MPa)	22.8 $L\cdot mol^{-1}$	临界密度	0.235 $g\cdot cm^{-3}$
液体密度(−33 ℃，0.1 MPa)	0.6818 $g\cdot cm^{-3}$	沸点(0.1 MPa)	−33.35 ℃
气体密度(0 ℃，0.1 MPa)	0.7714 $g\cdot L^{-1}$	冰点	−77.7 ℃

将氨加压至 0.87 MPa 时，液化成液氨。这是一种无色液体，可直接作氮肥。液氨是一种优良的溶剂——非水溶剂，它可以溶解 Na、K、Rb、S、Se、P、无机氯化物、溴化物、碘化物、氰化物、糖、苯、酚、醇、醛等多种无机和有机物，尤其能溶解碱土金属 Ca、Sr 和 Ba，这有助于更好地理解土壤施用液氨后，某些养分的有效性能提高。

氨的主要化学反应有 3 种：

①加成反应　又称氨合(相当于水合)，形成络合物，如$[Ag(NH_3)_2]^+$、$[Cu(NH_3)_4]_2{}^+$等。

②取代反应　又称氨解(相当于水解)，如 $HgCl_2 + 2NH_3 \longrightarrow HgNH_2Cl + NH_4Cl$。

③氧化还原反应　如由 NH_3 氧化成 NO_3^- 或还原成 H_2。

氨的水溶液解离常数极低，25 ℃时反应为 $NH_4OH \rightleftharpoons NH_4^+ + OH^-$，解离常数为 1.79×10^{-5}，反应 $NH_3 \rightleftharpoons NH_2^- + H^+$ 更弱，解离常数为 5.64×10^{-10}。因此，氨水溶液中存在的 NH_4OH 量极少，主要以氨水合物形式 $NH_3 \cdot H_2O$ 或 $2NH_3 \cdot H_2O$ 存在。氨的用途很广，但化肥工业上主要将其用作生产氮肥的原料。

5.4.1.3　氨的加工

由合成氨加工成氮肥的途径，主要有以下 5 条。

①直接加工成液体氮肥(氨水等)；

②用不同酸根固定氨，生成固体铵态氮肥(硫酸铵等)；

③氨的水溶液以 CO_2 碳化、脱水或再合成(碳酸氢铵、尿素)；

④将氨氧化成硝酸后再与氨结合(硝酸铵)；

⑤硝酸和盐基(阳离子)的结合，生成硝态氮肥(硝酸钠等)。

此外，还可由合成氨直接加工 $(NH_4)_2HPO_4$ 等化学合成的复合肥料。由空气中 N_2 直接合成石灰氮($CaCN_2$)的数量极少。不同氮肥品种的理化性质不同，与每种氮肥的氨加工方式密切相关。

5.4.2　氮肥施用

5.4.2.1　氮肥施用概述

根据我国林业用肥量的调查数据来看，在过去几年中，我国林业用肥量呈现出逐年增加的趋势，而其中增加最快的是复合肥。从氮肥来看，其总量变化不大，在全国 27 个省 2 346 个村调查的 6 863 个果园中，氮肥平均施用量为 550 kg N · hm^{-2}。应该注意，这是基于每季果树的统计结果，我国集约化种植果树是一年 1 季，调查的相应果树产量为 36.7 t · hm^{-2}。从调查结果看，我国集约化种植区氮肥过量施用现象相当普遍。这种抽样调查方法很难判断区域尺度的施氮状况。根据我国已经发表的大量研究资料，果树每季氮肥推荐量范围大致在 150~250 kg N · hm^{-2}，其他林木大致在 50~150 kg N · hm^{-2}。

5.4.2.2　氮肥过量施用的原因

(1)人多地少，土地资源紧张，而林业产品需求刚性增加

一方面土地承载着巨大的压力，单产要不断提高，养分供应必须增加；另一方面开垦了大量存在障碍因素的边缘土地。新垦、新造山地肥力低下，不得不依靠肥料的高投入来支撑土地的高产出。

(2)山地培肥不够，肥力不均

由于复种指数高，长期连年耕作，土壤理化性状不良，保水保肥能力不足。形成了靠多施肥弥补的依赖性。

(3)“大水大肥”的传统观念根深蒂固，施肥不平衡

偏施氮肥、施肥方式不合理、施肥时期不科学等现象普遍，转变人们的施肥观念和用肥习惯不是一朝一夕的事。

(4)肥料产品结构不合理

到目前为止，我国还没有建立起以科学施肥为导向的肥料生产经营格局，市场上的肥料产品结构不适应科学施肥的要求。如尿素比重过大，高浓度磷复肥发展过快，产能出现过剩，复混肥产品养分配比与林木需求不匹配等，严重制约着肥料利用率的提高。

5.4.2.3 过量施用氮肥的负面影响

(1)增加生产成本

氮肥过量施用必然造成资源浪费，直接增加林业工作者的投入成本。

(2)影响林木产量

林木的氮肥用量有一个科学的范围，并非越多越好。超过合理用量，容易造成林木减产。因此，过量施用氮肥，不但不会增产，反而会造成减产。

(3)降低林木质量

随着氮肥施用量的增加，林相不整齐，尖削度大，林木生长不良，呈黄化状态。

(4)加剧病虫害发生

氮肥施用过多，会促进食叶害虫的大发生，继而需要增加农药的用量，不仅增加成本，而且农药残留还会带来诸多环境问题。

(5)危害生态环境

投入山地中的氮素除了被林木吸收外，还可以通过挥发、流失等方式进入大气和水体，进而对环境造成危害。流失到水体的氮素，不仅会影响饮用水的安全，而且会加速水体的富营养化。挥发到大气中的氮素则构成了影响空气质量和导致气候变暖的不利因素。

5.5 氮肥定义及分类

氮肥是生产中需要量最大的化肥品种，它对提高林木产量，改善林产品品质有重要作用。了解氮肥的种类、性质及其施入土壤后的变化，从而采用合理的施用技术，对减少氮素损失及减轻氮肥对环境的危害，不断提高氮肥利用率，均有重要的现实意义。

5.5.1 氮肥定义

氮肥，是指以氮(N)为主要成分，具有氮标明量，施于土壤或用它处理林木地上部分，可提供林木氮素营养的单元肥料。

5.5.2 氮肥分类

化学氮肥有多种分类方法：

①根据含氮基团进行分类　将化学氮肥分为铵态氮肥、硝态氮肥、酰胺态氮肥和氰氨态氮肥4类，这种方法较为常用。

②根据肥料中氮素的释放速率　可将氮肥分为速效氮肥和缓释(控释)氮肥，缓释(控释)氮肥的性质不同于一般的化学氮肥，是当今化学氮肥重要的发展方向之一。

③根据化学氮肥施入土壤后残留酸根与否　可将其分为“有酸根氮肥”和“无酸根氮

肥”。有酸根氮肥如硫酸铵、氯化铵，这类肥料长期、大量施用会破坏土壤性质，即所谓生理酸性肥料；无酸根氮肥主要有尿素、硝酸铵、碳酸氢铵。这类肥料对土壤性质无不良影响和副作用，可广泛用于多种土壤和林木。

5.6　常用氮肥种类及施用方法

氮肥种类有很多，一般根据肥料中氮的存在形式及肥料性质可将氮肥分为铵态氮肥、硝态氮肥、酰胺态氮肥、缓释(控释)氮肥等，每一种类氮肥又包括不同的氮肥品种。

5.6.1　铵态氮肥

凡是氮肥中的氮素以 NH_4^+ 或 NH_3 形态存在的均属铵态氮肥。根据肥料中铵(氨)的稳定程度不同，又可分为挥发性氮肥与稳定性氮肥。前者有液氨、氨水和碳酸氢铵，后者有硫酸铵和氯化铵等。铵态氮肥一般具有下列共性：①易溶于水，肥效快，林木能直接吸收利用；②肥料中 NH_4^+ 易被土壤胶体吸附，部分进入黏土矿物的晶层被固定，不易造成氮素流失；③在碱性环境中氨易挥发损失，尤其是挥发性氮肥本身易挥发，若与碱性物质接触会加剧氨的挥发导致损失；④在通气良好的土壤中，铵(氨)态氮可经硝化作用转化为硝态氮，易造成氮素的淋失和流失。下面分别介绍几种常见铵态氮肥的性质与施用。

5.6.1.1　碳酸氢铵(NH_4HCO_3)

碳酸氢铵(ammonium bicarbonate)，简称碳铵，它是用 CO_2 通入浓氨水，经碳化并离心干燥后的产物。碳铵是我国小型氮肥厂的主要氮肥品种，具有投资少、生产工艺简单、能量消耗低等特点。碳铵生产线的建立，对我国早期氮肥工业的发展起了积极作用，在我国目前的氮肥生产中，仍占有重要地位，产量约占氮肥总产量的 45%以上，居氮肥品种之首。但由于碳铵的化学性质不稳定，氮肥利用率不高，今后必将逐步为含氮量高、稳定性好的氮肥品种所取代。

(1)性质

碳铵纯品含氮 17.7%，因生产过程中含水和某些杂质，实际含氮量为 16.5%~17.5%，农业部颁布的质量标准见表 5-3。

表 5-3　碳酸氢铵的质量标准

指标名称	干碳酸氢铵	湿碳酸氢铵	
		一级品	二级品
含氮以湿重计算/(%，≥)	17.5	16.8	16.5
含水量/(%，≤)	0.5	5.0	8.0

碳铵为无色或白色细粒晶体，易吸湿结块，易挥发，有强烈的氨味，易溶于水，20 ℃时的溶解度为 21%，40 ℃时为 35%，水溶液呈碱性(pH8.2~8.4)。碳铵的化学性质不稳定，即使在常温下(20 ℃)，也易分解为 NH_3、CO_2 和水，因此造成氮素的挥发损失。其反应式如下：

$$NH_4HCO_3 \longrightarrow NH_3\uparrow + CO_2\uparrow + H_2O \quad (13)$$

影响碳铵分解的主要因素是环境温度和肥料本身的含水量。在常温下，当温度达70 ℃时，碳酸氢铵可全部分解。据测定，在气温为20 ℃露天存放碳酸氢铵时，1 d、5 d和10 d的损失率分别为9%、48%和74%；在气温为30 ℃露天存放时的损失率更高，其相应的数值分别为19%、68%和94%。一般来说，含水量< 0.5%的碳酸氢铵，称为干燥碳酸氢铵，常温下比较稳定；当含水量< 2.5%时，分解较慢；当含水量> 3.5%时，分解明显加快。

(2)施用

深施覆土，减少挥发。研究表明，在不同类型土壤上，与其他氮肥品种比较，土壤对碳铵中铵的吸附量最大。以碳铵被吸附的相对值为100，则硫酸铵为73~74，氯化铵为64~87，硝酸铵为58~79，尿素为8~11。其原因可能是由于碳铵中HCO_3^-的负电性弱，酸根的电离度小，HCO_3^-分解为CO_2形式逸散，有利于NH_4^+离子被土壤吸附。因此，施入土壤后碳铵的模拟淋失量只占施入量的5%~13%，相当于硫酸铵的1/3或尿素的1/15~1/10。坚持深施覆土，可使碳铵中氨的挥发明显减少，不论在酸性、中性或石灰性土壤上，其肥效都和硫酸铵相近。此外，在土壤溶液中碳铵解离，生成HCO_3^-，还能以CO_2的形式为林木提供碳源，碳酸氢铵由于不残留酸根，故长期施用对土壤性质无不良影响。

碳铵可做基肥和追肥，但不能做种肥。坚持深施并立即覆土是碳铵的合理施用原则，施用深度以6~10 cm为宜。做基肥时，施用后应立即耕翻；做追肥也应注意深施，以防止氨挥发。碳铵粒肥作追肥深施应提前施用。研究表明，施肥结合灌水可减少氨的挥发(表5-4)。

表5-4　碳铵施肥结合灌水对氨挥发的影响

施肥后天数/d	表面撒施/%		覆土/%	
	不灌水	灌水	不灌水	灌水
1	17.4	4.6	0	0
3	20.0	7.0	0.1	0
5	22.7	7.8	0.3	0
10	25.9	8.4	0.4	0.2

碳铵应选择在低温季节(低于20 ℃)或一天中气温较低的早晚施用，以减少挥发，提高肥效。在安排施肥计划时，可将铵与其他氮肥品种配合使用，低温季节如早春、晚秋及冬季用碳铵，而在高温季节则选用其他性质较稳定的品种如尿素、硫酸铵等，这样可降低肥料投资，提高肥效。

5.6.1.2　硫酸铵[$(NH_4)_2SO_4$]

硫酸铵(ammonium sulfate)，简称硫铵，俗称肥田粉，它是我国生产和使用最早的氮肥品种。由于尿素、液氨等氮肥品种的发展，硫铵在世界氮肥总产量中的比例已明显缩小，目前我国硫铵的产量也很少，大多是炼焦等工业的副产品。

(1)性质

硫铵含氮理论值为21.2%，含硫24.1%，因含有少量杂质，一般含氮20%。纯品为白

表 5-5　硫酸铵的品质规格

指标名称	一级品	二级品	三级品
含氮量以干基计/(%，≤)	21.0	20.8	20.6
水分含量/(%，≤)	0.1	1.0	2.0
游离酸(H_2SO_4)/(%，≤)	0.05	0.2	0.3

色结晶，含少量杂质时呈微黄色。我国长期将硫铵作为标准氮肥品种，商业上所谓的“标氮”，即以硫铵的含氮量 20% 作为统计氮肥商品数量的单位。我国硫铵品质规格，见表 5-5。

硫铵易溶于水，在常温下(20 ℃)每 100 mL 水可溶解 75 g，水溶液呈酸性反应，吸湿性小，物理性状好，化学性质稳定，常温下存放无挥发，不分解。

(2)施用

硫铵施入土壤后溶解于水，在土壤溶液中解离为 NH_4^+ 与 SO_4^{2-}。由于林木根系吸收的阴、阳离子不平衡，吸收 NH_4^+ 量大于 SO_4^{2-}，在土壤中残留较多的 SO_4^{2-}，SO_4^{2-} 与 H^+(来自土壤或根表面铵的交换吸收)结合，引起土壤酸化。所以，硫铵属于生理酸性肥料，即化学肥料中阴、阳离子经林木吸收利用后，其残留部分导致介质酸度提高的肥料。土壤酸化的程度，因土壤性质而异。酸性土壤施用硫铵后，NH_4^+ 一方面可交换土壤胶体吸附的 H^+，另一方面 NH_4^+ 被林木吸收后可使根系分泌出 H^+，这些 H^+ 与 SO_4^{2-} 结合形成 H_2SO_4，使土壤酸性增强，所以应配合施用石灰，以中和土壤酸性，并补充 Ca 的损失，但石灰与硫铵应分开施用。石灰性土壤由于碳酸钙含量较高，呈碱性反应，硫铵在碱性条件下分解产生氨，如表施会引起氮素挥发损失，所以必须深施覆土。

硫铵可做基肥、追肥和种肥，适用于多种林木。因其物理性状好，特别适用于做种肥，但用量不宜过大。

5.6.1.3　氯化铵(NH_4Cl)

氯化铵(ammonium chloride)，简称氯铵，其主要来源是联合制碱工业的副产品。联合制碱法是 1942 年我国著名化学家侯德榜发明的，它将合成氨与氨碱法两种工艺联合起来，可同时生产碳酸钠(俗名纯碱、苏打)和氯化铵。随着我国联碱工业的发展，氯铵的产量将会不断增加。其主要反应为：

$$NH_3 + CO_2 + NaCl + H_2O \longrightarrow NaHCO_3 + NH_4Cl \tag{14}$$

$$2NaHCO_3 \longrightarrow Na_2CO_3 + CO_2\uparrow + H_2O \tag{15}$$

(1)性质

氯化铵为白色结晶，含杂质时呈黄色，含氮量为 24%~25%。物理性状较好，吸湿性比硫铵稍大，不易结块。易溶于水，溶解度比硫铵低，20 ℃时每 100 mL 水中可溶解 37 g，水溶液呈酸性。氯化铵常温下不易分解，化学性质较稳定。我国生产氯铵的产品质量标准为：含 NH_4Cl 为 90%~95%，含 N 为 24%~25%，含 NaCl 为 0.6%~1.0%，含水分为 1.5%~3.0%。

(2)施用

氯化铵施入土壤后，在土壤中的转化特点与硫铵基本相似，在土壤溶液中解离为 NH_4^+

和 Cl^-，林木选择吸收后残留于土壤中的是 Cl^-，所以也属于生理酸性肥料。在酸性土壤上，施用氯化铵使土壤酸化的程度大于硫酸铵。如连续大量施用氯化铵，必须配合适量石灰或有机肥料施用，以进行调节。在中性或石灰性土壤中，铵离子与土壤胶体上的 Ca^{2+} 进行交换，生成易溶性的氯化钙。在排水良好的土壤中，氯化钙可被雨水或灌溉水淋洗流失，可能造成土壤结构破坏，而在干旱或排水不良的盐渍土上，氯化钙在土壤中积累，使土壤溶液盐浓度增大，也不利于林木生长。

研究表明，不同氮肥品种硝化速率不同，其顺序为：尿素>碳铵>硫铵>氯化铵。因此，氯化铵施入土壤后，其硝化速率显著低于其他氮肥。其原因是氯铵中含有的大量氯离子(为 65%~66%)对参与硝化作用的亚硝化毛杆菌有抑制作用，这使得氯铵中的铵态氮可较多地被土壤吸附，从而减少氮素的淋失和流失。此外，氯铵在湿度较高的土壤中也不会像硫铵那样还原生成有害物质(H_2S)，抑制林木根系及地上部生长。因此，湿度较高的土壤施用氯铵的效果优于硫铵。

氯化铵可做基肥和追肥，但不能做种肥，以免影响种子发芽及幼苗生长。做基肥时，应于播种(或扦插)前 7~10 d 施用，追肥应避开幼苗对氯的敏感期。氯化铵应优先施于耐氯林木或缺氯土壤($Cl^- < 2\ mg \cdot kg^{-1}$)，在盐土、干旱或半干旱地区土壤上应避免施用或尽量少用。

5.6.1.4 液氨(NH_3)

液氨(liquid ammonia)是由合成氨直接加压经冷却，分离而成的一种高浓度液体氮肥。它与等氮量的其他氮肥相比具有成本低、节约能源、便于管道运输等优点。因此，在国外化学氮肥生产中，液氨生产逐渐增加，尤以美国发展最快。我国进行过液氨试验，但由于其贮运、施用技术尚未普及，液氨生产和施用受到限制。随着我国生产水平的提高，液氨的生产和使用将具有广阔的前景。

(1)性质

液氨含氮 82.3%，是目前含氮最高的氮肥品种，呈碱性反应，比重为 $0.617\ g \cdot cm^{-1}$，常压下呈气态，加压至 1 723~2 027 kPa 时才呈液态。因此，液氨的贮存和施用均需要耐高压的容器和特制的施肥机具。

(2)施用

液氨在降压时自动气化为氨，施入土壤后穿透力强。根据田间测定，其扩散半径约 25 cm，施肥点附近氨的浓度大，其浓度与扩散半径呈负相关，NH_3 在土壤溶液中经质子化形成 NH_4^+，在施肥点周围土壤形成一个高浓度的铵区，称为铵核(ammonium nucleus)。铵核的大小与土壤质地有关，一般地，砂土大于壤土。随着硝化作用的进行，铵核的浓度逐步降低直至消失。由于液氨施入土壤后，立即气化为 NH_3，当其溶于水时，大部分是以 NH_3 形式溶于水中，只有少部分质子化形成 NH_4^+，因此，在质地轻的土壤中易挥发。

液氨宜在秋季和冬季做基肥，施用量以 $60 \sim 90\ kg \cdot hm^{-2}$ 为宜，施肥行距为 15~30 cm，以利其随土壤水分向行间扩散，提高利用率。采取专用机具深施入土，施用深度根据土壤质地、含水量及其用量而定。一般施入土层 15 cm 以下，即可明显减少，甚至避免氨的挥发。在土壤含水量低、质地轻或施肥量大时，应适当增加施肥深度。施用液氨要注意安全，防止与皮肤接触，并严禁接近明火。

5.6.1.5 氨水($NH_3 \cdot nH_2O$)

氨水(ammonia water)是氨的水溶液，每升水中能溶解0.515 kg氨气，为无色或微黄色透明液体，比重为0.924~0.942，蒸汽压为101~1 010 kPa。

(1)性质

氨水一般含氨15%~20%，含氮12.4%~16.5%。由于氨在水中呈不稳定的结合状态，其主要为氨分子的水合物，少量氨与水化合形成氢氧化铵，因此，氨水的化学性质很不稳定，极易挥发，并有刺鼻的氨味。氨水浓度越大，温度越高，存放时间越长，容器密闭程度越差，挥发量则越大。为了减少氨的挥发损失，可在氨水中通入一定量的CO_2，制成碳化氨水。氨水的碳化度越高，氨的挥发损失越少。其反应式如下：

$$4NH_3 \cdot 3H_2O + 2CO_2 \longrightarrow NH_4OH + (NH_4)_2CO_3 + NH_4HCO_3 \tag{16}$$

氨水呈碱性反应，pH > 10，有很强的腐蚀性，对铜的腐蚀性最强。其反应式如下：

$$Cu + 4NH_4OH \longrightarrow [Cu(NH_3)_4](OH)_2 + 2H_2O + H_2\uparrow \tag{17}$$

生成的氢氧化氨(配合)铜为可溶性的，使容器损坏，氨水对铝、铁也有腐蚀作用。但对水泥、石器、陶器、松木、橡胶、塑料制品等腐蚀性极小，因此，贮、运氨水必须选用适合的容器，避免高温与烈日暴晒，尽量减少挥发，并注意人畜安全。

(2)施用

氨水只要合理施用，对各种林木都有一定的生长促进和增产效果。氨水必须深施覆土，施用深度一般应达10 cm，以促进土壤对氨的吸附，减少挥发损失。在砂性强的土壤中施用氨水更应深施。

氨水可做基肥和追肥，但不能做种肥。旱地和水浇地做基肥可深施后耕翻覆土。做追肥先将氨水加水稀释至50~10倍，在清晨或傍晚气温较低时浇灌，谨防伤苗。也可随灌溉水施入，但必须注意施肥均匀。总之，施用氨水必须掌握“一不离土，二不离水”的原则，才能达到减少氨挥发损失，提高肥效的目的。

5.6.2 硝态氮肥

凡肥料中的氮素以硝酸根(NO_3^-)形态存在的均属于硝态氮肥。包括硝酸铵、硝酸钙和硝酸钠等。其中硝酸铵兼有NH_4^+和NO_3^-，习惯上列为硝态氮肥。这类氮肥一般具有下列共性：①易溶于水、溶解度大，为速效性氮肥；②吸湿性强，易结块，空气相对湿度较大时，吸水后呈液态，造成施用上的困难；③受热易分解，放出氧气，使体积骤增，易燃易爆，贮、运中应注意安全；④NO_3^-不能被土壤胶体吸附，易随水流失，因此，在雨季一般不宜施用或应少量多次，以减少淋失；⑤硝酸根可通过反硝化作用还原为多种气体(NO、NO_2和N_2等)，引起氮素气态损失。

5.6.2.1 硝酸铵(NH_4NO_3)

硝酸铵(ammonium nitrate)简称硝铵，由硝酸中和合成氨而成，是当今世界上一个主要的氮肥品种。

(1)性质

含氮量35%，商品硝酸铵中加有少量填料，实际含氮量不足35%。其中NH_4^+和NO_3^-各

表 5-6 硝酸铵的品质规格

项 目	标 准	项 目	标 准
硝酸铵含量(以干基计)/(%, ≥)	98.0	总氮量(以干基计)/(%, ≥)	34.4
填料	0.15	水分/(%, ≤)	2.5

占 50%。我国硝酸铵品质规格见表 5-6。

硝铵为白色结晶，含有杂质时呈淡黄色，比重为 1.73，熔为 169.6 ℃，易溶于水，溶解度大，20 ℃时每 100 mL 水中可溶解 188 g，水溶液呈酸性。

硝酸铵吸湿性强，易结块。当温度高、湿度大时，存放过久，能吸湿液化，造成施用上的困难。硝酸铵对热的稳定性差，易发生热分解。

(2)施用

硝铵宜做追肥，一般不做基肥，且不能做种肥。做追肥应分次深施覆土，施用深度为 10 cm 左右。

5.6.2.2 硝酸钠和硝酸钙

硝酸钠有天然矿石和工业制造 2 种，前者主要产于南美洲智利，故又称智利硝。

(1)性质

硝酸钠含氮 15.0%~16.9%，硝酸钙含氮 12.6%~15.0%，纯品均为无色晶体。水溶液呈碱性，极易吸湿结块。硝酸钙易燃，贮、运时应注意防潮、防火。

(2)施用

硝酸钠和硝酸钙均宜做追肥，但不宜施于茶树等。由于所含阳离子组分不同，二者在施用上略有差别。硝酸钠不宜施于盐碱土，做基肥应适当深施。硝酸钙适用于酸性土壤、盐碱土或缺钙的土壤。

5.6.2.3 硫硝酸铵和硝酸铵钙

硫硝酸铵的主要成分为硝酸铵与硫酸铵，含氮 25%~27%，其中 NH_4^+-N 占 75%~80%，NO_3^--N 占 20%~25%，为淡黄色颗粒状。硝酸铵钙为灰白色或浅褐色颗粒，主要成分为硝酸铵、碳酸铵和碳酸钙，含氮 20%~25%，其中 NH_4^+-N 与 NO_3^--N 各占 50%，含 $CaCO_3$ 为 28%，其施用技术可参照硝酸铵的施用方法。

5.6.3 酰胺态氮肥——尿素

尿素是一种化学合成的有机态氮肥，其氮素以酰胺基($CO—NH_2$)形态存在，属酰胺态氮肥。尿素因具有含氮量高、物理性状较好和无副成分等优点，是世界上施用量最多的氮肥品种。在我国，尿素的生产和销售量仅次于碳铵，根据化学氮肥的发展趋势，它必将成为我国今后主要的氮肥品种。

(1)性质

尿素含氮量为 42%~46%，是固体氮肥中含氮量高的品种。我国尿素的品质规格见表 5-7。

表 5-7　尿素的品质

指标名称	优等品	一等品	合格品
总氮/(干基，≥)	46.3	46.3	46
缩二脲/≤	0.9	1.0	1.5
水分/≤	0.5	0.5	1.0
粒度(φ0.85~2.80 mm)/≥	90	90	90

尿素为白色晶体或颗粒，晶体呈针状或棱柱状，易溶于水，20 ℃时每 100 mL 水中可溶 100 g，水溶液呈中性，吸湿性小。在干燥条件下物理性状良好，常温下基本不分解，遇高温、潮湿气候，也有一定的吸湿性，因此，贮、运时应注意防潮。

在尿素生产造粒过程中，温度达 50 ℃时便有缩二脲生成，当温度超过 135 ℃时，尿素易分解生成缩二脲，其反应式如下：

$$2CO(NH_2)_2 \longrightarrow H_2NOCNHCONH_2 + NH_3\uparrow \qquad (18)$$

尿素中缩二脲含量超过 2%就会抑制种子萌发，危害林木生长。国内外公认的标准是，缩二脲含量一般不应超过 1.5%(二级品不应超过 1.8%)；林木根外追肥时，不应超过 0.5%，否则会伤害茎叶。缩二脲在土壤中脲酶的作用下能逐步分解。其反应式如下：

$$H_2NOCNHCONH_2 \xrightarrow{\text{脲酶}} 3NH_3 + H_2CO_3 \qquad (19)$$

(2)施用

施入土壤的尿素，在其未转化前，可以分子态被土壤胶体吸附。其吸附式是以氢键结合，即尿素分子中—NH_2 上的氢与腐殖质分子中═CO 上的氧结合，或尿素分子中═CO 上的氧与土壤黏土表面的—OH、—SiOH，或腐殖质分子中—COOH、—OH 等基团上的氢键联结。土壤对尿素分子的吸附，在一定程度上有防止尿素在土壤中淋失的作用。

尿素施入土壤后，除少量以分子态被土壤胶体吸附外，大部分在土壤中脲酶的作用下，水解为碳酸铵，并进而释放出氨，其反应式如下：

$$CO(NH_2)_2 + 2H_2O \longrightarrow (NH_4)_2CO_3 \qquad (20)$$

$$(NH_4)_2CO_3 \longrightarrow 2NH_3\uparrow + CO_2 + H_2O \qquad (21)$$

因此，尿素表施也会引起氨的挥发损失。

尿素的转化速率，主要取决于脲酶的活性。一般认为，土壤酶(脲酰基水解酶)主要是以酶—有机物或无机胶体复合物的形态存在。但也有报道，土壤中游离脲酶含量虽少，但它在尿素分解中的作用要比复合体形态存在的脲酶更直接。因为尿素水解是在溶液中进行的，土壤 pH 值、温度、水分和质地都可影响脲酶的活性，从而影响尿素水解的速率，其中土壤温度的影响更为明显。当土壤温度在 10 ℃时，尿素需 7~10 d 可全部转化；20 ℃时，需 4~5 d；30 ℃时，只需 2 d 即可分解完。

尿素适用于各种土壤和林木，可做基肥与追肥。不论在哪种土壤上施用，都应适当深施或施用后立即灌水，通过控制水量使尿素随水渗入土层内，由于深层土壤脲酶的活性较低，从而减缓了尿素的水解。尿素因其含氮量高，并含有少量缩二脲，一般不做种肥，以防烧种。尿素做根外追肥最为适宜，主要原因是：①其分子体积小，易透过细胞膜；②其呈中性、电离度小，不易引起细胞质壁分离；③有一定的吸湿性，能使叶面保持湿润状态，利于叶片吸收；进入细胞后很快参与同化作用，肥效快。大多数林木以0.5%~1%的浓度喷施为宜，早、晚喷施效果较好。

5.6.4 缓释/控释氮肥

缓释氮肥(slow-release nitrogen fertilizer)又称长效氮肥，这类肥料中氮的释放速率延缓，可供林木持续吸收利用；控释氮肥(controlled-release nitrogen fertilizer)这类肥料中氮的释放速率不仅延缓，而且能按林木的需要有控制地释放。

缓释/控释氮肥按性质与作用机理可分为合成有机微溶性氮肥和包膜氮肥。自1955年脲醛化合物商品化及1967年包膜肥料投入生产，至今缓释/控释氮肥的生产已有50多年的历史。目前在发达国家以商品销售的品种达数十个。在美国，缓释/控释肥料90%以上用于非农业，如高尔夫球场、草坪、苗圃等，约10%用于坚果和柑橘等经济林木。我国在20世纪60年代末，中国科学院南京土壤研究所首先开始长效氮肥的研究工作，研制成功钙镁磷肥包裹的碳铵粒肥等。此后，先后有北京园林科学研究所等单位于20世纪80年代中期研制的酚醛树脂包膜复合肥料，20世纪90年代郑州工业大学磷肥与复肥研究所生产销售的“乐喜施”包裹型(肥料包裹肥料)复合肥数种。目前国内已有10多个科研院所在开发研究缓释/控释氮肥。

除了缓释肥料，目前人们也在致力于控释肥料的研究。即指以各种调控机制使养分释放按照设定的释放模式(释放速率和时间)与林木需肥规律相一致，根据林木不同生长阶段对养分的需求，人为调控养分的释放速率和时间，在林木需要时释放，不需要时，则保留于土壤中。

这类肥料的特点是肥料中氮素在水中的溶解度小，释放慢，可以逐步释放出氮素供林木吸收，故肥效稳而长，一次施用能在一定程度上供应林木生长季对氮的需求。由于释放慢或有控制释放，能降低土壤中氮素因挥发、淋失或反硝化脱氮而引起的损失，有利于减少氮素的环境污染。因此，这类肥料更适用于砂性土壤、多雨地区、多年生林木、果树等。然而，目前由于生产成本较高，价格昂贵，养分释放的速率和时间还较难控制，因而限制了其应用和推广。随着生产工艺和材料的改进，价格的降低，缓释/控释氮肥的发展速率将会大于常规化肥。缓释/控释氮肥可分为两大类。

5.6.4.1 合成有机微溶性氮肥

这类肥料是以尿素为主体与适量醛类反应生成的微溶性聚合物。施入土壤后经化学反应或在微生物作用下，逐步水解释放出氮素，供林木吸收。包括：

(1)脲甲醛(代号UF)

脲甲醛是缓释肥中开发最早且实际应用较多的品种，其主要成为直键甲撑脲的聚合物，含脲分子2~6个，为白色粉状或粒状，其溶解度与直键长度呈反比。因此，控制肥料中长短键聚合物比例，即可控制其溶解度和氮的释放速率。该产品含氮36%~38%，其中冷水不溶性氮占28%。脲甲醛的质量可用氮素活度指数(activity index，AI)表示，*AI*值是衡量脲醛肥料在土壤中有效性的一个指标，其计算方法为：

$$AI = (CWIN - HWIN) \times 100\% / CWIN \tag{5-1}$$

式中：$CWIN$ = 肥料中冷水(25 ℃)不溶性氮(%)；

$HWIN$ = 肥料中热水(98~100 ℃)不溶性氮(%)。

脲甲醛施入土壤后，主要在微生物作用下水解为甲醛和尿素，后者进一步分为氨、二氧化碳等供林木吸收利用，而甲醛留在土中，在它未挥发或分解之前，对林木和微生物生长均有副作用。

脲甲醛在土壤中的矿化速率，取决于尿素与甲醛的摩尔比(U/F)、氮素活度指数、土壤温度及土壤 pH 值等因素。当 U/F 为 1.2~1.5，土壤酸性反应，土温≥ 15 ℃时，氮素活度指数增加，则分解加快。

(2)脲乙醛(又名丁烯叉二脲，代号 CDU)

它是由乙醛缩合为丁烯叉醛，在酸性条件下与尿素缩合而成的异环化合物。该化合物为白色状，含氮为28%~32%。脲乙醛在土壤中的溶解度与土壤温度和 pH 值有关。一般随着温度升高和酸度的增大，其溶解度增大，因此适用于酸性土壤。脲乙醛施入土壤后，分解为尿素和β-羟基丁醛，尿素经水解可被林木收利用，而β-羟基丁醛则分解为二氧化碳和水，无毒素残留。

脲乙醛可做基肥一次大量施用，当土温为 20 ℃时，脲乙醛施入土壤 70 d 后有比较稳定的有效氮释放率，因此施于牧草与观赏草坪肥效较好。如将脲乙醛用于速生型林木，应配合速效氮肥施用。

(3)脲异丁醛(又名异丁叉二脲，代号 IBDU)

它是尿素与异丁醛反应的缩合物，为白色粉末状或颗粒状，含氮为 32%，不吸湿，微溶于水。脲异丁醛施入土壤后，在微生物作用下可水解为异丁醛与尿素。脲异丁醛具有生产原料廉价易得、无残留的特点，其肥效相当于等氮量水溶性氮的 10.4%~12.5%，可与尿素、磷酸氢二铵、氯化钾等化肥混施，因而是一种具有发展前途的缓释氮肥。

(4)草酰胺(代号 OA)

含氮 31.8%，为白色粉状，微溶于水。施入土壤后可直接水解为草胺酸和草酸，并释放出氢氧化铵，其肥效与硝酸铵相似，呈粒状时则释放减慢，但优于脲醛肥料。

5.6.4.2　包膜氮肥

包膜氮肥是指在速效氮肥外面包裹一层或数层半透性或难溶性的惰性物质，以减缓养分的释放速率而制成的肥料。通过包膜扩散，包膜逐步分解或水分进入膜内膨胀使包膜破碎而释放氮素。常用包膜材料有硫黄、树脂、聚乙烯、石蜡、沥青及钙镁磷肥等。包膜氮肥主要包括：

(1)硫包尿素(简称 SCU)

在尿素颗粒表面涂以硫黄，用石蜡做包衣。主要成分为尿素、硫黄、石蜡和杀菌剂等。杀菌剂的作用在于防止包膜物质过快地被微生物分解而降低包膜缓释作用。该肥含氮为 34%，硫黄包膜占 7%~12%，石蜡封面占 2%，煤焦油为 0.25%，硅藻土为 2%。

硫包尿素施入土壤后，在微生物作用下，使包膜中的硫逐步氧化，颗粒分解而释放氮素。硫被氧化后，产生硫酸，从而导致土壤酸化。适宜在缺硫土壤上施用。

硫包尿素的氮素释放速率与土壤微生物活性密切相关，一般低温、干旱时释放较慢，因此，冬前施用应配施速效氮肥。

(2) 长效碳酸氢铵(简称长效碳铵)

在碳铵肥表面包一层钙镁磷肥。在酸性介质中钙镁磷肥和碳铵粒肥表面作用，形成磷酸铵镁包膜，这样既阻止了碳铵的挥发，又控制了氮素的释放，从而延长肥效。长效碳铵成品为灰褐色，含氮(N)11%~12%，磷(P_2O_5)3%，以及钙、镁、硫等。膜壳致密、坚硬，不溶于水而溶于弱酸。氮素释放速率取决于膜料用量，温度及土壤水分条件等。膜料用量多、低温，淹水条件下释放慢，肥效可持续 50~60 d，氮素利用率可高达 70%以上。

(3) 高效涂层氮肥

在尿素颗粒表面喷涂含有少量氮、钾、镁及微量元素的天然混合液，使尿素的释放速率减慢。该肥料成品呈黄色小圆粒状，与普通尿素相比，具有氮素释放平缓，肥效稳长，氮素利用率高等特点。

(4) 聚合物包膜控释氮肥

采用聚合物包膜速效氮肥(还包括磷、钾等)，以减缓氮素释放速率，并选用特殊工艺使包膜上有一定大小和数量的微孔，土壤水分可以通过微孔自由扩散到涂层内部，内部溶解的养分通过被扩展的小孔释放出来，养分(主要指氮素)的释放速率随膜的特性可以调控。

5.7 提高氮肥利用率的途径

氮肥利用率是当季植物从所施氮肥中吸收氮素占施氮量的百分数，其实质是指当季植物对所施氮量的表观回收率。它受土壤性质、气候条件、植物种类和品种、栽培措施、氮肥品种、施肥量、施肥时间与方法等诸多因素的制约。因此，它与植物产量并无直接关系，但在应用养分平衡法计算推荐施肥量时，可作为估算氮肥需要量的参数。计算氮肥利用率的常用方法为差值法，即按田间生物试验施氮区与不施氮区的结果加以计算求得，公式如下：

$$\text{氮肥利用率}(\%) = \frac{(\text{施氮区收获物中总氮量} - \text{不施氮区收获物中总氮量})}{\text{所施氮肥中氮素的总量}} \times 100 \quad (5\text{-}2)$$

若采用^{15}N标记肥料的生物试验，可以得出更为确切的氮肥利用率数值。

据报道，氮肥利用率在美国为 30%~50%，在日本为 50%左右，苏联为 24%~61%，我国一般在 40%左右。氮肥利用率不高，不仅降低经济效益，更重要的是化肥氮离开了植物—土壤体系，造成生态环境的污染，会危及人体健康。同时氮肥利用率也表明农林业生产中，我国提高氮肥利用率的潜力还很大。因而有必要研究氮肥的有效施用问题。在氮肥有效施用和提高氮肥利用率方面，我国进行了大量的研究，其中不少已在生产上得到推广应用并取得成效，现归纳分述如下：

5.7.1 测定土壤供氮能力

林木生长发育所需的氮素中，大部分来自土壤氮素。一般来说，土壤供氮能力与林木生长和产量呈正相关。判断与评价土壤供氮能力，可作为估算氮肥用量的参考依据。

(1)田间试验法

该法是以田间试验无氮区植物收获时地上部分累积的氮量，作为土壤供氮量，表示其供氮能力。据估算，土壤供氮量一般为 34.5～108.0 kg · hm^{-2}，占耕层土壤(0～20 cm)氮的 1.4%～3.3%。

(2)土壤有机氮的矿化量测定法

该法是以土壤有机氮的矿化量作为土壤供氮能力的度量。在旱地土壤中，常以土壤的硝态氮量为矿化氮量。20 世纪 70 年代，Stanford 等应用一级反应动力学原理，研究土壤有机氮的矿化，提出了土壤氮矿化势的概念，并建立了相应的数学式：

$$\ln(N_0 - N_t) = \ln N_0 - k_t \tag{5-3}$$

式中：N_0为矿化势；k_t 为 t 时间内的矿化速率常数；N_t 为 t 时间内的矿化量。

土壤矿化势是指土壤氮素在无限长时间内的矿化量，即最大矿化量。它反映了土壤氮素的潜在供应能力，与土壤全氮量、土壤理化特性及自然环境因素有密切关系。据报道，培养后的矿化氮量与国内常用的碱解氮之间大多具有较高的相关性，但仍是田间土壤有效氮供应量的相对值。如要作为预测指标，还应针对某地区的土壤类型与施肥制度，通过多点的试验，确定出某一方法(碱解法或培养法)的测定值，换算成土壤对某一植物供氮量的经验系数，以求得田间条件下土壤供氮量，作为估算施氮量的参考。

5.7.2　开展推荐施氮量研究

20 世纪 80 年代以来，我国各地对推荐氮肥施用量的方法进行了广泛的研究。目前用以估算施氮量的方法很多，如养分平衡法，即根据植物计划产量所需用氮量与土壤可供有效氮之差，估算适宜施氮量，故又称目标产量法。肥料效应函数法，即应用二次方程来反应产量与施氮量的关系，借以进行宏观控制。以无氮肥区植物的产量直接估算施氮量。养分平衡计算法，是目前国内外常用的方法，其施氮量的基本公式为：

$$\text{施氮量} = (\text{植物需氮量} - \text{土壤供氮量}) / \text{肥料中氮素利用率} \tag{5-4}$$

式中：植物需氮量 = 目标产量(kg · hm^{-2}) ×单位产量的氮吸收量(kg)；

土壤供氮量 = 土壤有效氮值(mg · kg^{-1}) × 2.25 ×土壤氮素利用系数；

肥料中氮素利用率(%)= 肥料中氮素含量×当季氮素利用率× 100。

由于这种计算方法是以植物需氮量与土壤供氮量为依据，而肥料施入土壤后的变化以及植物根系对氮素的吸收是一个复杂的生物化学过程，并且受到气候等因素的影响。因此，其可靠性及实用程度就取决于各项估算参数的确定。对某一植物来说，平均适宜施氮量受土壤、气候、耕作等条件的影响，因而在划片确定该植物的平均适宜施氮量时，应随生产条件的改变而重新加以调整。

5.7.3　重视平衡施肥

林木正常生长发育需要多种矿质营养元素，对各种营养元素的需求存在一定的比例关系，这是林木生物学特性决定的。因此，应重视化学氮肥与磷、钾肥甚至微量元素肥料的配合施用，有机肥料与化学氮肥配合施用，遵守平衡施肥原则。研究表明，硫铵与磷、钾肥配合施用时，土壤中氮素供应过程平缓而持久。收获后，残留在土壤中的有机肥料氮量较多，该残留氮的有效性高于土壤氮。故配用有机肥料对保持和提高土壤的氮素供应能力具有积极意义。不同有机肥料对化肥氮供应过程有不同的影响，这与有机肥料的含氮量及 C/N 比有关。

5.7.4 坚持合理的施氮技术

林地土壤中氮肥的损失途径主要有氨挥发、硝化—反硝化、淋洗和径流。针对土壤中化肥氮的损失途径，采取合理的氮肥施用技术是十分必要的。

(1)坚持“深施覆土”的原则

铵态氮肥和尿素做基肥时，坚持深施并结合耕翻覆土，利用土壤的吸附能力减少氨的挥发。施用深度一般应大于 6 cm。做追肥时，应采用穴施、沟施覆土或结合灌溉深施。为了克服深施可能出现的肥效迟缓现象，施用时间应适当提前几天、后期追肥时酌情减少用量。

(2)避免硝态氮的淋失与反硝化作用

硝态氮肥一般不施用于湿度较大的土壤。追肥时应避免大水浇灌，雨季尽量少施或不施，避免与大量未腐熟的有机肥同时施用。这样可避免硝态氮的淋失和反硝化脱氮损失。据报道，采用硝化抑制剂或延缓土壤中铵的硝化作用，有可能减少氮的淋洗和反硝化损失。但硝化抑制剂价格昂贵，其残留可能引起生态环境与食物链的污染等。因此，对硝化抑制剂的研究和应用工作应深入进行。

本章小结

氮是高等植物必需的营养元素，土壤供氮状况是土壤肥力的一项重要指标，也是土壤肥力中最活跃的因素。本章主要讲述林木的氮素营养、土壤氮素供应，化学氮肥(铵态氮肥、硝态氮肥、酰胺态氮肥和缓效氮肥)的种类、性质、施用技术，以及氮肥施用与环境污染的关系。

思考题

1. 简述氮素在林木体内的一般分布规律及主要生理功能。
2. 简述林木对铵态氮、硝态氮和酰胺态氮的吸收同化特点。
3. 氮素的营养功能包括哪些方面？
4. 土壤中氮素形态与特点有哪些？
5. 影响土壤中有机态氮矿化的主要因素有哪些？
6. 铵态氮肥、硝态氮肥和酰胺态氮肥各有什么特点？
7. 碳酸氢铵施用过程中需要注意哪些问题？
8. 硝态氮肥的适宜施用条件有哪些？
9. 氮肥施用不当会给生态环境带来哪些危害？
10. 氮素损失途径有哪些？如何提高氮肥利用率？

参考文献

胡霭堂，2005. 植物营养学(下)[M]. 2 版. 北京：中国农业大学出版社.

黄建国，2004. 植物营养学[M]. 北京：中国林业出版社.

钱伯章，2010. 我国氮肥工业发展成效显著[J]. 大氮肥，33(1)：45-45.

沈国舫，董世仁，聂道平，1985. 油松人工林养分循环的研究I. 营养元素的含量及分布[J]. 北京林学院学报，7(4)：1-14.

王响玲，宋柏权，2020. 氮肥利用率的研究进展[J]. 中国农学通报，36(5)：93-97.

于钦民，2014. 秦岭华北落叶松人工林叶茎根氮磷含量动态变化与 N：P 化学计量学特征研究[D]. 咸阳：西北农林科技大学.

Zhang W F，Dou Z X，He P，*et al.*，2013. New technologies reduce greenhouse gas emissions from nitrogenous fertilizer in China[J]. Proceedings of the National Academy of Sciences of USA，110：8375-8380.

第 6 章　林木的磷素营养与磷肥

磷素是一切生物体的重要组成成分，也是林木生长所必需的矿质养分之一，土壤中的磷素资源通过林木根系的吸收，经过一系列的代谢过程，转化为林木生长发育所需的各种化合物质。虽然磷素在林木内含量不高，但却以不同的方式参与林木生长发育的过程，是林木生长所需的大量元素之一，也是决定林木生长和生产力高低的重要元素。对于杉木(*Cunninghamia lanceolata*)、马尾松(*Pinus massoniana*)、杨树(*Populus* spp.)和桉树(*Eucalyptus* spp.)等我国主要造林树种来说，磷素甚至比氮、钾等营养元素更为重要，对林木的正常生长发育起着至关重要的作用。

6.1　林木体内磷分布、形态及含量

磷素在林木的生命活动中起着重要作用。首先，磷是林木重要化合物的组成成分，如核酸、核蛋白、磷脂、腺苷三磷酸和多种酶的组成成分；其次，磷参与林木体内三大物质代谢，如碳水化合物的代谢、蛋白质的代谢、脂肪的代谢；磷还促进林木的生长发育，如促进根系生长和营养生长；施用磷肥还能提高林木的抗寒能力、抗旱能力和抗酸碱能力。因此，在林木细胞和整个植株发育过程中，即种子萌发、幼苗建立、根、茎、花和种子发育、光合作用、呼吸作用和固氮作用等方面，磷素都是必不可少的要素。在缺磷条件下，林木会启动各种形态、生理和生化方面的响应策略。

磷素在林木体内含量不高，林木各部分器官中磷素含量具有较大差异，其中叶片的磷素含量相对较高，其次是根，而在树干和枯枝等器官中含量相对较低。例如，对于 17 年生的杉木人工林而言，叶器官磷素含量平均为 0.83 $g \cdot kg^{-1}$，鲜枝和皮次之，平均含量分别为 0.41 $g \cdot kg^{-1}$ 和 0.38 $g \cdot kg^{-1}$，根部磷素含量为 0.23 $g \cdot kg^{-1}$，枯枝和树干分别为 0.13 $g \cdot kg^{-1}$ 和 0.09 $g \cdot kg^{-1}$。但是，随着林木年龄的增长，同一营养器官磷素含量也会发生明显变化。以 3 年、6 年、9 年和 30 年生的油茶(*Camellia oleifera*)人工林为例，9 年生和 30 年生油茶叶片的磷含量平均为 1.7 $g \cdot kg^{-1}$ 左右，显著高于 3 年生。

林木体内全磷含量约占干物质重的 0.2%~1.1%，其中有机磷约占全磷量的 85%，无机磷占 15%左右，而且磷素在林木细胞中的分布具有明显的区域化现象。①有机磷主要是核酸、磷脂、植素等形态，它们在磷营养中起重要作用。这部分的磷素主要以磷脂的形式存在于细胞质中和细胞膜上。②无机磷主要以钙、镁、钾的正磷酸盐形态存在，其大部分存在于液泡中，只有一小部分存在于细胞质和细胞器内。

磷在林木体内是一种较易移动的营养元素，某一单个的磷原子在林木一生中可被周转

数次。特别是液泡中磷素转移较快，当林木感受到缺磷时，液泡中储存的磷素会向细胞质中转移，导致液泡中磷素含量迅速下降；只有当液泡中的磷素完全耗尽时，细胞质中的磷素水平才会开始下降，并伴随着各种缺磷挽救机制。可见，液泡可有效地调控细胞质中磷素含量，使之保持在一个较为稳定的范围内。

同时，器官之间的磷素也存在明显的转移现象。自然环境中，加快林木组织器官间的养分转移速率，一方面可以减少凋落物的养分含量，延长体内养分存留时间，减缓系统养分损失；另一方面可以缓解林木受土壤养分供应不足的影响，增强抗逆性。自 20 世纪 30 年代，国外已有学者相继对林木衰老叶片中养分转移再利用现象进行了探讨研究。国内起步较晚，沈善敏等首先对杨树落叶前后叶片养分变化程度进行研究，结果表明 1/2 的磷素可迁移至干、枝及根的皮层和木质部之中。另有学者分别以不同生境沙地柏(*Sabina vulgaris*)、不同林龄樟子松(*Pinus sylvestris* var. *mongolica*)以及不同生境不同季节广玉兰(*Magnolia grandiflora*)等林木叶片为研究对象，证明了叶片衰老前后其磷素存在转移再分配的养分高效利用机制。利用^{32}P 同位素示踪技术，可清晰地观察到杉木可以通过体内磷素的重新分配来适应外界低磷胁迫，即杉木幼苗在低磷胁迫初期将根系中的磷素转移至地上部分；随着胁迫时间的延长，地上部分的磷素反过来向根系转移。

6.2　土壤中的磷素及其转化

林木体内的磷素营养来源于土壤，土壤供磷不足就会限制林木的正常生长，所以土壤供磷水平是检验土壤肥力的重要指标。虽然施用磷肥对林木生长和发育具有显著性的积极影响，但由于有效态的磷素很容易被土壤固定，特别是酸性土壤具有很强的固磷能力，从而导致高达 70%~90%的磷肥将迅速以铝磷(Al—P)、铁磷(Fe—P)和钙磷(Ca—P)等形式被固定在红壤中，难以被林木根系所直接利用。而且，倘若大量施用磷肥，则极易引起土壤磷素过量而引起大量流失，进而导致水体中的磷素富集，造成严重环境污染。可见，了解磷素在土壤中的形态、迁移和转化特征对解决环境和资源问题具重要的现实意义。

6.2.1　土壤磷素含量

地壳中磷素的平均含量约为 1.2 $g \cdot kg^{-1}$，P_2O_5 的含量平均为 2.8 $g \cdot kg^{-1}$。我国大多数土壤表层(0~20 cm)的含磷量在 0.4~2.5 $g \cdot kg^{-1}$，且不同土壤类型之间差异较大。在土壤的磷库中，能被林木直接吸收利用的磷素称为有效磷，因此有效磷含量是衡量土壤供磷能力的重要指标。土壤总磷含量虽高，但无论在酸性、中性或碱性土壤中，林木能够直接吸收利用的有效磷含量均较低，表现出“遗传性缺磷”现象。大部分磷素是以难溶性状态存在，不易被一般林木直接吸收利用。一般情况下，有效磷含量只占总磷含量的几十分之一甚至几百分之一，所以土壤中全磷含量高并不意味着土壤磷素供应充足。从总体上看，我国土壤的含磷量在 0.17~1.1 $g \cdot kg^{-1}$，且表现出明显的地带性分布规律，呈现出从南到北、自东向西依次增加的趋势(表 6-1)。

表 6-1 我国不同地区土壤含磷量的比较

地 区	土壤全磷含量/(g·kg^{-1})
东北黑土区	2.0~2.5(部分区域可达3.5)
华北平原、黄土高原褐土、黑垆土区	1.2~1.6
华中、华南亚热带红壤区	0.5~1.0
热带砖红壤区	0.1~0.5

土壤中磷的主要来源是成土母质，其次是含磷肥料。由于磷素在土壤中移动性弱，因此，母质含磷量高则土壤含磷量高。岩石含磷量一般为基性岩大于酸性岩，页岩大于砂岩。土壤质地与含磷量关系为黏质土大于砂质土。土壤磷素含量还与施用磷肥有关，多年施用磷肥，土壤表层含磷量较高，但若不注意补充磷肥，土壤含磷量则降低。相比于农业耕作土壤，森林土壤受人为干扰因素较少，所以磷在土壤中的空间分布更为复杂。例如，在阔叶林或针阔混交林土壤中，凋落物的分解，补充了土壤表层的有效磷含量，但深层土壤中的磷素仍不能得到有效的补充，使得土壤在垂直层面上表现出表层富磷、深层贫磷的现象；相反，在针叶林中，凋落物分解的速率缓慢，养分周转存在一定的滞后性，造成深层和表层的土壤都严重缺磷。

6.2.2 土壤磷素形态及转化

土壤磷素通常以无机磷(inorganic phosphate，Pi)和有机磷(organic phosphate，P)的形式存在，二者之和为土壤的全磷量。有机磷只有一小部分能被林木吸收利用，大部分的有机磷必须转化为无机磷才能被林木吸收。土壤有机磷主要来自植物以及土壤生物。土壤中无机磷一般比有机磷含量高，无机磷也是大部分土壤有效磷的来源(表 6-2)。目前要直接测定土壤中不同形态的磷素含量非常困难，人们通常根据土壤中无机磷化合物的各种物理化学性质，依次分级测得土壤无机磷的含量。了解无机磷分级研究对于揭示土壤磷素有效性状况具有重要现实意义。

表 6-2 土壤磷素形态

磷素类型	形 态	占土壤全磷量/%	磷素类型	形 态	占土壤全磷量/%
无机磷	矿物态磷 吸附态磷 水溶态磷	50~80	有机磷	核酸类 植素类 肌醇磷酸盐 甘油磷酸盐 其他有机磷化合物	30~65

6.2.2.1 土壤无机磷

土壤中磷素主要以无机磷的形态存在，占土壤全磷含量的 50%~80%，是林木最主要和最直接的磷素来源。无机磷主要包括成土风化作用过程中形成的各种含磷矿物质、在不同气候条件和生物作用下生成的各种无机磷酸盐化合物及磷酸根离子。按照无机磷在土壤中的存在形态，可将其分为：矿物态、吸附态和水溶态磷。

(1)矿物态磷

土壤中 99%以上的无机磷是以矿物态的磷形态存在的，主要包含：①在土壤形成过程中形成的磷原生矿石；②土壤形成后在不同气候条件下伴随生物作用生成各种次生含磷矿物及其他含磷化合物，几乎全部为正磷酸盐。

在所有含磷原生矿石中，主要以磷灰石为主，磷灰石的主要成分有氟磷灰石、羟基磷灰石和碳酸磷灰石及其各种形态的中间体。磷灰石中的磷营养能直接被林木所利用，必须要通过一定的化学反应或微生物作用后释放其中的磷素后才能被加以利用。3 种主要磷灰石中磷素的可利用顺序依次为：碳酸磷灰石>羟基磷灰石>氟磷灰石。

土壤中的次生含磷矿物主要是含铝和铁的无机正磷酸盐。矿物态磷中，还包含一种以水化氧化铁膜包裹的磷酸盐，这种磷酸盐溶解能力十分有限，必须要将水化氧化铁膜破坏，并通过相应的化学转化后才能使释放出的磷素被生物利用。因此，矿物态的磷素最难转化为有效磷而被林木直接吸收利用。

(2)吸附态磷

吸附态的磷主要是指通过范德华力、氢键等物理相互作用力以及正负离子之间的作用力吸附在土壤中的沙粒、矿物、有机物等表面的含磷阴离子化合物。这种含磷阴离子主要是通过离子间的吸附交换和络合配位交换吸附进行吸附和解吸附的，同时也受土壤中砂土黏粒、各种有机质和氧化物含量的影响。吸附态的含磷阴离子主要是磷酸氢根离子(HPO_4^{2-})和磷酸二氢根离子($H_2PO_4^-$)，磷酸根离子(PO_4^{3-})的含量极低。

吸附态的无机磷在土壤中的含量极低，但吸附态的无机磷释放出来后能够被林木直接利用。如前所述，其含磷阴离子主要通过离子间的吸附交换和络合配位交换进行吸附和解吸附，而吸附和解吸附过程主要受土壤 pH 值的影响。当土壤 pH 值降低时，被吸附的无机磷就可被释放出来。因此，在林业生产过程中某些条件下可以通过适当调节土壤的酸碱度来提高土壤中有效磷的含量。

(3)水溶态磷

土壤中水溶态磷的含量极低，一般在 0.1~1.0 $mg \cdot kg^{-1}$，主要包括一些解离或者络合状态下的磷酸盐和部分聚合态的磷酸盐，有的土壤里水溶性磷的含量甚至低于 0.1 $\mu g \cdot kg^{-1}$。虽然土壤中水溶性的磷含量极低，但它是林木从土壤中最直接的磷素来源，可供林木根系直接吸收利用。土壤中水溶态磷主要来源于矿物态磷的溶解和吸附态磷的释放。

6.2.2.2　土壤有机磷

有机磷是重要的磷库，广泛存在于各种土壤、沉积物中。通常土壤有机磷的含量占土壤全磷量的 30%~65%。不同土壤类型中有机磷的含量存在较大差异，其中，在高有机质土壤中有机磷的含量高达 90%左右。土壤酸性越强，土壤的固磷能力越强，有机磷含量越高。在土壤中，有机磷主要来源于动物、植物和微生物残体，它是指存在于土壤有机质、植物和微生物体中以及施入土壤中的有机肥料中含有的各种含磷有机化合物，其含量与土壤有机质的含量关系密切。由于土壤中大部分有机磷以高分子形态存在，有效性不高，因此到目前为止，关于土壤中有机磷的化学组成，鉴定出来的化合物仅有磷脂、核酸、肌醇磷酸盐，以及少量的磷蛋白和磷酸糖等，其中肌醇磷酸盐、磷脂和核酸是主要形式。不同化合物磷素含量的高低一般为表现为：肌醇磷酸盐>多聚糖磷酸盐>核酸>磷脂>磷糖。

土壤有机磷一直没有理想的测定方法，一般用间接灼烧法和浸提法测定。目前利用核磁共振技术从成键类型角度可以区分出不同土壤磷素形态的细微差异，对其进行分级。根据其化合态的差异，土壤有机磷可分为 4 种：植素类、核酸类、磷酯类和其他有机磷化合物。

(1)肌醇磷酸酯

肌醇是碳环结构类糖化合物($C_6H_{12}O_6$)，可形成从一磷酸酯到六磷酸酯一系列的各种磷酸酯。肌醇六磷酸(植酸)是土壤中最常见的一类磷酸酯。在土壤中的含量十分稳定，溶解度极低，占土壤有机磷含量的 10%~50%。肌醇六磷酸酯与铁、铝(酸性条件)，或与钙(碱性条件)形成难溶性盐类，还与蛋白质及其他一些金属离子形成稳定的复合物。在这些不同的沉淀和复合物中，植酸比易溶性的酯盐更难被酶类分解。

(2)核酸

核酸是一类含有氮、磷的复杂有机化合物，其中核糖核酸(RNA)和脱氧核糖核酸(DNA)是所有生物细胞的重要成分。核苷酸是组成核酸的基本单位，即组成核酸分子的单体。1 个核苷酸分子是由 1 分子含氮的碱基、1 分子五碳糖和 1 分子磷酸组成的。土壤中核酸的含量比肌醇磷酸酯等植酸类物质多，分解速率也较快。它们能在土壤中迅速降解或重新组合，无法从土壤中分离提纯。其含量占土壤有机磷总量的 0. 2%~2. 5%。

(3)磷脂

土壤中磷脂类化合物很少，通常仅占土壤有机磷总量的1%~5%。主要包含卵磷脂(磷脂酰胆碱)、磷脂酰乙酰胺等磷脂肪酸化合物。其中卵磷脂大约占土壤磷脂全量的 40%。磷脂从土壤有机质中释放的速率很快。

6. 2. 2. 3　土壤不同磷素形态的转化

磷素在土壤中极易转化为无效性的状态。通常情况下，无机磷在土壤中可发生沉淀和溶解、吸附与解析、矿化和固定等转化过程(图 6-1)。在酸性、石灰性和中性土壤中，施入土壤中的磷素与 Al^{3+}、Fe^{3+}和 Ca^{2+}反应，不能被林木直接吸收利用，所以土壤中可利用态磷的含量较低。有机磷主要固定于有机物质中，只有转化为无机磷才能被林木根系吸收利用，其转化过程的速率决定了植株吸收和利用磷素的量，进而决定着整个生态系统的生产力。

(1)土壤无机磷的转化

土壤中无机磷的含量高低主要取决于土壤母质和成土作用。不同母岩不同林龄杉木人工

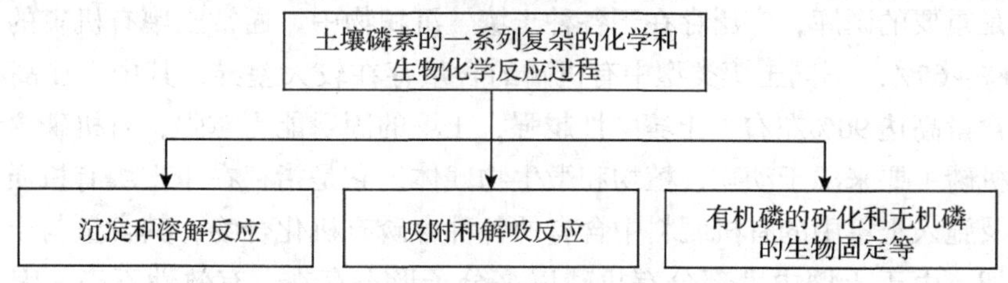

图 6-1　土壤不同磷素形态的主要转化途径

林土壤无机磷分级研究结果显示，不同母岩发育土壤Al—P含量和林龄具有一定关系。粉砂岩土壤Al—P含量随着林龄的增加呈现递减的趋势；花岗岩土壤Al—P含量的随着林龄的增加逐渐升高，而两种不同母岩发育土壤相同林龄土壤间的Al—P含量无显著差异；Fe—P含量总呈现粉砂岩多于花岗岩，而且两种不同母岩发育土壤中Fe—P含量都随着林龄的增加而呈显著增加；在相同林龄不同母岩发育土壤中，O—P、Ca—P含量总是粉砂岩多于花岗岩。对于两种不同母岩发育土壤无机磷总含量表现为粉砂岩多于花岗岩，在粉砂岩发育土壤无机磷含量为：中龄林>成熟林>幼龄林；花岗岩发育土壤无机磷含量表现为：成熟林>中龄林>幼龄林。不同形态的无机磷以O—P占比最高，超过了无机磷总量的60%，最高达到74%；而含量最低的为Al—P，比例在无机磷总量的5.5%以下；Fe—P和Ca—P的含量在10%～20%，不同母岩不同林龄土壤间有一定差异。

总的来说，土壤中无机磷的转化主要包括无机磷的化学、生物固定与释放过程。磷的吸附是指磷素离开土壤溶液之后，被吸附在土壤颗粒表面或与土壤物质作用生成难溶性的磷酸盐的过程。如果吸附的磷素均匀地渗入固相，就被视为化学吸附。磷的吸附和吸收一般难于区分，吸附量与解吸量取决于土壤中磷素的含量，磷含量较高时，土壤以吸附为主；磷素含量较低时，土壤吸附的磷素发生解吸。土壤中磷素的解吸和吸附是可逆的过程。一般来说，被吸附的磷素都可以解吸。随着土壤溶液中磷含量的变化，磷素的解吸量不断变化，直至平衡。磷素的解吸作用比磷素的吸附作用更为重要，它决定着林木对磷素的吸收和利用效率。

土壤磷素的固定包括两个过程：①水溶性磷转化为溶解性很小的磷酸盐；②土壤黏土矿物、方解石、水铝英石，铁和铝的腐殖酸类化合物以及铁氧化物对磷的吸附固定。以石灰性土壤为例，水溶性磷首先被吸附，吸附后的磷素可以进一步形成水磷酸二钙和无水磷酸二钙，进而形成磷酸八钙，最后形成羟基磷灰石和氟磷灰石。在不同pH值土壤环境中，这些磷酸钙盐的溶解度不同，大体上随着pH值的降低而迅速增大。因此，施入石灰性土壤的磷肥在短时期内不易形成O—P、Ca—P。

在不同栽植条件下，磷肥施入土壤后形成的转化产物也各不相同。如上所述，在石灰性的旱作土壤中，施入土壤的磷酸一钙转化为磷酸二钙和磷酸三钙，接着形成磷酸八钙，最后形成羟基磷灰石和氟磷灰石，只有很少部分转化为磷酸铁和磷酸铝。在石灰性浸淹土壤中(如湿地、水陆交错带等)，施入土壤的磷肥主要转化为Fe—P和Al—P。

在酸性土壤中，磷肥施入土壤后，磷素的固定由铁(Fe)、铝(Al)体系控制。由于强酸性的饱和溶液可以溶解大量的土壤铁(Fe)、铝(Al)，从而沉淀生成非晶质的磷酸铁铝化合物(如$FePO_4 \cdot xH_2O$)，后进一步水解转化为晶质磷酸盐如粉红磷铁矿($FePO_4 \cdot xH_2O$)和磷铝石($AlPO_4 \cdot 2H_2O$)，再进一步转化为闭蓄态磷酸盐。因此，我国南方大面积林区的红壤Fe—P和Al—P含量高，人们即可通过改变土壤有机质含量、pH值、微生物等可以提高土壤磷有效性。例如，通过对油茶林地不同种养模式(林下养鸡、林下种草、间种花生、间种大豆)条件下土壤无机磷含量变化情况研究发现：4种种养模式对油茶林地土壤不同形态无机磷含量有显著影响。其中，Al—P和Fe—P的含量占全磷的比例明显高于O—P和Ca—P。与对照相比，林下养鸡模式下，油茶根际土壤中Al—P和Fe—P占全磷的比例下降，O—P和Ca—P占全磷的比例明显上升；林下种草模式下，油茶根际土壤中4种状态的无机磷占全磷的比例均上升；间种花生和间种大豆2种模式下，油茶根际土壤中只有Al—P占全磷的比例下降，其他 3 种状态的无机磷占全磷的比例均上升。这说明林分经营措施在一定程度上可改变土壤的环境状况，使得油茶对不同难溶磷的活化和利用效率表现出差异性。

(2)土壤有机磷的转化

有机磷分为活性态和非活性态两种形式。有关在土壤有机磷矿化作用的研究并不多，这是因为磷酸根阴离子具有较强的吸附能力，矿化释放的有机磷很快被吸附固定于土壤胶体表面，生成难溶性化合物和复合体，使得有机磷的矿化过程较难测定。

一般情况下，有机磷需要在微生物酶的参与下，经过矿化作用转化为无机磷才能被林木吸收利用。例如，大青沟自然保护区内樟子松人工林通过对根系的生物化学活动提高了根际土壤有机碳含量及有机质的 C/P 值，增强了土壤微生物活动和酸性磷酸单酯酶(AP)活性，促进了有机磷的可利用性与矿化速率；同时又显著地降低了土壤 pH 值，促进了有机磷和 Ca—P 向 Fe—P、Al—P 的转化，从而提高了土壤磷素的有效性。与 AP 活性的根际效应相反，随着林龄的增加，樟子松对各形态磷素的根际效应逐渐增强，根际和非根际土壤中各形态磷素的变化趋势基本一致，土壤全磷和有机磷含量逐渐下降，而活性磷含量升高。

土壤有机结合态磷分解转化的速率直接受土壤磷酸酶活性调控，这是因为土壤磷酸酶能够促使 O—P 键的断裂，从而催化磷酸脂类、磷酸酐类化合物的水解。因此，磷酸酶对土壤中有机磷酸盐的矿化起主要作用。在土壤中，各种微生物能通过产生磷酸酶矿化来自林木残落物形成的有机磷酸盐。土壤有机磷的矿化受多种因素的影响，主要受限于土壤有机物中磷素含量的高低。

如果土壤有机物的 C/P 值≥300，矿化速率大于固定速率，表现为净矿化，有机磷的矿化速率超过林木和微生物利用速率；而当 C/P 值≤200 时，微生物对磷素的固定速率大于矿化速率，表现出有机磷的净固定。

6.3 林木对磷的吸收与利用

6.3.1 林木对磷的吸收

6.3.1.1 林木吸收磷的形态和特点

(1)林木吸收磷的形态

林木根系以吸收无机态磷为主。水溶态磷在土壤中的浓度受土壤 pH 值的影响很大，土壤 pH 值低于 7 时，磷主要以 $H_2PO_4^-$ 的形式存在；高 pH 值土壤中磷主要以 HPO_4^{2-} 形式存在；而中性土壤中，两种磷酸根离子浓度约各占一半。林木主要吸收正磷酸盐，也能吸收偏磷酸盐和焦磷酸盐。磷酸根离子为三价的酸根离子，可以生成 $H_2PO_4^-$、HPO_4^{2-} 和 PO_4^{3-} 3 种离子，其中 $H_2PO_4^-$ 最易被林木吸收，HPO_4^{2-} 次之，而 PO_4^{3-} 则较难被吸收。

土壤固相表面吸附的磷酸根或磷酸阴离子的吸附与解吸处于平衡状态，随着林木对磷的吸收，造成根际土壤中磷浓度下降，土壤表面吸附的磷会被释放到土壤溶液中，但释放数量和难易程度在不同土壤类型间有较大差异。

土壤中多数有机磷需要被微生物分解矿化后才能被林木吸收，但林木也能吸收少量的有机磷化合物，如已糖磷酸酯、蔗糖磷酸酯、甘油磷酸酯，甚至相对分子质量较大的核酸等。林木幼苗的根不仅能吸收核糖核酸，而且吸收的速率甚至超过无机磷酸盐，核糖核酸的吸收可促进根系对氮的吸收和体内蛋白质的合成。所以在生产实践中，不可忽视施用有机肥料中所含有机磷对林木营养的作用。

此外，林木还能吸收难溶性磷，如某些经济林木，都有较强的吸收难溶性磷的能力，一般来说，双子叶植物对难溶性磷的吸收能力强，十字花科植物对难溶性磷的吸收能力也比较强。

(2)林木吸收磷的特点

主要是通过根毛区吸收磷素。林木根际土壤溶液中磷素的浓度多是每升微摩尔数量级，远远低于细胞内磷的浓度(每升毫摩尔数量级)，因而林木对磷的吸收是一种逆电化学势梯度的主动吸收过程。在此过程中，质子泵向细胞膜外泵出 H^+，在细胞膜内外形成电化学势梯度、土壤溶液中的磷酸根(Pi)由细胞膜上的转运蛋白(载体)运送到细胞膜内(图 6-2)，因此磷的跨膜运输属于 H^+，与 $H_2PO_4^-$ 共运输方式细胞膜上的磷转运蛋白的数量对林木的吸磷效率具有重要影响。目前已知的磷转运蛋白分为 5 大家族，分别为 Pht1、Pht2、Pht3、Pho1 和 Pho2，其中 Pht1 磷转运蛋白家族主要位于根系细胞膜上，负责吸收土壤溶液中的磷素；Pht2 磷转运蛋白家族主要位于叶绿体的内膜上，可能与林木体内磷的循环有关；Pht3 磷转运蛋白家族则位于线粒体膜上。磷酸盐进入细胞后主要在根表皮细胞累积，而后通过共质体途径进入木质部导管，再运往地上部。

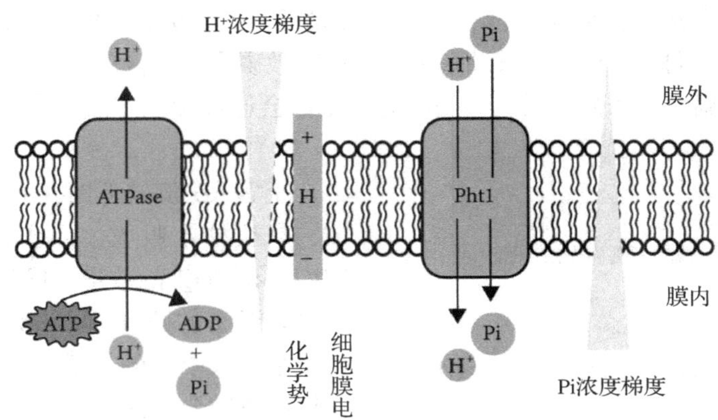

图 6-2 植物对磷的跨膜吸收

(引自 Karandashov 和 Bucher，2005)

6.3.1.2 影响林木吸收磷的因素

林木对磷的吸收受其生物学特性和环境条件等多种因素的影响。

(1)林木种类对其吸收磷的影响

喜磷林木吸收磷的能力比一般林木强。根系发达的林木，可增大根部对磷的截获量，也可缩短磷扩散到根部的距离，从而增加扩散作用所供应的磷素总量，在同一时间内，有根毛的根比没有根毛的根所吸收磷的量要多 3~4 倍。

不同林木类型，甚至同一林木的不同品种对磷的吸收能力都有明显差异。不同林木种类的根系形态不同，会造成其对磷的吸收能力有差异。某些林木能够形成特殊的机制应对缺磷胁迫，提高吸磷能力，例如，在缺磷的情况下，林木根系能调节其阴阳离子吸收的比例，使根际土壤 pH 值下降，从而增加土壤中磷的有效性，促进其对磷的吸收。同一植物的不同品种对磷的利用效率也有显著差异，同一种植物的磷高效和磷低效基因型是客观存在的，但目前人们对不同磷效率基因型的生理或分子生物学机理尚不清楚。

不同基因型之间存在磷效率差异的生理学机理有以下 3 个方面：①不同磷效率基因型的根系建成具有明显差异，良好的根系建成对于提高根系对磷的吸收效率具有重要作用，耐低磷的植物品种根系发达，根系质量、根冠比、根毛长度和密度均较高。②不同磷效率基因型间根系分泌物的结构和组成具有显著差异，植物根系分泌物中的有机酸、磷酸酶等物质对活化土壤磷具有重要作用，耐低磷的植物品种其根系能分泌较多的有机酸。③不同磷效率基因型对低磷胁迫的反应不同，植物根系在磷胁迫条件下可增加质子和有机酸的分泌，以降低根际 pH 值，提高磷的溶解度。磷高效植物在低磷胁迫条件下根际土壤 pH 值明显低于磷低效基因型，如在 0~1 mm 土区内，磷高效基因型土壤 pH 值为 6. 01，而磷低效基因型为 6. 52，pH 值相差达 0. 51。这可能是磷高效基因型能够吸收到更多磷素的原因之一。

(2) 土壤条件对林木吸收磷的影响

土壤中磷的强度因素、容量因素、扩散系数和缓冲能力均强烈地影响林木对磷的吸收。土壤溶液中磷素的浓度小于 0. 03 $mg \cdot L^{-1}$ 时，林木对磷的吸收作用显著减弱，甚至完全不能吸收，可见磷的强度因素控制着根对磷的吸收速率。不同土壤中磷的含量相差 40~50 倍。因此，土壤磷的容量因素关系到不断补给土壤溶液中磷的能力。磷的扩散系数约为 $10^{-9} cm^2 \cdot s^{-1}$，扩散系数影响着磷素向林木根表的移动速率。土壤有效磷含量较高时有利于林木对磷的吸收，而土壤的 pH 值、温度、水分、质地等条件的变化都会通过影响有效磷含量来影响林木对磷的吸收。

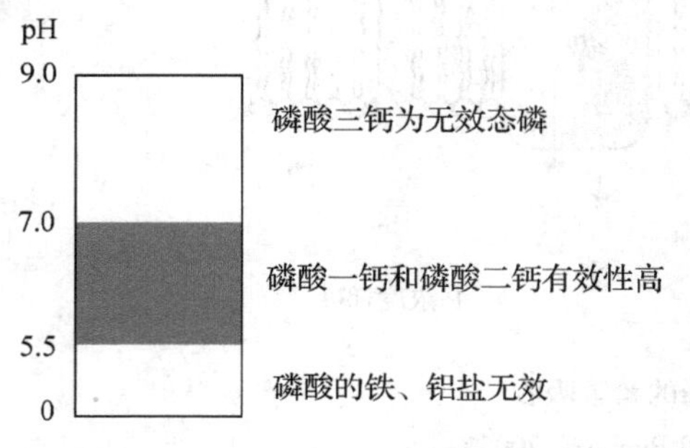

图 6-3　不同 pH 值下土壤主要磷形态的有效性

土壤 pH 值较低时，有利于 $H_2PO_4^-$ 的形成，易被林木吸收，当土壤 pH 值较高时。HPO_4^{2-} 和 PO_4^{3-} 的数量占优势，而林木较难吸收这些形态的磷素(图 6-3)。提高土温能够使土壤溶液中磷的扩散速率加快，土壤中与铁铝胶体结合的磷才能活化，而且根和根毛生长速率也加快，根的呼吸作用增强，因而有利于促进林木对磷的吸收，温度还影响土壤微生物的活性，从而影响有机磷的转化，土壤水分增加有利于土壤溶液中磷的扩散，因此能提高有效磷含量。此外，较松散质地的土壤有利于磷的扩散，也有利于林木吸收磷。

(3) 土壤微生物对林木吸收磷的影响

土壤微生物中一般认为菌根真菌对磷的吸收和活化的作用最为重要，菌根真菌是一种在陆地生态系统中广泛存在的土壤微生物。陆地上 80%的高等植物的根系都能够与菌根真菌共生而形成共生体系，即菌根(图 6-4)。在这种共生体系中，菌根真菌吸收土壤矿质养分(主要是磷素)并运输到林木根系；作为回报，林木向菌根真菌提供糖类化合物以维持真菌的生长发育和繁殖。菌根能够极大地增强林木对磷的吸收能力，从而提高林木的磷吸收量或生物量，菌根促进林木磷素吸收的机制主要有以下 3 个方面。

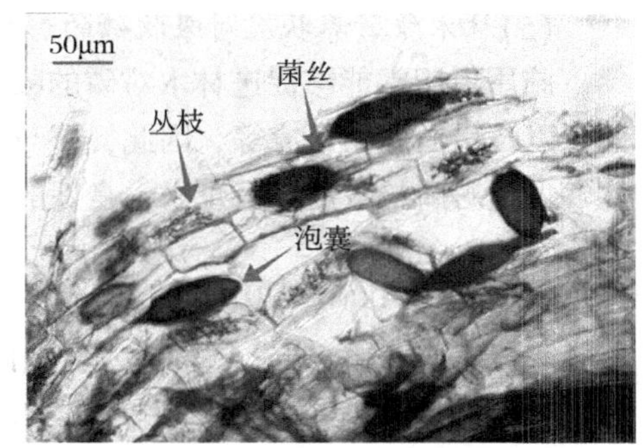

图 6-4　根系内的丛枝菌根真菌

①菌根的菌丝能够极大扩展根系的吸收面积，从而能够明显提高土壤磷的空间有效性。由于土壤的强烈固定作用，磷在土壤中不能以质流方式移动，而仅以扩散方式向根表迁移。磷的扩散速率很慢，而根系的吸收速率却相当快，故往往在根际形成一个磷亏缺区域，而菌根的存在能够突破根际磷亏缺区域，延伸到更远的土壤空间吸收磷素，再将磷素运输到林木根内，因此菌根可以大大提高土壤磷的空间有效性。

②菌根的菌丝能够进入土壤细小空间，从紧实的土壤中吸收磷素。林木根系在土壤中的伸长与土壤紧实度有密切关系，紧实的土壤机械强度大，通气性差，不利于根系的伸长和生长，因而也不利于根系对磷的吸收。菌根的存在能改变这种状况，菌丝的直径仅为 2~4 μm，远远小于根毛直径。因此，菌根的菌丝能够穿透紧实的土壤，从更狭小的土壤空间中吸收磷素。

③通过菌丝分泌物改善土壤环境，提高磷的有效性。菌根的菌丝一方面能够分泌质子和有机酸，降低菌丝际土壤 pH 值，增加磷的溶解度来提高磷的有效性；另一方面，菌丝还能够分泌磷酸酶，矿化土壤中的有机磷，甚至直接吸收某些形态的有机磷。土壤有机磷是一个重要的土壤磷库，储量十分可观，主要包括 3 大类含磷化合物：植素以及其衍生物（占 10%~50%）、磷脂以及其复合物（占 1%~5%）和核酸（占 0.2%~2.5%）。土壤有机磷一般需经矿化成无机磷才能被林木吸收，林木根系只能吸收很少量的有机磷分子。菌丝分泌的磷酸酶对有机磷的矿化具有重要作用。植素形式的磷先要在植酸酶的作用下降解产生肌醇磷酸酯，磷酸酶再对其进一步降解，最终释放其中所含的磷。磷脂的降解则完全由磷酸酶催化完成。核酸在经过 RNA 酶和 DNA 酶的降解后，磷酸酶参与核苷酸的脱磷酸过程。由此可见，磷酸酶参与了几乎所有土壤有机磷的矿化，土壤中磷酸酶的数量及其活性的高低直接影响有机磷的矿化，进而影响土壤中有效磷的水平和林木对磷的吸收。

除菌根真菌外，土壤中的其他微生物在促进难溶性磷酸盐的溶解和加速有机磷的矿化方面也起着积极作用，这类微生物被称为解磷微生物。解磷微生物种类繁多，可包括细菌、真菌和放线菌。但从数量和种类上来讲，解磷细菌在解磷微生物中所占的比重最大。解磷细菌的主要类型有芽孢杆菌和假单胞菌。解磷细菌不仅可以活化有机磷，也可以增加难溶性无机磷的溶解度。

（4）溶液中的其他离子和水分含量，以及温度、通气、光照等环境条件

溶液中的 NH_4^+、K^+、Mg^{2+} 等阳离子的存在，均能促进林木对磷的吸收，但浓度较高的 Ca^{2+}、Fe^{2+} 以及 NO_3^-、Cl^-、OH^- 等阴离子都能降低林木对磷的吸收速率，而在石灰性土壤中能提高林木对磷的吸收速率。水分会影响磷的有效性及其向根际的移动速率。通气不良、低温和光照不足，都会显著降低林木根系的吸磷能力。

(5)林木氮营养状况对吸收磷的影响

施用氮肥常能够促进林木对磷的吸收。由于磷参与氮的代谢过程，如硝酸盐还原、氨的同化以及蛋白质的合成等，因此，氮与磷的养分吸收是互相影响的。林木良好的氮营养状况能够促进对磷的吸收；反过来，良好的磷营养状况也能够促进林木对氮的吸收利用。

6.3.2 林木对磷的利用

根系吸收的磷可通过木质部导管和韧皮部筛管进行上下运输。导管中的磷绝大部分为无机态磷酸盐，有机态磷极少。试验证明，磷被吸收 10 min 后就有 80%的磷酸盐结合到有机化合物中，形成有机含磷化合物，主要为磷酸己糖和二磷酸尿苷。韧皮部中的磷则包括有机态磷和无机态磷两类。无机磷在林木体内具有较强的移动性，可直接向上或向下移动。林木根系吸收的无机磷酸盐常首先被运输到生长旺盛的幼嫩器官中，然后才被分配到较老器官中。

6.4 磷矿资源与磷肥工业的发展

磷矿石是生产磷肥及磷酸盐的原料，是一种不可再生的矿产资源。据统计，世界磷酸盐岩现有储量大约 170×10^{8} t，储量基础大约 500×10^{8} t，主要分布在非洲、北美洲、亚洲、南美洲等 60 多个国家和地区。由于磷肥是资源消耗性产业，盲目的施肥不仅会造成大量的资源浪费，导致磷矿资源短缺，也会造成土壤表层有效磷的富集以及水体污染与富营养化。磷肥生产依赖于磷矿资源，不同磷肥产品需要用不同的磷矿，磷矿资源的日渐短缺已经成为影响我国农林业以及环境可持续发展的制约因素。可见，研制出高效、绿色环保型磷肥产品对维持农林业可持续发展越来越重要。

6.4.1 我国磷矿资源的基本现状和特点

我国磷矿资源比较丰富，位列世界第二，仅次于摩洛哥。然而，我国是世界上最大的磷矿消费国。据统计，我国每年减少磷矿资源约 3×10^{8} t，以这样的消耗速率预计我国的磷矿资源储量仅能维持到 2050 年左右。从目前形势看，我国磷化工业和磷肥工业未来将面临严重的磷矿原料供应危机。磷矿资源的形势不容乐观，主要表现出以下 5 个特点。

(1)磷矿资源总量丰富但分布不均匀

磷矿是我国的优势矿产、储量丰富。根据中国国土资源部通报，2015 年我国磷矿石的资源总量有 198×10^{8} t，基础储量有 33.08×10^{8} t。因此，目前磷矿保有储量大约 231×10^{8} t。然而，我国磷矿石大多分布在交通欠发达的云南、贵州、湖北、四川、湖南 5 省，除了四川省的磷矿资源可以自给自足外，绝大地区所需要的磷矿资源需要湖北、云南、贵州 3 省的供给。运输困难是磷肥工业发展的重要瓶颈，运输困难使得云南、贵州等地的磷矿积压，而缺乏磷肥地区却不时产生“磷矿荒”。因此，国内磷矿的运输基本呈现“西磷东调，南磷北运”的局面，这样就大大增加了运输成本，从而限制了磷矿资源的稳定供应与分配。

(2)磷矿石品质低下，利用率低

尽管我国磷矿资源丰富，但磷矿石质量较差，且利用率较低。磷矿石的矿质以五氧化二磷(P_2O_5)含量大致可分为 4 个等级。其中富矿(P_2O_5 含量>30%)仅有 9.22×10^8 t，且基本上集中在云南、贵州、湖北和四川。磷矿石 P_2O_5 的平均含量仅为 16.85%，包含了大量无法用于工业生产的低品质矿石。我国开采的磷矿以富矿石为主，因此，中、低品质磷矿的利用受到极大限制，大大降低了磷矿产品的利用率，造成磷矿资源的巨大浪费。

(3)开采难度大，成本高

我国沉积型磷块岩储量占总保有储量的 85%，矿石绝大多数为中、低品质。其中少数富矿可以作为生产高效磷肥的原料，大多数矿石需经技术筛选后才能被利用。另外，这些中、低品质磷矿石颗粒细小，却含有较多有害杂质，大大增加了选矿判别的难度，无形之中大大增加了开采成本。

(4)开发方式粗放，开采技术低

目前我国采矿企业的技术水平落后，装备不够先进。大型国有采矿企业的装备停留在国外 20 世纪 90 年代的水平；小型的采矿企业装备落后，开采方式原始，矿产资源的损失率极高，使得我国采矿技术与西方国家相差甚大。特别地，由于我国矿权设置不合理，大型正规的采矿企业数量增加速率缓慢，一些小型矿山滥采滥挖，采集富矿遗弃贫矿，这种掠夺式的开采对环境以及资源造成极大的损害。据统计，我国磷矿回采率平均仅 60%左右，其中小型矿山回采率仅 30%左右，远远低于国外发达国家水平。

(5)产能过剩

我国磷肥工业经过发展，取得了显著成绩，开辟了具有中国特色的磷化工发展道路。但由于社会发生水平及产业结构的制约，磷肥产能严重过剩。据统计，我国对于磷肥的需求量常年稳定在 $1\,100\times10^4\sim1\,200\times10^4$ $t\cdot a^{-1}$，但是磷肥的产能却逐年上升，2018 年磷肥总产能虽有一定程度的下调，仍然拥有 $2\,353\times10^4$ t P_2O_5 的产能。因此，我国磷肥产业结构转型面临着十分艰巨的任务，严重制约了该产业的可持续发展。

6.4.2　磷矿资源和磷肥工业的发展

世界上 90%的磷矿用于各种磷肥的生产，大约 3%用于生产磷酸盐饲料，4%用于生产洗涤剂，其他用于化工、轻工、国防等工业。我国磷矿 81%用于制取磷肥，13%~15%用于制取黄磷，4%~6%用于生产其他磷制品。我国磷肥产业从中华人民共和国成立初期起步，经历了从无到有、从初具规模到不断壮大、从庞大到强大的跨越式进步，从而完成了从一个进口大国到一个制造大国，再到一个出口大国的历史性飞跃。近年来，我国已然成为世界上磷肥产量最大、出口量最大的国家，也为国民生产总值做出了较大的贡献。

从磷肥的产量上来看，自从 20 世纪 60 年代开始，我国就已成为世界磷肥产量增长的主要力量，2000 年后增加更为明显，占到世界磷肥产量增加的 76.2%。从磷肥的产业结构上看，我国磷肥产品结构也发生了根本性变化，磷酸铵、重过磷酸钙等高浓度磷肥产品比重增加，过磷酸钙、钙镁磷肥低浓度磷肥产品比重下降。进出口形势上看，在磷肥的发展初期，我国的磷肥产量无法满足国内需要，依然需要进口，1998 年是进口量的最高峰，达到 295×10^4 t，2007 年首次实现磷肥净出口，此后磷肥出口量不断增加，到 2011 年出口量创历史新高，我国的磷肥主要出口产品是磷酸二铵，占我国磷肥总出口量的 72.5%，主要出口到印度。从磷肥生产的集中度变化上来看，磷肥企业经过了先扩张而后集中的过程。1990 年中国磷复肥企业有 637 家。截至 2004 年年底，全国共有磷肥企业 1 043 家，之后经过竞争淘汰后，磷肥企业数量逐渐减少。据中国磷复肥工业协会统计，2019 年收录全国磷肥行业企业名录的企业已达 1 075 家。

从世界范围内磷肥产业的发展趋势来看，未来富矿供应将趋于紧张，中、低品质磷矿石将成为主流。然而，我国 30%以上的高品质磷矿资源正逐渐枯竭，贫化趋势日渐严重。也就是说，我国磷资源的开发利用将从富矿转变为以中、低品质矿石为主，从而导致中、低品质磷矿的开发利用对改变磷矿的开发利用方式具有重要意义。因此，如何提高我国磷矿开发利用自主创新能力，促进矿产资源综合利用，增强资源前景保障能力，实现磷肥产业可持续发展等难题亟待解决。

我国高品质磷矿储量少，一般都要经过选矿。在选矿过程中会产生尾矿，尾矿含有大量未利用的磷，造成资源严重浪费，同时尾矿如果不加以妥善处理，也会对环境产生巨大污染。高浓度磷肥的发展，不仅降低了磷素的回收率，还除去了磷矿中含有的钙、镁、硅等对林木生长发良有益的元素。低浓度的磷肥如过磷酸钙和钙镁磷肥的生产，不仅能直接利用中、低品质的磷矿，还保留了磷矿中含有的钙、镁、硅等元素，实现资源的合理利用，综合效益较高。历经 70 年的发展，我国磷肥工业从一开始发展矿业到后来发展磷化工业方面取得了显著成效，开辟了一条具有中国特色的磷化工发展道路，但仍存在产能过剩、产品技术和技术水平落后等问题。在产业结构面临转型的压力下，我国磷肥产业必须坚持精细磷化工的发展道路，精细化、集群化、资源化、高端化将成为未来磷化工发展的主导。

6.5 磷肥的生产及种类

化肥在现代林业生产中起着至关重要的作用。1980 年，德国化学家李比希提出矿质营养学说，奠定了化肥的生产和施用原则。世界上最早的磷肥来自鸟粪。1842 年，英国学者鲁茨(John B. Lawes)用硫酸和骨粉制造出了过磷酸钙，开始了化肥的生产和施用。磷肥生产历史要早于氮肥，经过 180 年的发展，磷肥产品已经逐步丰富。

6.5.1 磷肥的生产

6.5.1.1 传统生产工艺

磷肥主要由磷矿石加工而成。传统上，直接开发利用中、低品质磷矿的方法主要有 3 种：酸法磷肥、热法磷肥和机械磨细法制磷肥。

(1)酸法磷肥

也称湿法磷肥，是指用无机酸分解磷矿并把磷矿中的 Ca 以钙盐的形式分离或固定获得的磷肥，所用的无机酸主要是硫酸。这种磷肥产品是水溶性的，效果较好，但由湿法制得的磷肥重金属含量远比氮、钾肥高，因此会给土壤带来严重的重金属污染，湿法磷酸磷肥的质量与原矿石的品质和性质关系密切。要提高湿法磷酸磷肥的质量，必须采用各种相应的沉降剂使重金属化合物去除，制成“精磷酸”，这就使湿法磷肥工艺十分复杂。

(2)热法磷肥

该方法把磷矿石和含镁、硅矿石经过高温加热和水淬加工成钙、镁、磷肥使用，这种肥料中的磷为非水溶性磷，肥效比较缓慢，在酸性土壤中肥效较好。

(3)机械磨细法制磷肥

该方法是把磷矿石机械磨碎后直接作为“磷矿粉肥”利用，这种磷肥肥效很低且只适用于酸性土壤。

6.5.1.2　新型生产工艺

由于传统中、低品质磷矿的生产方式均不理想。20 世纪 80 年代，人们成功开发了一种与传统磷肥生产工艺完全不同的干法磷肥。它不需要用酸溶液与矿石直接反应，也不用对矿石高温加热，是一种新型的对中、低品位磷的绿色加工方法。其中，固体解磷剂干制磷(复)肥简称“干法”磷肥工艺，该工艺简单、流程短、能耗低、无三废，可利用中、低品质磷矿，一次性加工得到复合肥。这种工艺主要包括了 2 个系列：“干法”硝尿磷肥(NUP，图 6-5)和“干法”硫尿磷肥(SUP，图 6-6)。

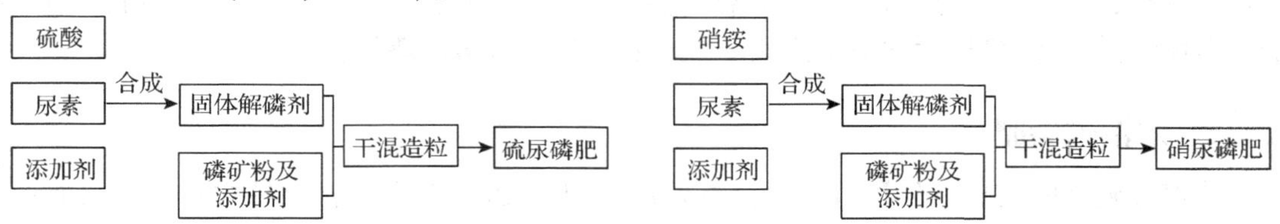

图 6-5　“干法”硝尿磷肥的制作工艺流程　　**图 6-6　“干法”硫尿磷肥的制作工艺流程**

硫尿磷肥的作用原理是“干法成肥，遇水解磷”。它的生产实际上包括固体解磷剂的合成和解磷剂与磷矿粉等物料干法混合造粒 2 个过程。与传统磷肥生产方法相比，无须“湿法”酸化磷矿，由于干式混合过程中没有化学反应，不会出现氟污染和废水、废渣排放，因此也不需要尾气处理和回收装置。工艺流程短、设备少，生产过程不需要外部供热，是一种低能耗的工艺。

硝尿磷肥的生产与硫尿磷肥一样，包括解磷剂的合成及解磷剂、磷矿粉混合造粒两个工序。解磷剂的合成是利用硝酸与尿素间的反应而得，条件温和，不会造成尿素的分解损失。对磷矿粉而言，一次加工即成磷肥。此外，硝尿磷肥的解磷过程是在常温条件进行，传统磷肥酸解温度一般较高，高温条件下杂质都易参加反应，故在肥料磷含量相等的情况下，硝尿磷肥耗酸量较少。

6.5.2　磷肥的种类

磷肥是以磷矿为原料生产的含有作物营养元素磷的化肥。根据磷肥产品的养分含量、生产工艺有不同的分类方法。其中，根据磷肥产品的养分含量将磷肥产品分为低浓度、中浓度和高浓度磷肥。磷肥的有效组分以 P_2O_5 质量分数表示。低浓度磷肥是指 P_2O_5 质量分数低于 20%的一类磷肥，主要包括过磷酸钙和钙镁磷肥两个品种，是传统的磷肥；高浓度磷肥是指 P_2O_5 质量分数超过 40%的产品，主要包括磷酸铵(磷酸一铵和磷酸二铵)、硝酸磷肥、重钙过磷酸钙等(表 6-3)。

我国磷肥工业起步于低浓度过磷酸钙和钙镁磷肥两种磷肥产品。低浓度磷肥为我国磷肥工业的发展奠定了基础。最早的磷肥是过磷酸钙，现在逐步被磷酸铵和重过磷酸钙等高浓度磷肥取代。

表 6-3 不同磷肥种类的区别

磷肥种类	P_2O_5 质量分数/%	常见产品
低浓度磷肥	< 20	磷酸钙、钙镁磷肥等
中浓度磷肥	20~40	脱氟磷肥、沉淀磷酸钙等
高浓度磷肥	> 40	磷酸铵、硝酸磷肥、重过磷酸钙等

6.6 常用磷肥的性质及施用

天然磷矿是磷肥的主要来源。由于其形成和地质构造的不同，磷矿的组成也有很大的差异。磷矿石成分的差异导致磷矿石具有自己独特的个性，主要表现在 P_2O_5 含量的不同。对于不同种类、含量相近的磷矿石，其理化特性、产品质量和施用方式也均有所区别。根据磷肥的溶解情况可将磷肥分为水溶性磷肥、弱酸性磷肥和难溶性磷肥。

6.6.1 水溶性磷肥

水溶性磷肥的主要成分易溶于水，有效成分以 $H_2PO_4^-$ 形态存在，易被林木直接吸收，是速效性磷肥，属有效磷，如过磷酸钙、重过磷酸钙、氨化过磷酸钙等。其中过磷酸钙为常用的水溶性磷肥，其性质与施用方式详述如下。

6.6.1.1 过磷酸钙成分与性质

过磷酸钙(简称 SSP)，也称普钙，是我国使用时间最长的化肥之一，也是我国目前生产最多的一种磷肥，属酸性化学磷肥。由于其中含有各种各样的杂质，外观呈现出不同的颜色，一般呈灰色和灰白色，也有淡黄色、灰黄色或褐色等。过磷酸钙疏松多孔，有粉状和粒状两种，其中有效 P_2O_5 含量在 12%~20%，主要成分是水溶性的磷酸一钙，还有部分硫酸盐类物质，分别占肥料重量的 40%~50%和 40%左右。此外，肥料中还含有少量的磷酸、硫酸、非水溶性的磷酸盐和其他铁、铝、钙盐等杂质。过磷酸钙大部分可溶于水，少数不溶于水而易溶于 2%柠檬酸溶液。

当过磷酸钙施入土壤中之后，会发生化学沉淀作用和吸附作用。这是由于磷酸钙施入土壤，肥料中的磷酸一钙会立刻吸收土壤中的水分，形成含有磷酸、磷酸一钙和磷酸二钙组成的饱和溶液，这个过程称为异成分溶解。

$$Ca(H_2PO_4)_2 \cdot H_2O + H_2O \longrightarrow CaHPO_4 \cdot 2H_2O + H_3PO_4 \qquad (1)$$

这种饱和溶液具有强酸性，比土壤中溶液的磷酸离子高达数百倍，这就形成以施肥点为中心，磷酸离子向周围扩展的扩散区，在酸性和中性土壤中，土壤中的钙、镁、铁、铝会被这种溶液溶解，与磷酸发生化学反应，形成难溶磷酸铁、磷酸铝等沉淀，这样水溶性的磷就被土壤固定了，从而降低了磷素的有效性，这种现象又称化学固定作用。在石灰性土壤中，饱和溶液容易与石灰性土壤中的钙生成磷酸二钙沉淀。因此，施用的过磷酸钙很容易被土壤固定，移动性很小。

土壤对磷素的吸附可分为：专性吸附和非专性吸附。

专性吸附也称化学吸附，是在一定条件下，铁铝氧化物配位壳中的部分配位体被磷酸根置换，并直接通过共价键或配位键结合在固体表面而产生的吸附现象。这个过程不仅有库仑力引力，也包括了化学引力的作用。非专性吸附是由带正电荷的土壤胶粒通过静电引力产生的吸附现象，通常发生在胶粒的扩散层，与氧化物配位壳之间有 1~2 个水分子的间隔，故结合较弱，易被解吸，这种吸附过程与溶液的 pH 值密切相关，吸附量随着土壤 pH 值的降低而增加。此外，土壤中电解质和陪伴离子的类型、溶剂的介电常数和温度等，都对非专性吸附产生不同程度的影响。

与之相反，吸附作用的逆过程称为解吸。对于磷素而言，解吸是指非专性吸附或专性吸附态磷素被释放重新进入土壤溶液的过程。但是，吸附态的磷并不是完全可以解吸的。一般情况下，专性吸附态磷难于解吸，非专性吸附态磷容易解吸。据报道，在淹水还原条件下，三氧化物包蔽的闭蓄态磷可释放出来。

6.6.1.2　过磷酸钙的施用

过磷酸钙的利用率低，一般只有 10%~25%，这是因为过磷酸钙呈酸性，施在石灰性和中性土壤中，容易生成盐类被林木根系吸收利用；但如果施入酸性土壤中，其主要成分磷酸一钙，会和土壤中的游离的离子和 Al^{3+} 发生置换反应，形成不溶性磷酸盐类，导致移动性慢。因此，过磷酸钙施用的原则是既要减少其与土壤的接触面积，又要增加与根系的接触机会。

过磷酸钙为水溶性磷肥，肥效来得快，既可做基肥，又可做早期追肥或根外追肥。施肥是提高土壤肥力、促进造林苗木生长的重要因素。例如，落叶松造林播种时施过磷酸钙作为基肥，不仅能提高苗木质量，还获得稳定的产量。需要注意的是，过磷酸钙无论作为哪种肥料都要集中施用才能达到较好效果。

采用条施、穴施，可减少过磷酸钙与土壤的接触面积，降低肥料被土壤固定的比例，同时又能增加肥料和林木根系的接触机会，提高施肥点与林木根际土壤之间的磷素浓度差(梯度)。这是因为施肥点浓度越大，越有利于磷酸根向根际土壤扩散，使根系表面更加有机会接触并吸收到磷素营养。同时，在集中施用的基础上，采取分层施肥可以达到更好的效果，也就是让大部分磷肥作基肥深施，少部分浅施或作种肥。这样能适应林木根系不同生长发育阶段对磷肥的需求，其需磷规律大致表现为：前期根系浅、需肥少；中后期根系深、需肥多。

过磷酸钙与有机肥混合施可减少有效磷的固定。一般情况下，要求过磷酸钙与有机肥混合并集中施于林木根系密集区。首先，这样的施磷肥方式能减少有机肥的分解产物与土壤中铁、铝等对磷的固定，同时减少所施加过磷酸钙与土壤的接触面积，以减少磷肥的固定。其次，有机肥料在分解过程中可以产生柠檬酸、苹果酸、草酸等多种有机酸，这些有机酸与钙、铁、铝形成稳定的络合物，防止它们对磷的固定。此外，这些有机酸还可络合原土壤中磷酸铁、磷酸铝、磷酸钙中的钙、铁、铝，提高土壤中有效磷的含量；同时，这些有机酸也有利于弱酸性磷肥和难溶性磷肥的溶解。

过磷酸钙不能和石灰等碱性肥料混合施用，会发生化学反应，引起磷酸退化作用，减少水溶性磷的含量，降低肥效。在强酸性土壤中，应该先施石灰数天之后再施磷肥。此外，过磷酸钙中因为含有大量的硫酸钙，在缺硫的土壤中施用，可以起到补充硫营养的作用。

总之，由于过磷酸钙极易吸湿结块，有腐蚀性。如果长时间的储存，一部分水溶性磷便会转变为难溶性磷，且湿度越大温度越高，这种转变的速率越快。因此，过磷酸钙要现购现用，不可长时间放置或储存，在运输的过程中也要注意防潮。

6.6.1.3 其他水溶性磷肥

与过磷酸钙相比，其他水溶性磷肥的成分及性质都有所差别。例如，重过磷酸钙，它是由 H_2SO_4 处理磷矿粉制得磷酸，再用磷酸和磷矿粉作用制成。因此，重过磷酸钙是一种高浓度磷肥，含 P_2O_5 达 40%~50%，相当于过磷酸钙的 2~3 倍，不含 $CaSO_4$。其施用方法与普钙相同，对喜硫造林树种的肥效不如普钙。

6.6.2 弱酸溶性磷肥

弱酸溶性磷肥也称枸溶性磷肥，指主要成分能溶于 2%柠檬酸、中性或微碱性柠檬酸铵溶液。这类磷肥多采用热法生产的，即借助高温分解磷矿石而制成的磷肥，如钙镁磷肥、脱氟磷肥、钢渣磷肥、偏磷酸钙等，有效成分以 HPO_4^{2-} 形态存在，依靠林木分泌的酸性物质或土壤和肥料中的酸，把 HPO_4^{2-} 逐渐溶解成 $H_2PO_4^-$ 后吸收。弱酸溶性磷肥施入土壤后不流失、难以被固定，易被林木根系吸收利用，故属有效磷。总体上，弱酸溶性磷肥具有肥效较慢、但后效长的特点。

6.6.2.1 钙镁磷肥的成分与性质

钙镁磷肥又称熔融含镁磷肥，是一种含有磷酸根(PO_4^{3-})的硅铝酸盐玻璃体。钙镁磷肥多呈灰白色、浅绿色、墨绿色、黑褐色等几种不同颜色，为粉末状。钙镁磷肥是一种碱性磷肥，同时又是一种多元素肥料，不仅含有 14%~18%的 P_2O_5，还含有 25%~30%氧化钙、40%左右的氧化硅、10%~25%的氧化镁。钙镁磷肥水溶液呈微碱性，其 pH 值为 8.2~8.5，与石灰质土壤的 pH 值相近，因此种子、幼根与钙镁磷肥接触是安全的。

施用钙镁磷肥既不会杀灭土壤微生物，也不会破坏土壤结构，还可提高土壤 pH 值，增加土壤养分。除此之外，这类磷肥还能提供大量的硅、钙、镁等林木所需要的营养元素。目前钙镁磷肥占我国磷肥总产量 17%左右，仅次于过磷酸钙。它是磷矿石与含镁、硅的矿石，在高炉或电炉中经过高温熔融，经淬水冷却后生成玻璃状碎粒，干燥和磨细后制成钙镁磷肥。钙镁磷肥没有任何味道，不吸湿、不结块，用手触摸没有腐蚀性，并且可以长久存放。

钙镁磷肥中含有的 Ca^{2+}、Mg^{2+} 和硅酸根离子进入土壤后，可与盐碱地中大量积聚的 Na^+ 发生置换反应，降低了 Na^+ 的活性，起到改良盐碱地的作用，使林木机体强健，从而增强林木抗逆能力、生理调控能力和抗盐能力；还可以缓解林木盐胁迫，提高盐胁迫下根系的活力；钙镁磷肥的硅酸根还可以与镉(Cd)、铅(Pb)、铬(Cr)等重金属离子发生化学反应，形成新的不易被林木吸收的硅酸镉等化合物沉淀下来，从而降低重金属的生物效应，有效减缓了重金属对森林生态环境的污染。

钙镁磷肥受土壤酸碱度的影响很大，溶解度随 pH 值的升高而降低。因此，钙镁磷肥在进入酸性土壤后，可被酸溶解释放出有效态的磷素营养；在碱性土壤中，可被林木根系分泌的有机酸逐步溶解，缓慢释放出磷。反应式是：

$$Ca_3(PO_4)_2 + 2CO_2 + 2H_2O \longrightarrow 2CaHPO_4 + Ca(H_2PO_4)_2 \tag{2}$$

$$2CaHPO_4 + 2CO_2 + 2H_2O \longrightarrow Ca(H_2PO_4)_2 + Ca(HCO_3)_2 \tag{3}$$

据研究报道，在酸性土壤中，钙镁磷肥的肥效可能比过磷酸钙要高。但是，在石灰性土壤中，其肥效低于过磷酸钙。

6.6.2.2　钙镁磷肥的施用

由于钙镁磷肥中的磷只能被弱酸溶解，要经过一定的转化过程才能被林木根系利用吸收，肥效较慢，属缓效肥。因此，这类磷肥一般要结合深耕，适用于作基肥深施。即将肥料均匀施入土壤，与土层混合，以利于土壤酸的溶解和林木根系的吸收利用。通过对马尾松造林施磷肥效果的试验中发现，用钙镁磷肥作基肥，马尾松造林后 3 a 和 5 a 树高的生长量大于同龄福建省马尾松速生丰产林树高高限的标准。但要注意的是，不同的立地条件下，用于施加在马尾松林地的钙镁磷肥的单位基肥用量应该有所差别，如在Ⅰ类地造林马尾松时，每穴施 50 g 钙镁磷肥作基肥，而Ⅱ类地则需要用量加倍。有关钙镁磷肥的施用还要注意以下几个方面：

在微酸性或酸性土壤中施用钙镁磷肥效果最好，可以向土壤中补充钙和镁，十分适用于我国南方钙镁淋溶严重的酸性红壤土，还可减轻红壤土的铝毒、锰毒，从而促进林木的生长。在石灰性土壤中施用，因其难于溶解所以肥效较差，不宜施用。此外，在喜钙和需硅的林木上施用，效果更好。钙镁磷肥对树高、胸径的增长效果较为明显，且有后效。

因钙镁磷肥为碱性肥料，通常不能与酸性肥料混合施用，否则会降低肥料的效果；也不宜与碳酸氢铵、氯化铵等肥料混用。施用时掺和有机肥，或与有机肥堆沤后施用，借助微生物的作用，可以促进钙肥的溶解，从而提高其肥效。在冬季或低温地区施用钙镁磷肥，其用量应稍微加大。

钙镁磷肥与普钙、氮肥配合使用效果比较好，但不能与它们混施。钙镁磷肥的用量要合适，过多地施用钙镁磷肥，其肥料利用率不仅不会递增，而且会出现递减的问题。

土壤酸度对钙镁磷肥的肥效影响较大。在 pH 值小于 5.5 的强酸性土壤中，施肥效率高于过磷酸钙。在 pH 值为 5.0~6.5 的酸性土壤中，当季肥效与过磷酸钙相当，但后效高于过磷酸钙。在 pH 值大于 6.5 的中性和石灰性土壤中，肥料利用率低于过磷酸钙；在砂土中，肥料效率高于过磷酸钙。此外，由于钙镁磷肥中含有大量的氧化镁、氧化钙、二氧化硅能中和土壤酸度，减少活性铁铝在土壤中的危害，增加土壤钙、镁、硅等养分，因此适合酸性缺磷土壤或缺钙、缺镁的砂土。

钙镁磷肥有利于增强林木生长的后效，延长林木的生长势，施肥应遵循速效肥和缓效肥相结合的原则。例如，在杉木幼林的施肥试验中研究发现：与施复合肥处理相比，施加钙镁磷肥对杉木生长具有明显的后效作用，其中树高生长迟效 1 a，地径生长迟效 2 a；在停止施肥后的第 2 年，原施钙镁磷肥比原施复合肥树高和地径分别增加 29% 和 25%。

6.6.2.3　其他弱酸性磷肥

除钙镁磷肥外，还有许多磷肥也属于弱酸性磷肥，如钢渣磷肥、脱氟磷肥和沉淀磷酸钙等，它们的化学性质及主要施用技术详见表 6-4。

表 6-4 几种弱酸性磷肥性质及施用技术

肥料名称	主要成分	性质	施用技术
钢渣磷肥	$Ca_4P_2O_9$ $CaP_2O_9 \cdot CaSiO_3$	含 P_2O_5 12%~18%，以及硫、铁、锰、镁等，深棕色粉末，强碱性，粉末细度为 80%通过 100 目筛孔	适用于酸性土壤，宜作基肥，对需硅喜钙的林木施用效果更佳，其他施用法参见钙镁磷肥
脱氟磷肥	α-$Ca_3(PO_4)_2$	含 P_2O_5 20%~28%，碱性，淡绿色或灰褐色粉末，物理性状良好，贮运、施用方便	施用方法与钙镁磷肥相同，可作家畜饲料的添加剂
沉淀磷酸钙	$CaHPO_4 \cdot 2H_2O$	含 P_2O_5 30%~40%，白色粉末，物理性状良好	施用方法参见钙镁磷肥，因不含游离酸，作种肥时比过磷酸钙安全有效
偏磷酸钙	$Ca(PO_3)_2$	含 P_2O_5 60%~70%，玻璃状的微黄色晶体，施入土后经水化作用可转变成正磷酸盐	施用方法参见钙镁磷肥，含磷量高，施肥量低于钙镁磷肥

6.6.3 难溶性磷肥

难溶性磷肥的主要成分不溶于水和微溶于弱酸，只能溶于强酸，如磷矿粉、骨粉和鸟类磷矿粉等。这类磷肥的有效成分以 HPO_4^{2-} 形式存在，不溶于水和 2%的柠檬酸溶液，林木根系一般不能直接吸收利用，必须在土壤中逐渐转变为磷酸一钙或磷酸二钙后才能产生肥效。以磷矿粉肥为例，这种磷肥只有在较强的酸中才能溶解，肥效缓慢，但后效长，可持续数年之久。

6.6.3.1 磷矿粉肥的成分与性质

磷矿粉是由磷矿石直接粉碎制成的。它的主要成分是磷灰石，其含磷量因产地不同差异很大，高的可达 30%以上，低的只有 10%左右。一般呈灰白色或灰褐色粉状，属于难溶性迟效态磷肥。磷矿石中枸溶性磷占全磷量的 15%以上，就可以作为磷矿粉直接施用。

6.6.3.2 磷矿粉肥的施用

(1)磷矿粉肥直接施用的条件

磷矿粉直接施用有效性的影响因素有 3 个：磷矿粉本身的理化性质、土壤环境和林木根系吸收能力。

磷矿粉本身的理化性质对磷矿粉直接施用有效性的影响表现为：以氟磷灰石和变质磷块岩为例，氟磷灰石结晶大(1~100 μm)，给磷能力弱，不宜用作磷矿粉肥直接施用。相比较而言，磷块岩一般结晶小(0.02~1 μm)，比氟磷灰石更容易被酸分解，可将磷块岩矿石磨成细粉，直接施到酸性较强的土壤中作为基肥。可见，磷块岩矿粉的肥效与矿粉颗粒大小有关，磷矿粉在土壤中的溶解度极低，而且磷矿粉颗粒与土壤中酸性组分临近才能溶解出磷。因此，增大磷矿粉颗粒与土壤的接触面积，磷矿粉肥效才能提高。矿粉越细，肥效越高。一般磷矿粉肥的细度是全部通过 80 目筛，或者不能通过 100 目筛的应少于 10%~15%。

土壤环境对磷矿粉肥效的发挥有很大影响。影响磷矿粉分解速率的主要因子是土壤 pH 值(酸碱度)。磷矿粉施入土壤后能否在该种土壤中发挥肥效，首先就要看它在该种土壤中是否有足够的溶解度，并且能否提供足够浓度的磷酸离子，来增加林木根系对有效态磷素的吸收。土壤 pH 值与磷灰石在土壤液相中磷酸离子的活度的相关方程为：$p[HPO_4^{2-}] = 2pH - 5.18$，即土壤的 pH 值越低，酸度越大，从磷灰石中溶解出来的磷酸离子（$H_2PO_4^-$）就越多，对磷矿粉的分解越有利。

此外，土壤代换量、土壤磷素的组成和土壤的熟化程度也会不同程度的影响磷矿粉的肥效，对于速效养分含量大，熟化程度高的土壤，施用磷矿粉的肥效较差。质地轻、有机质少的土壤不易吸附磷和钙，有利于磷矿粉的溶解，这类土壤施用磷矿粉的效果就好。我国南方土壤大部分是缺磷的酸性土壤，像红壤土、黄壤土都适合施用磷矿肥，但在石灰性土壤中，土壤呈碱性，不宜施用磷矿肥。

不同树种根系吸收磷素矿质营养的相关生理特性也是影响磷矿粉肥效的一个重要因子，在同样的土壤条件下林木对磷矿粉中磷的吸收能力也不同。一般来说，磷矿粉对多年生果树或经济林造林树种的肥效比一般农作物好。

(2) *磷矿粉的施用方法*

磷矿粉的肥效缓慢，后效长，适合作基肥，不适合做种肥和追肥，做基肥时最好采用集中施用。采取条施、穴施，或者与非水溶性磷肥混合拌种的方法，可以显著提高磷矿粉的肥效。当施于果树或经济林时，可以采用环形施用的方法，施后覆土。

磷矿粉施于酸性土壤或者比较贫瘠的土壤上效果比较显著。为了减少土壤对磷的固定，可先把磷肥与有机肥充分搅拌，然后混合施用于固磷能力强的土壤，这样可以显著提高磷矿粉的肥效。

6.6.3.3　其他难溶性磷肥

还有一些常用的难溶性磷肥，如鸟粪磷矿粉、骨粉等，其性质及施用技术见表 6-5。

表 6-5　几种难溶性磷肥性质及施用技术

肥料名称	主要成分	性质	施用技术
鸟粪磷矿粉	磷酸盐矿	全磷含量为 15%～19%，磷肥的有效性高，还含有一定量有机质	与磷矿粉相似
骨粉	磷酸三钙	一般是灰白色粉末，不溶于水，碱性土壤中林木利用很慢，但在酸性土壤中则较快	肥效缓慢，宜做基肥；与有机肥料堆沤，可以促进磷酸盐的溶解；施于酸性土壤效果较好；夏季施用肥效优于冬季；也可用作动物饲料和牙膏含磷添加剂

6.7　磷肥的有效施用

土壤是林木生长的物质基础，土壤肥力状况与人工林的生产力息息相关。由于磷素在土壤中的易固定性，使得土壤中有效磷含量较低，因此，在进行林木培育过程中，对于磷肥的有效施用十分必要。磷素在土壤中以多种形式存在，且其化学行为十分复杂，因此土壤中全磷的含量与有效磷含量不一定呈正比。土壤成土母质、质地、酸碱性、微生物的数量以及人工林的密度都与有效磷含量有关系。深入探讨磷肥的合理施用，为合理利用磷肥、提高磷肥的利用率提供理论依据，对缓解目前磷肥严重短缺的困境具有重要实践指导意义。以下为高效利用磷肥的 5 个途径。

(1)增施磷肥与有机肥

施用磷肥是常见的补充土壤磷素的方法。传统的施肥方式不能完全达到对土壤中磷素进行补充的目的。增施有机肥一方面可以为林木的生长发育提供一部分有效磷，另一方面也可有效减少有效磷的固定。例如，马尾松人工林随着林龄的增大，树高生长对磷肥的依赖程度也越来越高，最好每隔3~5年施1次磷肥，而且施肥量应逐次增加，以适应马尾松速生丰产对磷肥的需求。

(2)添加生物炭

生物质体在完全或者部分缺氧条件下经过高温裂解形成的物质称为生物炭，生物炭本身含有一定数量的磷素，通过施用可明显提高土壤中有效磷的含量。同时，由于生物炭呈碱性，对于改良酸性土壤的pH值具有明显效果。将生物炭与无机肥料混合施入红壤土中，土壤的pH值、有机碳和有效磷含量均得到了不同程度的改善。土壤pH值的升高，能够减少Al^{3+}与Fe^{3+}的磷酸盐沉淀。除此之外，对于土壤微生物来说，生物炭可以为其提供能量，促进其对土壤无机磷的转化和对磷素的固持。

(3)筛选耐低磷林木基因型

选择具有耐低磷基因型的林木，利用自身抵御低磷胁迫的潜在遗传能力，也是减轻低磷胁迫环境对林木造成不良影响的有效途径之一。由于在低磷条件下，许多林木的外表形态、生长量可以反映其磷的营养效率，因此，可通过特异性生长指标筛选出耐低磷的林木基因型(品种)，以供生产推广运用。

(4)增加土壤淹水

淹水后土壤磷素的有效性会明显提高。这是由于：①酸性土壤pH值的增加导致铁、铝、氢形成氢氧化物沉淀出来，降低了它们对磷素的固定；碱性土壤中pH值的降低可以增加磷酸钙的溶解度；相反，如果淹水土壤变干，则土壤中磷的有效性降低。②土壤氧化还原电位降低，高价铁还原成低价铁，磷酸低价铁的溶解度增大，提高了磷素利用率。③包被于磷酸表面铁质胶膜还原，提高了难溶性磷的有效性。

当今社会，人口不断增加，林地面积日益减少，磷素资源越来越匮乏，加上磷矿是一种重要的不可再生资源。因此，我们需要因地制宜地采取多种方法，提高磷肥利用率和有效性，使磷矿肥源最大化利用。

(5)新型磷肥的研制

近年来，一些国产新兴磷肥也逐步出现并投入生产。例如，新型活化磷肥，通过加入活化剂，利用其与原料磷形成的一种“离子桥”状态，以形成一种弹性的动态平衡，最终实现了养分按需供给，达到磷肥缓释的作用。这种活化磷肥是一种新型的低碳产品，它的生产可直接利用低品质磷矿，其P_2O_5的质量分数最低为18%，从而较好地解决了中、低品质的磷矿不好利用和磷矿生产中高能耗、高酸耗的难题。因此，这种新型活化磷肥大大降低磷肥生产成本，产品价格低廉，同时克服了磷酸钙等肥料在一般水溶性条件下磷素释放前期较快，在林木生长后期失效，还容易与土壤中的钙、铝、铁、锰等发生固定反应的缺点，大大提高了肥料的利用率。

生物酶活化磷肥也是一种新型肥料，主要的生产工艺是通过在磷活化剂中加入生物酶，经过一个温和的生物化学反应生成生物酶活化剂，加入磷肥生产过程中。在常温、常压的条件下，经过混合、搅拌、研磨加工生成生物酶活化磷肥，也为中、低品质磷矿资源的高效利用和常规磷肥产品的升级换代提供了新的技术思路和科学依据。同时，这种新型磷肥还能同时实现对磷和铵的控释，减少土壤对磷素的固定和氮素的损失，明显提高磷素的利用率，并延长肥效，是一种中、低品质磷矿高效节能利用的磷肥生产新技术，值得林业生产实践中推广运用。

本章小结

磷素是林木生长的必需营养元素，足量的磷素供应是维持林木正常生长和获得高产的必需条件。本章主要讲述林木的磷素营养，土壤中磷素的含量与转化，化学磷肥的种类、性质、施用技术，以及磷肥施用与环境污染的防治等。

思考题

1. 磷素的生理功能有哪些？
2. 影响林木吸收磷的因素有哪些？
3. 土壤中磷素形态及其转化方式是什么？
4. 常用的磷肥分几类，它们各有何特点？
5. 磷肥对环境的影响有哪些？
6. 怎样提高磷肥的有效利用途径？

参考文献

曹升，胡华英，张虹，等，2019. 我国南方人工林土壤有效磷匮乏原因及对策分析[J]. 世界林业研究，32(3)：78-84.

常近时，2013. 我国湿法磷酸生产与磷肥施用对环境污染严重[J]. 中国石油和化工(7)：26-27.

陈金林，俞元春，王光萍，等，1996. 杉木幼林施肥肥效分析[J]. 林业科学研究(4)：98-102.

陈竣，李贻铨，杨承栋，1998. 中国林木施肥与营养诊断研究现状[J]. 世界林业研究，11(3)：58-65.

陈思同，邹显花，蔡一冰，等，2018. 基于^{32}P示踪的不同供磷环境杉木幼苗磷的分配规律分析[J]. 植物生态学报，42(11)：1103-1112.

陈天朗，范红松，肖慎修，1996. “干法”硫尿磷肥[J]. 磷肥与复肥，11(6)：14-15.

陈天朗，范红松，肖慎修，1997. “干法”硝尿磷肥[J]. 磷肥与复肥，12(4)：16-18.

冯晨，2012. 持续淋溶条件下有机酸对土壤磷素释放的影响及机理研究[D]. 沈阳：沈阳农业大学.

冯兆滨，2006. 活化磷矿粉的土壤反应和植物有效性研究[D]. 北京：中国农业科学院.

黄彬彬，2017. 不同母岩和林龄杉木人工林土壤磷素形态特征研究[D]. 福州：福建农林大学.

黄高强，2014. 我国化肥产业发展特征及可持续性研究[D]. 北京：中国农业大学.

景绍慧，何东升，2018. 磷肥行业发展现状及前景[J]. 现代化工，38(9)：5-9.

李志良，陈新强，陈桂琼，等，2019. 叶面施肥对红豆杉枝叶生长和枝叶中产物累积的影响[J]. 林业与环境科学，35(4)：106-111.

穆淑红，孙运杰，董海凤，等，2014. 磷矿粉的有效利用途径综述[J]. 生物灾害科学，37(1)：79-82.

沈善敏，宇万太，张璐，等，1992. 杨树主要营养元素内循环及外循环研究I. 落叶前后各部位养分浓度及养分贮量变化[J]. 应用生态学报，3(4)：296-301.

王淑娇，2013. 杉木人工幼林不同年龄施肥效果初报[J]. 林业勘察设计(2)：106-108，112.

吴家森，张勇，吕爱华，等，2019. 不同林龄油茶叶片与土壤的碳氮磷生态化学计量特征研究[J]. 西南林业大学学报(自然科学版)，39(3)：86-92.

吴鹏飞，马祥庆，2009. 植物养分高效利用机制研究进展[J]. 生态学报，29(1)：427-437.

吴鹏飞，马祥庆，陈友力，等，2012. 杉木无性系测定林磷素利用效率的比较[J]. 福建农林大学学报(自然科学版)，41(1)：42-47.

严小龙，张福锁，1997. 植物营养遗传学[M]. 北京：中国农业出版社.

严玉鹏，王小明，刘凡，等，2019. 有机磷与土壤矿物相互作用及其环境效应研究进展[J]. 土壤学报，56(6)：1-12.

詹林星，2019. 马尾松造林施肥增效试验效果研究[J]. 安徽农学通报，25(19)：77-79.

张永志，2007. 中国磷肥工业现状及发展思路[J]. 中国土壤与肥料(1)：1-4.

赵琼，曾德慧，于占源，等，2006. 沙地樟子松人工林土壤磷素转化的根际效应[J]. 应用生态学报，17(8)：1377-1381.

周乃富，袁军，谭晓风，等，2016. 林下种养对油茶林地土壤磷素形态及含量的影响[J]. 经济林研究，34(2)：41-44.

周倜，2007. 施肥对杉木幼林生长效应影响的研究[J]. 青海农林科技(1)：17-18，22.

第7章　林木的钾素营养与钾肥

钾不仅是林木生长发育所必需的营养元素，而且是肥料三要素之一。林木需钾量较大，钾在林木体内的含量仅次于氮。钾对提高林木蓄积量和改善非木质产品品质均具有明显的促进作用，合理施用钾肥能增强林木耐干旱、低温和盐害及抗病虫害等方面的能力。因此，钾有品质元素和抗逆元素之称。近年来，由于对木质和非木质产品需求量的增加，林业管理水平不断提高，氮肥和磷肥用量逐年增加，使得单位面积木材蓄积量、非木质产品产量和品质大幅度提高，对钾的需求量也逐年增加。在含钾量明显偏低和供钾不足的土壤，钾肥施用后林木通常有显著的增产效果；另外，即使含钾量略高的土壤，也会因为干旱等因素造成林木供钾不足。这就使钾素营养备受人们的重视，尤其在短周期工业用材林和经济林栽培中，增施钾肥已越来越重要。随着林业现代化、商品化进程的加速和极端气候现象的频发，钾素重要的营养和生理作用使人们更加重视钾肥施用对林木生长、非木质产品产量和品质的影响。

7.1　林木体内钾分布、形态及含量

钾含量(K_2O)一般占植物体内干物质量的0.3%~5.0%。林木体内的含钾量常因种类和器官的不同而有很大差异。钾在林木体内流动性很强，易于转移至地上部，并且有随林木生长中心转移而转移的特点。因此，林木能反复利用体内的钾。当林木体内钾不足时，钾优先分配到较幼嫩的组织中。植株从上到下，各叶片之间含钾量是否存在明显梯度也可作为钾营养诊断的一种方法。细胞质中钾浓度的水平较低，且十分稳定，为100~200 mmol · L^{-1}。当林木组织含钾量较低时，钾首先分布在细胞质内，直到钾的含量达最适水平。当钾的浓度超出最适水平后，过量的钾几乎全部转移到液泡中(图7-1)。

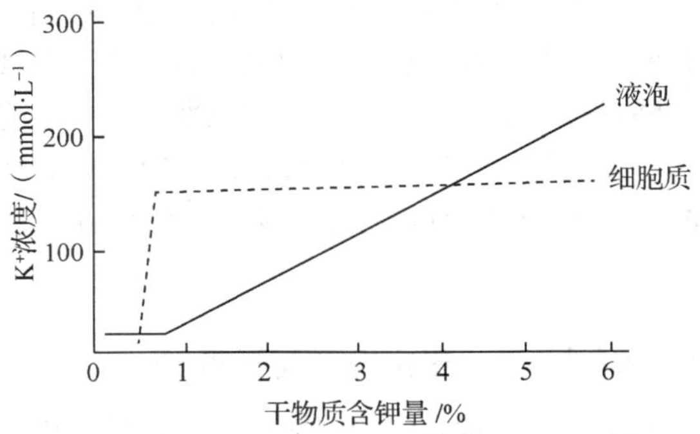

图7-1　植物组织含钾量变化对细胞质和液泡中钾浓度的影响

(引自Leigh和Wyn Jones，1986)

细胞质内钾保持在最适水平是满足生理上的需要，钾对林木有多种营养功能。目前已知有多种酶的活性取决于细胞质内 K^+ 的浓度，稳定的 K^+ 含量是细胞进行正常代谢的保证。液泡是钾的主要储藏场所，它是细胞质中钾的补给者。成熟细胞的液泡体积占细胞总体积的 80%~90%。由此可见，液泡内储藏着林木中大部分的钾。

与氮、磷养分相比，钾在林木体内具有某些不同的特点。钾在林木体内不形成稳定的化合物，而呈离子状态存在。它主要是以可溶性无机盐形式存在于细胞中，或以 K^+ 形态吸附在原生质胶体表面。至今尚未在林木体内发现任何含钾的有机化合物。林木体内的钾十分活跃，易流动，再分配的速率很快，再利用的能力也很强。通常随着林木的生长，钾不断地向代谢作用最旺盛的部位转移。因此，在幼芽、幼叶和根尖中，钾的含量极为丰富。

7.2 土壤中的钾素及其转化

化学钾肥施入土壤后，迅速溶解并以 K^+ 形式进入土壤溶液，除供林木直接吸收外，还参与土壤中 4 种形态钾的动态平衡，可用下式表达其动态变化：

土壤溶液钾⇌交换性钾⇌非交换性钾←矿物钾

（速效性钾）　　（缓效性钾）

7.2.1 被土壤胶体吸附，转化为交换性钾

钾肥的施入使土壤溶液中 K^+ 浓度升高，与土壤胶粒上被吸附的阳离子进行交换形成交换性钾。它与水溶性钾合称速效钾。随着林木吸收，交换性钾可重新释放进入土壤溶液，二者呈动态平衡关系，且反应迅速。土壤胶体对钾的交换吸附，减少了 K^+ 的流失，起到保肥作用。被置换下来的阳离子，在土壤溶液中进行着物理化学变化，会引起土壤性质发生变化，变化特点依钾肥品种与土壤类型而异。

在酸性和石灰性土壤中，施用氯化钾所形成的氯化钙易溶于水，能随水流失。Ca^{2+} 的淋失，会使缓冲性能小的土壤逐步酸化，并导致土壤板结。酸性土壤中施用氯化钾后，可形成盐酸，加剧土壤酸化，提高土壤溶液中活性铁、铝的浓度，甚至造成铝毒害。故酸性土壤施氯化钾时，应配合施用石灰或其他含钙质肥料和有机肥料加以预防。

硫酸钾施入土后的变化与氯化钾相似，但由于阴离子种类不同而有 3 点差异：①在中性或石灰性土壤中可形成硫酸钙，其溶解度低于氯化钙，Ca^{2+} 的流失量较少，对土壤酸化的程度相对较弱。②形成的硫酸钙存留于土壤孔隙中。若长期、大量、连续地施用，有可能造成土壤板结。③硫酸根在渍水土壤里可还原为硫化氢，累积到一定浓度后会危害林木生长，主要表现为根系发黑，呼吸受抑，影响对养分的吸收。因此，在易渍水土壤中不宜施用硫酸钾。

7.2.2 被土壤中黏土矿物所固定，转化为非交换性钾

土壤中钾的固定是指水溶性钾或被吸附的交换性钾进入黏土矿物的晶层间，转化为非交换性钾的现象。土壤固定钾通常有 4 种方式：① K^+ 渗进伊利石，某些蒙脱石和蛭石等 2∶1 型黏土矿物的层间，由于晶层失水收缩而被固定。一般认为这是重要的固钾方式。②在蒙脱

石，拜来石及其过渡性矿物中由于 Al^{3+} 对 Si^{4+} 的同晶置换而产生负电荷，能强烈地束缚 K^+。③ K^+ 因风化而造成缺钾的矿物，如伊利石，有“开放性钾位”，能为 K^+ 所占据。④人造沸石的小孔道和孔穴也能固定钾。

被黏土矿物固定的钾，根据其所处位置，可分为 p 位、e 位和 i 位(图 7-2)3 种。其中 p 位在表面，结合能力最弱；e 位在边缘，结合能力较强；i 位在层间中位，结合能力最强。前者属非专性吸附，后二者属专性吸附，有很强的选择性。影响土壤固定钾的因素有：

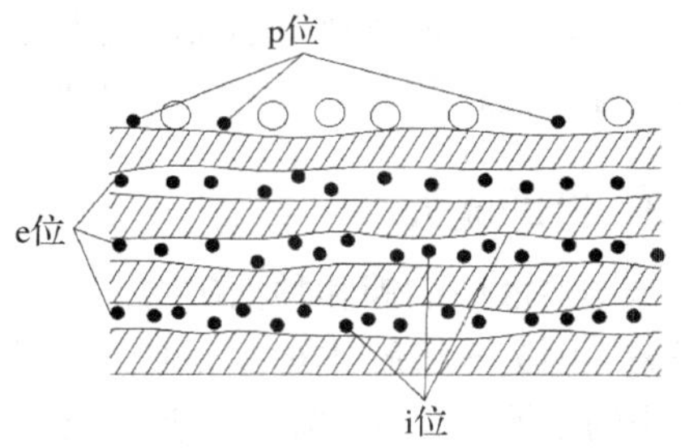

图 7-2　K^+ 在黏土矿物上的不同位置

(1) 黏土矿物的类型

1∶1 型黏土矿物，如高岭石，晶层重叠时不能形成闭合的孔穴和同晶置换时产生的负电荷很少，故几乎不固定钾。2∶1 型黏土矿物能固定钾，其固钾能力的次序为：蛭石>拜来石>伊利石>蒙脱石。

(2) 土壤水分状况

水分对土壤固定钾的影响复杂。一般随土壤干燥而固钾作用加强，尤其在干湿交替条件下，更能促进钾的固定。水分对固钾的影响与土壤中水溶性钾的水平有关，水溶性钾含量高时，干燥会导致钾的固定，而含钾量低时，反而有利于钾的释放。

(3) 土壤酸碱度

一般认为，土壤对钾的固定能力随土壤 pH 值的增加而提高。在酸性条件下，土壤胶体带负电荷较少，陪伴离子以 H^+、Al^{3+} 为主，使胶体对钾的结合能力降低，因此土壤的固钾能力减弱；在中性条件下，陪伴离子以 Ca^{2+}、Mg^{2+} 为主，土壤的固钾能力较强；在碱性条件下，陪伴离子以 Na^+ 为主，土壤对钾的固定能力明显增强。如弱淋溶黑钙土的 pH 值从 6.3 降到 3.0 时，对壤对钾的固定从 47.4%减少到 18.4%。

(4) 铵离子

NH_4^+ 和 K^+ 的半径相近，分别为 14.8 nm 和 13.3 nm，它与 K^+ 竞争结合位，还可以交换出已被固定的钾。由于铵离子有较少的水化能和稍大的离子半径，使晶层更易收缩，当铵和钾等量时，固定铵的数量明显多，为钾的 1.6~2 倍。上述现象与矿物种类有关，如蛭石，铵的吸附作用明显大于钾，大量施用铵态氮肥，可把晶层间较大的 Ca^{2+}、Mg^{2+} 代换出来，阻碍非交换性钾的释放，致使缺钾现象加剧，实践中应提倡平衡施肥。

(5) 土壤质地

一般质地越黏的土壤，固钾能力越强。土壤中 2∶1 型固钾矿物的含量随土壤颗粒变细而增加，在质地黏重的土壤上应适当增加钾肥用量。

(6) 钾盐种类

土壤对不同种类钾盐固定的强弱依土壤水分状况而异，土壤湿度不变时，固定顺序为：$K_2HPO_4 < KNO_3 < KCl < K_2CO_3 < K_2SO_4$；干湿交替条件下其顺序则为：$K_2CO_3 < K_2SO_4 < KNO_3 < K_2HPO_4 < KCl$。此外，土壤层间钾的耗竭程度也有影响，土壤固钾量随土壤层间钾耗竭程度的提高而增加，在钾素耗竭严重的土壤上，应适当增加钾肥用量。被固定的钾可转化

为有效态钾，也可被利用层间钾能力强的林木吸收利用。土壤对肥料钾的固定，会暂时降低其有效性，但在某种意义上，却起到了抑制林木奢侈吸收钾和减少钾流失的作用。

7.2.3 钾的流失

土壤溶液中的钾和黏土矿物上 p 位固定的钾，既能被林木吸收，又能随水向下移动而造成损失。因为土壤胶体对 K^+ 的吸附是有限度的，它受土壤阳离子交换量的控制。在阳离子交换量小的土壤上，一次施用大量钾肥，必然会引起钾的流失，其流失量与土壤质地、气候条件、栽培制度都有关。质地粗、雨水多、温度高及水旱轮作条件下，肥料钾的流失就可能多。因此，在施用上就应掌握适量、分次的原则，并宜开发缓效性钾肥，以提高钾肥的肥效，降低生产成本。

7.3 林木对钾的吸收与利用

爱泼斯坦等(1963)通过对植物钾吸收速率和吸收动力学的研究，提出植物体内可能存在两种不同类型的钾吸收系统：在低钾浓度(0.001~0.200 $mmol \cdot L^{-1}$)条件下起作用的高亲和性钾吸收系统和高钾浓度(1~10 $mmol \cdot L^{-1}$)条件下起作用的低亲和性钾吸收系统，并分别称为机制Ⅰ和机制Ⅱ。目前普遍认为，高亲和性钾吸收系统主要是质膜上的钾转运体，而低亲和性钾吸收系统主要是质膜上的 K^+ 通道。林木可能利用这两种不同的钾吸收系统来适应外界不同的钾浓度环境。高亲和力钾吸收为主动机制，因为吸收过程是逆 K^+ 电化学势梯度进行的，可能与 K^+-H^+ 或 K^+-Na^+ 的协同运输相关，低亲和力吸收为经由 K^+ 选择性通道的被动运输。细胞中 K^+ 浓度较高，而根系附近土壤溶液中的 K^+ 由于根系的吸收而浓度较低，根细胞积累 K^+ 的浓度可以达到土壤溶液钾的 10~1 000 倍，所以根系吸收 K^+ 的过程以逆浓度梯度的主动吸收为主。

7.3.1 钾离子通道

低亲和力钾吸收转运是在外界 K^+ 浓度为 0.001~0.200 $mmol \cdot L^{-1}$ 时进行的，并且在生理浓度范围内不会达到饱和，这主要由 K^+ 通道完成。K^+ 通道是存在于林木细胞质膜或内膜(如液泡膜、其他细胞器膜等)上的跨膜蛋白。在跨膜电化学势梯度的作用下，K^+ 通道可以介导 K^+ 的跨膜流动，该过程不直接与 ATP 水解相偶联，一般被认为属于被动吸收过程。

自安德森等(Anderson *et al.*，1992)和桑特纳克等(Sentenac *et al.*，1992)运用异源表达的方法克隆了拟南芥 K^+ 通道基因 *AKT* 1 和 *KAT* 1 以来，已经从多种植物或同种植物的不同组织器官中克隆并鉴定出几十种 K^+ 通道。它们具有不同的特性和作用，根和茎中皮层、根毛及木质部、韧皮部的 K^+ 通道特别与 K^+ 吸收运输相关联。根据这些 K^+ 通道蛋白的序列和结构特征，将它们分为 3 个 K^+ 通道家族：Shaker 家族、TPK 家族和 Kir-like 家族。其中 Shaker 家族的成员被认为介导植物 K 营养吸收、转运和细胞 K^+ 动态平衡最为重要的功能蛋白。植物 Shaker K^+ 通道通道蛋白的 C 末端胞内区是调控通道活性的重要部位。C 末端胞内区通常由环核苷酸结合域(CNBD)、锚定蛋白结构域(Anky)和富含疏水性、酸性氨基酸的 KHA 结构域 3 部分构成(图 7-3)。锚定蛋白结构域被认为与多种调节蛋白相结合并调节通道活性的重要区域。一个完整的 Shaker K^+通道由 4 个蛋白亚基围绕在一起形成，通道中央是一个可供 K^+通过的疏水孔道结构。每个蛋白亚基自身具有 6 个跨膜区(TMS)和 C 末端胞内区。第 4 跨膜区由带点氨基酸构成，可以感受跨膜的电压变化，进而控制通道的开闭。第 5 跨膜区和第 6 跨膜区之间的环状结构(p-loop)孔环是构成中央孔道的基础，它高度保守和特异的序列特征使得 Shaker 通道具有较高的 K^+选择性。根据电压依赖性和 K^+跨膜运动方向，Shaker K^+通道可被分为 3 大类，第一类是内向 K^+通道，这类通道在超极化的膜电位下被激活，介导 K^+自胞外向胞内流动，在植物 K 营养吸收和转运中起重要作用；第二类是外向 K^+通道，此类通道在膜电位去极化时被激活，介导 K^+自胞内向胞外流动；第三类是弱整流 K^+通道，被超极化的膜电位激活，此类通道既可以介导 K^+内流，也可以介导 K^+外流，取决于当时的跨膜电化学势梯度及胞内外 K^+浓度。植物中 K^+通道的活性受到多种蛋白的调节，如蛋白激酶、磷脂酶、G 蛋白、蛋白的磷酸化与去磷酸化酶等。

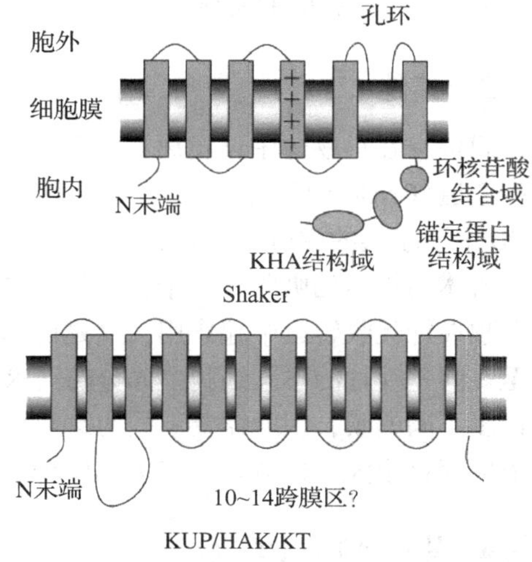

图 7-3　植物 Shaker K^+通道与 KUP/HAK/KT 钾转运体的蛋白结构+带正电荷的电压感受器

7.3.2　钾转运体

植物中存在许多高亲和性钾转运体，其中大多为与氢离子或钠离子相偶联的同向转运体(K^+-H^+同向转运体和 Na^+-K^+同向转运体)或反向转运体(K^+-H^+反向转运体)，也都属于次级运输过程。Maathuis 等首先利用膜片钳技术对拟南芥根细胞高亲和性钾吸收机制进行了研究，对拟南芥根表皮和皮层细胞的全细胞电流记录显示，当外界溶液中加入微摩尔浓度的 K^+时，产生小的内向电流，随 K^+浓度的增加，电流增大，电流电压关系显示 K^+的平衡电位(E_K)比逆转电位(E_{re})更负，说明 K^+的转运偶联着另一离子作为驱动力。他们对 4 种可能的供能方式做过研究：Na^+偶联、Ca^{2+}偶联、H^+偶联和 K^+-ATPase。当加入与 K^+等量的 Na^+时，即使微摩尔水平的 Na^+也能抑制膜的去极化，这排除了 K^+的转运以 Na^+的同向运输作为驱动力的可能。在电极液中加入 1 mmol · L^{-1} ATP，未能加强内向 K^+电流，所以也排除了 ATP 驱动的 K^+泵参与高亲和性钾(K^+)吸收的可能。同样，跨膜 5 mol · L^{-1} 的 Ca^{2+}对内向 K^+电流也没多大影响。相反，改变膜两侧的 H^+梯度对内向 K^+电流产生了很大的影响。当把胞外 pH 值由 4.5 提高到 5.5 时，内向 K^+电流由 24 μA · mm^{-2} 降到 11 μA · mm^{-2}。钾转运体对植物钾营养吸收有重要作用，其中 KUP/HAK/KT 转运体家族的作用尤为重要。植物中的 KUP/HAK/KT 家族是与大肠杆菌钾转运体(KUP)及酵母钾转运体(HAK1)具有较高同源性的一类钾转运体，在拟南芥基因组中至少有 13 个成员。但根据蛋白质结构预测的结果显示，该家族成员可能具有 10~14 个跨膜区，并在第 2 跨膜区和第 3 跨膜区之间拥有一个较长的环状结构(图 7-3)。最早被克隆和鉴定的 KUP/HAK/KT 成员是拟南芥中的 AtKUP1 和大麦中的 HvHAK1。它们可以互补酵母钾吸收缺陷型突变体菌株，说明它们都具有钾转运体活性。随后，又有多个KUP/HAK/KT成员被克隆和鉴定，它们也都被证明是高亲和性的钾转运体。

7.3.3 其他

目前，在植物体中还发现了与钾(K^+)吸收运输有关的其他转运体，如植物的环核苷酸门控通道(CNGC)家族，与动物的促进离子型谷氨酸盐受体相关的一个多肽家族(在拟南芥中有20个该家族的成员)、CPA家族、CHX家族、KEA家族、LCK1等。

林木对钾素的吸收是一个相当复杂的过程，林木体内存在多个钾吸收转运机制，它们并非单独在钾吸收转运中起作用，这是因为：①林木不同器官或组织的营养和能量需求不同，甚至在同一叶片的不同细胞中养分的需求及离子吸收都具有显著的差异；②养分的转运要跨越许多不同的膜，因而需要不同的跨膜转运机制；③根细胞外环境条件、养分和有毒竞争离子浓度变化很大，这就要求许多养分转运机制以确保随条件而变的养分吸收。

7.3.4 影响钾吸收的因素

很多环境因素(如温度、水分、光照等)及林木自身生理特性对钾(K^+)的吸收都有影响。另外，植物激素与林木体内钾的吸收、运输和分布之间也存在着密切的联系。脱落酸(ABA)以两种方式调节K^+通道：①通道表达或(和)通道蛋白整合入原生质膜；②调节通道活性。但是值得注意的是，不同的部位K^+通道受脱落酸的影响是不同的，在保卫细胞中脱落酸可以增加K^+的外流并减少K^+的内流，叶肉细胞质膜与保卫细胞上的K^+通道受脱落酸的影响不同。

多胺是带正电荷的多价盐离子，能与质膜上带负电荷的磷脂双分子层相结合，改变质膜的一些理化性质，从而影响膜上的离子运输。有研究发现，多胺抑制细胞对K^+吸收的同时促进K^+的外流。除脱落酸和多胺以外，生长素类、细胞分裂素、赤霉素、乙烯、油菜素内酯对K^+的吸收转运都有着不同的影响。

7.4 钾矿资源与钾肥生产

钾是肥料三要素之一，在林木体内钾含量仅次于氮。在林木生长发育过程中，钾参与60种以上酶的活化、光合作用、同化产物的运输、糖类化合物的代谢、蛋白质的合成等过程。随着林业生产中氮、磷等化肥施用量的增加，对钾肥的需要量日益增多。含钾矿物，特别是可溶性钾矿盐是生产钾肥的主要原料，也可从盐湖水、盐井水和卤水中提取钾肥。

世界上较大的钾矿资源主要分布在加拿大、德国、俄罗斯等地。加拿大钾盐矿床主要集中在萨斯喀彻温和沿海各省(占世界总资源的2/3)。俄罗斯的钾盐矿床主要分布于乌拉尔的上卡姆。德国的钾盐主要分布在北部盆地，大多为由钾盐和硫镁矾组成的硬盐。美国的钾盐矿床主要分布在北达科他州。此外，泰国西北部、法国北部阿尔萨斯矿区、英格兰东部的约克郡、约旦和以色列在死海均拥有钾盐资源。目前俄罗斯、加拿大、德国、法国、美国和以色列是主要钾肥生产国，其产量占世界产量的93%。

我国已探明的钾矿资源少，钾盐资源主要为含钾卤水，远远不能满足农林业生产的需求。我国有27个钾矿区，其中96%集中在青海柴达木盆地的察尔汗湖，用浓缩结晶法生产钾肥。云南思茅钾石盐矿是我国第一个古代固相矿床，现正在小规模的用浮选法生产。我国海岸线较长，在制盐过程中有大量副产品盐卤，其中含有钾，可作为生产钾肥的原料。随着水泥工业的发展，我国 20 世纪 70 年代从水泥厂的废气中回收钾，生产窑灰钾肥。

为解决我国化学钾肥的不足，除科学用好钾肥外，必须加强有机钾源的利用，大力提倡林木残体还地和增施有机肥料。应充分利用富集钾能力强的林木，以利发挥土壤钾素的潜在肥力和加速钾素循环。应重视生物性钾肥的研制和推广，开展合理种植与轮作等的综合性研究，以维持土壤钾素的平衡。

7.4.1　我国钾盐资源状况

我国是一个多盐湖的国家，全国多数省份均有古代或现代盐湖分布。现代第四纪盐湖主要分布在青海、西藏、新疆和内蒙古 4 省(自治区)，大小盐湖超过 1500 个。盐湖是高度矿化的液体、固体或固液共存的矿产资源，其中储藏着大量发展国民经济所必需的天然盐矿物质，包括对国家有深远意义的钾盐(表 7-1)。

表 7-1　中国主要钾盐湖卤水组成

盐　湖	化学组成/%							
	Na^+	K^+	Mg^{2+}	Ca^{2+}	Li^+	Cl^-	SO_4^{2-}	CO_3^{2-}
青海察尔汗盐湖	5.73	0.97	2.34	0.01		16.29	0.48	
新疆罗布泊盐湖	7.59	0.80	1.48		0.002	13.80	4.00	
西藏扎布耶盐湖	10.01	3.16			0.081	12.06	2.98	3.41

我国已经建立了青海察尔汗以生产氯化钾为主的基地和新疆罗布泊硫酸钾生产基地，年产钾肥能力已达到 300×10^4 t，但远远满足不了国内钾肥需求，因此有必要加大钾盐开发研究投资，提高钾肥产能，建立新的钾盐生产基地。国内对钾盐开发研究主要集中在氯化物型和硫酸盐型盐湖，而且已经形成了比较成熟的工艺路线，但对碳酸盐型盐湖的钾盐开发研究才刚刚开始。我国农林土壤钾素含量普遍不高，对钾肥的需求量较大。目前我国年需钾肥约 $1\,000\times10^4$ t(折合氯化钾量)，而钾肥生产量只有约 300×10^4 t，存在一个很大的缺口，需要花费大量外汇从国外大量进口。

目前，我国已探明的钾盐资源量约 10×10^8 t(以 KCl 计)，全部为陆相盐湖钾盐，主要分布在青海柴达木盆地和新疆罗布泊等现代盐湖中。另外，在云南勐野井、湖北潜江和内蒙古盐湖还有少量钾盐资源。

青海察尔汗盐湖位于柴达木盆地中部，距离格尔木市 60 km，东西长 168 km，南北宽 20~40 km，总面积为 5 856 km^2，湖区自东向西由霍布逊、察尔汗、达布逊和别勒滩 4 个区段组成，统称察尔汗盐湖。察尔汗盐湖是一个以液体钾盐为主，固液体矿并存，并伴生有硼、锂、镁、溴等有用元素的综合型大型钾盐矿床。其中固相钾盐表内储量为 $2\,200\times10^4$ t，表外储量为 2.74×10^8 t；液相钾盐表内储量为 1.49×10^8 t，表外储量为 $9\,500\times10^4$ t，合计氯化钾总储量达 5.4×10^8 t。察尔汗钾盐液体矿可分为湖水、晶间卤水和孔隙卤水 3 种，其中以晶间卤水为主。固相钾矿物主要为光卤石和钾石盐，还有杂卤石、软钾镁矾等。固体钾盐矿的特点是分布面积广，层数多，矿层薄，品位低。因此，在生产中，以开采晶间卤水为主。

罗布泊盐湖位于新疆塔里木盆地东北部，在巴音郭楞蒙古族自治州若羌县境内，距离哈密市 300 km。罗布泊盐湖南北长 115 km，东西宽 90 km，面积为 10 350 km^2。罗布泊钾盐矿床是以液体钾盐矿为主，固液体矿并存的大型钾盐矿床，同时共生有液体石盐矿及镁盐矿，伴生有固体石盐、钙芒硝矿床，钾盐资源量以 KCl 计为 2.5×10^8 t。其中液体矿是以钾为主，并共生有钠和镁，伴生锂、硼等稀有元素的综合性矿产，富钾卤水主要以晶间卤水形式赋存于盐类矿物的晶间。固体钾盐矿主要以钾盐镁矾等形式出现，储量很少。目前，罗布泊盐湖的生产为开采富钾晶间卤水。

西藏是我国现代盐湖丰富发育的地区之一，共有盐湖 340 多个，其中已探明储量的主要钾盐盐湖矿床有 35 个，资源量 $4\,700 \times 10^4$ t，有名的钾盐湖有扎布耶盐湖、朋彦措盐湖、鄂雅措盐湖等。西藏盐湖钾盐矿床的开发可作为国内钾盐短缺的有益补充。西藏还有独特的碳酸盐型钾盐湖，其中有代表性的有扎布耶盐湖、班戈湖盐湖等。扎布耶盐湖钾盐矿床是一个以钾、硼、锂等资源为主的固液相并存的综合性盐湖矿床。扎布耶盐湖卤水中钾、硼、锂含量很高，而且其资源储量也很大，已探明 KCl 储量 $1\,618 \times 10^4$ t，为中型钾盐矿床。

我国钾资源和钾肥严重不足，影响了氮、磷肥效的发挥，已成为制约农林业发展的因素之一。我国又是不溶性钾矿资源大国之一，在国内许多地区广有分布。开发利用不溶性钾矿资源，生产矿物钾肥，已经成为解决国内钾肥市场供应不足的重要途径之一。

地壳中的钾绝大多数以水不可溶的形式赋存于硅酸盐岩石中，只有极少部分在极端的地质—地球化学条件下形成可溶性钾盐矿。通常将 K_2O 质量分数超过 10%的岩石称为富钾硅酸盐岩石。富钾岩石又可划分为钾长石型和云母型两大类。目前利用较多的是明矾石、钾长石和含钾砂页岩。富钾岩石在国内的分布极为广泛，几乎在每个省(直辖市、自治区)都有分布，储量巨大，估计资源量在 50×10^8 t 以上，而远景资源量更可能超过 120×10^8 t。富钾岩石中所含的钾主要是不溶性铝硅酸钾，林木不能直接吸收，必须经过加工将其转化为可溶性钾，才能被林木生长吸收。然而，这一转化加工过程较为复杂，生产成本高，极大地限制了富钾岩石的开发利用。从农林业的可持续发展来看，开发利用富钾岩石制取钾肥，将其转化成为可溶性钾，是真正解决我国缺钾现状的一条有效途径。

7.4.2 提钾工艺流程

青海察尔汗盐湖生产中用的卤水主要是晶间卤水，卤水通过采卤沟和输卤渠运送到盐田晒池，在晒池中分为两步晒制。在钠盐池中蒸发并析出氯化钠，晒至光卤石饱和，然后进入调节池，调节池的主要作用是控制进入结晶池的卤水组成。然后，饱和卤水打入结晶池结晶光卤石，尾卤由尾卤管排出，光卤石进工厂加工。其工艺流程如图 7-4 所示。

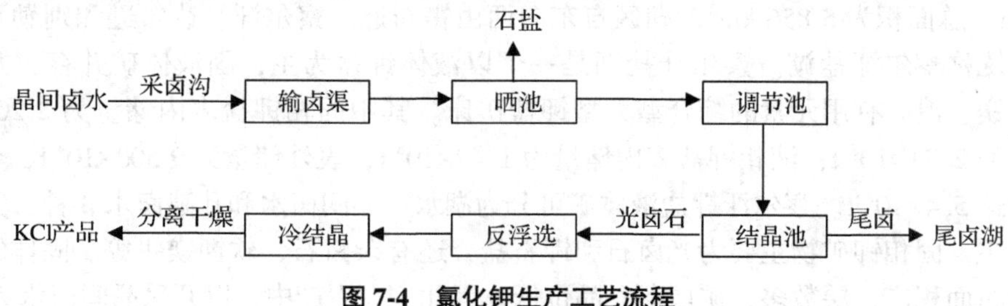

图 7-4 氯化钾生产工艺流程

目前在察尔汗盐湖，以光卤石矿为原料加工生产氯化钾有多种工艺技术，包括反浮选—冷结晶法、冷分解—浮选法、兑卤法等，代表察尔汗盐湖先进水平的工艺是反浮选—冷结晶法。从盐田结晶池来的光卤石矿在加工厂通过反浮选工艺得到低钠光卤石矿，然后在常温下，控速分解低钠光卤石，得到较粗颗粒的氯化钾，分离干燥包装，就得到氯化钾产品。

新疆罗布泊盐湖卤水的组成有利于直接从盐田获得软钾镁矾和钾盐镁矾（$KCl \cdot Mg_2SO_4 \cdot 3H_2O$）混盐来生产硫酸钾。钾盐析出区间较长，致使混盐中钾含量偏低，因此，在罗布泊结晶工艺中采用了兑卤方法，控制卤水成分点在软钾镁钒相区中间位置，使钾分别以钾盐镁矾（$KCl \cdot Mg_2SO_4 \cdot 3H_2O$）混盐和光卤石矿物集中析出。然后在加工厂，将钾盐镁矾转化为软钾镁矾，光卤石矿通过冷分解浮选工艺得到氯化钾，经过复分解反应，直接生产出硫酸钾品。其工艺流程如图 7-5 所示。

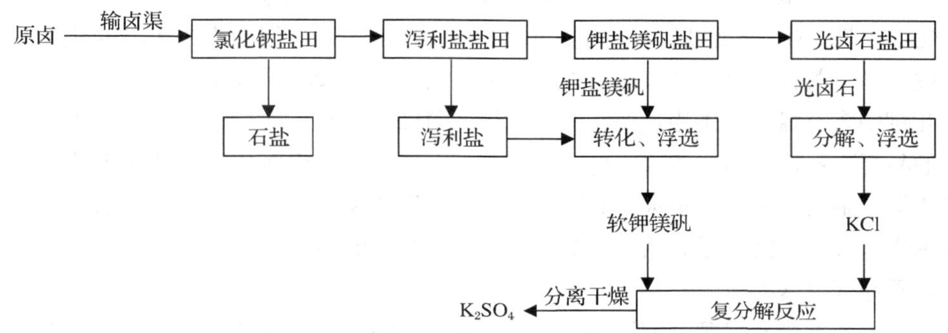

图 7-5　罗布泊盐湖硫酸钾生产工艺流程

扎布耶盐湖卤水水化学特性为碳酸盐型，国内对于从碳酸盐型盐湖卤水中提取钾盐研究比较少，目前只有美国的西尔斯盐湖为碳酸盐型盐湖，其卤水的加工主要分为两步：第一步是在盐田晒池中蒸发浓缩卤水，获得富钾卤水；第二步是在化工厂用碱石法加工浓缩后的盐田卤水，得到 KCl 产品。扎布耶盐湖卤水在晒制过程中，夏季析出钾芒硝流程长，冬季析出钾石盐流程长。因此，可以利用其钾盐析出特性，分阶段制取钾盐。

利用不溶性钾矿作为补充钾肥资源的有效途径，世界各国都在不同程度上做了一些研究探索工作，美国、德国、日本、俄罗斯、墨西哥等国多年来在开发利用不溶性钾矿和富钾岩石方面积累了许多经验，取得了明显效果。

自 20 世纪 50 年代我国就开始研究富钾岩石提钾工艺，探索了细菌分解、酸分解、水热反应、煅烧等开发利用技术。然而，细菌分解法效率太低，酸分解法污染严重，水热反应法成本太高，都难以实现产业化。煅烧法成本虽低，但煅烧产品却具有类似水泥的板结硬化特征，施用后易造成土壤板结。近年来，我国开发利用富钾岩石制取钾肥有了良好的开端，研究利用富钾岩石制取钾肥，开发出一种半湿状态下富钾岩石的石灰水热法制取钾肥（钾盐）新型工艺。已试验成功的范例有浙江平阳明矾石矿综合利用生产硫酸钾工艺，山西闻喜钾长石综合利用生产钾肥、碳酸钾和水泥工艺，以及云南个旧霞石综合利用生产碳酸钾工艺等。利用钾长石等不溶性钾资源进行工业化规模生产的企业，山西富邦肥业有限公司产能已达到每年 10×10^4 t，主要产品是硅钾肥、硅钙钾肥和含钾硅氮肥。

7.5 钾肥的种类及性质

7.5.1 氯化钾

氯化钾(KCl)含 K_2O 为 50%~60%，主要以光卤石(含有 KCl 和 $MgCl_2 \cdot H_2O$)、钾石盐(含 KCl 和 NaCl)和苦卤(含有 KCl、NaCl、$MgSO_4$ 和 $MgCl_2$ 四种主要盐类)为原料制成。以卤水用浓缩结晶法生产的钾肥为白色结晶，而用浮选法生产的氯化钾为淡黄色或粉红色结晶。

氯化钾易溶于水，20 ℃时溶解度为 34.7%，100 ℃时为 55.7%，是速效性肥料，可供林木直接吸收利用。氯化钾吸湿性不大，通常不会结块，物理性质良好，便于施用。但含杂质多的氯化钾产品吸湿性增大，长期储存会结块，这类钾肥必须包装严密，存放于干燥处。氯化钾为化学中性、生理酸性肥料。大量、单一和长期施用氯化钾会引起土壤酸化，其影响程度与土壤类型有关，酸性土壤应适当配合施用石灰、钙镁磷肥等碱性肥料。

氯化钾中含有氯，若施用过量，带入土壤的氯随之增加，对葡萄、茶树、柑橘等忌氯经济林木的品质有不良影响，故这些忌氯经济林木一般不宜施用氯化钾。若必须施用时，应控制用量或提早施用，使氯随雨水或灌溉水流失。实践表明，在多雨地区施用适当，一般不会影响林木生长及其经济产量和品质。氯能抑制硝化细菌的活动，减缓铵态氮的硝化速率，从而减少多雨地区氮素的流失。

氯化钾可作基肥和追肥，宜深施在根系附近。在酸性土地区注意配合碱性肥料和有机肥料施用，在有施用磷矿粉习惯的地区，与磷矿粉混合施用有利于发挥磷矿粉的肥效。

7.5.2 硫酸钾

硫酸钾(K_2SO_4)的生产方法有两种：①直接由天然矿物，如无水钾镁盐($K_2SO_4 \cdot 2MgSO_4$)、钾盐镁矾($K_2SO_4 \cdot MgSO_4 \cdot 4H_2O$)、明矾石[$K_2SO_4 \cdot Al_2(SO_4)_3 \cdot 4Al(OH)_3$]、硬盐矿(钾石盐和钾盐镁矾的混合物)等制取硫酸钾，这些矿物在我国的浙江、四川、安徽、山东、云南等地均有分布；②由氯化钾转化而得硫酸钾，目前世界生产的 K_2SO_4 中有 70%由转化法生产。转化法生产硫酸钾的方法有曼海姆法(KCl 和 H_2SO_4 在 500~600 ℃的曼海姆炉反应，HCl 挥发除去制得)、复分解法[KCl 与$(NH_4)_2SO_4$ 和氨水经复分解反应制得]、缔置法(KCl 与 H_2SO_4 反应后，用含适量 KOH 的有机胺缔合剂萃取除去生成的盐酸制得)、溶剂萃取法、离子交换法等。

硫酸钾含 K_2O 为 50%~54%，较纯净的硫酸钾呈白色或淡黄色，为菱形或六角形结晶，吸湿性远比氯化钾小，物理性状良好，不易结块，便于施用。硫酸钾易溶于水，是速效性肥料，能为林木直接吸收利用。

硫酸钾也属化学中性、生理酸性肥料，在酸性土壤上，宜与碱性肥料和有机肥料配合施用。但其酸化土壤的能力比氯化钾弱，这与它在土壤中的转化有关。

硫酸钾含 S17.6%，在缺硫土壤上，需硫较多的林木上施用硫酸钾，其效果优于氯化钾，但在强还原条件下，所含 SO_4^{2-} 易还原成 H_2S，累积到一定浓度会危害林木生长。例如，会影响林木根系对养分的吸收，抑制吸收的顺序为 K_2O、P_2O_5 > SiO_2 > NH_4^+、MnO_2 > CaO、MgO。

硫酸钾可作基肥、追肥、种肥和根外追肥。通常作基肥时施用量为 150 kg · hm^{-2} 左右，作种肥时施用量为 22.5~37.5 kg · hm^{-2}，作根外追肥的施用浓度为 2%~3%。

7.5.3　窑灰钾肥

窑灰钾肥是水泥工业的副产品，不同的窑灰钾含钾差异很大，一般含 K_2O 为 1.6%~23.5%，有的可高达 39.6%。早在 1918 年，德国就利用窑灰作肥料，后来美国、瑞、波兰等都曾用过。

生产水泥的原料及燃料中均含有一定数量的硅酸钾矿物，在 1 100 ℃以上的高温下燃烧时，含钾矿物的结构遭到破坏，钾素以 K_2O 的形态挥发出来。与烟灰中的 CO_2、SO_2 和 Cl_2（配料中若加入 $CaCl_2$）等生成可溶性钾盐，随着温度的降低，钾盐结晶形成细微的颗粒混入窑灰中，回收后即得窑灰钾肥。

窑灰钾肥的含钾量受水泥的原料、燃料、煅烧、回收设备、钾肥颗粒细度等因素的影响，不同水泥厂的产品含钾量差异较大。窑灰钾肥中钾的形态主要是 K_2SO_4 和 KCl。水溶性钾约占总钾量的 95%。此外，还含有 SiO_2（含 2.7%~12.3%）、Fe_2O_3（含 0.5%~3.0%）、Al_2O_3（含 1.3%~3.1%）、SO_2（含 3.1%~19.9%）、CaO（含 13.7%~36.6%）、MgO（含 0.8%~1.6%）以及多种微量元素，其中钙、镁为磷酸盐。

窑灰钾肥水溶液的 pH 值为 9~11，属碱性肥料，一般呈灰黄色或灰褐色，含钾量高时呈灰白色。窑灰钾肥的颗粒小，质地轻，易飞扬，吸湿性强，施用不便。施入土壤后，在吸水过程中能产生热量，常被视为热性肥料。在运输和储存过程中应防雨水。

窑灰钾肥可作基肥和追肥，不能作种肥，宜在酸性土壤区施用。施用时，严防与种子或幼苗根系直接接触，否则会影响种子发芽和幼苗生长。由于窑灰钾肥还含有较多的硅，宜在缺硅的土壤及需硅较多的林木上施用。窑灰钾肥不能与铵态氮肥、腐熟的有机肥料和水溶性磷肥混合施用，以免引起氮损失或磷有效性降低。

7.5.4　草木灰

草木灰是我国农村常用的以含钾为主的农家肥料，它是农作物秸秆、枯枝落叶、山青野草、谷壳等燃烧后的残灰。在燃烧过程中，氮素几乎全部损失，含有多种灰分元素，如钾、磷、钙、镁、硫、硅及各种微量元素。其中钙和钾含量较多，磷次之，习惯上将草木灰视为钾肥，实际上它是以钙、钾为主，含有多种养分的肥料。

草木灰的成分差异很大，影响其成分的主要因素有：①植物种类，一般是木灰中钾、钙、磷的含量比草灰多；②植物年龄和器官，同一种植物，其幼嫩组织的灰分含钾和磷较多，衰老组织的灰分则含钙和硅较多（表 7-2）。此外，植物生长的土壤类型和施肥状况等对这些植物燃烧产生残灰的元素组成及含量也有影响。例如，在盐碱土和滨海盐土上生长的植物中含 NaCl 较多，含钾量不高，烧成的草木灰不宜作肥料施用。

草木灰中钾的形态主要是 K_2CO_3，其次是 K_2SO_4，KCl 较少（表 7-3）。草木灰的钾约 90% 能溶于水，是速效钾肥，在储存施用时应防止雨淋，以免引起养分流失。由于含有 K_2CO_3 和

表 7-2　草木灰的成分

灰　类	K_2O/%	P_2O_5/%	CaO/%
一般针叶树灰	6.0	2.9	35.0
一般阔叶树灰	10.0	3.5	20.0
小灌木灰	5.9	3.1	25.1
稻草灰	8.1	0.6	5.9
小麦秆灰	13.8	0.4	5.9
棉籽壳灰	5.8	1.2	5.9
糠壳灰	0.7	0.6	0.9
花生壳灰	6.5	1.2	—
向日葵秆灰	35.4	2.6	18.5

表 7-3　草木灰可溶性盐的组成

种　类	灰中可溶性盐总量/%	可溶性盐的组成/%			
		K^+	CO_3^{2-}	SO_4^{2-}	Cl^-
木灰(小杉木)	13.96	44.78	27.65	10.78	5.36
灌木灰	1.51	43.23	19.61	20.46	5.57
草灰(禾本科)	9.88	43.90	25.60	15.25	4.50
棉籽灰	11.87	47.30	17.47	15.61	1.64
稻草灰	10.54	57.51	7.61	3.63	1.81

较多的 CaO，草木灰属碱性肥料，水溶液呈碱性，不宜与铵态氮肥、腐熟的有机肥和水溶性磷肥混用。燃烧的温度影响草木灰的颜色和钾的有效性，燃烧温度高时，炭化彻底，显灰白色，形成溶解度低的 K_2SiO_4，钾的有效性降低；反之显黑色，钾的有效性较高。

草木灰中还含有弱酸溶性的钙、镁磷酸盐，对林木也有效。草木灰适用于多种林木和土壤，可作基肥、追肥、盖种肥和根外追肥。追施草木灰宜采用穴施或沟施的集中施肥方法，用前加适量水湿润，防止其飞扬。根外追肥用 1%的草木灰浸出液。盖种肥主要用于育苗上，宜用陈灰，以防灼伤。草木灰具有供应养分、吸热增温、促进早期生长、防止雀害、抑制青苔生长等功效。在酸性土上施用草木灰，可补充土壤的钙、镁、硅等营养元素。

7.5.5　生物钾肥

生物钾肥，即硅酸盐菌剂，属于细菌型肥料，是从硅酸盐细菌中筛选的优良菌株，经过特殊工艺培养、发酵制成，也叫钾细菌，施入土壤后，可将以硅酸盐形式存在的难以利用的钾素转化为可被林木直接吸收利用的有效钾。

生物钾肥的作用机理包括：①钾细菌和矿物接触后产生一系列酶，破坏矿物质结晶结构，具有强大的活化土壤中钾、磷、镁、铁、硅等元素能力，从而释放养分；②钾细菌和岩石矿物质表面接触后进行离子交换，将钾素释放出来，并能分泌有机酸，将难溶性钾、磷转化为水溶性钾、磷；③钾细菌还能分泌出刺激林木生长的生理活性物，增强林木抗旱、抗寒能力，并对一些林木病害有一定抑制作用。

生物钾肥的特点包括：①为好气性肥料，菌株生长发育最适温度为 25~30 ℃，对营养条件要求较低，在贫瘠土壤中能发挥作用；②是一种有生命的菌肥，存放和施用过程中不能暴晒，要随配随用，不能与除草剂、杀菌剂如硫酸铜、多菌灵等接触或混用，也不能与强碱性肥料如草木灰、石灰等接触或混用。施用生物钾肥的田块仍然要增施有机肥料，合理排灌，中耕松土，创造适合生物钾肥菌株生长繁殖的环境，以利发挥肥效。

7.6 钾肥有效施用

钾肥的肥效受到许多因素和条件的影响，如土壤条件、林木种类、气候条件、肥料性质及施用技术等。因此，了解和掌握钾肥合理有效的施用条件和方法，对充分发挥我国有限的钾肥资源，有效地利用钾肥，提高钾肥肥效具有重要意义。总的说来，要有针对性地合理施用钾肥才能提高钾肥肥效，即针对确实缺钾土壤，针对确实喜钾林木，合理配置钾肥用量及其与氮、磷配比，讲究钾肥施用技术等。这些方面综合运用，就能提高钾肥利用率和肥效。

(1)防止钾肥流失与固定，提高利用率

钾肥利用率一般为 35%~55%，利用率高的可达 70%~80%，利用率低的仅有 10%~20%。为了提高钾肥利用率和肥效，首要是防止流失、减少固定。为此，钾肥应与有机肥配施，基肥深施、分期施用、后期喷施等都是行之有效的提高钾肥肥效的好方法。

(2)根据土壤性质和供钾水平合理施用钾肥

林木对钾肥的反应首先是取决于土壤钾的有效水平，即土壤速效钾和缓效钾含量。土壤速效钾含量与当季钾肥的增产效果存在明显的负相关。当土壤速效钾含量较低时，则土壤缓效钾含量与钾的肥效相关性明显。总的来说，土壤钾的有效水平高，则钾肥肥效低。

根据我国土壤供钾状况的实际考虑，钾肥应优先供应长江以南的严重缺钾土壤地区，特别是在酸性砂质土地区要重点供钾，分期施钾，以提高钾肥肥效。在轻度缺钾地区，尽量施用有机肥；化学钾肥能少施则少施，能不施则不施，以保证钾肥用于最需钾的地区。同时在酸性土地区可以选用窑灰钾肥，在盐碱土地区少用氯化钾肥等。

另外，土壤质地是影响土壤供钾能力的另一个因素，由于土壤中的 K^+ 主要依靠扩散向根表迁移，在黏重的土壤中，钾的扩散受阻力较大，而且黏土的电荷密度大，对 K^+ 的吸附(束缚)力较大，因而黏土的土壤平衡溶液中 K^+ 的浓度低于砂土。因此，在等量土壤速效钾含量下，黏土供钾强度要比砂土弱，但较砂土持久；施用等量的钾肥，钾在黏土中的有效性低于砂土，也就是说，要达到同等的供钾强度，黏土上应施用较多量的钾肥。

由于质地对土壤中钾的行为的影响，施用钾肥时应根据土壤质地合理施用。黏重土壤上施用量应多些，可将较多的钾肥作基肥早期施用。在砂质土壤上应注意分次施用，控制每次施用的量，防止钾的流失，而且应优先分配在缺钾的砂性土壤上。

(3)根据林木特性合理施用钾肥

不同林木其需钾量和吸收钾能力有不同。钾肥应优先用于需钾量大的喜钾林木上，例如，油料植物、果、茶、桑等。同种林木，不同品种对钾的需要也有差异。林木不同生育期对钾的需要差异显著。需钾量最大阶段，梨树在梨果发育期，葡萄在浆果着色初期。对一般林木来说，苗期对缺钾最为敏感。林木吸收钾的能力也因种类、品种而异。因此，在其他条件相同的情况下，钾肥应优先分配在吸收钾能力较弱的林木上施用。对耐氯力弱、对氯敏感的林木，尽量选用硫酸钾；多数耐氯力强或中等的林木，尽量选用氯化钾，以提高钾肥增产效益。总之，在钾肥有限的情况下，应优先用于需钾量多、增产效益显著的林木或品种上，并在林木需钾最迫切时期施用，才能取得较好增产效果和经济效益。

(4)钾肥与其他肥料配合施用

钾与氮、磷肥和有机肥配合施用是提高钾肥肥效的有效途径。在一定氮肥用量范围内，钾肥的肥效有随氮肥施用水平的提高而提高的趋势，高氮水平下，钾肥的效果尤为明显。磷肥供应不足，钾的肥效也受影响。因此，应因根据土壤类型及林木种类确定适宜的氮、磷、钾比例。同时，要充分考虑有机肥种类与数量，在不施或少施有机肥的情况下，钾肥一般都有一定的增产效果；在大量施用含钾丰富的有机肥料(如厩肥等腐熟优质有机肥)时，钾肥一般没有显著增产效果，尤其是在轻度缺钾土壤地区更是如此。

(5)钾肥的施用技术与施用量

由于K^+在土壤中的扩散较慢，移动性较小，钾在林木体内的移动性和再利用率很高。因此，钾肥在施用时应提倡早施，深施和相对集中施用。即应重施基肥，早施追肥，同时宜相对集中深施到林木根系分布较密集的土层中，以利于根系的吸收，减少晶格固定。在忌氯林木上一般不宜施用氯化钾，若需施用，则应提早作基肥施用，并注意控制用量，切忌在生长后期施用，以免影响植株生长和产品品质。此外，钾肥分次施用可促进林木生长，提高经济产量，改善产品品质。分次施用主要是将一定比例的钾肥分配到林木吸收钾最多的时期或最大效率期施用，以保证在这些养分时期林木能获得充裕的钾素养分。钾肥施用量因林木种类甚至品种、土壤类型和供钾水平、林木生产水平、氮磷养分水平等的不同而有差异。

生物钾肥可用作基肥、拌种、蘸根和追肥，以基肥施用效果最好。基肥或追肥均宜浅施，施后覆土，这与其好气性特点有关。作基肥时，每亩用生物钾肥2~4 kg，拌上20~30 kg土杂肥，在犁后耙前撒施。拌种时将生物钾肥加上3~5倍水拌入种子，或将种子喷湿再拌肥，随拌随播。用于蘸苗根时，先将生物钾肥、泥土和水制成泥糊，蘸根后立即栽种。追肥过程中每亩用3~5 kg，穴施或条施于植株根部。据报道，在梨园土壤普遍缺钾的情况下，成年树(产量20~50 kg·株$^{-1}$)在常规施基肥、氮肥和磷肥的基础上，施用生物钾肥能增加果实产量、改善产品品质和增强耐贮性。生物钾肥的施肥量在黄金梨株施1.0 kg时，单株能增产24.8 kg，产量和品质最好。另外，沙田柚施用生物钾肥的研究也表明，250 g生物钾肥混入腐熟畜粪后淋施，对照为每株1 kg硫酸钾混入腐熟畜粪后淋施，施后均覆土，两者相比，施用生物钾肥处理后柚果增产10 kg，且果皮光滑金黄，味甜，肉脆，口感好。

本章小结

钾是林木生长发育所必需的营养元素，它在林木体内的含量仅次于氮，对提高林木经济产量和改善林产品品质均有明显的作用，而且能提高林木适应外界不良环境的能力。本章主要讲述植物的钾营养，钾在土壤中的形态与转化，以及钾肥的种类、性质和科学施用。

思考题

1. 土壤中钾的形态有哪几种？
2. 为什么钾肥宜深施、早施和集中施用？
3. 如何根据林木需钾特性和肥料性质合理分配和施用钾肥？
4. 如何根据土壤质地情况合理施用钾肥？
5. 如何根据肥料的性质，合理施用氯化钾、硫酸钾和草木灰？
6. 为什么施用钾肥能提高林木的抗逆能力？

参考文献

冯国明，2012. 生物钾肥的作用机理与正确施用[J]. 种子科技，30(2)：34-35.

郭志刚，李文芳，毛娟，等，2019. 钾肥施用对元帅苹果果实内源激素含量及酸代谢的影响[J]. 农业工程学报，35(10)：281-290.

胡霭堂，2003. 植物营养学(下册)[M]. 2 版. 北京：中国农业大学出版社.

黄建国，2004. 植物营养学[M]. 北京：中国林业出版社，2004.

黄云，2014. 植物营养学[M]. 北京：中国农业出版社.

李春俭，2008. 高级植物营养学[M]. 北京：中国农业大学出版社.

陆景陵，2003. 植物营养学(上册)[M]. 2 版. 北京：中国农业大学出版社.

蒙安德，1998. 沙田柚施用生物钾肥效果好[J]. 中国南方果树，27(6)：22.

张景顺，2000. 生物钾肥应用技术[J]. 黑龙江科技信息(2)：22.

朱玲，2013. 钾肥对核桃楸育苗质量的影响[J]. 中国林副特产(4)：22-24.

朱毅，宋仪农，2007. 生物钾肥在黄金梨上的肥效试验[J]. 中国土壤与肥料(4)：89-90.

朱祖雷，黄华梨，张露荷，等，2019. 不同施钾量对“骏枣”产量、品质及光合特性的影响[J]. 果树学报，36(12)：1693-1703.

第8章　林木的中微量元素营养与中微量元素肥料

林木正常生长发育除了需要氮、磷、钾“三要素”之外，还需要钙、镁、硫及铁、锰、铜、锌、硼、钼、氯、镍等中微量元素，这些中微量元素在植物体内的含量不高，但却有着不可或缺的作用，这些养分缺乏或施用不当，同样会导致林木生长发育不良。中、微量养分管理是林木养分管理的重要内容。

8.1　中微量元素概述

植物需要的中微量元素有钙、镁、硫及铁、锰、铜、锌、硼、钼、氯、镍等。一般植物体内钙、镁和硫的含量低于氮、磷和钾；钙、镁、硫的含量范围分别为：0.1%~5%、0.05%~0.7%、0.1%~0.5%，但高于微量元素。因此，有时把它们称为中量元素或次量元素。钙、镁、硫是植物必需的中量元素，需要量低于氮、磷、钾，土壤中含量丰富，一般不需专门施用这些中量元素肥料。但是，随着氮、磷、钾和微量元素肥料施用的增加，植物不断吸收和随收获物带走移出土壤，土壤中量元素特别是钙、镁养分耗竭，对钙、镁、硫肥的需求量也随之增大。淋溶强烈的酸性土壤、砂质土壤中量元素含量较低，某些敏感的经济林会因为中量元素不足而出现营养不良甚至缺素症，如板栗缺镁等。对酸性土壤和因长期施用大量元素化肥引起的酸化土壤而言，通常采取施用石灰材料中和土壤酸的措施，同时补充了大量的钙，从而改善林木生长。例如，山核桃对土壤酸敏感，易受酸害，在酸性土壤中施用石灰效果显著。

在植物营养学和生命科学里，微量元素是指在生物体内含量很低的化学元素，通常它们在土壤中的含量也很低。有的微量元素是动物和植物生长和生活所必需，当土壤中微量元素供给过量或过少的地区会引起植物和动物的不良反应。林木植物对微量元素的需要量小，远低于大量元素和中量元素，在植物体内的含量低于0.1%，大多低于0.01%（100 $mg \cdot kg^{-1}$），仅百万分之几到十万分之几，但它们的作用非常重要。当土壤中发生某种微量元素缺乏或过多时，就会影响植物的生长发育和产量品质，一般以生殖器官果实为收获物的林木植物对微量元素如硼、锌和铜的需求量较大，施用微量元素肥料可以在增加产量的同时提高品质。随着高浓度化肥的施用和有机肥投入的忽略，植物发生微量元素缺乏的情况变得越来越普遍，需要重视微肥的施用。但是，相比于大、中量元素而言，由于植物对微量元素的需要量小，因此微量元素施肥量也小，植物生长所需微量元素从缺乏、适量至致毒量间的范围较窄，过多施用容易导致植物中度毒害，同时还可能发生环境污染。自然界环境中氯含量丰富，通常不会发生植物氯的营养缺乏。而植物对镍的需求量甚少，同时镍又是一种重金属，一般没有镍肥的专门施用。但已有报道美国山核桃因镍缺乏而发生缺素症。此外，随着科学的发展与分析化学技术的进步，在植物必需的营养元素之外，还发现几种特定植物必需的养分，如藜科植物需钠，禾本科及硅藻植物需硅，蕨类植物需铝等。土壤微量元素营养状况受许多环境因素的影响，如空气湿度、降水、气温等；诱发微量元素植物营养障碍，如冬季低温抑制植物对土壤硼吸收转运引起枝梢死亡的枯梢病等；在干旱年易发生铁和硼的缺乏。

8.2　林木的中微量元素营养

8.2.1　钙

8.2.1.1　含量、形态和分布

植物体内含钙量变幅很大，一般范围在 0.1%~5%，因不同植物种类、部位和器官而异。双子叶植物含钙量高于单子叶植物；根部含钙量较少，而地上部较多；叶片含钙量较多，果实、种子中含钙量较少。在植物细胞中钙主要存在于细胞壁中，高达总钙量的 90%；在细胞器中，钙主要分布在液泡中，细胞质内较少。

细胞内和细胞间钙的分布情况如图 8-1 所示。

植物体内的钙可以是游离 Ca^{2+}，也可与不扩散的有机离子如羟基、磷酰基和酚羟基结合，也可以草酸钙（CaC_2O_4）、碳酸钙（$CaCO_3$）和磷酸钙［$Ca_2(PO_3)_2$］等沉积在液泡里。以果胶酸钙形态存在于细胞壁。在种子中，钙为植素的组成成分。

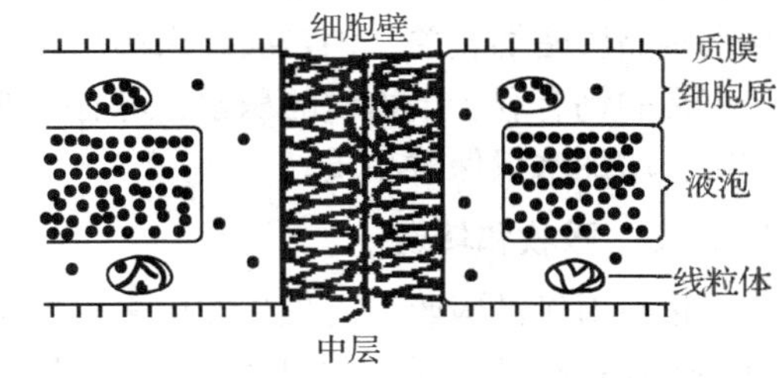

图 8-1　两个相邻细胞间和细胞内 Ca^{2+} 的分布图（·示 Ca^{2+}）

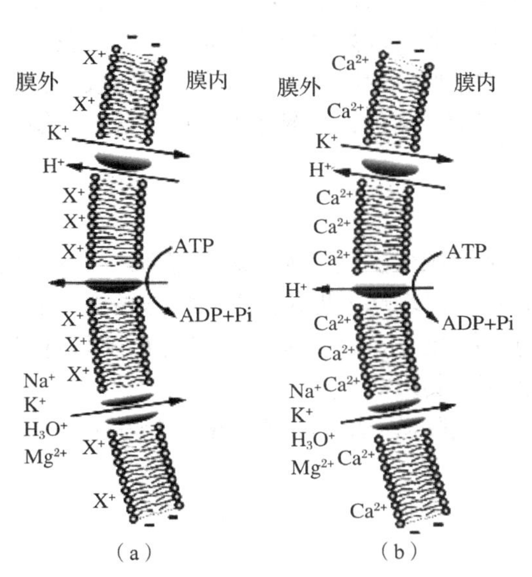

图 8-2　钙对细胞膜稳定性的影响

（a）缺钙　（b）对照

8.2.1.2　生理功能

（1）钙在维持植物细胞的结构稳定性中起重要作用

当钙在树体内以果胶酸钙形态存在时，是细胞壁和细胞间层的组成部分，它使相邻细胞相互联结，增大细胞的坚韧性。

（2）钙能维持生物膜结构稳定和细胞的完整性

其作用机理主要是依靠它把生物膜表面的磷酸盐、磷酸酯与蛋白质的羧基桥接起来。其他阳离子虽然能从这一结合位点上取代钙，但却不能代替钙在稳定细胞膜结构方面的作用（图 8-2）。

（3）钙对植物细胞起酶活性的酶促作用及参与第二信使传递

钙是植物体中某些重要酶的必需辅助因子

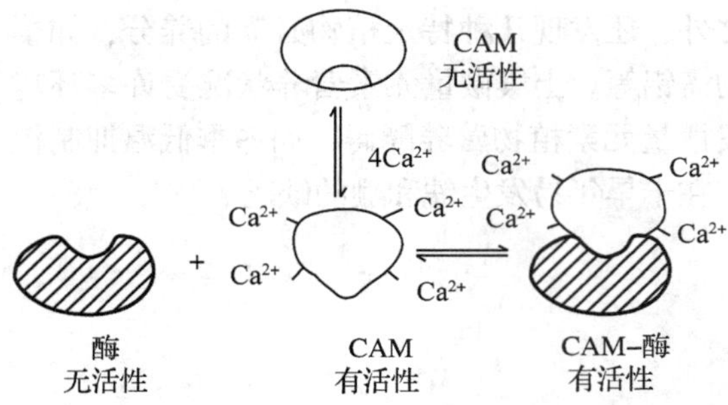

图 8-3　Ca^{2+}-CAM 复合体的形成与酶的激活

或激活剂参与多种代谢活动，如脂肪水解酶、卵磷酸水解酶、α-淀粉酶等。在植物细胞内，Ca^{2+}作为第二信使与钙调蛋白(calmodulin，简称 CAM)结合形成 Ca^{2+}-CAM 蛋白复合物，CAM 是一种由 148 个氨基酸组成的相对分子质量低的多肽(MW≈20 000)，它对 Ca^{2+}具有很强的亲和力和很高的选择性，并能同 4 个 Ca^{2+}可逆地结合，具有激活植物体内多种关键酶，如 NAD 激酶、环式核苷磷酸脂酶和 Ca-ATP 酶等的作用(图 8-3)。

(4)钙还对植物内源激素的调节功能起着修饰作用

例如，外源高浓度 Ca^{2+}抑制乙烯生成，延缓衰老；胞质内 Ca^{2+}增加，促进乙烯生成，加速衰老。钙对乙烯的生成影响较为复杂，这可能与乙烯的生成遭受的影响因素复杂有关。钙与果实品质密切相关，钙是决定果实品质的一种重要矿质营养元素。在果实发育过程中，供应充足的钙有利于干物质的积累，可有效地防止采收后储藏过程中出现的腐烂现象，延长储藏期，增加水果保藏品质。

8.2.1.3　吸收和转运

根系对钙的吸收主要发生在尚未木栓化的幼嫩部分如根尖和侧根发生部位。土壤中的溶液 Ca^{2+}通过扩散、质流和根系截获到达根系的表面，后经质外体和共质体向木质部转移。在外界钙浓度低时，钙的吸收为主动吸收过程；当外界钙浓度较高时，钙的吸收与蒸腾速率呈线性关系，不受呼吸抑制剂的影响，是一个被动过程。

进入细胞的钙主要以离子态、苹果酸钙和柠檬酸钙的形式向上，经木质部进行长距离运输。钙很难在韧皮部运输，因此钙由蒸腾液流从木质部到达旺盛生长的枝梢、幼叶、花、果及顶端分生组织后几乎不再分配与运输。所以茎叶(特别是老叶)钙含量较高，果实较少，新陈代谢旺盛的顶端分生组织(如新梢、新叶、根尖)具有较多的钙。树体中的钙可通过果柄的韧皮部进入果实，然后通过木质部到达果实的各部分。

8.2.1.4　缺乏与过量症状

由于钙在植物体内不易移动，因此缺钙症状首先在根尖、顶芽等代谢旺盛部位，发生缺钙和钙足量会出现在同一植株的不同部位。植物缺钙一般表现为生长停滞、植株矮小、未老先衰，果实易腐烂死亡，幼叶卷曲畸形、叶缘发黄并逐渐坏死。例如，番茄等出现脐腐病；苹果出现苦痘病和水心病。豆科植物根瘤形成受抑制，荚果空壳。

土壤中钙过多时，对植物不会发生毒害作用，但会降低土壤中某些微量元素的有效性。

8.2.2　镁

8.2.2.1　含量、形态和分布

植物体内镁的含量为 0.05%~0.7%，因不同植物种类和环境条件不同而异，豆科植物地上部分镁的含量是禾本科植物的 2~3 倍。一般来说，种子含镁较多，其次茎、叶，根系最

少。镁在植物体内易于移动，从生长初期的叶片中转移到结实期的种子中，以植酸盐的形态储存。

在正常生长的植物成熟叶片中，大约有 10%的镁结合在叶绿素 a 和叶绿素 b 中，75%的镁结合在核糖体中，其余的 15%或呈游离态或结合在各种镁可活化的酶或细胞的阳离子结合部位(如蛋白质的各种配位基团、有机酸、氨基酸和细胞质外体空间的阳离子交换部位)上。

8.2.2.2　生理功能

镁是植物生长必需的矿质营养元素之一，对植物具有重要的营养作用和生理功能，镁的主要功能是作为叶绿素 a 和叶绿素 b 卟啉环的中心原子(图 8-4)，在叶绿素合成和光合作用中起重要作用。镁可以占叶绿素相对分子质量的 2.7%，为叶绿体结构成分。当镁原子同叶绿素分子结合后，才具备吸收光量子的必要结构，才能有效地吸收光量子进行光合碳同化反应。与叶绿素分子吸收光有关的镁元素形态不是 Mg^{2+}，而是 Mg^{0} 和 Mg^{+}。

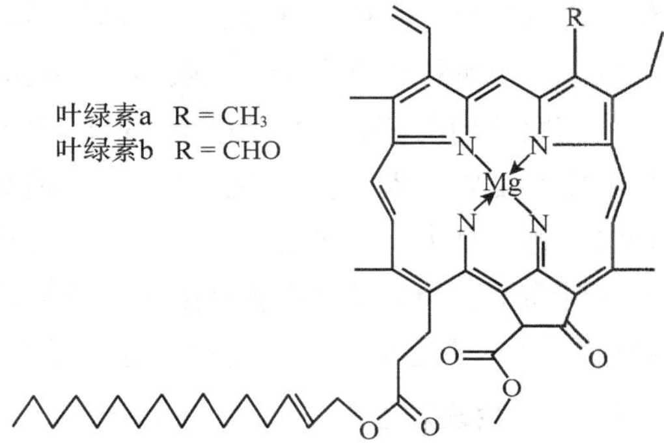

图 8-4　叶绿素的结构

除了为叶绿素中心原子，直接参与光合作用之外，镁是植物体内多种酶的活化剂或是酶的组成部分，几乎所有的磷酸化酶、磷酸激酶、1,5-二磷酸核酮糖羧化酶(RUBP)都需要镁的激活或者活化，作为多种酶的活化剂，参与光合作用、碳水化合物、脂肪、蛋白质以及核酸的合成。缺镁时 CO_2 的同化受到抑制。Mg^{2+}可以与 ATP 或 ADP 的焦磷酸盐结构和酶分子间呈桥式结合，从而促进磷酸化作用，镁对磷酸激酶和磷酸转移酶的活化是专性的。

镁还参与调节细胞阴阳离子平衡及与钾共同调节细胞渗透压。

8.2.2.3　吸收和转运

镁在土壤中的移动多以质流为主，当土壤 Mg^{2+}浓度大，蒸腾强度大时，近根土壤养分积累，形成养分聚集区，植物对镁以被动吸收为主；当 Mg^{2+}浓度低时，镁的吸收属主动吸收。

植物对镁的吸收不仅取决于土壤中有效镁含量，阳离子如 K^{+}、Ca^{2+}、NH_4^{+} 和 Al^{3+}与 Mg^{2+}的拮抗作用也会引起植物缺镁。植物对镁的吸收还因植物种类不同，对镁的需求也不同，同一植物的不同基因型品种对镁的吸收也不相同。

8.2.2.4　缺乏与过量症状

随着大量元素长期施用，土壤镁的消耗，导致越来越多的土壤表现出镁营养供应不足的现象，引起经济林缺镁，并且表现缺素症状已经变得普遍。在砂质土壤、酸性土壤、K^{+}和 NH_4^{+} 含量较高的土壤上容易出现缺镁现象。植物体镁的临界浓度因植物种类、品种、器官和发育时期不同而有很大差异。双子叶植物需镁量大于单子叶植物，因而容易缺镁。一般当叶片含镁量大于 0.4%时，镁充足。当植物缺镁时，其突出表现是叶绿素含量下降，缺镁最明显的表现就是叶片脉间失绿，严重时会导致整片叶片发黄干枯。镁在植物体内的移动性较强，所以失绿首先表现在老叶上。缺镁还会造成橡胶树叶片出现黄化病，严重时会造成叶片大面积脱落。钾与镁之间存在拮抗作用，因此当施钾量过高时，可能诱发缺镁症状。已经报道当叶片 K/Mg>4.5 时，橡胶树极易发生缺镁黄叶病症状，而健康胶树叶片的 K/Mg 为 2.5~3.5。

8.2.3 硫

8.2.3.1 含量、形态和分布

硫是植物体内含量与磷相当的非金属必需营养元素。植物含硫量为 0.1%~0.5%，其变幅受植物种类、品种、器官和生育期的影响很大。十字花科植物需硫最多，豆科、百合科植物次之，禾本科植物最少。一般茎叶含硫量比籽粒高，也比根系高。

植物体内的硫有无机硫酸盐(SO_4^{2-})和有机硫化合物两种形态。前者主要储藏在液泡中，后者主要是以含硫氨基酸如胱氨酸、半胱氨酸和蛋氨酸，以及其化合物如谷胱甘肽等存在于植物体各器官中。有机态的硫是组成蛋白质的必需成分。植物吸收的硫首先用于满足合成有机硫的需要，当对植物供硫适度时，植物体内含硫氨基酸中的硫约占植物全硫量的 90%。多余时以 SO_4^{2-} 形态储藏于液泡中，也有可溶性有机硫积累。

8.2.3.2 生理功能

(1)硫是含硫氨基酸、蛋白质和酶的组成元素

例如，如半胱氨酸、胱氨酸和蛋氨酸等为含硫氨基酸，大部分蛋白质中都有这些含硫氨基酸。蛋氨酸是组成植物性蛋白质中的一种必不可少的氨基酸，它在启动蛋白质的合成时有着特殊的功能。硫可形成二硫键(—S—S—)(图 8-5)，使多肽结构稳定，硫对蛋白质的结构和功能也很重要。硫也是许多酶的组成元素，磷酸甘油醛脱氢酶、苹果酸脱氢酶、α-酮戊二酸脱氢酶、脂肪酶，它们所含的巯基(—SH)对酶的活性起重要作用，与植物体中各种重要的生理过程，如辅酶 A 中的—SH 基是脂酰基的载体，参与脂肪酸和脂类代谢。某些酶如硝酸还原酶的激活需要硫。

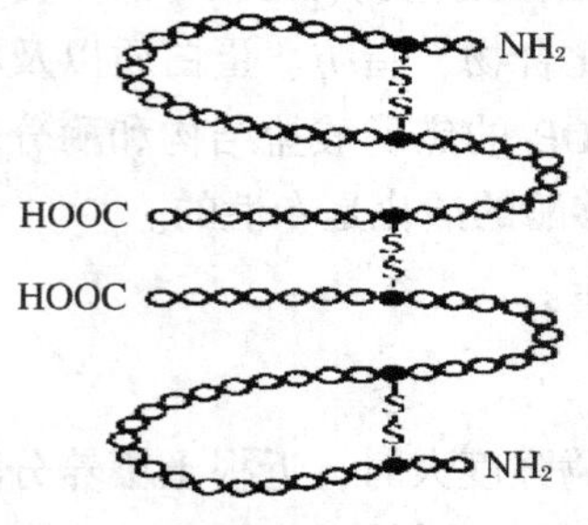

图 8-5 多态链的二硫键示意

(2)硫在电子传递中发挥作用

在氧化条件下，两个半胱氨酸氧化形成胱氨酸；而在还原条件下，胱氨酸可还原为半胱氨酸。胱氨酸-半胱氨酸氧化还原体系和谷胱甘肽氧化还原体系一样，是植物体内重要的氧化还原系统。谷胱甘肽是包含谷酰基(谷氨酸的残基)、半胱氨酰基(半胱氨酸的残基)和甘氨酰基(甘氨酸残基)的三肽链，它在氧化状态时为双硫基谷胱甘肽，在两个肽链谷胱甘肽的半胱氨酸残基上形成一个双硫键，而还原态的谷胱甘肽可保持蛋白质分子中的半胱氨酸残基处于还原状态。硫氧还蛋白在光合作用电子传递和叶绿体中酶的激活方面也有重要作用。铁氧还蛋白也是一种重要的含硫化合物(图 8-6)，它的氧化形式因接受叶绿素光合作用中排出的电子而被还原，还原态的铁氧还蛋白既能在光合作用的暗反应中参与 CO_2 的还原，也能在硫酸盐的还原、N_2 还原和谷氨酸合成等过程中起重要作用。

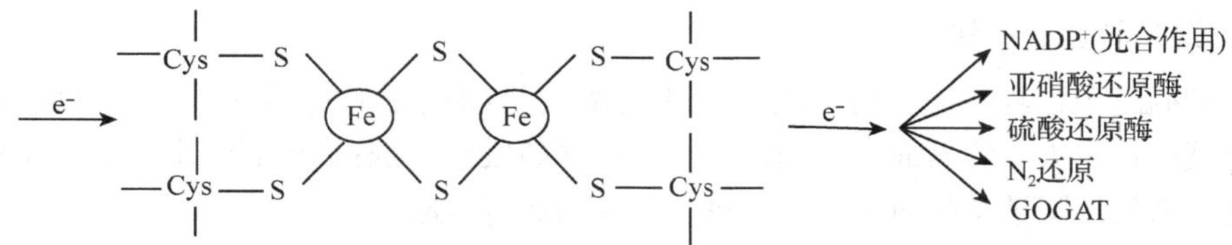

图 8-6　铁氧还蛋白中 Fe-S 结合形式及其在其他代谢中的功能

(3)硫是植物体内某些特殊物质的组成成分

如维生素 B_1(硫胺素)和生物素(维生素 H)，洋葱、大蒜、芥菜的特殊气味主要与以硫为结构成分的硫代异氰酸盐和亚砜等挥发性化合物有关。

(4)硫还能增强植物的抗逆性

例如，蛋白质分子中的二硫键对提高植物干旱、热害、霜害和重金属等的抵御能力有重要意义。

8.2.3.3　吸收和转运

植物细胞主要吸收 SO_4^{2-}，其吸收机理与 NO_3^- 相同，是通过 H^+-SO_4^{2-} 共运载体来实现的主动运输过程(图 8-7)。SO_4^{2-} 进入根细胞后，可以运输到地上部或在根中同化。其同化过程较复杂，一般是先在 ATP 作用下，硫酸盐离子被活化，ATP 中的两个磷酸酯被硫酰基置换，从而形成腺苷酰硫酸(APS)和焦磷酸盐。APS 可由 ATP 进一步激活并形成磷酸腺苷酰硫酸(PAPS)，或者被逐步同化为 S^{2-}，再结合入半胱氨酸。半胱氨酸作为蛋氨酸合成中硫的供体，对于蛋白质、谷胱甘肽和植物螯合物(phytochelatin)的合成至关重要。

硫在植株体内的运输主要以 SO_4^{2-} 的形态进行，但也有少量的硫以还原硫的形态运输，如 Cys、GSH 等。硫进入质体后或进行同化、或贮存在液泡中、或为满足源/库需求而在器官间长距离运输。

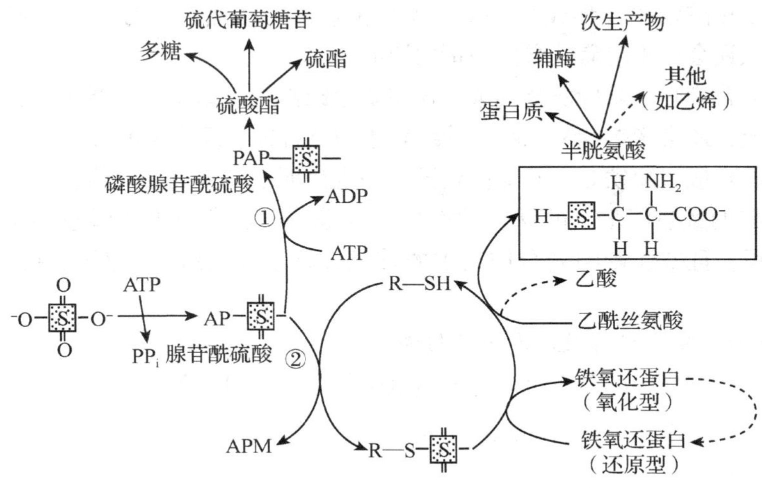

图 8-7　植物体内硫的同化

8.2.3.4 缺乏与过量症状

土壤缺硫遍及世界各地，与少硫或无硫高浓度化肥应用的持续使用、有机肥施用少有关，从土壤中带走大量硫素而未得到补给；工业含硫废气排放的严格控制及高硫燃料用量的减少，通过大气沉降被植物直接吸收或进入土壤的数量锐减。

缺硫植物症状类似缺氮，但是因为植物体内硫的移动性较小，缺硫症状常表现在幼嫩部位。缺硫植株矮小，分枝、分蘖减少，叶片失绿或黄化，褪绿均匀；开花结实推迟。

过量 SO_2 对植物有毒害作用，首先表现在植物的叶色变为暗黄色或暗红色，继而叶片中部或叶缘受害，并在叶片产生水渍区，最后变成坏死斑点。

8.2.4 铁

8.2.4.1 含量、形态和分布

铁在地壳中的含量丰富，但在生物体内含量低，是植物必需的微量元素，在植物内含铁量在 100~300 $mg \cdot kg^{-1}$，低于 50 $mg \cdot kg^{-1}$ 可能出现缺乏症状。木本植物需铁较多，豆科植物的含铁量高于禾本科植物。植物 90%的铁分布在叶绿体，其余 10%的铁存在于细胞质和含有血红素蛋白或铁硫蛋白的其他细胞器中。在叶绿体中，铁以植物铁蛋白、细胞色素、铁硫蛋白和血红素蛋白等形式存在。植物铁蛋白为贮藏性铁化合物，细胞色素和铁硫蛋白起电子传递作用，血红素蛋白在铁的运输过程中起重要作用。

8.2.4.2 生理功能

铁在植物体内的生理生化功能与镁能与有机组分发生螯合，并易发生价态变化这 2 个特性密切相关。

(1)叶绿素的合成所必需

在植物体内，70%以上的铁存在于叶绿体中。铁虽然不是叶绿素的组成组分，但铁为叶绿素的合成所必需，在叶绿素合成时，铁可能作为一种或多种酶的活化剂(图 8-8)，缺铁会抑制甘氨酸和琥珀酸辅酶 A 形成 5-氨基乙酰丙酸(ALA)的速率，而 ALA 是叶绿素合成的前体。此外，缺铁还会严重阻碍叶绿体中蛋白质的合成。

植物缺铁时常表现出新叶黄化现象，这主要是缺铁使叶绿素合成受阻所致。缺铁不仅影响叶绿素的合成，还会影响叶绿体膜、叶绿素蛋白复合体、反应中心以及与之相联系的电子载体等捕光器的合成。缺铁时，叶绿体超微结构发生明显的变化，叶绿体类囊体数减少，基粒片层和淀粉粒的数量降低、叶绿体的面积减少等。铁还参与光合磷酸化作用，直接参与 CO_2 的还原过程，且铁还影响光合作用中的其他氧化还原系统，从而影响到整个光合作用过程。

(2)铁参与体内氧化还原反应和电子传递

通过 Fe^{3+} 和 Fe^{2+} 之间的化合价变化发生电子得失，实现电子传递。

$$Fe^{3+} \underset{-e^-}{\overset{+e^-}{\rightleftharpoons}} Fe^{2+}$$

各种细胞色素、豆血红蛋白、细胞色素氧化酶、过氧化氢酶、过氧化物酶等，这些含铁的有机物，通过铁化合价的变化起电子传递者或催化剂作用，参与植物体内的各种代谢

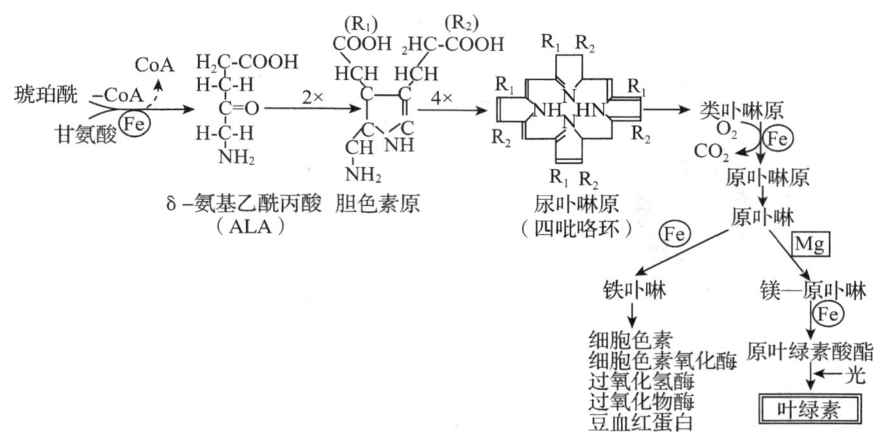

图 8-8　铁在叶绿素和铁卟啉合成中的作用

活动。

(3)铁作为酶的组成成分或活化剂参与植物呼吸作用和其他代谢活动

铁是一些与呼吸作用有关的酶的成分，如细胞色素氧化酶、过氧化氢酶、过氧化物酶等都含有铁，铁常处于酶结构的活性部位上。当植物缺铁时，这些酶的活性都会受到影响，一系列氧化还原作用减弱，电子不能正常传递，呼吸作用受阻。铁也是磷酸蔗糖合成酶最好的活化剂，参与蔗糖的合成，植物缺铁会导致体内蔗糖合成减少。

8.2.4.3　吸收和转运

一般认为，Fe^{2+}是植物根系吸收的主要形式，螯合态铁也可以被吸收，Fe^{3+}在高 pH 值条件下溶解度很低，多数植物都难以利用。除禾本科植物可以吸收 Fe^{3+}外，其他植物只有在根系表面将 Fe^{3+}还原成 Fe^{2+}以后才能吸收。

当植物生长在缺铁环境中，植物对缺铁表现出 2 种类型的适应性反应，第一类为双子叶和非禾本科单子叶植物所有，依赖于 Fe^{3+}还原吸收，称为机理Ⅰ植物。这类植物在缺铁条件下侧根形成增加，扩大根系还原和转运铁的表面积，植物将根际的 Fe^{3+}酸化溶解、还原后通过高亲和铁转运系统吸收进细胞。根系质子分泌增加，根际 pH 值降低，向根外分泌酚类物质等螯合剂。根皮层细胞原生质膜上诱导产生 Fe^{3+}还原酶，在膜外将 Fe^{3+}还原为 Fe^{2+}，然后在转移运载体的协同作用下，把 Fe^{2+}运到膜内供植物利用。

另一类植物为禾本科单子叶植物，也称为机理Ⅱ植物。缺铁时，机理Ⅱ植物不产生机理Ⅰ植物的形态学和生理学变化，取而代之的是在根系中，合成非结构蛋白氨基酸(即铁载体，phytosiderophore，简称 PS)的合成和释放增加。对土壤中的铁有较强的螯合能力，可以利用难溶性的无机铁化合物。这种释放遵循严格的昼夜变化。在重新供铁后，其释放速率迅速受到抑制。分泌到根外的植物铁(如麦根酸等)能够与 Fe^{3+}形成稳定性很高的复合物；同时在单子叶植物根细胞原生质膜上，存在专一性很强的 Fe^{3+}——铁载体运载蛋白系统(图 8-9)，铁载体将 Fe^{3+}通过运载蛋白系统带入细胞质中，Fe^{3+}在细胞内被还原成 Fe^{2+}后，铁载体又可进入根际运载新的 Fe^{3+}，如此往复获得所需要的铁。但是，在机理Ⅰ植物中，缺少在系统。虽然植物铁载体也能与其他金属离子如锌、铜和锰形成复合物，氮质膜

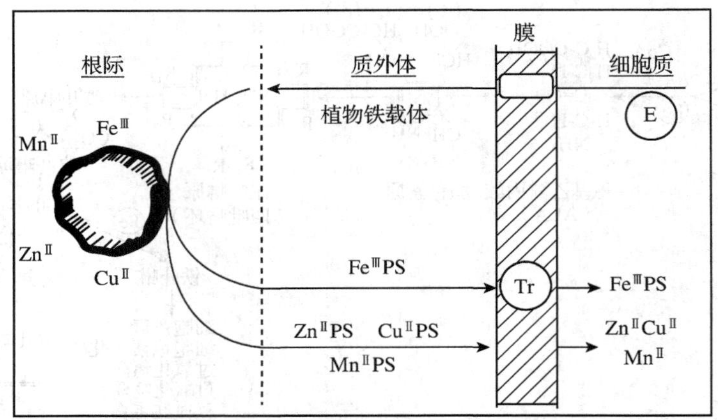

图 8-9 禾本科植物对缺铁的反应示意

上的运输系统与这些复合物的亲和力很低。

当 Fe^{2+} 被根系吸收后，在大部分根细胞中可被氧化成 Fe^{3+} 并被柠檬酸螯合，通过木质部运输到地上部。运到地上部的铁常常优先进入芽和幼叶。铁一旦进入细胞和组织，就很难再转移到其他部位，这是由于铁在韧皮部的移动性很低。

8.2.4.4 缺铁与铁中毒

铁在植物体内移动性很差，所以缺铁症出现植物的新生组织，新叶变黄，叶片的叶脉间和细胞网状组织中出现失绿现象，在叶片上往往明显可见叶脉深绿而脉间黄化；严重缺铁时，整张叶片失绿，叶片上出现坏死斑点。

在排水不良的土壤和长期渍水的水稻土中，经常会发生亚铁中毒现象。造成亚铁毒害原因可能是：植物吸收亚铁过多，容易导致氧自由基的产生；铁中毒常伴随缺锌，缺锌致使含锌、铜的超氧化物歧化酶(ZnCu-SOD)活性降低，生物膜受损伤。铁中毒的症状表现为老叶上有褐色斑点，根部呈灰黑色、易腐烂。防治的方法是：适量施用石灰，合理灌溉或适时排水晒田等，也可通过选用抗性品种的措施加以解决。

8.2.5 锰

8.2.5.1 含量、形态和分布

植物体含锰量变化幅度很大，大多介于 10~300 $mg \cdot kg^{-1}$，但也有高达超过 1 000 $mg \cdot kg^{-1}$。一般高于 100 $mg \cdot kg^{-1}$ 可能受锰的毒害。土壤含锰量及其活性的高低在很大程度上影响植株中锰的含量。土壤 pH 值影响土壤锰有效性，在 pH 值较高时，土壤锰有效性较低，在 pH>7 的土壤上，植物含锰量一般低于 100 $mg \cdot kg^{-1}$；而在酸性条件下，由于土壤锰有效性高，植物吸收锰多，体内含锰量就高，有时甚至可超过 1 600 $mg \cdot kg^{-1}$，发生锰中毒。

植物不同生育期以及不同器官中锰的含量也有较大差异。锰主要存在于叶和茎中，种子含锰通常很少，叶绿体中含锰较高。

在植物体内，锰有 2 种存在形式：无机离子状态(主要为 Mn^{2+})和与蛋白质(包括酶蛋白)牢固地结合在一起。

8.2.5.2 生理功能

尽管植物对锰的需求量很小，但其对植物的光合放氧、维持细胞器的正常结构、活化酶活性等方面具有不可替代的作用。

(1)参与光合作用的水解

锰参与水的光解和电子传递，水可被分解并放出 O_2 和电子，并把所产生的电子传递给光系统Ⅱ。

在光合作用中，水的光解反应可简单表示如下：

$$H_2O \xrightarrow[\text{叶绿体}]{\text{光}} 2H^+ + 2e^- + 1/2O_2$$
$$Mn^{2+},\ Cl^-$$

锰也是维持叶绿体结构所必需的。锰是植物体内一个重要的氧化还原剂，参与植物体内许多氧化还原体系的活动。

(2)多种酶的活化剂

如糖酵解过程中的己糖酸激酶、烯醇化酶、羧化酶、三羧酸循环中的异柠檬酸脱氢酶、α-酮戊二酸脱氢酶和柠檬酸合成酶(缩合酶)等，所以锰直接影响光合作用，调节植物体内氧化还原状况，调节磷酸化作用、脱羧基作用，促进氮素代谢，如植物的光合作用、呼吸作用、硝态氮的还原、氨基酸和木质素的合成、吲哚乙酸(IAA)的代谢等。锰对酶的活化作用通常可以被 Mg^{2+} 或其他二价金属离子代替，很少具有特异性，只有少数酶的活化对 Mn^{2+} 是高度专性的。

8.2.5.3 吸收和转运

Mn^{2+} 是植物吸收锰的主要形态，另外还有植物和微生物来源的含锰络合物和螯合物。土壤溶液中的锰通过扩散和质流方式到达根系，根系分泌物将高价锰还原，以低价的锰(Ⅱ)之后被植物吸收。在吸收过程中其他阳离子与锰有竞争作用，如 Ca^{2+}、Mg^{2+} 与 Mn^{2+} 之间有拮抗作用，能够降低植物对 Mn^{2+} 的吸收。

在植物体内锰以 Mn^{2+} 离子形式转运，易输送到分生组织中去，所以幼嫩组织器官含锰量较高。锰在植物体内的移动性较差，但大于铁。锰在木质部和韧皮部运转情况不同，木质部中 Mn^{2+} 可自由移动，而在韧皮部则较难移动。一般幼小到中等叶龄的叶片最易出现症状，而不是最幼嫩的叶片。在单子叶植物中锰的移动性高于双子叶植物，缺锰症状常出现在老叶上。

8.2.5.4 缺乏与过量症状

植物缺锰通常发生在高 pH 值的石灰性土壤上，缺锰时植物细胞的体积变小，细胞壁增厚和表皮组织间皱缩，根系不发达，开花结果少。缺锰会使植物叶绿体结构破坏，抑制光合作用，使叶脉间失绿及产生坏死小斑点。通常植物缺锰的症状首先见于幼嫩叶片，但不同的植物症状各异。一般双子叶植物缺锰主要表现为叶片上有小的黄色斑点，单子叶植物的缺锰症状表现在叶片的基部。植物缺锰时，通常表现为叶片失绿并出现杂色斑点，而叶脉仍保持绿色。如茶树当缺锰时，老叶黄化，叶缘下出现黑褐色斑点并逐渐扩大到周围变褐色，以后新叶黄化。

热带和亚热带高度风化的酸性土壤和锰矿地带容易发生植物锰毒害。锰毒害症状一般在老叶，叶脉间区域出现皱缩和褐斑，叶缘白化或变成紫色，幼叶卷曲等。但是茶树耐锰，每千克叶内锰的浓度高达数千毫克时，外观上仍未表现出生长异常的症状。过量的锰还可诱发植株缺铁和缺钼。

8.2.6 铜

8.2.6.1 含量、形态和分布

植物生长需要的铜较少，大多数植物的含铜量在 5~25 mg · kg^{-1}，多集中于幼嫩叶片、种子胚等生长活跃的组织中，植物地上部分70%的铜分布在叶片中，叶绿体是含铜的主要细胞器。植物含铜量常因植物种类、植株部位、成熟状况、土壤条件等因素而有变化。当植物供铜适当或较多时，植株顶部和幼叶铜含量较高，而老叶含铜低；相反，当缺铜时幼叶铜含量低而老叶铜含量高。正常情况下随着叶片伸展长大、成熟，铜含量逐渐下降。根系中铜的含量往往比地上部高，尤其是根尖。

植物体内铜的化学形态有 3 类：低分子化合物，主要是铜与氨基酸的络合物；铜蛋白，如细胞色素氧化酶、抗坏血酸氧化酶、质体蓝素、酚酶和漆酶、超氧物歧化酶等；其他形态。

8.2.6.2 生理功能

Cu^{2+}形成稳定性络合物的能力很强，它能和氨基酸肽、蛋白质及其他有机物质形成络合物，如各种含铜的酶和多种含铜蛋白质。铜的植物营养功能的发挥主要同结合蛋白(酶)密切相关，在铜化合价价态变化(一价、二价)中起电子传递的作用。含铜的酶类主要有超氧化物歧化酶、细胞色素氧化酶、多酚氧化酶、抗坏血酸氧化酶、吲哚乙酸氧化酶等。各种含铜酶和含铜蛋白质有着多方面的功能。

(1)参与体内氧化还原反应

铜是植物体内许多氧化酶的成分，或是某些酶的活化剂。例如，细胞色素氧化酶、多酚氧化酶、抗坏血酸氧化酶、吲哚乙酸氧化酶等都是含铜的酶，参与植物体内的氧化还原反应，包括光合作用、呼吸作用等，起电子传递的作用。还参与受精过程，有利于胚珠的发育。

(2)参与光合作用

叶片中的铜大部分结合在细胞器中，尤其是叶绿体中含量较高，铜与色素可形成络合物，对叶绿素和其他色素有稳定作用。叶绿体中有一种含铜的蓝色蛋白质，即质体蓝素(也称为蓝蛋白)。在光系统中，质体蓝素通过铜化合价的变化传递电子；铜也是生成质体醌所必需的，质体醌在光系统Ⅰ中能产生氢的受体。

(3)铜是超氧化物歧化酶(SOD)的重要组分

超氧化物歧化酶(含铜、锌)是所有好氧有机体所必需的，具有催化超氧自由基歧化的作用，清除自由基，以保护叶绿体免遭超氧自由基的伤害。超氧化物的歧化作用的反应如下：

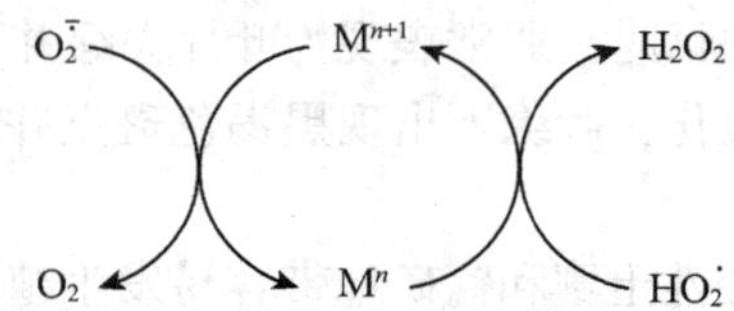

超氧自由基是叶绿素光反应还原产物还原氧时所产生的。缺铜时，植株中超氧化物歧化酶的活性降低。

(4) 参与氮素代谢

铜参与硝酸还原作用，亚硝酸还原酶、次亚硝酸还原酶和氧化氮还原酶都含有铜。在蛋白质形成过程中，铜对氨基酸活化及蛋白质合成有促进作用，缺铜时植物蛋白质合成受阻，可溶性氨基氮积累；缺铜还可能影响 RNA 和 DNA 的合成。铜对于共生固氮作用是专性需要的，铜可能参与豆血红蛋白的合成，缺铜时根瘤内末端氧化酶活性下降，影响固氮作用。

8.2.6.3　吸收和转运

一般认为植物吸收的铜是 Cu^{2+} 和络合态铜。土壤溶液中 Cu^{2+} 的浓度很低，铜易形成络合物而被植物根系吸收。植物对于铜的吸收可能是个被动过程，以截获方式为主。

铜在植物体内的移动取决于体内铜的营养水平。供铜充足时，铜较易移动；但是供应不足时，则不易移动。很多植物对铜的需要量很低。

植物种类不同，对铜的吸收能力也不同。

pH 值通过影响 Cu^{2+} 络合物的形成而影响植物对铜的吸收。H^+ 可与 Cu^{2+} 进行吸收或吸附位置的竞争，许多金属阳离子如 K^+、Ca^{2+}，以及铝、锌、镉、铬、镍和铅对铜的吸收也有拮抗作用。

8.2.6.4　缺乏与过量症状

当植物体铜的含量小于 4 $mg \cdot kg^{-1}$ 时，可能缺铜。单子叶植物敏感，麦类作物对铜最为敏感。禾本科作物缺铜表现为植株丛生，顶端逐渐变白，症状通常从叶尖开始，严重时不抽穗或穗萎缩变形，结实率降低或粒粒不饱满，甚至不结实而成“亮穗”。果树缺铜时，顶梢上的叶片呈叶簇状，叶和果实均褪色，严重时顶梢枯死。

植物铜从缺乏到毒害的范围比较窄。敏感植物铜含量大于 20 $mg \cdot kg^{-1}$ 时，许多植物体内铜含量达到 50~100 $mg \cdot kg^{-1}$ 时，就可能发生中毒。铜中毒时光合作用下降，表现症状很像缺铁，新叶失绿，老叶坏死，叶柄和叶的背面出现紫红色。

8.2.7　锌

8.2.7.1　含量、形态和分布

植物含锌量比较低，但比含铜量高，一般正常植物含锌量为 25~150 $mg \cdot kg^{-1}$，当含锌量为 10~20 $mg \cdot kg^{-1}$ 时就发生缺锌。其含量常因植物种类及品种不同而有差异。植物体内锌主要集中在根和顶端生长点茎尖和幼嫩的叶片中。植物对锌存在奢侈吸收现象，因此当供锌充足时，锌可在根中累积，含量高于地上部器官。植物缺锌时，老叶中的锌可向较幼小的叶片转移，但是转移率较低。植物开花时，锌主要积累在花粉中，花粉萌发时，锌迁移到花粉管。在生育后期，锌可在籽粒里特别是在胚里积累。

在植物中锌大多数以低分子化合物、金属蛋白和自由离子存在，也有少部分锌和细胞壁结合形成不溶的形态。植物中 58%~91% 的锌是可溶的，这部分锌是植物中起生理作用的主要锌形态，通常也是反映锌丰缺的较好指标。水溶性锌和相对分子量低的化合物锌通常含量高，也是锌活动的重要形态。尽管已知植物体内含锌酶达 300 多种，但起作用的锌蛋白只占

植物中全锌的少部分。

8.2.7.2 生理功能

锌是生物中最重要的微量元素之一，主要是以众多酶的组分或活化剂的形式参与调节植物的生长发育，参与催化许多生化反应，在叶绿素合成、光合作用和呼吸作用等代谢过程中发挥作用，还在膜结构和渗透调节中起作用。

(1)锌是多种酶的组成成分和激活剂

锌在碳酸酐酶、DNA 聚合酶、碱性磷酸酶、乙醇脱氢酶、铜—锌超氧化物歧化酶、乙醇脱氢酶、吡啶核苷酸脱氢酶、乙醇酸脱氢酶、G-6-P 脱氢酶、谷氨酸脱氢酶、苹果酸脱氢酶、二肽酶等酶中，或直接作为组成成分，或以辅助因子形式，对植物体的物质水解、氧化还原过程和蛋白质合成等起着重要作用。

(2)锌促进光合作用

锌是叶绿体的组成成分之一，对叶绿素的形成和功能起着重要的作用。在缺锌时叶绿素含量降低，叶肉细胞中叶绿体数量减少，叶肉和维管束鞘叶绿体结构异常。锌是植物碳酸酐酶(CA)的组成成分，CA 是一种锌金属酶，为锌专性活化。缺锌时 CA 的活性明显降低，从而影响 CO_2 的同化。当锌缺乏时 CA 活性下降，这时补充锌营养，酶活性会逐渐提高并达正常水平；当锌严重缺乏，酶活性下降到零时，即失活，这时即使补充锌，酶的活性也不能恢复。缺锌时 1,5-二磷酸核酮糖羧化酶(RUBPC)的活性降低，RUBPC 是催化光合作用中 CO_2 固定的酶，其活性影响光合作用。因此，缺锌导致光合作用下降。

(3)锌在生物膜稳定和结构完整性中发挥作用

锌除了作为生物膜结构的组成外，还抑制超氧自由基的产生以及消除超氧自由基的毒害作用。SOD 是消除超氧基的关键酶，缺锌时 SOD 活性降低，过氧化氢酶的活性也降低困，导致生物膜过氧化损伤。

(4)锌参与蛋白质合成

除了参与代谢过程外，锌还是一种基本结构物质，锌还参与 DNA 结合蛋白的构建。缺锌植物蛋白质含量明显降低，但组成几乎不变。蛋白质合成降低的原因是由于缺锌降低了 RNA 和核糖体水平，以及引起核糖体的变形。基因组学研究表明，锌在调节基因表达时也是非常重要的。

(5)锌参与生长素的合成

锌是吲哚和丝氨酸合成色氨酸的色氨酸合成酶的辅酶，色氨酸是生长素吲哚乙酸合成的前体物质(图 8-10)，因此锌间接影响吲哚乙酸的合成。锌间接影响吲哚乙酸的合成。缺锌时，作物体内(尤其是芽和茎中)吲哚乙酸含量锐减。

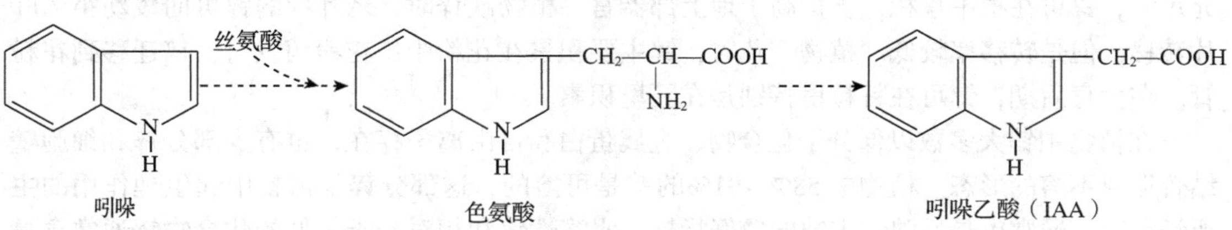

图 8-10 吲哚乙酸(IAA)的合成过程

(6)锌有利于植物抗病

锌对植物抗病性影响的机理尚不清楚。锌增加植物的抗病性可能与一种很重要的与抗性相关的蛋白质——锌指蛋白及锌的生物膜功能有关。植物缺锌时生物膜受损，渗透性增加，引起碳水化合物和游离氨基酸渗出增加，有利于病原菌的繁殖和生长。

8.2.7.3　吸收和转运

锌主要以 Zn^{2+}形式被吸收。土壤中的可溶性锌是植物最容易吸收利用的形态，植物对锌的吸收主要依靠扩散作用由土壤溶液到达根表面。根系从土壤中吸收锌的速率与根系周围的离子环境有关。当 Zn^{2+}进入根表后被主动吸收，由锌转运蛋白在锌的吸收和转运中发挥作用。因此，温度对植物锌的吸收有很大的影响。低温抑制植物对锌的吸收，所以早春易发生缺锌。此外，低温引起根系生长不良、离子扩散速率减慢、微生物活动减弱使土壤有机质中锌的释放减少，也减少植物对锌的吸收；土壤溶液中的 Ca^{2+}、Mg^{2+}、K^{+}、Na^{+}、H^{+}也会减少植物对锌的吸收。高 pH 值、HCO_3^- 以及磷肥能诱发植物缺锌。

锌在植物体内的移动性中等。当锌供应充足时，锌就会在植物根部积累，以后再转运到地上部去中；但当土壤供锌不足时，植株体内锌浓度较低时，锌的移动性小。

8.2.7.4　缺乏与过量症状

植物缺锌时生长受阻，株型矮小，叶小畸形、脉间失绿或白化、出现坏死斑点，根尖增大、坏死。果树类的顶枝或侧枝呈莲座状，并丛生、节间缩短。如苹果的“小叶病”、柑橘的“斑驳叶”、可可的“镰刀叶”、胡桃的“黄化病”、山核桃和苹果以及很多其他坚果和橡胶树的“莲座枝”等。

环境中的锌污染时，高浓度的锌就会对植物造成毒害，影响植物的生长发育。一般认为含锌量大于 400 $mg \cdot kg^{-1}$ 时，植物就会出现中毒症状，但受作物种类、品种、生长状况和环境因素的影响很大。超积累植物体内高达 10 $g \cdot kg^{-1}$ 以上仍正常生长。锌中毒时的叶片失绿，是由于锌干扰了铁的代谢，特别是铁的输送。

8.2.8　硼

8.2.8.1　含量、形态和分布

植物体内硼的含量变幅很大，含量低的只有 2 $mg \cdot kg^{-1}$，高的可达 100 $mg \cdot kg^{-1}$。通常双子叶植物的需硼量高于单子叶植物；具有乳液系统的双子叶植物，如蒲公英和罂粟的含硼量更高。禾本科植物一般不易缺硼；而双子叶植物较易缺硼。

一般植物不同组织、器官含硼量：繁殖器官>营养器官，叶片>枝条>根系，老叶>新叶，叶缘、叶尖>叶片中心。繁殖器官>营养器官，叶片>枝条，枝条>根系。硼比较集中地分布在子房、柱头等花器官中。硼酸离子可与糖类、醇类和有机酸上的羟基(—OH)结合形成硼酸酯。在植物组织中，硼主要分布于细胞壁中，在高等植物细胞内有 60%~98%的硼以稳定形式络和在细胞壁中，与果胶多糖结合形成硼—糖复合物(BPC)。

硼在植物体中的移动性与植物的种类有关。根据硼在植物体中移动性的大小可把植物分成两大类：一类是以山梨醇、甘露醇等为同化产物运输形式的植物，硼的移动性大，硼易与山梨醇、甘露醇等物质形成稳定的复合物，并随这些光合产物运输到植物的其他部位。这些

植物有梨、苹果、樱桃、杏、桃、李等果树类。另一类是不含这些物质的植物，在这些植物中硼多以不溶性的形式存在，移动性小，缺硼症状主要表现在这些植物的幼嫩部位植物生长点和繁殖器官。

8.2.8.2 生理功能

(1)硼在细胞壁和膜稳定性、碳水化合物代谢等方面发挥作用

硼为非金属元素，与铁、锰、锌、铜等微量元素不同，硼不是酶的组成，不参与酶促的生化反应；也没有化合价的变化，不参与电子传递、氧化还原，大部分以硼—糖复合物形式存在，在细胞壁和膜稳定性、碳水化合物代谢等方面发挥作用。

(2)硼维持植物细胞壁和细胞膜结构的稳定性

硼是细胞壁的组成成分，参与果胶物质鼠李糖半乳糖醛酸聚糖Ⅱ(RG-Ⅱ)二聚体的交联，2个RG-Ⅱ和1个硼酸分子交联形成硼糖二聚体(RG-Ⅱ-BRG-Ⅱ或dRG-Ⅱ-B)，促进细胞壁的发育和结构的稳定。充足的硼能形成大小适宜的细胞壁孔隙，调节细胞壁物质前体和其他大分子(如蛋白质)的转运。多数学者认为硼与细胞壁中的果胶多糖结合形成BPC而发挥作用的。Ca^{2+}也是BPC的组分之一，钙、硼共同作用维持细胞壁的稳定性。缺硼植物细胞壁孔隙增大，细胞壁稳定性破坏。硼对细胞膜结构及膜的组分进行调节、控制膜的通透性。硼可与膜上糖蛋白或糖脂中的氨基、咪唑基、丝氨酸或其他基团相结合以维持细胞结构和功能的完整性。缺硼时细胞膜通透性增加，膜电位和膜束缚的ATP酶活性降低。

(3)硼为植物生殖器官发育必不可少

适量的硼能促进植物花粉的萌发和花粉管伸长，减少花粉中糖的外渗，还对授精作用具有直接和间接的双重影响，可提高坐果率。缺硼可阻碍植物生殖器官的建成与发育，是由于硼不足能影响细胞壁结构和细胞膜透性，从而导致糖运输受阻，花器中可溶性蛋白和营养物质含量减少。果胶葡萄糖醛酸基转移酶是催化RG-Ⅱ糖链生物合成的一个关键酶，而编码该酶的基因NpGUT1是dRG-Ⅱ- B合成所必需的，若NpGUT1的表达受阻将导致花器官雌雄蕊发育畸形和花粉管生长停止，引发棉花“蕾而不花”和油菜“花而不实”等现象。

(4)硼促进体内碳水化合物的运输和碳代谢

硼酸与醇类和糖类的多羟基结合而形成带负电荷的络合物，它比高度极性的中性糖分子更易于穿过细胞膜，从而增加糖类的移动性；合成含氮碱基的尿嘧啶需要硼，尿嘧啶二磷酸葡萄糖(UDPG)是合成蔗糖的前体，而蔗糖是植物体内糖类输送的主要形式；缺硼使胼胝质增生，阻塞筛板孔，影响韧皮部的输送作用；植物缺硼时输导组织发育不全，特别是筛管往往发生破裂。

缺硼会干扰植株体内正常的氮代谢，植株体内蛋白质含量减少，可溶性含氮化合物增加。UDPG是RNA在组成分，硼不足时植株内的RNA和DNA的含量水平都下降，从而快速影响细胞分裂和伸长，影响分生生长。

(5)硼调节对酚类化合物代谢和木质素的合成，促进生长素的运输

硼与顺式二元醇形成稳定的硼酸复合体(图8-11)，糖及其衍生物(如糖醇、糖醛酸、甘露醇、甘露聚糖和多聚甘露糖醛酸等)及一些酚酸均含有顺式二元醇构型。通过这种方式，硼可以影响细胞壁和细胞膜的稳定性。

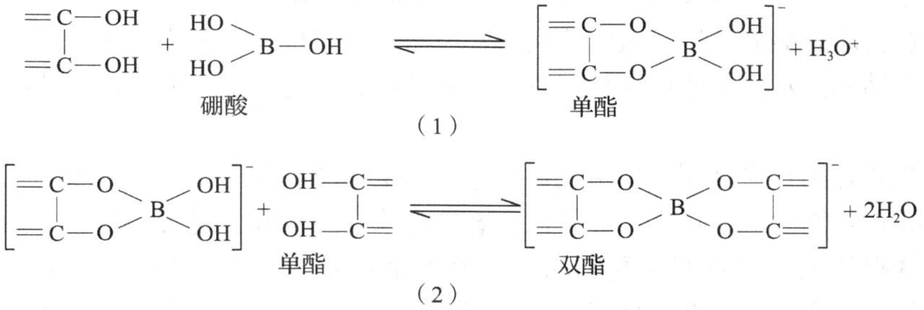

硼酸　单酯

（1）

单酯　双酯

（2）

图 8-11　硼与顺式二元醇形成复合体

缺硼时，酚类化合物积累，多酚氧化酶的活性提高，导致细胞壁中醌(如咖啡醌)的浓度增加。这些物质对原生质膜透性以及膜结合的酶有损害作用。当酚氧化成醌以后，产生黑色的醌类聚合物而使植物出现病症，如甜菜的“腐心病”和萝卜的“褐腐病”等。

8.2.8.3　吸收和转运

植物吸收硼的主要形态为 H_3BO_3，有时也可吸收少量的 $B_4O_7^{2-}$、$H_2BO_3^-$、HBO_3^{2-} 和 BO_3^{3-}。硼由土壤溶液向根系表面的迁移过程主要是依靠扩散，其次是质流。

根系对硼的吸收既有主动过程又有被动过程。因为存在于溶液中的硼是未解离的 H_3BO_3，所以植物根系对它的吸收有别于离子化的其他养分。近年来的研究表明植物对硼的吸收主要存在着 3 种方式：即通过与磷脂双分子层融合进入细胞的被动扩散；借助膜上 MIPs 蛋白(Major Intrinsic Proteins)协助的易化吸收；需要消耗能量，利用转运蛋白的主动运输。其中前两者为顺浓度差的被动吸收，后者为逆浓度差的主动吸收。在高硼条件下硼以被动方式被植物吸收即可满足植物生长需求，但在低硼条件下则以主动吸收方式高效地将细胞外的硼吸收到细胞内。

被吸收进入植物体内的硼通过木质部和韧皮部的维管系统进行长距离运输被转运到地上部器官。在硼充足条件下，通过蒸腾拉力将木质部溶液中的硼运输至导管；在低浓度硼条件下，由硼高亲和跨膜转运系统(高效转运蛋白 AtBOR1)将内皮层或木质部薄壁细胞中的硼转运到木质部导管中。

在大部分植物中硼在韧皮部中的移动性不高，因此根系吸收硼和硼的向上运输主要受蒸腾作用控制，当缺硼时首先受到伤害的是植物的幼嫩部分，而当硼过量时最先受到伤害的是成熟的组织。相反，在某些物种中，如桃、杏、苹果和李子等，缺硼时，硼能够从植物成熟器官组织向幼嫩组织幼叶中转运，这些植物能产生大量的糖醇，包括山梨醇和甘露醇，它们可以将光合作用的产物转移到韧皮部。因为糖醇含有丰富的顺式羟基，可以和硼酸结合，硼与糖醇结合进行韧皮部运输。如在苏格兰松树和挪威云杉体内发现，硼可以与松醇或甘露醇形成复合物，经韧皮部从地上部运输到根系。

一些研究结果证明，在一些不产生糖醇的植物中硼也可以有效地向幼嫩的组织转移，如拟南芥、蓖麻、向日葵等。这种转运形式只有在硼缺乏的条件下才发生，由硼酸转运蛋白通过韧皮部运输将老组织中的硼输送到其他组织，特别是优先向生长发育中的幼嫩组织运输。

8.2.8.4　缺乏与过量症状

当缺硼时，植物生长受到抑制，严重时死亡。由于硼具有多方面的营养功能，因此植物的缺硼症状也多种多样。对大多数植物而言，由于硼在植物体内的移动性低，所以缺硼的症状最先表现在代谢旺盛的分生组织生长点和繁殖器官，即根尖和茎尖首先受害，器官形态难以建成，细胞结构异常，这些现象与硼对细胞壁发育的影响直接相关。缺硼植物的共同特征可归纳为：

①茎尖生长点生长受抑制，顶芽死亡、侧芽萌生，形成莲座状枝，如番茄、杨梅等，严重时枯萎，死亡；②幼叶不发育、不分化；老叶叶片变厚变脆、畸形，枝条节间短，出现木栓化现象；③根的生长发育明显受影响，根短粗兼有褐色、表皮坏死；④生殖器官发育受阻，结实率低，果实小，畸形；种子和果实减产，严重时甚至绝收。例如，甜菜“腐心病”、油菜“花而不实”、苹果“缩果病”等。

植物对硼的需要量缺乏至中毒的浓度范围很窄，因此当土壤母质含硼过高或灌溉水含硼过高、不适当地施用硼肥等会造成植物硼中毒，其症状多表现在成熟叶片的尖端和边缘，叶尖发黄，脉间失绿，最后坏死。当植物幼苗含硼过多时，可通过吐水方式向体外排出部分硼。当土壤中硼过量时，可通过施用石灰来降低硼的有效性，也可通过淋洗作用使硼从土壤中移走。

8.2.9 钼

8.2.9.1 含量、形态和分布

钼是各营养元素中植物需要量最小的一种必需元素，不同的植物种类，钼的需求量也不一样，缺钼的临界值也不相同。同一植株、不同部位钼的含量也不相同，如豆科植物，各部位钼含量的顺序为：根瘤>种子>叶>茎>根。植物体含量范围为 0.1~300 mg · kg^{-1}，一般不到 1 mg · kg^{-1}。豆科植物含钼量较高，其种子含钼量为 0.5~20 mg · kg^{-1}，根瘤中含钼量也很高，为叶片含量的 10 倍左右。禾谷类植物物含钼量一般为 0.2~1 mg · kg^{-1}，以幼嫩器官中含量较高，叶片含钼量高于茎和根。叶片中的钼主要存在于叶绿体中。一般植物含钼量低于 0.1 mg · kg^{-1}，豆科植物低于 0.4 mg · kg^{-1} 时就可能缺钼。

钼在植物中主要存在于韧皮部和维管束的薄壁组织中。一些研究认为钼在植物体内主要以 MoO_4^{2-}、Mo-S 氨基酸络合物或与糖或其他多羟基化合物结合的钼酸盐络合物在木质部移动。

8.2.9.2 生理功能

钼在植物体内可以作为酶的组成成分而直接参与生理作用，或以其他形式影响相关酶的活性间接参与影响生理代谢。

(1)参与氮代谢与同化

这是植物体中钼的主要作用。钼是硝酸还原酶和固氮酶的成分，无论是 NO_3^- 的还原，还是分子态氮的生物固定都需要钼参加，主要起电子传递作用。钼是硝酸还原酶中钼黄蛋白的组成部分。因此，钼对豆科植物有其特殊的重要作用。在供给氮源为硝酸盐的时，只供给少量钼(约 0.000 05 mg · L^{-1})的花菜就会出现“鞭尾叶”。当植物缺钼时，硝酸还原受阻，硝酸盐积累，氮的同化力下降，植物体内硝酸盐的积累导致大部分氨基酸和蛋白质的数量明显减少。柑橘的黄斑病就是因硝酸盐积累后毒害引起的。豆科植物借助固氮酶把大气中的 N_2 固

定为 NH_3，再由 NH_3 合成有机含氮化合物。固氮酶对于根瘤菌的固氮作用是必需的。固氮酶由钼铁氧还蛋白和铁氧还蛋白两种蛋白组成。这两种蛋白单独存在时都不能固氮，只有两者结合才具有固氮能力。在固氮过程中，钼铁氧还蛋白直接和游离氮结合，它是固氮酶的活性中心；铁氧还蛋白则与 Mg-ATP 结合，向活性中心提供能量和传递电子，在活性中心上的 N_2 获得能量和电子后就能还原成 NH_3。钼还能提高豆科植物根瘤中脱氢酶的活性，加大氢的流入，增强固氮能力。钼也影响根瘤的形成和发育。缺钼时，豆科植物的根瘤发育不良，固氮能力下降。钼还可能参与其他氮代谢活动，如氨基酸、蛋白质的合成与代谢。缺钼时，不仅硝酸还原酶活性降低，谷氨酸脱氢酶活性也有所下降。钼能抑制核糖核酸酶的活性，使其保持在一种潜伏状态，对核糖体起保护作用。钼阻止核酸降解，也有利于蛋白质的合成。

(2)促进植物体内有机含磷化合物的合成

钼酸盐会影响正磷酸盐和焦磷酸酯一类化合物的水解作用，还会影响植物体内有机态磷和无机态磷的比例。钼是磷酸酶的抑制剂。缺钼时，体内磷酸酶的活性明显提高，使磷酸酯水解，体内磷脂态 P、RNA-P 和 DNA-P 都减少。

(3)参与体内的光合作用和呼吸作用

钼对维持叶绿素的正常结构是不可缺少的。缺钼时叶绿素含量减少，光合作用强度降低，还原糖的含量减少。缺钼引起花叶菜叶绿体解体，膜的稳定性受到破坏，影响光合作用。缺钼时植物体内抗坏血酸的含量明显减少，可能是氧化还原反应不能正常进行所致。钼还能提高过氧化氢酶、过氧化物酶和多酚氧化酶的活性。

(4)促进繁殖器官的建成

除了在豆科植物钼根瘤和叶片脉间组织积累外，在繁殖器官中含量也很高。当植物缺钼时，花的数目减少，花粉的形成和活力均受到极明显的影响。

8.2.9.3　吸收和转运

植物根系从土壤中吸收钼的主要形态为 MoO_4^{2-}，主要靠截获和质流到达根表，但其吸收的方式一直存在着争论。一部分人认为植物吸收钼是被动吸收，大多数人认为植物吸收钼可能是一个主动吸收的过程。

钼主要存在于韧皮部和维管束薄壁组织中。在韧皮部内可以转移，但它以何种形态转移还不清楚。它属于移动性中等的元素。

对于大多数难以移动的营养元素来说，其植物缺乏症往往呈现在嫩叶上，而钼的缺乏症表现在整个植株上，因而钼在植物体内有一定的移动性。在不同植物中钼的移动性有差异，如在菜豆根部的钼含量远高于叶片；而在番茄的叶片和根中钼含量接近。当给豌豆幼叶施用 MoO_4^{2-} 后，大多数钼可转移至茎和根。

8.2.9.4　缺乏与过量症状

植物中钼缺乏的共同特征是植株矮小、生长缓慢、叶片脉间失绿，且有大小不一的黄色或橙黄色斑点，严重时叶缘萎蔫，叶片扭曲呈杯状，老叶变厚、焦枯，以致死亡。缺钼症状一般开始出现在中间和较老的叶子，以后向幼叶发展。

豆科植物的症状与缺氮症状相似，且根瘤发育不良，形状很小；十字花科如花椰菜缺钼，叶肉坏死、脱落，只余下主脉或靠近主脉处有少量叶肉，呈不规则的畸形叶或形成鞭尾状叶，通称“鞭尾病”或“鞭尾现象”。

植物忍耐高钼的能力很强，大多数植物在钼含量大于 100 mg · kg^{-1} 的条件下并无不良反应。植物钼中毒时将产生褪绿和黄化现象，可能与铁代谢受阻有关。植物钼中毒时，叶片畸形，茎组织变色呈金黄色，可能是液泡中形成了钼儿茶酚复合体。尽管在大田条件下产生植物钼中毒的情况极少，但对于饲用植物来说，植物中钼含量超过 10 mg · kg^{-1} 将对动物，尤其是反刍动物产生毒害(常见的腹泻病即为钼中毒)。动物不同种类，忍耐钼的能力也有差异，牛最不稳定，羊次之，而马和猪忍耐力最大。一般要求饲料中含钼量不超过 5 mg · kg^{-1}，以防止动物中毒。当饲料含钼量大于 5 mg · kg^{-1} 时，钼和铜的平衡失调，将导致动物生长受阻和畸形。

8.2.10 氯

8.2.10.1 含量、形态和分布

氯是一种比较特殊的矿质营养元素，虽然它是植物的微量必需元素，但是在植物体内各必需微量元素中含量最高的。一般植物含氯约为 0.2%~2.0%，含氯 10%的植物也并不少见。各类植物对氯的需要量有很大差异，非木本植物可以含氯达 10 000 mg · kg^{-1}，而木本植物含氯 5 000 mg · kg^{-1} 时，就会出现中毒症状。藜科、十字花科、伞形科和百合科多半是喜氯植物，而大多数树木、浆果类和柑橘类、大多数蔬菜、几种针叶树和观赏植物，对氯多少有些敏感，特别是在它们的苗期。

在植物体内氯主要以离子状态维持细胞的膨压及电荷平衡、细胞液的缓冲性以及液泡的渗透调节等重要生理作用。氯广泛存在于自然界环境中，易参与再循环，也易为植物吸收，因此植物缺氯现象极少出现。人们更为关心的是过量氯的毒害。

在植物体中，氯以离子(Cl^-)态存在，移动性很强。大多数植物吸收 Cl^- 的速率很快。在植物器官中氯的含量为：茎>叶>根>子粒。

8.2.10.2 生理功能

(1)参与光合作用

Cl^- 参与植物光合作用中水的光解，氯作为含锰放 O_2 系统的辅助因子参与光合系统Ⅱ的光解水放氧反应。氯不仅为希尔反应放 O_2 所必需，它还能促进光合磷酸化作用和 ATP 的合成。氯在叶绿体中优先累积，对叶绿素的稳定起保护作用。缺氯时，植物光合作用将受到抑制，叶片失绿坏死。

(2)维持细胞中的电荷平衡和膨压，调节气孔开闭

植物吸收的主要阴离子中，Cl^- 是生物化学性最稳定的离子，能与阳离子保持电荷平衡，维持细胞内的渗透压和膨压，增强细胞的吸水能力，从而有利于植物从环境中吸收更多的水分。植物体内氯的输送速率较快，能迅速进入细胞内，提高细胞的渗透势、水势和膨压，使叶子直立，延长功能时间。叶片缺氯时往往失去膨压而发生萎蔫。氯作为钾的伴随离子，参与调节叶片上气孔的开闭，影响到光合作用与水分蒸腾。

(3)植物体内的某些酶类必需有 Cl^- 的存在和参与才可能具有活性

氯能激活膜结合的质子泵 ATP 酶，使原生质与液泡之间保持着 pH 值梯度，有利于液

泡渗透压的维持与伸长生长。α-淀粉酶只有在 Cl^- 的参与下才能使淀粉转化为蔗糖，从而促进种子萌发。适量的氯有利于碳水化合物的合成和转化。氯化物能激活利用谷氨酰胺为底物的天冬酰胺合成酶，促进天冬酰胺和谷氨酸的合成。适量的氯能促进氮代谢中谷氨酰胺的转化，以及有利于碳水化合物的合成与转化。

(4)提高植物的抗逆性和抗病性

植物在生长发育过程中，不断从土壤中吸收大量的阳离子，为了维持植物体内的电荷平衡，需要一定数量的阴离子来保持其电中性，Cl^- 是常见的伴随阴离子。随着植物对土壤阳离子吸收量的增加，Cl^- 在植物体内也不断地积累，从而增加了茎叶与外界的水势梯度，增强了植物的渗透调节功能，有利于植株从外界环境中吸收水分，提高植株的抗旱能力。

8.2.10.3　吸收和转运

植物氯的吸收是个主动过程，与代谢活动有紧密联系，对温度的变化和代谢抑制剂尤为敏感。植物对氯的吸收速率与外界溶液的浓度有关。氯易为植物的地上与地下部分吸收，并能渗透质膜，在体内移动性很高。氯在体内的运输可能是以共质体途径为主。植物体内 Cl^- 的移动与蒸腾作用有关，蒸腾量小的器官含氯量极低。

氯易于透过质膜而进入植物组织。但当介质中 Cl^- 浓度很高时，液泡膜将变成渗透的屏障，阻止 Cl^- 进入液泡，保护植物免遭损害。因此，植物吸收的大量 Cl^- 积聚在细胞质中。大量吸收的氯聚积在细胞质中，往往使植物的含氯量达 2 000～20 000 $mg \cdot kg^{-1}$(干重)，远高于正常生长发育的适宜浓度(约 340～1 200 $mg \cdot kg^{-1}$)。

8.2.10.4　缺乏与过量症状

在大田中很少发现作物缺氯症状，因为即使土壤供氯不足，植物还可从雨水灌溉水、大气中得到补充。植物体内含氯量在 100 $mg \cdot kg^{-1}$ 左右时，往往发生缺氯。当植物轻度缺氯时，常表现为生长不良，严重时叶片失绿、凋萎。典型的缺氯症状为叶缘萎蔫，然后失绿、坏死；根系生长严重受阻、根变粗，侧根短而少。

土壤中氯过多时会引起氯中毒，其症状表现为叶尖呈灼烧状，叶缘焦枯，叶子发黄并提前脱落，症状类似缺钾。氯过量时，会增加渗透势，减少水分的吸收；当氯浓度很高时，根尖死亡，生长受到严重抑制。

不同植物对氯毒害的敏感性不同。有的需氯量高，施用含氯肥料对植物生长有显著的促进作用，这类植物被称为喜氯植物。如椰子树、油棕榈、甜菜、荞麦、番茄等。喜氯植物对氯的需要量较多，如椰子树缺氯的临界浓度比一般植物的平均需要量高 5～6 倍，易遭受毒害。有些云杉品种对氯特别敏感，当叶中含量大于 0.03%时就出现中毒症状，而耐氯植物叶片含氯量达 2%～3%时仍生长正常。对氯敏感的植物多被称为忌氯植物，施用含氯肥料有时会影响产品的品质，如柑橘、梨、苹果、茶叶等。

8.2.11　镍

8.2.11.1　含量、形态和分布

绝大多数植物镍的含量比较低，一般为 1～10 $mg \cdot kg^{-1}$，极少发生缺镍症状，相反，

当超过含量 10 mg · kg^{-1} 时对灵敏植物可能会产生毒害作用。但是镍超积累植物镍含量非常高，地上部含量超过 1 000 mg · kg^{-1}，甚至超过 10 000 mg · kg^{-1} 以上。

镍在植物体内主要以 Ni^{2+}形式存在，可与氮、氧、硫有机配位体形成络合物，这些可能为有机酸、氨基酸、蛋白酶、核酸或核酸—蛋白复合体。

非超积累植物地上部分含镍量远低于根系，豆科植物的根瘤中镍含量比茎部高 1.3~1.9 倍。一般而言，营养生长期镍主要分布于叶和芽中，生殖生长期绝大部分镍从叶和芽转移到生殖器官，因此，成熟种子中镍含量一般较高。

8.2.11.2 生理功能

镍是一个最晚才被确定的植物营养元素。迄今已经明确的关于镍的植物生理功能，是镍在脲酶中的作用。

脲酶的组成成分，参与氮代谢。脲酶是一种普遍存在于植物中的镍金属酶，镍是脲酶的金属辅基，位于脲酶的活性位点。脲的代谢和脲酶的合成需要镍。在缺镍条件下，氨基酸代谢受阻，脲积累增加；NO_3^- 还原和苹果代谢受到破坏，发生 NO_3^- 积累。豆科植物缺镍时植株的早期生长和根瘤的形成受到抑制。

8.2.11.3 吸收和转运

植物对镍的吸收取决于土壤的特性、镍在土壤中的形态和植物本身的特性。植物吸收镍有主动吸收和被动吸收两种方式。主动吸收也即植物分泌一些有机酸作为镍进入植物体内的载体，这些有机酸容易与镍结合，这个过程需要能量。

镍超积累植物主要吸收离子态镍(Ni^{2+})而非有机镍螯合物，同时超富集植物根部镍的吸收受到低温、代谢抑制剂及缺氧环境的抑制，说明其吸收是一个消耗能量的过程。

植物根系吸收的镍在木质部运输较快，可能是以螯合态运输，因为伤流液中存在镍与有机酸(主要为柠檬酸和苹果酸)、氨基酸以及多肽等形成的螯合物，这些含镍螯合物十分稳定。

当镍浓度较低时，镍主要与有机酸结合，当镍浓度增加时，镍主要与氨基酸或肽链结合。但也有研究表明镍可能以离子形态运输，叶片吸收的镍则通过韧皮部运输，且运输速率比较快。

8.2.11.4 缺乏与过量症状

最早报道植物缺镍可以追溯至 1918 年，美国山核桃缺镍出现一种叫“鼠耳”(mouse ear)的缺素症，它首先在幼叶上表现出叶尖坏死，而后在大豆上也有报道。可能就是由于草酸和乳酸积累的毒害所致。

镍虽然是植物生长的必需微量元素，但是植物生长发育对镍的浓度极为敏感，微量的镍对植物生长有促进作用，正常生长仅需 0.01~0.15 mg · g^{-1}，稍微过量，镍就会对植物生长产生抑制作用，不利于种子的萌发；抑制植物生长发育，引起植物代谢紊乱、中毒甚至致死；引起铁等其他元素缺乏，抑制植物对铁、铜和锌的吸收，导致缺铁叶片失绿黄化。

8.3　土壤中的中微量元素

8.3.1　土壤中的中微量元素含量、形态和转化

8.3.1.1　土壤中的钙

(1)土壤中钙的含量

在地壳中，钙的丰度居第五位，其平均含量为 36.5 g·kg^{-1}。在土壤中，钙的含量变化很大，可以从极少量(痕迹量)至 40 g·kg^{-1} 以上。土壤中钙的含量受母质、气候和其他成土条件影响。基性岩和沉积岩含钙量高，发育而成的土壤通常含钙量也高；酸性岩含钙量少，发育而成的土壤含钙量低。在成土过程中，钙的富积和淋失对钙含量有很大影响。高温多雨湿润地区，淋溶强烈，土壤含钙量多在 10 g·kg^{-1} 以下。在干旱和半干旱地区，降水量少，土壤淋溶作用比较弱，土壤含钙量多在 100 g·kg^{-1} 以上，高的可达 200 g·kg^{-1}。

(2)土壤中钙的形态

主要有 4 种形态：有机物中的钙、矿物态钙、水溶性钙和土壤代换性钙。

①有机物中的钙　主要存在于土壤动、植物残体中。有机物中的钙只有分解后对作物才有效，分解过程中要损失一部分钙，一部分保留在土壤中，进入土壤溶液或成为交换态钙；另一部分是尚未分解的钙。土壤有机物中的钙只占土壤总钙量的 0.1%~1%，有效钙所占的比例也不大，故对作物的影响不大。

②矿物态钙　占总钙量的 40%~90%，是土壤钙的主要给源。矿物态钙一般存在于土壤固相的矿物晶格中，不易溶于水，也不易被其他阳离子所替换。植物不能直接利用矿物态钙，必须经过转化才可以被植物吸收。土壤含钙矿物一般较易风化。含钙矿物风化后可释放出 Ca^{2+} 进入土壤溶液中，大部分被淋失，一部分被土壤胶体吸附成为交换性钙，还有一部分与重碳酸根离子结合成重碳酸钙。

③土壤水溶性钙　指存在于土壤溶液中的钙，相对于其他离子数量是较多的，是 Mg^{2+} 的 2~8 倍，K^{+} 的 10 倍，它可以被植物直接吸收利用。

④土壤代换性钙　指吸附在土壤胶体表面的，能为其他代换性阳离子所代换出来的钙。一般占土壤总钙量的 20%~30%，是植物可以吸收利用的有效态钙。

(3)土壤中钙的转化

在 4 种土壤钙形态中，水溶态钙和代换性钙是作物可以直接利用的有效态钙，它反映土壤供钙水平；而有机物中的钙和矿物态钙一般看作植物钙营养的供应潜力。土壤供钙水平主要取决于代换性钙的供应容量大小，水溶态钙在土壤溶液中虽然浓度不低，但它与代换性钙比一般只有它的 2%以下，但水溶态钙与代换钙在土壤中二者是动态平衡的关系，因淋失或作物吸收，液相中钙的活度降低，吸附的钙将被置换下来。反之，土壤溶液中的钙的活度增加，平衡向吸附方向移动。因此，通常以代换钙的量作为衡量土壤肥力水平，测定土壤代换性钙通常用 1 mol·L^{-1} 中性醋酸铵提取，提取液实际上包含了代换性钙和水溶态钙二者在内。据研究，对多数蔬菜和玉米，当土壤代换性钙含量低于 200 mg·kg^{-1} 时表现缺钙。

土壤钙的有效性除受代换性钙的含量影响外，还受有关因素和条件的影响，主要有钙的饱和度、陪补离子、代换复合体的种类与性质，以及土壤氢离子浓度和盐基饱和度等因素的

影响。胶体上钙的饱和度越大，钙的有效性越大；盐基饱和度高的土壤钙的有效性高；同时钙的有效性随着 pH 值的上升而增加。

8.3.1.2 土壤中的镁

（1）土壤中镁的含量

镁在地壳中的平均含量为 23.5 $g \cdot kg^{-1}$，其丰度居第 8 位。在土壤中，镁的含量变化很大，约为 1~40 $g \cdot kg^{-1}$，平均含镁量只有 6 $g \cdot kg^{-1}$ 左右。土壤中镁的含量主要受母质、气候、风化程度和淋溶作用等因素的制约。我国土壤镁的分布规律为：自北而南，自西向东逐渐降低。北方土壤含镁量一般为 5~20 $g \cdot kg^{-1}$，平均为 10 $g \cdot kg^{-1}$ 左右。西北地区的栗钙土、棕钙土含镁（MgO）高达 50 $mg \cdot kg^{-1}$；而南方土壤含镁量为 0.6~19.5 $g \cdot kg^{-1}$，平均为 5 $g \cdot kg^{-1}$ 左右。所以我国南方热带、亚热带湿润地区是土壤低含镁区，容易发生作物镁素营养不足。

（2）土壤中镁的形态

土壤中主要存在以下几种形态的镁：有机态镁、矿物态镁、非代换性镁、代换性镁和水溶性镁。

①有机物中的镁　主要来源于秸秆和农家肥，含量很少，不足全镁的 1%。

②矿物态镁　主要存在于原生矿物和次生矿物晶格中，是土壤镁的主要形态和供给源，占土壤全镁量的 70%~90%。主要存在于橄榄石、辉石、角闪石、黑云母等含镁硅酸盐矿物中和菱镁石、白云石、硫酸镁等非硅酸盐矿物中。矿物态镁不溶于水，大多可溶于酸中，作物不能吸收利用。

③非代换性镁　溶于低浓度酸如 0.05~1 $mol \cdot L^{-1}$ HCl 中的矿物镁，占土壤全镁量的 5%~25%，非代换性镁又称缓效态镁可作为植物能利用的潜在有效镁。

④代换性镁　指吸附在土壤胶体表面并且能被其他阳离子代换出来的镁。代换性镁一般占土壤全镁量的 1%~20%，低于钙、而高于钾、钠。代换性镁是作物可利用的主要有效镁，也是土壤镁肥力的重要衡量指标。

⑤水溶性镁　指存在于土壤溶液中的镁，其含量只占代换性镁总量的百分之几。作物容易吸收利用水溶性镁。土壤中的交换性镁和水溶性镁合称为土壤有效镁。由于水溶性镁占有效镁的比率很少，而且它们是动态平衡的关系，因此通常以代换态镁作为土壤有效镁的供应指标。

（3）土壤中镁的转化

土壤中各形态镁之间处于一个动态的平衡之中。矿物态镁经生物、化学和物理风化作用而逐渐破碎分解，参与土壤中各形态镁之间的转化和平衡。转化成的非代换性镁可释放交换态镁，代换态镁也会被固定为非代换性镁，它们之间可缓慢相互转化。代换态镁与水溶性镁之间也发生着快速的吸附与解吸的平衡过程。

8.3.1.3 土壤中的硫

（1）土壤中硫的含量

我国土壤全硫含量约为 0.1~0.5 $g \cdot kg^{-1}$ 之间。不同类型的土壤相差很大，以高山草甸土、黑土、滨海盐土和林地黄壤全硫含量为高(0.36~0.49 g·kg^{-1})；南方水稻土平均全硫量为0.25 g·kg^{-1}；西北地区黑垆土、黄绵土，以及淮海平原的潮土和棕壤、褐土的含硫量在0.13~0.16 g·kg^{-1}；含量最低的是红壤旱地，平均只有0.11 g·kg^{-1}。

土壤全硫平均含量200 mg·kg^{-1}，有效硫平均含量18 mg·kg^{-1}，通常土壤有效硫(磷酸盐—乙酸提取)小于10~16 mg·kg^{-1}时，作物有缺硫的可能性。有效硫在土壤剖面中的分布随土壤性质的不同而有较大变化。酸性土壤由于雨水的淋洗作用，在土层的下部往往会积累较多的吸附性硫，如砖红壤地区的林地，这种现象特别明显。

(2)土壤中硫的形态

可分为4种形态：土壤有机硫、土壤矿物态硫、水溶性硫、吸附态硫。

①土壤有机态硫　主要是土壤中动植物残体和施入有机肥中的硫，是作物硫的重要给源，但有机硫分解缓慢，每年仅有1%~3%转化为无机硫。在我国南部和东部的湿润地区，有机硫可占全硫的85%~94%，而无机硫仅占6%~15%；在北部和东部的石灰性土壤上，无机硫含量较高，占全硫的39.4%~66.8%。

②土壤矿物硫　存在于土壤矿物中的硫，包括难溶性的硫化物和硫酸盐作物难于吸收利用，要经过风化释放并氧化成SO_4^{2-}才能被作物吸收利用。

③水溶性硫酸盐　溶解于土壤溶液中的硫酸盐，作物容易吸收利用，但数量也不多。一般土壤溶液中SO_4^{2-}浓度在25~100 mg·kg^{-1}，盐土中最高，可达100 mg·kg^{-1}。

④吸附态硫　土壤中的水化氧化铁、水化氧化铝带正电荷，能吸附SO_4^{2-}，黏粒晶格边缘、氢氧化铝络合物以及有机质的两电性特点都能吸附SO_4^{2-}。土壤吸附态硫在土壤中一般仅为小于10 mg·kg^{-1}。水溶性硫酸盐和吸附态硫酸盐是有效硫，两者占全硫的10%以下。

(3)土壤中硫的转化

土壤有机硫的转化是在微生物作用下的生物化学过程，在好氧条件下，有机硫被微生物分解，有机硫被氧化为SO_4^{2-}态。在嫌气条件下，最终生成硫化物。土壤中无机硫的转化主要包括氧化和还原作用。硫酸盐的还原作用主要通过2种途径进行：一种是土壤生物吸收SO_4^{2-}到体内后，使之还原为含硫氨基酸等有机物；另一种是在硫还原细菌作用下SO_4^{2-}被还原为还原态硫，如硫化物、硫代硫酸盐和元素硫等。无机硫的氧化作用即是土壤中的还原态硫在硫氧化细菌作用下，氧化为硫酸盐的过程。

8.3.2　土壤中的微量元素含量、形态和转化

8.3.2.1　土壤中的微量元素含量

已知的植物必需微量元素有锰、铜、锌、硼、钼、铁、氮和氯等，其中铁、锰在岩石圈和土壤圈中属于12个丰富元素中的2个，但植物需要量小，吸收量也很少，故也列为微量元素。微量元素在土壤中的含量一般为百万分之几到十万分之几，最高不超过千分之几，只有铁例外，土壤中铁的含量可高达40 000 mg·kg^{-1}，土壤中的微量元素主要来自成土母质和成土过程。成土母质决定了土壤微量元素最初的含量，成土过程又改变了这些微量元素的最初含量水平，并影响着微量元素在土壤剖面中的分布。因此，不仅在不同土类中，微量元素含量存在差异，而且即使在同一土类中，因成土母质不同，微量元素含量也往往存在较大差异。例如，在赤红壤和红壤中，由花岗岩、片麻岩和砂岩发育的，硼含量很低，而由石灰

岩、页岩发育的，硼含量可高出10倍以上。我国一些土壤中微量元素的含量范围和平均含量见表8-1。

微量元素的含量除与土壤母质、成土过程密切相关外，还受到气候、土壤质地和土壤有机质含量等影响。微量元素含量低的土壤往往是粗质土壤；在一定范围内，土壤微量元素的含量随土壤有机质含量增加而增加。

表8-1　我国土壤微量元素含量 $mg \cdot kg^{-1}$

土壤	B	Mo	Zn	C	Mn
全国土壤	0~500(64)	0.1~6.00(1.7)	0~790(100)	3~300(22)	10~9 478(710)
砖红壤	9~58(20)	0.5~3.10(1.94)	0~323(103)	2~118(44)	10~5 000(636)
赤红壤	0.5~72(24)	0.14~3.03(1.83)	0~750(84)	0~44(17)	
红壤	1~125(40)	0.30~11.9(2.43)	11~492(177)	0.1~91(22)	11~4 232(565)
黄壤	5~453(53)	0.10~4.49(1.53)	14~182(81)	1~122(25)	10~5 532(373)
紫色土	20~43(31)	0.32~1.10(0.55)	48~131(109)	7~54(23)	425~920(548)
石灰土	20~351(113)	0.50~2.83(1.83)	93~374(213)	22~283(57)	282~3 267(1 520)
棕壤	31~92(61)	0~4.0(2.3)	44~770(98)	18~33(23)	340~1 000(270)
黄棕壤	56~100(85)	0.3~1.4(0.8)	55~122(94)	14~65(22)	200~1 500(741)
草甸土	32~72(54)	0.2~5.0(2.4)	51~130(87)	18~35(26)	480~1 300(940)
黑土	36~69(54)	0.5~2.1(1.4)	58~66(61)	19~78(26)	590~1 100(990)

注：括号内的数字为平均含量。

8.3.2.2　土壤中的微量元素的形态

微量元素在土壤中的形态随土壤类型及理化性质而有很大差异。习惯上采用一定的溶剂来提取，对土壤微量元素的结合状态进行分级，不同元素的形态分级可能有所不同，例如，四级常分为水溶态、吸附态、有机态和矿物态；六级常分为水溶态、交换态、专性吸附态、有机态、铁锰氧化物包被态和矿物态等；对不同类型土壤的元素形态区分亦有差别，对碳酸盐含量高的土壤，常分出碳酸盐结合态。对渍水土壤，则常区分出硫化物结合态等。在上述各形态中，水溶态和交换态的活性最强，其占总含量比例不到5%~10%。

(1)水溶态

存在于土壤溶液或可用水提取的微量元素离子或分子，含量一般在5 $mg \cdot L^{-1}$以下，多数为离子形态，但由于有些微量元素化合物的离解度很小，也有相当数量呈分子态，如H_2BO_3等。离子态和交换态呈动态平衡，一般按照离子交换规律相互转化。此外，还可与有机、无机配位体配合，如铜和锌在pH值较高的土壤溶液中，与有机功能基的配位化合物可分别高达水溶性总量的98%~99%和84%~99%。铁在土壤溶液中除与有机化合物配位外，还有无机配位态。

(2)交换态

吸附于胶体表面而可被其他离子交换出来的微量元素。土壤交换态微量元素含量，少的不足1 $mg \cdot kg^{-1}$，多的不过10 $mg \cdot kg^{-1}$。交换态阳离子除Fe^{3+}、Fe^{2+}、Mn^{2+}、Zn^{2+}、Cu^{2+}外，还包括它们的水解离子，如 $Fe(OH)_2^+$、$Fe(OH)^{2+}$、$Mn(OH)^+$、$Zn(OH)^+$、$Cu(OH)^+$等。交换态钼和硼以 $HMoO_4^-$、MoO_4^{2-}、$H_4BO_4^-$ 等形式存在，它们可以被其他阴离子所交换，黏粒矿物表面吸附的硼很易被水浸提。

(3)专性吸附态

在有机或无机胶体双电层内层通过共价键结合被吸附的微量元素，不能和另一种交换性离子发生交换，但比晶格中矿物态的易释放。层状硅酸盐、铁锰铝氧化物和有机质表面的羟基是主要专性吸附位点。Cu^{2+}、Zn^{2+}等阳离子，MoO_4^{2-}、H_4BO^{4-}等阴离子较易产生专性吸附。

(4)有机态

存在于动植物残体、微生物体、土壤腐殖物质中，在分组测定中，通常不包括水溶性有机态部分。动植物残体的微量元素含量一般为：硼 2~100 mg·kg^{-1}，钼 0.5~5 mg·kg^{-1}，铁 30~250 mg·kg^{-1}，锌 1~20 mg·kg^{-1}，铜 0.5~10 mg·kg^{-1}，钼 10~50 mg·kg^{-1}，土壤有机质的微量元素含量及形态大致和植物体相似，以络合或吸附态存在。当有机质分解时，较容易释出，因此有效性较高。

(5)铁、锰氧化物包被态

包裹在铁、锰氧化物中。如亲铁元素钼常与铁共存，当铁从原生矿物中风化释放出来、形成非晶形含水氧化铁，逐渐结晶时，钼便被包裹在氧化铁的结晶里。包裹态微量元素只有在包膜破坏后才得以释放，实际上近似于矿物态。

(6)矿物态

存在于固体矿物中不能被其他离子交换出来的微量元素称为矿物态。土壤原生矿物、次生黏粒矿物和金属氧化物中含有一定数量的微量元素。这些矿物很难溶解，溶度积可低于 10~50 以下(如钼铁矿)。多数矿物的溶解度在酸性条件下有所增加，但也有的却在碱性条件下较易溶解。由此可见，土壤条件对矿物态微量元素的有效性影响很大。

8.3.2.3　土壤中微量元素的转化

(1)土壤中微量元素的转化

上述各种形态的微量元素，在土壤中保持动态平衡(图 8-12)。

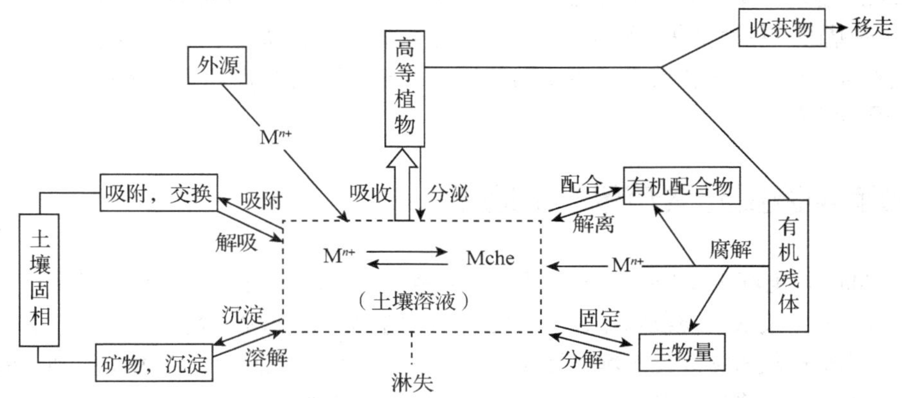

M^{n+}—阳离子，Mche—水溶性络合物

图 8-12　微量元素在土壤—植物体系中的循环及其在土壤中的转化示意

由图 8-12 可知，当作物吸收某一微量元素时，土壤溶液中这一元素浓度下降。如果这一元素存在于交换性复合体中，就会有部分离子释放出来，使土壤溶液保持原有的水平；同时，也会有结晶的矿物和沉淀溶解来补充土壤溶液和重新占有土壤的交换位置。有机残体中的(包括微生物吸收的)微量元素，在有机质分解时又会释放到土壤溶液中。土壤溶液是所有的重要土壤化学反应的中心，同时又是植物吸收养分的介质。

(2)土壤微量元素的吸附与解吸

土壤黏粒矿物和有机胶体对铜、锌、硼、钼、铁、锰都有明显的吸附固定作用，尤其对铜的固定最强烈，这可能是因为它容易和胶体表面的羟基(—OH)共价结合(Cu-O-Al 或 Cu-OH-Al)。硼虽是非金属元素，但亦有形成共价键的强烈倾向，既容易被黏粒矿物和三价氧化物(特别是表面含—OH 基较多的氧化铝胶体)吸附固定，也容易被有机质吸附固定。被吸附固定的微量元素只有当其结合键被破坏时才能解吸。

(3)土壤微量元素的沉淀与溶解

钼、铁、锌、铜、锰等微量元素在土壤中会生成沉淀或溶解。MoO_4^{2-} 可与铁、铝、钙、镁等阳离子生成沉淀，其中以 $CaMoO_4$ 和 $Fe_2(MoO_4)_3$ 最为重要，前者主要存在于中性或石灰性土壤中，后者则主要存在于酸性土壤中，成为控制土壤溶液中 MoO_4^{2-} 浓度的重要固相因素。铁、锌、铜、锰等阳离子在土壤中主要生成氢氧化物、碳酸盐、硫化物，以及少量磷酸盐、硅酸盐等较难溶解的沉淀。它们都随 pH 值降低而倾向于溶解，并随 pH 值升高面迅速降低平衡液相中的离子浓度。

(4)土壤微量元素的氧化与还原

氧化与还原反应是土壤中微量元素尤其对铁和锰的转化最为重要。在氧化条件下，铁、锰转化为高价化合物，其溶解度比还原条件下的低价化合物低得多。锰对还原性物质较铁敏感，在自然条件下，*Eh*>350 mV 时的土壤一般含 Fe^{2+}很少，但在 *Eh* 为 550 mV 时仍有相当多的 Mn^{2+}存在。

(5)土壤微量元素的络合与解络

钼、铁、锌、铜、锰等微量元素都是过渡元素，有很强的形成络合物的倾向。土壤中能与微量元素产生络合反应的有机配位体，主要有胡敏酸、富里酸及新鲜有机质的分解产物(有机酸、氨基酸、糖醛酸等)和中间产物，这些配位体的羟基(—OH)，羟基(—COOH)等是和微量金属元素发生络合反应的主要功能团。络合物的溶解性和配位体的分子大小有关，一般小分子易溶解。

8.4 影响中微量元素有效性的因素

Ca^{2+}、Mg^{2+}是土壤主要盐基离子。虽然很多植物对钙的需要量大于镁，但真正缺钙的土壤却并不多，而土壤缺镁现象则比较容易发生。一方面，是土壤有效钙含量高，而酸性土壤中钙则通过施用石灰材料改良土壤酸性时得到了补充；另一方面，镁却由于受到不断雨水淋失、植物吸收带走而降低。硫是非金属元素，在土壤中主要以无机硫酸盐(SO_4^{2-})形式被植物吸收，土壤有机态硫经矿化作用补给。

土壤有效态微量元素只占微量元素全量的一小部分，是植物生长期间供给植物生长吸收所需的那部分，当这部分土壤微量元素供给不足时，会引起植物生长不良，产量减少、质量下降，严重缺乏时甚至植物死亡、颗粒无收。

影响土壤中、微量元素有效性的因素有包括土壤物理、化学和(微)生物学方面的诸多土壤因子，这些因子可以直接影响微量元素有效性，有的则还通过相互作用影响微量元素的有效性，主要有酸碱度、氧化还原电位、有机质、土壤质地、吸附性能、通透性、微生物活动、土壤水分和元素间的相互作用等。

(1)土壤酸碱度

土壤酸碱性对土壤中的钙、镁、硫、铁、锰、锌、铜、硼等营养元素的有效性有着显著的影响。土壤酸碱性与土壤中的中微量营养元素有效性的关系如图 8-13 所示。

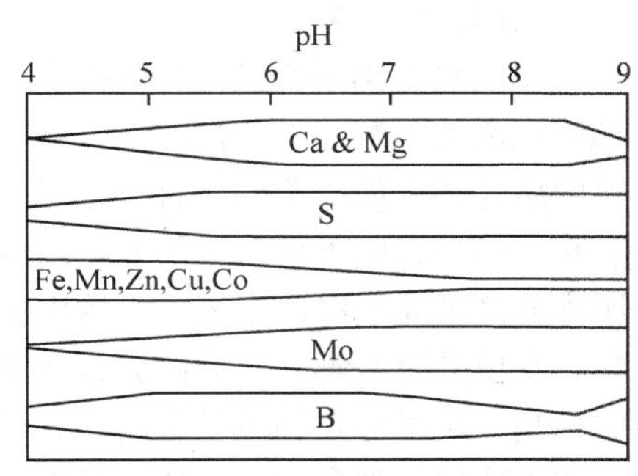

图 8-13　中微量元素有效性与 pH 值的关系

钙、镁在 pH6~8 时有效性最高，在 pH8.5 以上时，易形成碳酸盐沉淀，有效性降低；在酸性条件下它们的盐为可溶性，呈有效态，但易被淋失。在土壤 pH 值的正常变幅范围内，阳离子型微量元素如铁、锰、锌、铜的溶解度都随 pH 值下降而增大，故它们的有效性随着 pH 值下降而增大，若土壤酸性很强，它们在溶液中的浓度有时会超出正常范围而使植物中毒，或影响其他养料的有效性。铁的溶解度高度依赖于酸碱度，在酸性土壤中铁易溶解成 Fe^{2+}，可直接被植物利用，而铁在 pH7~9 时，以 Fe_2O_3 或 $Fe(OH)_3$ 存在，或形成碳酸盐类，有效性降低。锰在酸性土壤中以 Mn^{2+} 为主，土壤 pH>8 时，形成稳定的 MnO_2，有效性降低。铜在酸性土中有效性较大，而在石灰性土壤中，有效铜可转化成 $CuCO_3$、$Cu(OH)_2$ 等沉淀，使铜的有效性降低。锌在 pH>7 的土壤，尤其是含 $CaCo_3$ 的土壤中易与钙结合形成锌酸钙，有效性降低，且研究证实一般 pH 值每增加一个单位，Zn^{2+} 活度降低 10 倍。钼的吸附与土壤 pH 值的关系正好与其他金属微量元素(锰、铜、锌、铁)相反，钼在碱性条件下形成钼酸盐，溶解度大，有效性高。在酸性时，MoO_4^{2-} 与 Fe^{3+}、Al^{3+} 形成 $Fe_2(MoO_4)_3$ 或 $Al_2(MoO_4)_3$ 沉淀，有效性降低，甚至发生植物缺钼症，因此在酸性土上施用少量石灰，可改善土壤供钼状况。硼的有效性在土壤 pH5~7 时有效性高，在 pH>7 的土壤上，则由于铁铝氧化物和黏土矿物对硼的吸附量增加，硼的有效性随 pH 值的上升而减少。在强酸性土壤上，由于强烈的淋溶作用水溶态硼含量低，许多敏感植物可能缺硼。酸性土壤过量施用石灰，也会使有效硼减少诱发植物缺硼。其原因可能是钙与硼形成偏硼酸钙($Ca[B(OH)_4]_2$，又称为二硼酸钙)，偏硼酸钙溶解度低、溶解缓慢，且相对分子质量大，为链状，不能为植物吸收。

(2)土壤氧化还原电位

土壤的氧化还原电位主要对一些变价中微量元素的有效性有明显的影响，在不同价位的情况下，元素溶解度也不相同。在同样 pH 值条件下，氧化还原电位改变时，具有多种原子价的元素如铁、锰的原子价和结合形态都会发生改变，在还原条件下，以 Fe^{2+}、Mn^{2+} 形式存在，氧化条件下以 Fe^{3+}、Mn^{4+} 形式存在，还原态(低价)的溶解度远较氧化态(高价)的为大，即还原态有效性高于氧化态。但必须注意，强还原状态下，这些低价离子的浓度甚至可达到对植物有害的水平。例如，在还原性土壤中(积水的水稻土)，Fe^{2+}浓度逐步增加，以致产生铁的毒害。还原条件下，锰的有效性明显增加，当土壤 Eh 降至 200~300 mV 时，土壤中开始出现水溶态锰，且随着 *Eh* 降低，易还原态锰大量转化成水溶态和交换态锰。钼的转化也和氧化还原反应密切相关，它主要有 Mo^{4+}和 Mo^{6+}两种价态，与铁、锰相反，钼的高价态对植物有效。此外，在强还原条件下产生的 S^{2-}，可能与金属形成硫化物，大大降低其溶解度，使微量元素的有效性降低，如 ZnS 的溶度积为 2.5×10^{-22}，几乎失去有效性，铜可能因形成难溶的硫化物 Cu_2S 而降低有效性。但是硫元素的氧化形式 SO_4^{2-} 对植物有效。

(3)土壤有机质

有机质具有离子交换能力和络合能力，可与某些中微量元素如铜、锌、铁、锰、钙、镁等形成稳定的可溶或难溶性的络合物。络合反应一方面可使难溶解的固态微量元素转化为可溶解的络合态，如简单的络合态微量元素(相对分子质量小的，特别是离子态的)仍可以为植物吸收；另一方面可把溶解的元素络合固定起来，一些复杂的络合物一般非经分解就不能将其所含的微量元素释放出来。土壤中能与微量元素产生络合反应的有机配位体，主要包括胡敏酸、富里酸及新鲜有机质的分解产物(有机酸、氨基酸、糖醛酸等)和中间产物，这些配位体的羟基、羧基等是和微量金属元素发生络合反应的主要功能团，一般情况下土壤中的有机物质和生物残体都含有一定数量的微量元素，因此，这些微量元素的有效态含量随有机质含量的增加而增加，但由于土壤有机质对它们的络合固定作用，过多的有机质可能降低中、微量元素的有效性，例如，泥炭土就是著名的缺铜、缺锌土壤，其原因即在此。

土壤有机质经矿质化过程释放大量的营养元素为植物生长提供养分；有机质的腐殖化过程合成腐殖质，保存了养分，腐殖质又经矿质化过程再度释放养分，从而保证植物生长全过程的养分需求。在大多数非石灰性土壤中，有机质中有机态硫占全硫的 75%~95%，随着有机质的矿质化过程而释放，被植物吸收利用。施用石灰后，高 pH 值会促进有机质含量高的土壤中有机质的矿化及硼的释放。在这种情况下，硼的有效性取决于被固定和矿化的硼的相对量。

土壤有机化合物腐殖质是一种胶体，有着巨大的比表面和表面能，腐殖质胶体以带负电荷为主，从而可吸附土壤溶液中的交换性阳离子如 Ca^{2+}、Mg^{2+}等，一方面可避免随水流失，另一方面又能被交换下来供植物吸收利用，其保肥性能非常显著。土壤腐殖质组分对重金属污染物毒性的影响可以通过静电吸附和络合(螯合)作用来实现。此外，土壤腐殖质含有多种功能基，这些功能基对重金属离子有较强的络合能力，土壤有机质与重金属离子的络合作用对土壤和水体中重金属离子的固定和迁移有极其重要的影响。

(4)土壤质地

阳离子型的中微量元素被带负电的土壤黏粒所吸附后，使其成为交换性离子，保持其有效性，因此质地黏重的土壤中有效态中微量元素比较多，质地粗的土壤中有效态中微量元素含量往往很低，因而砂质土易发生微量元素缺乏；同时由于通气良好，使某些微量元素如锰、铁以高价形态存在，有效性降低，砂质的石灰性土壤常出现缺锰现象。土壤硼的有效性与土壤质地也有一定的关系。在砂质土中硼易受淋洗而损失，尤其在湿润地区，轻质的酸性土壤，常因淋洗而导致硼的严重损失。

(5)黏粒吸附作用和胶体表面特性

一般高价的、水合半径小的离子更易于被吸附，产生吸附作用的主要组分有黏粒矿物、有机质、水合氧化物等。黏粒矿物和有机胶体对铁、锰、铜、锌等都有明显的吸附固定作用，尤其对铜的固定最强烈。胡敏酸吸附二价微量元素阳离子的顺序为：$Cu^{2+}>Fe^{2+}>Zn^{2+}>Mn^{2+}$。通过络合作用和其他共价键结合而被吸附的离子不易解吸，从而引起微量元素的吸附固定，有效性降低。硼虽是非金属元素，但亦有形成共价键的强烈倾向，既容易被黏粒矿物和三价氧化物(特别是表面含羟基较多的氧化铝胶体)吸附固定，也易被有机质吸附固定。氧化物对锌和铜的吸附作用分为专性吸附和非专性吸附，专性吸附使锌和铜被不可逆地结合到铁或铝氧化物的表面，会使其被固定而对植物无效，且随 pH 值的升高，铁和铝氧化物对锌的吸附作用显著增加。此外，氧化铁胶体对 MoO_4^{2-} 也有极强的吸附固定，除阴离子交换作用外，还可能通过化学反应生成难溶性的铁钼酸盐或以钼酸根离子形式进入氧化铁矿物的晶格而丧失有效性。此外，黏土矿物种类对元素的有效性也存在着显著的影响，2∶1 型黏土矿物比 1∶1 型黏土矿物要求钙的饱和度高，才能提供足够的有效钙。例如，蒙脱石钙饱和度达到 70%才能提供足够的有效钙，而高岭石只需 40%到 50%的钙饱和度就可以提供足够的有效钙。

(6)土壤水分状况

土壤水分状况影响养分的溶解，影响微生物有机质矿化作用的养分释放；通过改变土壤通气性影响土壤氧化还原状况。土壤含水量高时，会导致氧化还原电位降低，对中微量元素的有效性有多重的影响：氧化还原电位降低，pH 值上升，二氧化碳分压升高，会导致铁锰氧化物还原而溶解，被吸附和包蔽的微量元素会释放出来；锌、铜、铁等在还原条件下会与硫形成难溶的硫化物降低中微量元素的有效性；渍水后土壤有机质分解速率降低，一些中微量元素被积累的有机质固定导致其有效性下降。质地较粗，排水良好的土壤本身含硼量较低。

(7)土壤微生物

微生物活动对中微量元素有效性的影响有多方面，包括促进有机质矿化分解以增加微量元素的有效性，同化吸收的临时固定作用，微生物活动改变土壤环境如 pH 值和氧化还原电位等影响土壤中微量元素的有效性。在许多土壤中，硫的供给主要决定于有机态硫的矿化，它由活体微生物参与完成。但在通气不良时，土壤中含硫的有机化合物如含硫蛋白质、胱氨酸等，经微生物的腐解作用产生 H_2S。H_2S 在通气良好的条件下，在硫细菌的作用下氧化成 H_2SO_4，并和土壤中的盐基离子生成硫酸盐，不仅消除 H_2S 的毒害作用，而且能成为植物易吸收的硫素养分。在土壤通气不良条件下，已经形成的硫酸盐也可以还原成 H_2S，即发生反硫化作用，造成硫素散失。当 H_2S 积累到一定程度时，对植物根系有毒害作用，应尽量避免。

(8)元素间的相互作用

土壤养分元素之间存在复杂的相互关系，有拮抗作用和协助作用。如钼和铁有明显的拮抗作用，能相互加剧缺素症状，其原因在于钼酸盐易与铁化合生成沉淀。过多地施用某一元素而招致另一元素缺乏的例子也很多，如铜和锌，铜和铁，锰和铁，钙和硼，磷和铜，磷和铁，磷和锌，硫和钼等。土壤中施磷诱导缺锌，施磷加强了土壤中氧化物等组分对锌的吸附作用，而且磷酸盐与土壤中锌反应生成 $Zn(PO_3)_2$ 沉淀，降低了锌的有效性。锌往往对植物吸收铜有竞争性抑制作用，铜、锌共施条件下，锌肥抑制植物对铜的吸收。植物体中的锌与铁也存在拮抗作用。研究表明，锌的供给水平很低时，植物叶片中有较高含量的铁，当锌的供给水平提高时，叶片中的铁含量下降。

不合理的施肥技术，如不合理的施肥量、肥料元素的比例和施肥时期的不当，均会影响土壤中的中微量元素的有效性。如土壤中的磷含量过量，易与钙形成难溶化合物，降低钙的有效性。对土壤施钾后，植株对镁的吸收明显减少。经常施用大量铵态氮肥和钾肥的土壤，以及植物对镁的需求量很高时，都会产生土壤缺镁的现象。在一些强酸性土壤上，交换性铝的含量高时可限制植物对镁的吸收。当铝饱和度超过60%~70%时土壤就会缺镁。Ca/Mg 值大(超过10：1到15：1)时，土壤也会缺镁。植物对镁的吸收也受到K^+和NH_4^+的干扰，因为镁与NH_4^+及K^+在被植物吸收时可产生竞争作用。

8.5 中微量元素肥料的种类、性质及合理施用

8.5.1 中微量元素肥料的种类和性质

中微量元素肥料是指以含有中、微量元素养分中一种或数种为主要成分的肥料，如钙肥、镁肥、硫肥、硼肥、钼肥、锌肥、锰肥、铜肥、氯肥等。

8.5.1.1 钙肥的种类和性质

钙通常不是制成混合肥料，而是作为其他养分物质(特别是磷)的一种成分来供应植物。凡是含有钙的肥料都可以用做钙肥。

钙肥的主要品种有生石灰、熟石灰、碳酸石灰、石膏、含钙工业废渣和其他含钙肥料。

(1)*生石灰，又名烧石灰*

主要成分为氧化钙(CaO)。通常用石灰石、白云石及含$CaCO_3$丰富的贝壳等为原料，经过煅烧而成，含CaO 96%~99%；亦可用白云石烧制，含CaO 55%~58%。用沿海地区的贝壳类烧制而成的，则称为壳灰，含CaO 50%左右。生石灰中和土壤酸度的能力很强，可以迅速矫正土壤酸度。此外，还有杀虫、灭草、消毒土壤的功效，但用量不能过多，否则会引起局部土壤过碱。生石灰吸水后即转化为熟石灰，若长期暴露在空气中，最后转化为$CaCO_3$。

(2)*熟石灰，又称消石灰*

主要成分为氢氧化钙[$Ca(OH)_2$]。含CaO 70%左右。由生石灰吸湿或加水处理而成，中和土壤酸度的能力也很强。

(3)*碳酸石灰*

由石灰石、白云石或贝壳类直接磨细而成。主要成分为$CaCO_3$，含CaO 55%左右。其溶解度小，中和土壤酸度的能力较缓慢，后效长。

(4)*石膏*

农用石膏有生石膏、熟石膏、磷石膏3种。主要成分为$CaSO_4$，$CaSO_4$的溶解度很低，水溶液呈中性，属生理酸性肥料。主要用于碱性土壤，消除土壤碱性，起到改良土壤以及提供植物钙、硫营养的目的。

生石膏即普通石膏，俗称白石膏，主要成分为$CaSO_4 \cdot 2H_2O$，含钙量约23%。它由石膏矿直接粉碎而成，呈粉末状，微溶于水，粒细有利于溶解，供硫能力和改土效果也较高，通

常以过 0.25 mm 筛孔为宜。

熟石膏又称雪花石膏。其主要成分为 $CaSO_4 \cdot H_2O$，含钙约 25.8%。它由生石膏加热脱水而成。吸湿性强，吸水后又变为生石膏，物理性质变差，施用不便，宜储存在干燥处。

磷石膏，其主要成分为 $CaSO_4 \cdot 2H_2O$，约占 64%，其中含钙约 14.9%。磷石膏是硫酸分解磷矿石制取磷酸后的残渣，是生产磷酸二铵的副产品。其成分因产地而异，一般含硫 11.9%、P_2O_5 2%左右。

(5)其他含钙肥料

一些化学氮肥如 $Ca(NO_3)_2$、硝酸铵钙等都含有钙。一些磷肥中常有含钙的成分，过磷酸钙、重过磷酸钙、钙镁磷肥等。

8.5.1.2　镁肥的种类和性质

镁肥品种较少，大多是兼作肥料用的化工产品及原料。镁肥根据溶解性，可分为水肥和弱水溶性镁肥两类。水溶性镁肥包括硫酸镁、硝酸镁、硫酸钾镁等；弱水溶性镁肥包括碳酸镁、氧化镁、白云石、蛇纹石等，它们的形态、含量与性质见表 8-2。

表 8-2　镁肥的形态、含量与性质

名　称	形态	MgO/%	主要性质
硫酸镁	$MgSO_4 \cdot 7H_2O$	13~16	酸性，易溶于水
氯化镁	$MgCl_2$	42.5	酸性，易溶于水
硝酸镁	$Mg(NO_3)_2 \cdot 6H_2O$	15.7	酸性，易溶于水
碳酸镁	$MgCO_3$	28.8	中性，微溶于水
氧化镁	MgO	55	碱性，微溶于水
硫酸钾镁	$K_2SO_4 \cdot 2MgSO_4$	11.2	酸性或中性，易溶于水
磷酸镁	$Mg_3(PO_4)_2$	40.6	碱性，易溶于水
白云石	$CaCO_3 \cdot MgCO_3$	21.7	碱性，微溶于水
蛇纹石	$H_4Mg_2SiO_9$	43.3	中性，微溶于水
光卤石	$KCl \cdot MgCl_2 \cdot 6H_2O$	14.4	中性，易溶于水

8.5.1.3　硫肥的种类和性质

含硫肥料的种类较多，大多数是氮、硼、钾、镁、铁肥的副成分，如硫酸铵、普通过磷酸钙、硫酸钾、硫酸钾镁、硫酸镁、硫酸亚铁等，但只有硫黄和石膏被专门作为硫肥而施用。

(1)硫黄

硫黄是一种惰性的、不溶于水的黄色结晶固体，一般含硫 95%~99%，硫黄经磨细与土壤混合会被土壤微生物氧化成 SO_4^{2-} 才能被植物吸收利用。

(2)石膏

见本节中相关钙肥的阐述。

8.5.1.4　微肥的种类和性质

微量元素肥料品种很多，目前较为常用的单纯化学肥料形态、含量与性质见表 8-3。

表 8-3　微量元素肥料形态、含量与性质

微量肥料	化学名称	形态	元素/%	主要性质
B 肥	硼酸	H_3BO_3	16.1~16.6	白色结晶或粉末，溶于水
	硼砂	$Na_2B_4O_7 \cdot 10H_2O$	10.3~10.8	白色结晶或粉末，溶于水
	五水四硼酸钠	$Na_2B_4O_7 \cdot 5H_2O$	14	白色结晶或粉末，易溶于热水
	无水硼砂	$Na_2B_4O_7$	20	无色晶体，吸湿性较强，溶于水
	十硼酸钠	$Na_2B_{10}O_{16} \cdot 10H_2O$	18	白色菱形晶体，溶于水
Mo 肥	钼酸铵	$(NH_4)_6MoO_{24} \cdot 4H_2O$	50~54	黄白色结晶，溶于水
	钼酸钠	$Na_2MoO_4 \cdot 2H_2O$	35~39	青白色结晶，易溶于水
Zn 肥	硫酸锌	$ZnSO_4 \cdot 7H_2O$，$ZnSO_4 \cdot H_2O$	23，35	无色或白色结晶，易溶于水
	氯化锌	$ZnCl_2$	48	白色结晶，溶于水
	碳酸锌	$ZnCO_3$	52	白色粉末，不溶于水，溶于酸碱
	氧化锌	ZnO	78	白色粉末，不溶于水，溶于酸碱
	螯合态锌	Zn-EDTA	14	白色粉末，溶于水
Mn 肥	硫酸锰	$MnSO_4 \cdot H_2O$	31	易溶于水
	氯化锰	$MnCl_2 \cdot 4H_2O$	27	易溶于水
	碳酸锰	$MnCO_3$	43	难溶于水
	硝酸锰	$Mn(NO_3)_2 \cdot 4H_2O$	21	易溶于水
	硫酸锰铵	$3MnSO_4 \cdot (NH_4)_2SO_4$	26~28	易溶于水
Fe 肥	硫酸亚铁	$FeSO_4$	19	易溶于水
	硫酸亚铁铵	$FeSO_4 \cdot (NH_4)_2SO_4 \cdot 6H_2O$	14	易溶于水
	三氯化铁	$FeCl_3$	20.6	易溶于水
	螯合铁	Fe-EDTA，Fe-HEDTA，Fe-DTPA，Fe-EDDHA	5~12	易溶于水
	氨基酸螯合铁	$Fe \cdot H_2N \cdot R \cdot COOH$	10~16	易溶于水
	柠檬酸铁	$C_6H_5O_7Fe \cdot 5H_2O$	16.5~18.5	溶于热水
Cu 肥	硫酸铜	$CuSO_4 \cdot H_2O$，$CuSO_4 \cdot 5H_2O$	35，25	蓝色晶体，溶于水
	碱式硫酸铜	$CuSO_4 \cdot 3Cu(OH)_2$，$CuSO_4 \cdot Cu(OH)_2$	13~53，57	绿色晶体，难溶于水，能溶于稀酸和氨水
	氧化铜	CuO	89	红棕色粉末，难溶于水
	螯合态铜	Cu-EDTA	18	溶于水
	硫化铜	CuS	80	黑色粉末，难溶于水
含氯化学肥料	氯化铵	NH_4Cl	66	白色结晶，溶于水
	氯化钾	KCl	47	白色或淡黄色结晶，溶于水
	氯化钙	$CaCl_2$	65	白色粉末，溶于水

8.5.2　中微量元素肥料的合理施用

8.5.2.1　钙肥的合理施用

(1)石灰合理施用

①需用量　是指将土壤 pH 值调节到植物生长最适宜范围下限时，所需要加入的石灰数量。石灰需用量的多少要根据土壤性质、植物种类、气候条件、石灰种类、施用目的与方法来确定。施用石灰主要是为了中和土壤酸度，石灰的用量可以大些，但具体施用多少适宜，需较复杂的土壤分析。确定石灰肥料用量的方法有几种，主要有根据土壤交换性酸度或水解性酸度计算法、根据土壤中阳离子交换量与盐基饱和度计算法、田间试验法等。中国科学院南京土壤研究所甘家山红壤试验场进行了 6 年的石灰施用试验，根据土壤 pH 值、质地及施用年限等提出了酸性红壤石灰用量(表 8-4)。

表 8-4　不同质地土壤第一年石灰施用量　　$kg \cdot hm^{-2}$

酸反应类型	黏土	壤土	砂土
强酸性(pH4.5~5.0)	2 250	1 500	750~1 125
酸性(pH5.0~6.0)	1 125~1 875	750~1125	375~750
微酸性(pH6.0)	750	375~750	375

②施用方法　石灰肥料可作基肥和追肥施用，一般多作基肥，也可作追肥。在酸性土壤上作基肥施用时，要深施和浅施相结合，把一部分(约 1/2)石灰翻耕下去，而把另一部分(约 1/2)耙入土壤。在酸性较小的土壤上，石灰可以一次耕入或耙入土中。石灰的施用也可结合有机肥料耕翻、绿肥压青或稻草还田时撒施。石灰作追肥施用时要提前追入，以满足植物对钙的早期营养要求。石灰是强碱性肥料，施用时不能与铵态氮肥、腐熟的有机肥料混合，以免引起氮的挥发损失。当在酸性土壤上施用酸性、生理酸性肥料如 $Ca(H_2PO_4)_2$、K_2SO_4、$KClO_3$ 等均可与石灰配合施用，这样既可以中和酸性，又可以提高植物对养分的利用率。$CaCl_2$、$Ca(NO_3)_2$ 等钙肥宜采用根外追肥方式施用。一般用 0.1%~0.5%溶液，每隔 7 d 左右喷施 1 次，连续 3~4 次。

(2)石膏合理施用

石膏是另一种重要的钙质肥料。石膏不仅供应 26%~32%的钙，而且还含有 15%~18%的硫。在我国西北、华北、东北地区的干旱、半干旱地区还分布许多碱化土壤，土壤溶液含浓度较高的碳酸钠、重碳酸钠等盐类，土壤胶体被代换性 Na^+所饱和，Ca^{2+}很少，土壤胶体分散。这类土壤需要施用石膏来中和碱性，改良土壤理化性状，降低 Na^+毒害。石膏的施用主要有两个目的，其施用技术为：

①以改良土壤为目的　施用石膏必须与灌排工程相结合。重碱地施用石膏应采取全层施用法，在雨前或灌水前将石膏均匀施于地面，并耕翻入土，使之与土混匀，与土壤中的交换性钠起交换作用，形成硫酸钠，通过雨水或灌溉水，冲洗排碱。若为中度碱地，其碱斑面积在 15%以下者，可将石膏直接施于碱斑上。轻度碱地宜在春秋季节平整土地，然后耕地，将石膏均匀施在犁沟上，通过耙地，使之与土混匀，再进行播种。

②以提供硫素营养为目的　石膏可作基肥、追肥和种肥。旱地作基肥，一般用量为

225~390 kg · hm^{-2}，将石膏粉碎后撒于地面，结合耕作施入土中。

8.5.2.2 镁肥的合理施用

镁肥的肥效与土壤性质、植物种类及镁肥品种关系密切。一般来说，在降雨多、风化淋溶较重的土壤，如我国南方由花岗岩或片麻岩发育的土壤、第四纪红色黏土、交换量低的砂土以及大量施用石灰或钾肥的酸性土壤，土壤交换性镁较低，施用镁肥效果显著。大多果树植物需镁较多，易出现缺镁症状，必须施用镁肥。不同镁肥品种的肥效也不尽相同，在酸性红壤上施用镁肥，不同镁肥的肥效一般为：碳酸镁>硝酸镁>氧化镁>硫酸镁。一般酸性土壤施用白云石和碳酸镁效果较好，碱性或中性土壤施用氧化镁和硫酸镁较好。此外，施用含铵态氮的化学肥料，可诱发缺镁，而施用含硝态氮肥料能促进 Mg^{2+} 的吸收，因而，在镁供应不足的土壤上，最好施用硝态氮肥，而避免施用铵态氮肥。

镁肥可作基肥和追肥施用，水溶性镁肥宜作追肥，微水溶性镁肥宜作基肥，其用量视植物种类和土壤缺镁程度而定。以镁计，一般用量为 15~22.5 kg · hm^{-2}。作根外追肥，硫酸镁溶液浓度以 1%~2%为宜，每隔 7~10 d 喷施 1 次，连续 2~3 d 即可。此外，镁肥施用应严格控制用量，过多施用镁肥会引起其他营养元素的比例失调。

8.5.2.3 硫肥的合理施用

土壤有效硫含量是标志土壤供硫水平的重要指标之一，其含量高低与硫肥肥效有密切关系。对一般栽培植物来说，土壤有效硫的临界值为 16 mg · kg^{-1}；土壤有效硫大于 20 mg · kg^{-1}，一般不需要施用硫肥。否则，施多了反而使土壤酸化并导致减产。

十字花科、豆科等植物需硫较多，对硫反应比较敏感，在缺硫时应及时供应少量硫肥。禾本科植物对硫敏感性比较差，比较耐缺硫，在缺硫严重时，施用硫肥较多时才显示肥效。

硫肥施用方法和用量视不同土壤和植物而定，一般用石膏作基肥或追肥，旱地用量为 225~375 kg · hm^{-2}，将石膏粉碎撒施于土壤表面，再翻耕、耙均匀；水田用量为 75~50 kg · hm^{-2}；作种肥或进行蘸秧根是经济施用硫肥的有效方法，用量为 30~45 kg · hm^{-2} 为宜，其肥效往往胜于 225~375 kg · hm^{-2} 撒施的效果；通常硫肥早施比迟施效果好。

硫黄虽然元素单纯，但必须经微生物转化成硫酸盐的形式后才能被植物吸收，而这种转化受土壤温度、酸碱度和硫黄颗粒大小的影响，因此，在寒冷季节或干旱土壤上施用硫黄不能迅速氧化，肥效慢，应尽早施用，硫黄用量一般以 30~45 kg · hm^{-2} 为宜。

8.5.2.4 微量元素肥料的合理施用

微肥可以单独施用，也可与大量元素肥料混合施用。由于植物对微量元素的需要量少，微量元素从缺乏到毒害的数量范围窄，因此施用时要注意掌握用量。在植物营养诊断的基础上，采用测土施肥技术，对不同植物进行施肥。根据我国土壤微量元素状况，经济林需要施用微肥的主要有铁、钼、锌、锰、硼、铁和铜肥。

(1)硼肥的合理施用

①土壤中硼的含量及其有效性是影响硼肥肥效的主要因素之一　一般土壤 pH4.7~6.7 时，硼的有效性最高，缺硼大多发生在中性、碱性的土壤上；一般砂壤土含量低，重壤土含量高，总的趋势是：砂壤<轻壤<中壤<重壤。但在湿润多雨地区，水溶性硼易遭淋失，

因此，在强烈淋溶的酸性土中，有效硼一般较少，会发生缺硼现象。

②不同植物对硼的需要量不同　一般双子叶植物需硼量常比单子叶植物高。按照植物需硼量的高低，大体可将植物分为 3 类，坚果类植物、油料植物等需硼量高；茶树、桃等需硼量中等；禾本科植物需硼量低。

③硼肥常用的施用方法有撒施、条施和叶面喷施　硼肥直接作种肥，易对种子和幼苗产生毒害，故一般不用硼肥处理种子。植物需硼肥的适量与过量的界限相差较小，如施用不当，容易发生过量的毒害。用硼砂作基肥时，一般施用量为 7.5~15 $kg \cdot hm^{-2}$，与干细土混匀进行撒施、条施或穴施。根外追肥时的浓度：硼酸为 0.02%~0.1%；硼砂为 0.05%~0.20%。

(2) 钼肥的合理施用

①根据土壤有效钼含量施用钼肥　在我国南方酸性土壤中，虽然全钼含量很高，但可给性都往往很低，有效钼过少，不能满足作物需要。因此，在南方的红壤上，钼的肥效一般都很好。在酸性土壤上施用钼肥时，要与施用石灰以及酸碱性一起考虑，才能获得较好效果。

②按植物对缺钼反应敏感性施用钼肥　花生、花椰菜等对钼敏感；柑橘等对钼中度敏感；葡萄等对钼不敏感。

③钼肥可作基肥、追肥和种肥　施用含钼的其他化学肥料及含钼工业废渣作基肥施，它肥效持久，用量以有效钼计算为 75~300 $g \cdot hm^{-2}$。常用的钼酸铵肥料，价格昂贵，拌种或喷施比较有效，拌种每千克种子用钼酸铵 2 g，配成 3%~5%的溶液均匀喷于种子表面，阴干后即可播种；浸种浓度为 0.05%~0.1%钼酸铵溶液，浸泡 12 h；叶面喷施用 0.01%~0.1%钼酸铵溶液，于蕾期至盛花期喷施 2~3 次。

(3) 锌肥的合理施用

①根据土壤有效锌含量施用锌肥　土壤有效锌的含量，受土壤条件影响较大。一般认为，容易缺锌的土壤主要集中在淋溶性强烈的酸性土壤(尤其是砂性较大的土壤，施用石灰时易发生诱发性缺锌)、碱性土壤、有机质土、花岗岩母质发育的土壤和冲积土等。

②按植物对缺锌反应敏感性施用锌肥　柑橘等果树对锌的需求量比较大，对缺锌敏感。

③锌肥可作基肥、追肥、种肥和根外追肥　难溶性锌肥如碳酸锌、氧化锌、硫化锌等宜作基肥施用，水溶性锌肥如硫酸锌、螯合态锌等作种肥和追肥效果好。生产上常用的锌肥多是硫酸锌，作基肥施用量为 15~30 $kg \cdot hm^{-2}$，可与细土或有机肥料混合均匀后撒施；根外追肥的浓度为 0.1%~0.2%，用量约为 750 $g \cdot hm^{-2}$；浸种用硫酸锌溶液浓度为 0.02%~0.10%，浸种时间一般为 12~24 h，阴干后即可播种；拌种每千克种子用 2~6 g 硫酸锌，以少量水溶解，喷于种子上，边喷边搅拌，用水量以能搅拌种子即可，种子晾干后播种。

(4) 锰肥的合理施用

①根据土壤有效锰含量施用锰肥　作物缺锰常出现在成土母质含锰量较低的砂土或游离碳酸盐含量较高的石灰性土壤上。我国南方酸性土壤有效锰的含量较高，大部分土壤均不必施用锰肥，只有当大量施用石灰使土壤 pH 值升高时，才可能发生诱发性缺锰。另外，水旱轮作土壤有效锰淋失严重，也有可能导致缺锰。

②按植物对缺锰反应敏感性施用锰肥　不同种类的作物或同一作物的不同品种对锰的敏感程度不同。如茶树需锰量高，其叶片含锰量比一般农作物高很多。

③锰肥宜作种肥、基肥和叶面喷施　用于拌种，每千克种子用5~10 g硫酸锰，先用少量水溶解，然后均匀地喷洒在种子表面，阴干后播种。施用硫酸锰15~30 kg·hm^{-2}，为减少土壤对锰的固定，应与有机肥料混合均匀后施用。叶面喷施，每公顷用0.1%硫酸锰30~50 kg。浸种时常用0.05%~0.2%硫酸锰溶液浸种8 h，种子与溶液比例为1∶1，捞出晾干后播种。

(5)铁肥的合理施用

①根据土壤有效铁含量施用铁肥　我国南方酸性土壤含铁量很高，一般不缺铁。在石灰性土壤上，铁容易形成氢氧化铁和碳酸铁沉淀，而出现缺铁现象。

②按植物对缺铁反应敏感性施用铁肥　双子叶植物比单子叶植物容易缺铁。许多木本植物包括果树如银杏、香樟、白玉兰、栀子、桑树、苹果、梨、桃、葡萄、杏、李、橘、枣等容易发生缺铁。

③铁肥多采用叶面喷施方式　喷施的浓度一般以0.2%~1%为宜，多在树木萌芽前喷施。也可采用局部富铁法矫正，即用5~10 kg的硫酸亚铁与200~300 kg优质的有机肥料混匀，在树冠外围挖沟环施后覆土，使局部富集大量的亚铁盐供树木的根系吸收。高压注射法也是一种有效的施铁方法，即用0.3%~0.5%硫酸亚铁溶液直接注射到树干内。

(6)铜肥的合理施用

①根据土壤有效铜含量施用铜肥　当土壤有效铜低于4 mg·kg^{-1}时，施铜肥有一定效果，有效铜含量低的土壤，施用效果显著。

②按植物对缺铜反应敏感性施用铜肥　植物对缺铜反应敏感性分为敏感、比较敏感和反应一般3类。对缺铜敏感的植物，施铜肥肥效高，应优先考虑施用铜肥。一般果树对缺铜反应较敏感。

③常用铜肥是硫酸铜，施用方法有基施、喷施和作种肥基肥　多年生植物可以采用硫酸铜10~15 kg·hm^{-2}拌细土，开沟施于播种行两侧，每隔3~4年施1次。喷施：将硫酸铜配成0.02%~0.2%的溶液，在作物苗期至开花期喷施2~3次，每次间隔7~10 d，每次用肥液750~1 125 kg·hm^{-2}。

本章小结

本章主要介绍林木中的钙、镁、硫及铁、锰、铜、锌、硼、钼、氯、镍等中微量元素的含量，存在形态和分布，以及这些元素在植物体内的功能、吸收和转运及失调时的症状；这些元素在土壤中的含量，存在形态与转化及其有效性；同时还阐述了中、微量元素代表性肥料的性质和施用技术。

思考题

1. 植物缺钙的典型症状是什么？
2. 钙是如何作为第二信使起作用的？
3. 缺镁、缺硫均会造成叶片黄化，二者有何不同？
4. 硫是如何参与电子传递的？
5. 哪些元素参与了植物体内的电子传递？其生理意义是什么？

6. 说明植物缺铁的症状、原因以及植物对缺铁的可能适应机制。
7. 缺锰对植物的生长有何影响？为什么？
8. 植物缺锌的主要症状是什么？
9. 植物缺硼的主要症状有哪些？部位与硼的生理功能之间的关系如何？
10. 描述典型的缺钼症状，缺钼对高等植物体内的哪些生理过程有直接影响？
11. 影响土壤中、微量营养元素有效性的因素有哪些？
12. 常用的钙肥有哪些品种？如何有效地施用钙肥？
13. 常用镁肥品种有哪些？如何有效地施用镁肥？
14. 施用微量元素肥料应注意哪些问题？

参考文献

胡蔼堂，2012. 植物营养学(下册)[M]. 2 版. 北京：中国农业大学出版社.
潘瑞炽，2001. 植物生理学[M]. 4 版. 北京：高等教育出版社.
孙曦，1996. 中国农业百科全书·农业化学卷[M]. 北京：中国农业出版社.
袁可能，1983. 植物营养元素的土壤化学[M]. 北京：科学出版社.
中国农业科学院土壤肥料研究所，1994. 中国肥料[M]. 上海：上海科学技术出版社.

第 9 章　复混肥料的营养作用

随着化肥工业的快速发展，高浓度和复合化成为世界化肥生产和消费的主流。目前，复混肥已经成为许多国家作物养分的主要来源。满足植物养分需求、匹配区域土壤和气候条件、提高养分利用效率成为复混肥发展的动力。推动复混肥产业发展，科学合理施用复混肥产品，是实现林木高产、优质、高效和环保的重要途径。

9.1　复混肥料的概述

9.1.1　复混肥料的发展概况

9.1.1.1　复混肥料的定义及养分含量表示

(1)复混肥料

复混肥料是指凡是肥料成分中同时含有氮、磷、钾三要素或其中任何两种养分的化学肥料。在肥料学中“复混肥料”是相对于“单质肥料”或“单一肥料”而言。

复混肥料中含两种养分的称为二元复混肥料，如硝酸钾、磷酸二氢钾、磷酸铵等；含 3 种养分的称为三元复混肥料，如硝磷钾肥、铵磷钾肥、尿磷钾肥等；除 3 种养分外，同时还含有微量营养元素的称为多元复混肥料；除含有养分外，还含有农药、除草剂、生长素类等物质的称为多功能复混肥料。

(2)复混肥料的养分表示

复混肥料的养分指标是按 N、P_2O_5、K_2O 的百分含量依次排列。例如，一个标明为 10-10-10 的肥料是指含氮(N) 10%、磷(P_2O_5)10%、钾(K_2O)10%的三元复混肥料。如果是二元复混肥料，以“0”表示所缺的那一种营养元素，例如，18-46-0，是表示该肥料是含氮(N)为 18%、磷(P_2O_5)46%、不含 K 的二元复混肥料。复混肥料中所含的中微量营养元素是在 K_2O 后加以注明，例如，12-12-12-2(B)，表示是一种含硼(B)2%的 N、P、K、B 的多元复混肥料。复混肥料中几种主要养分元素有效含量的总和称为复混肥料养分总量，例如，磷酸二铵包装袋上标明 18-46-0，即表明其养分总量为 64%。将复混肥料养分总量大于 40%的称为高浓度复合肥料。

9.1.1.2　复混肥料的发展概况

世界复混肥料的发展简况：早在 1920 年，美国氰胺公司用热法磷酸与氨制成磷酸一铵(11-48-0)和硫磷铵(16-20-0)，年产量 2.5×10^4t，这是世界上第一家规模化的复合肥料厂。

在欧洲，早在 20 世纪二三十年代开发了冷冻法、碳化法和混酸法制取硝酸磷肥。从此，在世界上奠定了以磷酸铵和硝酸磷肥两大体系的现代复混肥工业。根据联合国粮食及农业组织肥料年鉴的统计数字，1990—2000 年世界发达国家以复混肥料形态施用的 N、P_2O_5、K_2O 分别占肥料消费总量的 20.4%~87.7%、79.2%~98.3%和 36.5%~99.6%。目前世界上已有 100 多个国家和地区广泛施用复混肥料。它在化肥生产和消费中占的比例越来越大。

随着科学技术的进步和农业集约化程度的提高，世界肥料逐步在向高浓度、多功能、专用化、复合化、液体化、缓效化方向发展。尤其以高浓度肥料的生产为主流。

我国复混肥发展简况：我国复混肥生产和应用起步较晚，发展缓慢。20 世纪 70 年代的 10 年间我国平均每年复混肥产量为 35×10^4 t 左右，只占年使用化肥的百分之几，1990 年施用量达到 341.6×10^4t，占化肥施用总量的 13.2%。有了一定发展。但在 1990—2005 年间，年均增长率不到 1%，且 50%依靠进口，并大部分以中、低浓度复混肥为主，因此我国复混肥的品种，生产工艺与配方等方面都有待进一步完善与提高。

9.1.2　复混肥料的分类

复混肥料通常按生产工艺或加工方法分类，目前国内外对复混肥料的分类方法尚不完全一致。在美国通称为复合肥料，在欧洲分为复合肥料和混合肥料。从不同的角度，复混肥料类型有不同的分法。

①按复合肥料中主要养分元素种类划分　可分为二元复混肥料（含有氮磷钾三要素中的任何两种），三元复混肥料（同时含有氮磷钾三要素）和多元复混肥料（含有氮磷钾三要素外，还含有其他种类的营养元素）。

②按复混肥料养分总量划分　可分为高浓度复混肥料（养分总量大于 40%），中浓度复混肥料（养分总量在 40%~30%），低浓度复混肥料（养分总量小于 30%，三元复混肥料大于 25%，二元复混肥料大于 20%）。

③按复混肥料剂型划分　可分为颗粒状、粉状、流体状复混肥料。流体状复混肥料又可分为液体状复混肥料和悬浮复混肥料。

④按复混肥料的制造方法划分　可分为化成复合肥料、混成复混肥料和掺合复混肥料。

化成复合肥料：在生产工艺流程中发生显著的化学反应，通过化学方法制成的复合肥料。这类肥料一般属二元复合肥料，无副成分。如磷酸铵（18-46-0）和硝酸钾（13-0-44）等均属典型的化合复合肥料。

混成复混肥料：在生产工艺中，通过几种单质肥料，或单质肥料与复合肥料混合，经二次加工造粒而制成的肥料，即为是复混肥料。混成复混肥料养分含量和比例较宽，但有的产品由于受工艺限制，养分含量和比例相对固定。产品多为三元复混肥料，常含副成分。例如，尿磷铵钾、氯磷铵钾、硝磷铵钾等。

掺合复混肥料（bulk blend fertilizer，BB 肥）：将颗粒大小比较一致的单质肥料或复合肥料作基础肥料，直接由肥料销售系统按当地土壤植物要求确定的配方，经称量和简单机械混合而成。如由磷酸铵与硫酸钾及尿素固体散装掺混的三元复混肥等。经常是随混随用，不长期存放。用户从肥料中能明显地看到氮、磷、钾的肥料颗粒，不易因造假而受到损失；一般掺合肥料较混成复混肥料成本低 10%。掺合复混肥料生产工艺简单、投资少、能耗低、成本低、养分配方灵活、针对性强、较单质肥料适合植物营养平衡的需要。其缺点是：如果各组分的粒径和比例相差较大，则会在运输、贮存和施用过程中出现程度不同的颗粒分离现象，从而影响产品质量与施肥效果。

9.1.3 复混肥料的特点

与单质肥料相比，复混肥料有很多优点，主要表现在以下 5 个方面：

(1)复混肥料所含养分种类多，含量高，副成分少

复混肥料养分种类至少含两种以上，即使是低浓度的养分含量至少规定在 20%以上。例如，国产磷酸铵含有效氮 18%(N)，有效磷 46%(P_2O_5)，养分总含量为 64%，不含副成分。一次施用复混肥料可同时提供多种养分，能满足植物平衡营养的需要，且有利于发挥营养元素之间的协同作用，降低成本，增加收益。

(2)物理形状好，便于施用

复混肥料一般都经过造粒，具有一定的抗压强度和粒度，有的还涂有疏水层，吸湿性小，不宜吸湿结块，颗粒大小均匀，便于贮存和施用。既适合于机械化施肥，同时也便于人工撒施。

(3)副成分少，对土壤无不良影响

单质化肥一般都含有大量副成分。如硫酸铵只含 20%的氮素，其中含有大量硫酸根副成分。而复混肥料所含养分则几乎全部或大部分是植物所需要的。施用时既可免除某些物质资源的浪费，又可避免某些副成分对土壤性质的不良影响。

(4)配比多样化，有利于针对性地选择和施用

掺和复混肥料(BB 肥)可根据土壤养分特点和植物营养特性，依生产要求拟订配方配制而成，产品的配比多样化，从而避免某些养分的浪费，提高肥料的增产效果。

(5)降低成本，节约开支

如生产 1 t 20-20-0 的硝酸磷肥比生产同样成分的硝酸铵和过磷酸钙可降低成本 10%左右；1 t 磷酸铵所含的有效氮和有效磷相当于 0.9 t 硫酸铵和 2.5 t 过磷酸钙，而体积却缩小了 2/3。因此，可节约包装、贮运和施用费用，提高施肥功效。

复混肥料的优点很多，但也存在一些缺点。主要为以下两个方面：

(1)化成复合肥料养分种类、比例固定，难以满足不同土壤和不同作物的需要

如三元复肥(15-15-15)，植物吸收的氮与钾往往比磷高，长期施用此类肥料后，会导致土壤中磷素累积，并引起微量元素缺乏等一系列生理障碍。如磷酸铵是以磷为主的氮磷复合肥料，适合于豆科作物对养分的比例要求，但在供氮能力差的土壤上，很难满足作物对氮的要求。因此，复混肥料中的养分必须按土壤情况和植物需要量，以及肥料利用率合理配置，制成适宜于某种土壤气候条件下的某种林木专用肥，这样既可减少肥料成分的浪费，又能最大限度地发挥复混肥料的优越性。

(2)难以满足不同施肥技术的要求

复混肥料中各种养分只能采用同一施肥时期、施肥方式和深度，这样不能充分发挥各种营养元素的最佳施肥效果。如磷酸铵，磷适合作为基肥、种肥施用，而氮适合作为追肥施用。

9.2　常用复混肥料性质及施用

9.2.1　二元复合肥料

各国商品复混肥料品种繁多，多者数千种，少者几十种至几百种。据《FAO 肥料年鉴》记载，世界 67 个代表性国家化肥市场的复肥共有 53 种养分比例。其中 35 种三元复肥的养分总含量($N+P_2O_5+K_2O$)平均为 39.6%。两元复肥基本上都是化成单体复肥，其养分浓度有高于三元混配复肥的趋势。

9.2.1.1　磷酸铵

磷酸铵[$(NH_4)_3PO_4$]简称磷铵，是由铵中和浓缩磷酸而生成的一组产物。由于铵中和的程度不同，主要产物有磷酸一铵和磷酸二铵。其反应式如下：

$$H_3PO_4+NH_3 \longrightarrow NH_4H_2PO_4 \tag{1}$$

$$H_3PO_4+2NH_3 \longrightarrow (NH_4)_2HPO_4 \tag{2}$$

磷酸铵都由氨中和磷酸生成料浆，再喷浆干燥或造粒制成。在美国也有将氨与磷酸、硫酸的混合液反应而制成产品，称为硫磷酸铵。目前世界上使用最广泛的磷酸铵类肥料级磷酸铵产品，常是一铵和二铵的混合物，而以其中一种为主。如肥料级磷酸一铵中通常一铵占 70%以上，其余为二铵等成分。

磷酸铵类肥料为灰白色结晶，其理化性质见表 9-1。

表 9-1　磷酸铵的基本理化性质

名称	简写	水中溶解度/(25℃，g·100g^{-1})	溶液 pH 值	分解温度/℃	养分含量/%			
					纯品		肥料级	
					N	P_2O_5	N	P_2O_5
磷酸一铵	MAP	41.6	4.4	>130	12.17	61.71	10~12	48~52
磷酸二酸	DAP	72.1	7.8	>70	21.19	53.76	18	46

磷酸铵在用作肥料时，要注意其遇热后及碱性条件下的分解。在石灰性土壤上，易发生分解，引起氨的挥发损失；同时在分解中因部分水溶性磷生成 $CaHPO_4$ 而向枸溶磷退化。主要化学反应如下：

$$CaCO_3+(NH_4)_2HPO_4 \longrightarrow 2NH_3\uparrow+\underset{\text{(枸溶性)}}{CaHPO_4}+CO_2\uparrow+H_2O \tag{3}$$

$$Ca(HCO_3)_2+(NH_4)_2HPO_4 \longrightarrow \underset{\text{(枸溶性)}}{CaHPO_4}+2NH_4HCO_3 \tag{4}$$

$$NH_4HCO_3 \longrightarrow NH_3\uparrow + CO_2\uparrow + H_2O$$

磷酸铵可作基肥、追肥和种肥施用。作种肥时用量不宜过多，应特别注意勿与种子直接接触，以免影响发芽与烧苗。作基肥时，常需配施氮肥，使 N：P_2O_5 的比例调整到适宜程度；磷酸铵可与多数肥料掺混施用，但不宜与草木灰、石灰等碱性肥料掺混，否则氨会挥发，磷的有效性也会降低。磷铵是一种不含副成分的高浓度氮、磷二元复合肥，适宜于远程运输。贮存时应注意防止吸潮。

9.2.1.2 其他磷酸铵系列复合肥料

由于正磷酸一铵和二铵所含的氮磷养分都是氮少磷多，不宜于单独施用。为了平衡其中的 N : P_2O_5 养分比例，在一些国家发展了添加单一氮肥的正磷酸铵系的复肥品种，其中最主要的有：

(1)硫磷酸铵

如由磷酸一铵和硫酸铵生产的品位为 16-20-0 的硫磷酸铵，产品的物理性好，临界吸湿点为相对湿度 75.8%，比磷酸一铵高。

(2)硝磷酸铵

系由磷酸硝酸混合酸与氨中和的产品，有时还可加入钾盐(KCl)制成三元复肥。代表品种的品位 25-25-0。

(3)尿磷酸铵

这是一种高浓度的固体复肥，有 N-P 型和 N-P-K 型，如品位为 28-28-0 和 22-22-11 等品种。产品物性好，适用于多种土壤与植物。

9.2.1.3 偏磷酸铵

偏磷酸铵(NH_4PO_3)是一种结晶状、稍有吸湿性，但不结块的高浓度氮、磷复合肥料。偏磷酸铵工业产品一般含氮 11%~12%，含五氧化二磷 58%~62%，总有效养分 69%~84%，其中氮素的 82%~98%为铵态氮，磷有 95%~99% 为枸溶性磷。偏磷酸铵的制造通常用 P_2O_5 与 NH_3 在水蒸气的作用下分两步生产。

第一步，P_2O_5 和 NH_3 生成磷氮酸：

$$P_2O_5+2NH_3 \rightleftharpoons 2(OH)_2PN+H_2O \tag{5}$$

第二步，水和磷氮酸反应生成偏磷酸铵：

$$(OH)_2PN+H_2O \rightleftharpoons NH_4PO_3 \tag{6}$$

偏磷酸铵产品可以固体形式直接作肥料使用。也可制成液体肥料，即在生产过程中向湿式洗涤器中加氨，即可制成含氮约 11%、含五氧化二磷约 40%的胶黏状液体复混肥料。偏磷酸铵主要作基肥施用，在其施入土壤后将首先转变成正磷酸铵，然后与正磷酸铵一样被植物吸收利用或继续进行其他化学变化。

9.2.1.4 硝酸磷肥

硝酸磷肥组分较复杂[$CaHPO_4 \cdot NH_4H_2PO_4 \cdot NH_4NO_3 \cdot Ca(NO_3)_2$]，是硝酸或硝酸硫酸(或硝酸磷酸)混合酸分解磷矿粉，除去部分可溶于水的硝酸钙后的产物。一般含氮 13%~26%，含五氧化二磷 12%~20%，N : P_2O_5 比例在 1 : 2 到 2 : 1 之间。由于不同生产方法、所获硝酸磷肥的产品成分也有一定差异。

硝酸磷肥制造过程的第一步是用硝酸分解磷矿粉得到磷酸和硝酸钙，其反应为：

$$Ca(PO_4)_3 \cdot F+10HNO_3 \longrightarrow 3H_3PO_4+5Ca(NO_3)_2+HF\uparrow \tag{7}$$

第二步是对此溶液进行化学加工，从溶液中去除硝酸钙。去除硝酸钙的加工方法有以下几种：

(1)混酸法

此法是用硝酸和硫酸的混合酸分解磷矿粉，这样制得的溶液中只有少量硝酸钙，大部分的钙与硫酸反应，生成硫酸钙，从溶液中沉淀下来，然后用氨去中和溶液，其反应如下：

$$2Ca_5(PO_4)_3 \cdot F+12HNO_3+4H_2SO_4 \longrightarrow 6H_3PO_4+6Ca(NO_3)_2+2HF\uparrow+4CaSO_4\downarrow \quad (8)$$

$$6H_3PO_4+5Ca(NO_3)_2+11NH_3 \longrightarrow 5CaHPO_4+10NH_4NO_3+NH_4H_2PO_4 \quad (9)$$

用此法生成的硝酸磷肥是一种含无水磷酸二钙、磷酸二氢铵和硝酸铵的氮、磷复合肥。用此法生产硝酸磷肥设备简单，但需要消耗一定的硫酸，总养分含量较低。

(2)碳化法

先氨化，再通入氨和二氧化碳中和反应溶液，使其中的硝酸钙生成碳酸钙沉淀出来；其反应式如下：

$$3H_3PO_4+5Ca(NO_3)_2+10NH_3+2CO_2+8H_2O \longrightarrow 3Ca(NO_3)_2 \cdot 2H_2O+10NH_4NO_3+2CaCO_3\downarrow \quad (10)$$

所制得的硝酸磷肥是一种含有二水磷酸二钙、硝酸铵和碳酸钙等成分的氮、磷复合肥。此法所需设备简单，成本较低，但所含磷素养分全部为枸溶性。

(3)冷冻法

利用低温(-5~5 ℃)条件下分离析出硝酸钙结晶，然后将氨通入溶液中进行中和，再经浓缩、干燥，既得硝酸磷肥。其反应式如下：

$$3H_3PO_4+Ca(NO_3)_2+4NH_3+2H_2O \longrightarrow CaHPO_4 \cdot 2H_2O+2NH_4H_2PO_4+2NH_4NO_3 \quad (11)$$

所制得的硝酸磷肥是一种含有二水磷酸二钙、磷酸二氢铵、硝酸铵等组分的氮、磷复合肥。此法所用的设备复杂，投资大。

我国已建成投产的山西潞城化肥厂是采用冷冻法生产硝酸磷肥，而河南开封化肥厂则采用混酸法生产。两地生产的硝酸磷肥规格均为 26-13-0，其中水溶性磷占有效磷的 50%以上。

硝酸磷肥一般为灰白色颗粒，有一定吸湿性，部分溶于水。硝酸磷肥中的硝酸铵和硝酸钙都可溶于水；磷酸铵和磷酸二钙，前者可溶，后者部分可溶于水。硝酸磷肥中的氮、磷来自 $NH_4H_2PO_4$，NH_4NO_3或 $(NH_4)_2SO_4$，它们遇碱易分解，同时挥发出氨味，须在贮运和施用过程中注意防湿防潮。由不同生产工艺制造的硝酸磷肥，其氮磷养分含量与形态组分也不相同，硝酸磷肥中的硝酸容易随水淋失。表 9-2 为几种常用生产工艺所得产品的养分含量。

表 9-2　不同生产工艺制得的硝酸磷肥养分含量

制造工艺	养分含量/%		P_2O_5 的溶性/%		$N : P_2O_5$
	N	P_2O_5	水溶	枸溶	
冷冻法	20	20	75	25	1 : 1
碳化法	18~19	12~13	0	100	1.5 : 1
混酸法	12~14	12~14	30~15	70~50	1 : 1

硝酸磷肥可用于多种作物和旱地土壤。由于其所含的氮素中约 50% 是硝态氮，易随水流动，故更适宜于旱地和旱作物，一般不用于水田和豆科作物。硝酸磷肥可作基肥和追肥，但作基肥集中深施的效果更好。与单一的氮肥(硝铵)和磷肥(普钙或重钙)等养分相比较，硝酸磷肥的肥效基本相似。

9.2.1.5 磷酸二氢钾

磷酸二氢钾(KH_2PO_4)含 P_2O_5 52%，K_2O 34%是一种高浓度的磷、钾复合肥料。目前主要采用离子交换法生产磷酸二氢钾，它不仅可用廉价的氯化钾代替昂贵的碳酸钾或氢氧化钾，而且可用氨中和湿法除去大部分杂质，获得较纯的磷酸二氢铵溶液作为离子交换的原料。原料及能耗等比通用的中和法节省 30%以上。

工业上生产 KH_2PO_4，大都利用磷酸与钾碱或钾盐的相互反应。用硫酸钾作钾源时，须先将硫酸钾转化成氢氧化钾，再用磷酸中和，两步反应为：

$$K_2SO_4+CaO+H_2O \longrightarrow 2KOH+CaSO_4 \downarrow \tag{12}$$

$$KOH+H_3PO_4 \longrightarrow KH_2PO_4+H_2O \tag{13}$$

利用草木灰(含 K_2CO_3) 制造 KH_2PO_4 时，可先将草木灰淋水，收集滤液熬煮浓液，然后与磷酸反应，可得到 KH_2PO_4 的粗制品。

纯净的磷酸二氢钾为白色或灰白色粉末，20℃时比重为 2.3，吸湿性弱，物理性质良好，易溶于水，在 20℃ 时每 100mL 水可溶解 23g，水溶液呈酸性，pH 3～4。熔点为 253℃。

磷酸二氢钾属高浓度二元化成复合肥料，适合于各种作物与土壤使用，尤其适用于磷、钾养分同时缺乏的地区和喜磷、喜钾作物。可作基肥、种肥或中晚期追肥施用。由于 KH_2PO_4 价格较昂贵，目前多用于浸种或根外追肥的方法使用。作根外追肥时若单独喷施，也可与氮素及其他养分配成复合营养液作根外追肥。近年在我国各地使用的叶面复合营养液，大都将 KH_2PO_4 作为一种高浓度又有较好亲水性的磷钾肥源。

9.2.1.6 硝酸钾

硝酸钾(KNO_3)是不含氯的氮钾二元复合肥料。纯品含 K_2O 46%和 N 13.8%；肥料级产品含 K_2O 44%和 N 13%左右，N∶K_2O 为 1∶3.4，是含钾为主的高浓度复肥品种之一。硝酸钾是将硝酸钠和氯化钾溶在一起进行复分解反应后再重新结晶而制成的，其反应如下：

$$NaNO_3+KCl \longrightarrow KNO_3+ NaCl \tag{14}$$

我国的硝酸钾有一部分是由土硝提制的，故又称火硝。

纯品硝酸钾外观白色，通常以无色晶体或细粒状存在，物理性状良好。肥料级产品外观大都呈浅黄色。微吸湿，20 ℃时相对吸湿点为 92.3%，一般不易结块；易溶于水，溶解度随温度升高而增大。硝酸钾是一种强氧化剂，加热分解放出氧。

硝酸钾除可作肥料外，工业上还广泛用于黑色火药、烟火、火柴、玻璃工业和食品防腐等用途。

硝酸钾所含的 NO_3^- 和 K^+都容易被植物吸收。施入土壤后，易移动，适宜作追肥，尤其是植物的中晚期追肥或作受霜冻害作物的追肥。由于硝酸钾所含的 K_2O 是其含氮量的

3.4 倍，故也常将其作为高浓钾肥用。对烟草、葡萄、茄果类蔬菜等经济作物作追肥，肥效快，农产品的质量好。KNO_3 除可单独施用外，也可与硫酸铵等氮肥混合或配合施用。可以调整肥料中的 N : K_2O 比例。

9.2.2 三元复合肥料

这是含有氮磷钾 3 个养分的一类复合肥料，而不是一个品种。三元复混肥料是各种基础肥料经二次加工的产品。制备三元复混肥料的基础肥料中单质肥料可用硝酸铵、尿素、硫酸铵、氯化铵、普通过磷酸钙、重过磷酸钙、钙镁磷肥、氯化钾和硫酸钾等，也可用磷酸一铵、磷酸二铵等二元复合肥料。

由于复混肥的原料来源复杂、生产工艺的多样及养分含量的不确定，为了适应我国复混肥的生产迅速发展的需要和规范复混肥料的管理，国家正式颁布了复混肥国家标准(表 9-3)。

表 9-3 复混肥料的品质规格(GB 15063—2009)

项目		指标		
		高浓度	中浓度	低浓度
总养分($N+P_2O_5+K_2O$)的质量分数[a]		≥40.0	30.0	25.0
水溶性磷占有效磷百分率[b]		≥60	50	40
水分(H_2O)的质量分数[c]		≤2.0	2.5	5.0
粒度(1.00~4.75mm 或 3.35~5.60mm)[d]		≥90	90	80
氯离子的质量分数[e]	未标“含氯”的产品	≤ 3.0		
	标识“含氯(低氯)”的产品	≤15.0		
	标识“含氯(中氯)”的产品	≤30.0		

注：a. 组成产品的单一养分含量不应小于 4.0%，且单一养分测定值与标明值的负偏差绝对值不得大于 1.5%。

b. 以钙镁磷肥等枸溶性磷肥为基础磷肥，并在包装容器上注明为“枸溶性磷”时，“水溶性磷占有效磷百分率”项目不做检验和判定。若为氮、钾二元肥料，“水溶性磷占有效磷百分率”项目不做检验和判定。

c. 水分为出厂检验项目。

d. 特殊形状和更大颗粒(粉状除外)产品的粒度可由供需双方协议确定。

e. 氯离子质量分数大于 30.0%的产品，应在包装袋上标明“含氯(高氯)”，标识“含氯(高氯)”的产品氯离子的质量分数可不做检验和判断。

9.2.2.1 尿磷钾肥

尿磷钾是由尿素、磷酸一铵和氯化钾按不同比例掺混造粒而成的三元复混肥料。一般要求以粉粒状的基础肥料为原料进行混合。通过加热和添加某些液体使混合物料中产生一定量的液相，并在滚动情况下制成颗粒。也可采用料浆造粒工艺，即结合磷酸铵的生产，在将磷酸铵料浆加入造粒机的同时，加入尿素和钾肥一起造粒。上海化工研究院通过中试生产尿素—磷酸一铵—氯化钾体系的典型品种有 15-15-15，19-19-19，27-13.5-13.5，23-11.5-23，23-23-11.5 等几种含量规格。

我国各地土壤、气候条件差异很大，作物种类亦多，对三元复混肥料的氯磷钾比例有不同的要求。因此，各地应根据需要生产各种比例的三元复混肥料。

9.2.2.2 铵磷钾肥

铵磷钾肥是用硫酸铵、硫酸钾和磷酸盐按不同比例混合而成的三元复混肥料。也可用磷酸铵加钾盐制成。一般有12-14-12，10-20-15，20-30-10等几种比例。由于铵磷钾肥中磷的比例较大，可以适当配合单元氮、钾肥，以便更好发挥肥效。

铵磷钾肥物理性状良好，3种养分基本上都是速效性的，易被植物吸收利用，适宜条施或穴施作种肥和基肥。

9.3 复混肥料的配制

复混肥料是以单质肥料和单体化成复肥(如硝酸钾)作为基础物料，按照一定的配方体系采用适当的综合工艺加工而成的。从基础物料到复肥成品要经过选料→配方→复混→造粒等一系列的生产过程。同时，复肥成品与其所组成的基础肥料之间在物理化学性质上有所改变，为了保证复肥产品的质量，在复肥加工生产中，选择与匹配基础物料、优化配方、复混与造粒等各项工艺技术都是重要的。本节简要介绍复混肥料的剂型，肥料混合的原则，以及原料选配、生产工艺等产品性状。

9.3.1 混合肥料的剂型

混合肥料是将两种或三种单质化肥，或用一种复合肥料作基础再加入一二种单质化肥，通过机械混合的方法，制取不同养分比例的各种混合肥料。生产工艺流程以物理过程为主。按照混合肥料的加工方式和剂型可分为粉状混合肥料、粒状混合肥料和流体状复混肥料。粉状混合肥料采用干粉掺和或干粉混合；粒状混合肥料由粉状混合肥料经过造粒、筛选、烘干而制成；流体状复混肥料又可分为液体状复混肥料和悬浮复混肥料。液体复混肥料是指将所有肥料组分都溶解于水中，形成清澈溶液的液体肥料；通过悬浮剂的作用将一部分肥料悬浮在水溶液中制成悬浮液混合肥料。

(1)粉状混合肥料

采用干粉掺合或干粉混合，它是生产混合肥料中最古老、最简单的工艺。主要设备为混合器。主要配料成分有粉状过磷酸钙、重过磷酸钙、硫酸铵、硝酸铵、氯化钾等。粉状掺和肥料容易结块，在加工中加棉籽壳粉、稻壳粉、蛭石粉、珍珠岩粉、硅藻土等物料，可以减少结块现象。其加工方法简单，生产成本低。其缺点是：肥料物理性差，不适宜机械施肥，因此生产较少，而且我国实施的复混肥料国家标准指出粒度指标是强制性指标，因此不宜发展粉状混合肥料。粉状混合肥料可在农村随配随用，但不可作为商品在市场上流通。

(2)粒状混合肥料

粒状混合肥料它是在粉状混合肥料基础上发展起来的。粒状掺合肥料的优点是：颗粒中养分分布比较均匀，物理性状好，施用方便；而且可以根据植物需要，更换肥料配方，有较大灵活性。这类肥料是我国目前主要的复混肥料品种。其缺点是：肥料生产成本较高，在我国现有肥料生产和销售体制下，生产粒状混合掺合肥料的二次加工及二次包装等问题，增加了肥料生产成本。粒状混合肥料可用粉状、颗粒状或结晶状物料结合，颗粒状物必须在混合造粒前进行破碎处理。在生产粒状混合肥料中，不管采用哪种造粒工艺，都应该注意肥料的相合性。

(3)清液混合肥料

清液型复肥与固体复肥相比，清液复肥由于在生产过程中无须蒸发和干燥，因而能耗低，没有粉尘和烟雾排放问题，贮运中也不会吸湿结块。如果一个地区装备有管道、贮罐、施肥机等专用设备，清液复肥的贮运施用都较方便，费用也较低。这类肥料还很易掺入灌溉水中用于喷灌和滴灌，也可稀释后直接作叶面营养液(叶面肥)施用。其缺点是：对基础肥料要求较高，必须是水溶性的，而且肥料之间不能产生沉淀，且要有特殊的贮存、运输设备，如汽车槽罐等，使其流通费用相对较高；而在遇到温度剧变，尤其在低温时，一些组分可能会产生结晶而沉淀。

生产清液复肥的基本原料是，在氮源尿素或尿素硝铵(UAN)溶液的基础上，添加磷铵(正磷铵或多磷铵)和氯化钾。对缺硫地区，部分氮源可用硫铵代替；如用作叶面喷施时，则钾源可用较贵的磷酸二氢钾或硫酸钾。磷源中使用多磷酸铵则优于正磷酸铵。因其溶解度更高，并对铜、锌等微量养分和由湿法磷酸中带入的大部分杂质(如铁)起多价螯合作用，使复肥溶液更清亮。

(4)悬浮液混合肥料

这是一类加有悬浮型复肥悬浮剂的液体复肥。悬浮液混合肥料的生产方法与清液混合肥料大致相似，只是需加入悬浮剂，如黏土等，使肥料的液相与固相处于稳定的悬浮平衡状态。例如，以多磷酸铵作为悬浮液，然后与氮、钾肥料溶液，黏土混合制成。另外清液混合肥料要求基础肥料完全溶解，尤其在配制含有微量元素的清液混合肥料时，为了使其完全溶解，常用价格昂贵的螯合态微量元素，而悬浮混合肥料对微量元素溶解度要求不严，除非它影响农艺效果才加以考虑。悬浮液混合肥料在贮运和使用过程中要定期搅拌，以使产品保持一定的液流度，不析出结晶沉淀，不堵塞管道。

9.3.2　肥料混合的原则

在实际生产中，常为了如下目的而将几种肥料配制成混成复合肥料施用：均衡地供给植物以各种养分，尤其是氮、钾、钾三大要素；提高肥效，发挥肥料的最大潜能；供肥与改土双重要求；减少操作次数，并节省劳力。但并非所有的肥料都能任意混合，只有混合恰当时才能起到均衡供肥和增效作用。在考虑肥料能否混合时，一般应遵循以下肥料混合原则。

(1)几种肥料混合后不能降低任何一种养分的有效养分含量

肥料混合后，能使养分的可利用性提高或降低某种肥料对植物的不良副作用，至少不能使其中任何一种养分的有效性降低或引起养分的损失。铵态氮肥、充分腐熟好的有机肥料与钙镁磷肥、石灰、草木灰等碱性的肥料混合时会发生氨的挥发损失。

$$2\,NH_4NO_3 + Ca(OH)_2 \longrightarrow 2NH_3\uparrow + Ca(NO_3)_2 + 2\,H_2O \tag{15}$$

硝态氮与过磷酸钙混合时，硝态氮会逐渐生成二氧化氮气体而挥发损失；硝态氮与未腐熟好的有机肥料混合堆置，会发生反硝化作用形成其气态氮而损失氮素；

$$2\,NH_4NO_3 + Ca(H_2PO_4)_2 \longrightarrow Ca(NH_2)_2(HPO_4)_2 + N_2O\uparrow + 3H_2O \tag{16}$$

$$2NH_4NO_3+2C(\text{有机肥料}) \longrightarrow N_2O\uparrow + (NH_4)_2CO_3 + CO_2\uparrow \quad (17)$$

速效性磷肥如过磷酸钙、重过磷酸钙与碱性肥料混合会生成难溶性的磷酸盐而降低磷的有效性。钙镁磷肥、难溶性磷肥与碱性肥料混合施用不利于有效磷的释放。

$$Ca(H_2PO_4)_2+Ca_2O \longrightarrow 2CaHPO_4+ H_2O \quad (18)$$

$$2CaHPO_4+ Ca_2O \longrightarrow Ca_3(PO_4)_2+ H_2O \quad (19)$$

尿素、磷酸氢二铵与过磷酸钙混合时，若在物料温度超过 60℃时，会使部分尿素水解，进而降低磷的有效性，应注意随混随用。

$$CO(NH_2)_2+ H_2O \longrightarrow 2NH_3+ CO_2\uparrow \quad (20)$$

$$Ca(H_2PO_4)_2 \cdot H_2O + NH_3 \longrightarrow CaHPO_4+ NH_2H_2PO_4+ H_2O \quad (21)$$

(2)肥料混合后，能使肥料的物理性状得到改善，至少不会产生不良的物理性状(如吸湿结块)

肥料的吸湿性以其临界相对湿度(即在一定的温度下，肥料开始向空气中吸水或失水时的空气相对湿度)来表示。一般来说，肥料盐混合物的临界湿度比其组分中单一肥料的临界相对湿度要低。如图 9-1 所示列出了肥料盐和三元混合肥料盐在 30℃时的临界相对湿度。从中可查出硝酸铵和尿素的临界相对湿度分别为 59. 4%和 75. 2%，而其混合物的临界相对湿度却降低至 18. 1%，因此，要选择吸湿性小的肥料品种混配。一般粒状肥料相互混合不易吸湿结块。

(3)肥料混合施用，应有利于提高肥效和施肥功效

在选择混合原料时，应考虑各种肥料是否可以混合或者混合后能否长期堆制。如图 9-2 所示可供配料选择时参考。

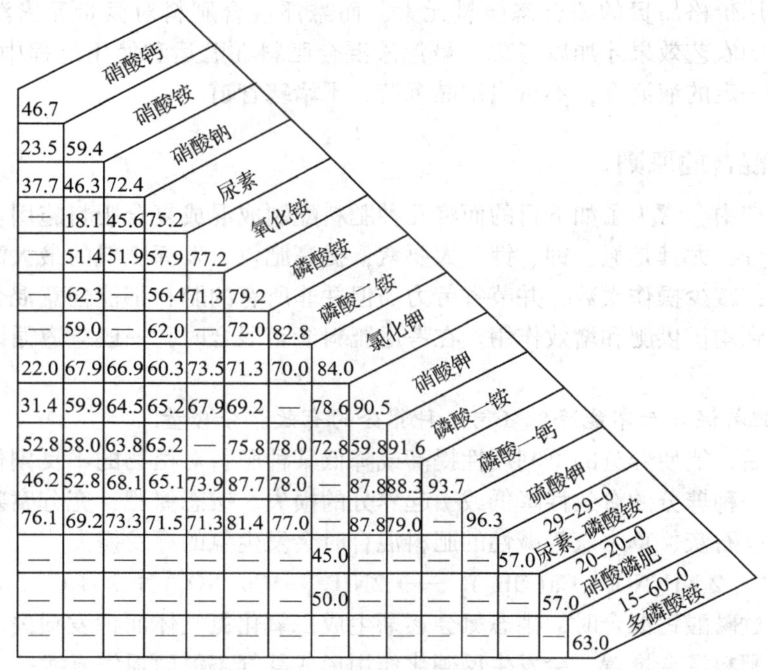

	硝酸钙	硝酸铵	硝酸钠	尿素	氯化铵	磷酸铵	磷酸二铵	氯化钾	硝酸钾	磷酸一铵	磷酸一钙	硫酸钾	29-29-0 尿素-磷酸铵	20-20-0 硝酸磷肥	15-60-0 多磷酸铵
硝酸钙	46.7														
硝酸铵	23.5	59.4													
硝酸钠	37.7	46.3	72.4												
尿素	—	18.1	45.6	75.2											
氯化铵	—	51.4	51.9	57.9	77.2										
磷酸铵	—	62.3	—	56.4	71.3	79.2									
磷酸二铵	—	59.0	—	62.0	—	72.0	82.8								
氯化钾	22.0	67.9	66.9	60.3	73.5	71.3	70.0	84.0							
硝酸钾	31.4	59.9	64.5	65.2	67.9	69.2	—	78.6	90.5						
磷酸一铵	52.8	58.0	63.8	65.2	—	75.8	78.0	72.8	59.8	91.6					
磷酸一钙	46.2	52.8	68.1	65.1	73.9	87.7	78.0	—	87.8	88.3	93.7				
硫酸钾	76.1	69.2	73.3	71.5	71.3	81.4	77.0	—	87.8	79.0	—	96.3			
29-29-0 尿素-磷酸铵	—	—	—	—	—	—	—	45.0	—	—	—	—	57.0		
20-20-0 硝酸磷肥	—	—	—	—	—	—	—	50.0	—	—	—	—	—	57.0	
15-60-0 多磷酸铵	—	—	—	—	—	—	—	—	—	—	—	—	—	—	63.0

图 9-1　30℃时肥料盐及其混合物的临界相对湿度

9.3.3　配制方法

复合肥料是以单质肥料和单体化成复肥作为基础物料，按照一定的配方体系采用适当的综合工艺加工而成的。从基础物料到复肥成品要经过选料→配方→复混→造粒等一系列的生产过程。为了保证复肥产品的质量，在复肥加工生产中，选择与匹配基础物料、优化配方、复混与造粒等各项工艺技术都是重要的。

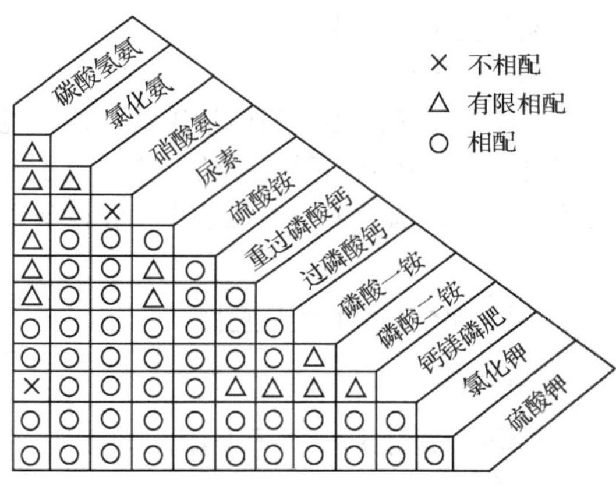

图 9-2　常用肥料组分相合性判别图

(1)配方设计

复混肥料的最大优点是针对性强，从而最大限度地发挥施肥效益。在实际生产中，复混肥料的配方一般科研部门根据当地的土壤肥力水平分析和特定植物种类需肥特性的实验研究，结合长期的田间资料，施肥经验拟订出营养元素的配方，遵照肥料混合原则选择合适的肥料品种作为配料，计算出各种配料的用量。

(2)肥料配量的计算

配量是按所选定的基础肥料中纯养分含量以分析式要求计算。

【例 9-1】　计算所选原料的用量。生产 10-5-10 的三元复混肥料，选用氯化铵(含 N 25%)，过磷酸钙(含 P_2O_5 12%)和氯化钾(K_2O 60%)为原料，则每吨复混肥中三种基础肥料的用量为多少？

解：氯化铵用量：$1000\times10\%\div25\%=400.0$ kg

过磷酸钙用量：$1000\times5\%\div12\%=416.7$ kg

氯化钾用量：$1000\times10\%\div60\%=166.7$ kg

三种肥料之和为 983.4 kg，其余 16.6 kg 可加加磷矿粉、硅藻土、泥炭等填充物。凑足 1 t。

【例 9-2】　某林地有 1/15 hm^2 的面积需要施用纯氮 4 kg，施用 N∶P_2O_5∶K_2O 比例为 1∶1.5∶2，拟选用 8-16-24 的三元复混肥料折算，不足部分用尿素(含 N 46%)和普通过磷酸钙(含 $P_2O_5$16%)补足，问需要三种肥料各多少？

解：需要纯氮 4 kg，施用 N∶P_2O_5∶K_2O 比例为 1∶1.5∶2

则需要有效 P_2O_5：$4\times1.5=6$ kg

则需要有效 K_2O：$4\times2=8$ kg

需要复混肥料：$8\div24\%=33.34$ kg

需要尿素：$(4-33.34\times8\%)\div46\%=2.90$ kg

需要过磷酸钙：$(6-33.34\%\times16\%)\div16\%=4.15$ kg

计算结果，1/15 hm^2 的林地需要施用 33.34 kg 复混肥，再加上 2.90 kg 尿素和 4.15 kg 过磷酸钙即可。

(3)肥料的配制

按计算量分别称取各种基础肥料，分别过秤，然后人工或机械混合而成。要求充分混匀，颜色完全均一为止。

(4)生产工艺

①生产工艺流程　国内常用的固体复混肥料的生产工艺的基本流程如图 9-3 所示：在生产过程中，造粒是很关键的工艺，由于所采用的基础原料不同或者产品成分与质量要求的不同，可以选择不同的工艺流程和设备。

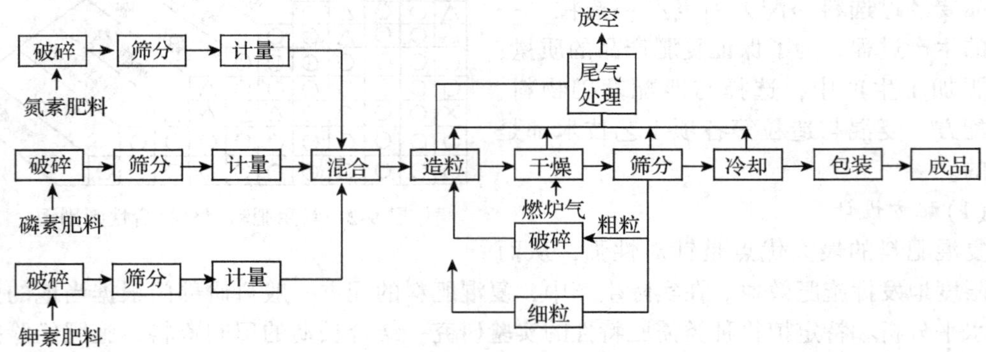

图 9-3　固体复混肥料的生产工艺流程

②造粒方法　国内外常见的固体复合肥料大都呈一定规格的颗粒状肥料，颗粒肥料优于粉状肥料，它具有包装和贮运方便；粉尘少，不易结块，施用方便；流动性好而便于机械化施肥；比表面较小，可减少淋溶损失；防止离析等优点。

在生产上，对于复混肥料的颗粒有一定的具体要求：一定的硬度和耐压强度，粒度范围要窄，防止离析，形状以圆形为佳，表面光滑，分散性好，含水量低，吸湿性小。因此，造粒工艺在复合肥料的加工生产中具有重要的地位，国内外化工界研制与推出的工艺方法较多，具体归纳有以下 3 种：

团粒法：将物料粉碎混合置于造粒器中，粉状物料借助于液相(水或蒸汽、肥料溶液)团聚黏结生成粒状产品。常用的造粒器有圆盘式和转鼓式。造粒过程中也可用氨、磷酸、黏土矿物等作为促进造粒的助剂。这是我国目前复混肥料的主要加工方法。由团粒法生产的产品粒形好，干燥，强度高，便于长期贮运和机械施肥。

挤压法：对原料施以重压，利用分子引力或静电力产生的黏结作用，最终得到连续的片料，然后将片料间断成颗粒。

挤压造粒法的特点是成粒率高，返料少，配方灵活，适合中小型配肥站应用。但产品的含水量一般较高，贮运过程中易破碎。如果原料的含水量低(0.5%~1.5%)，则造粒后不需干燥过程，分筛后即可包装。

料浆法：混合物料以料浆形式喷入转鼓等造粒器中完成造粒。通常在生产化成复肥或配成中、高浓度复肥中所采用的工艺。

此外，还有熔融法、掺合法等。

生产复肥究竟选用何种工艺，主要取决于复肥的原料、生产成本和施用产品的条件，包括基础物料的种类、运输贮存设施，生产规模、设备与生产成本，作物类型与施肥机具，农艺上对肥料剂型的要求等条件和因素。

为了保证复混肥料的产品质量，防止假劣产品进入市场，我国制定了复混肥料的国家标准(见表 9-3)。各级配肥厂生产的复混肥料都必须严格执行国家标准。

9.4　复混肥料的肥效及合理施用

9.4.1　复混肥料的肥效

我国自 1959 年开始施用复混肥料以来，一直关注着复混肥料在各地的肥效，并进行了应用技术与有关作用机理的研究。先后有 4 次相当规模的全国性试验，大量的试验研究表明，无论复混肥料或单质肥料，只要养分形态、用量比例和种植条件一致，复混肥料的肥效与等养分条件下肥效基本相当，产量增减差异均未超过 5%。

在我国常用复混肥料品种之间肥效比较，尿磷铵肥效稳定，硝酸磷肥肥效不稳定，在水田与茶园施用肥效差，所含磷的当季肥效更受土壤类型和作物种类的影响。氯磷铵肥效变化较大，较适于中性和石灰性土壤上施用。除含高枸溶性磷的以外，生产工艺不同对复混肥料肥效影响不大，为此，在选择二次加工工艺时，在力争养分含量高的原则下，主要考虑加工成本低廉、产品贮存、运输和施用方便等因素。

进口复混肥料与我国产品的肥效比较，经过大量的田间试验与大面积农作物种植实践表明在氮磷钾施用量相同的情况下，国产磷铵与进口产品，国产三元复混肥与进口产品的复混肥肥效基本一致，而进口产品除了具有进口品牌的优势外，且有肥料颗粒均匀光滑、抗压强度大、不结块等质量优势。

9.4.2　复混肥料的合理施用

复混肥料有其优点，一次施用可以同时提供多种营养元素。然而不同的复混肥料所合营养成分、含量、配比等不尽相同。因此，同样要求有针对性，才能发挥其优点与作用。施用时应考虑的问题简述于下：

(1)根据土壤中所含养分的丰缺状况

如目前我国南方缺钾土壤的面积不断扩大，缺磷程度有所缓解，宜选用氮、钾为主的复混肥料；北方大多数地区缺磷效果显著，钾肥仅在局部地区土壤显著，可选用氮、磷为主的复混肥料。而果树等经济作物宜施三元复合肥。

(2)根据不同林木的需肥规律选择种类、含量、比例等适宜的复混肥料品种

要根据不同林木的营养特性来选择肥料品种，如喜氮物和林木就提高氮的比例，喜钾的和林木就提高钾的比例。很多针叶树和林下耐阴植物都喜欢 NH_4^+，而多数阔叶树和花木类则较喜欢 NO_3^-，因而追施硝态氮肥效果较好。即使同一种植物，在不同的生长发育阶段对养分或肥料的需求也很不相同。以苗木为例，夏季生长高峰期对氮的需求量大；而到了速生后期(秋初)，则适当多供给磷、钾肥有助于促进苗木木质化，确保安全越冬。

(3)根据复混肥料的特点，采用相应的施肥措施和技术，以充分发挥肥料的增产效益

如 KNO_3 和 KH_2PO_4 价格贵，最好作浸种或根外追肥；含铵离子或者氨的复混肥料要求深施覆土，不与碱性物质混施；含 NO_3^- 态氮最好施于旱地，含 NH_4^+ 的复混肥料宜施于水田和多雨地区。

(4)补充单质肥料

在选用某种复混肥料后，不足的养分种类可用单质肥料补充，以调整营养元素之间的比例，使之适合土壤和林木等作物的需要。

(5)施用量、时期和位置

复混肥料通常做基肥施用，再配以适量单质氮肥为追肥，作基肥时，应以适合当地土壤条件的磷、钾用量为依据，确定复混肥料的用量。在土壤肥力较高或配以有机肥料时，不同施用方法的肥效差异不大，但在土壤瘠薄地区则以集中施用为好。作种肥时，要避免与种子直接接触，以免影响出苗。

本章小结

本章主要介绍了复混肥料的概念、分类以及特点；常用复混肥料的主要品种及其性质；在此基础上介绍复混肥料的配制方法、复混肥料的肥效及合理施用。

思考题

1. 什么是复混肥料？
2. 复混肥料有哪些类型？
3. 复混肥料的优缺点是什么？
4. 简述常用复混肥料的主要品种及性质。
5. 肥料混合的原则是什么？
6. 如何合理施用复混肥料？

参考文献

胡蔼堂，2012. 植物营养学(下册)[M]. 2版. 北京：中国农业大学出版社.

陆欣，谢英荷，2011. 土壤肥料学[M]. 2版. 北京：中国农业大学出版社.

谢德体，2003. 土壤肥料学[M]. 北京：中国林业出版社.

中国农业科学院土壤肥料研究所，1994. 中国肥料[M]. 上海：上海科学技术出版社.

第 10 章　有机肥料的营养作用

有机肥料是植物的重要养分资源和地球上物质循环的纽带，它把人、畜、植物和土壤紧密地联系在一起。重视有机肥料的生产和施用，如作物秸秆还田、人畜粪尿利用等，将会逐步改善因化肥使用不当导致的土壤肥力衰退，防止水体和大气环境污染，对林业可持续发展和环境保护具有十分重要意义。

10.1　有机肥料概述

有机肥料(organic fertilizer)是我国农林业生产中的一项重要肥料。长期以来，我国传统农业生产就是通过施用有机肥料来培养地力和提高作物产量。

狭义的有机肥料指农家肥，是农村中就地取材、就地积制用作肥料的有机物料，主要包括人畜粪尿、作物秸秆、各种堆沤肥等。随着科技的进步，有机肥料已超出农家肥的范畴。广义的有机肥料是指来源于植物或动物、以提供作物养分为主要功效的含碳物料，或称能用作肥料的各种有机物质，包括作物秸秆、畜禽粪尿、人粪尿、生活垃圾、绿肥、菌剂、城市有机废弃物等。我国有机肥料资源极为丰富，品种繁多，含有机物质并能提供多种养分的材料，都可用来制作有机肥料。有机肥料是植物重要养分资源和地球上物质循环的纽带，它把人、畜、植物和土壤紧密地联系在一起。肥料的生产和施用，不仅使动植物残体、人畜粪尿等宝贵资源被合理的利用，维持土壤地力，培肥土壤，还促进植物生长，减少环境污染，改善生态环境。随着作物产量的提高和畜牧业的发展，作物秸秆、人畜粪尿等有机肥料资源也越来越多，合理利用有机废弃物资源，重视有机肥料生产和施用对林业可持续发展和环境保护具有十分重要意义。

10.1.1　我国古代施用有机肥料简史

我国施用有机肥料历史悠久。早在春秋战国时期就有“百亩之粪”“多粪肥田”，前汉《汜胜之书》有用蚕矢拌种、用兽骨汁和豆萁作肥料等记载，至今已有 2000 多年的历史。西晋时我国开始栽培绿肥作物，北魏时贾思勰《齐民要术·耕田篇》指出：“凡美田之法，绿豆为上，小豆、胡麻次之……则亩收十石，其美与蚕矢、熟粪同。”《齐民要术》记载的“踏粪法”(即垫圈积肥)至今仍有应用。宋朝《陈旉农书·粪田之宜篇》提出地力常新论：“若能时加新沃之土壤，以粪治之，则益精熟肥美，其力当常新壮矣”。《陈旉农书》指出“用粪得理”，提倡科学用肥。宋代开始使用饼肥，“秧田施肥，麻枯尤善”(《物类相感志》)。南宋《橘录》描述了用河泥作肥料。明代《宝坻劝农书》记载了除踏粪法外，还有蒸粪法、煨粪法、酿粪法和窖粪法等六种造肥法。清代杨屾《知本提纲》提出了时宜(因时施肥)、土宜(因土施肥)、物宜(因作物施肥)等“三宜”原则，还强调用基肥(又叫胎肥)、追肥(又叫接力肥)和种肥(溲种法)。

10.1.2 我国近现代有机肥料发展概况

20世纪三四十年代，陈尚谨等人在华北农村进行有机肥调查与试验，陈恩凤、彭家元等在四川研究有机肥的保氮施肥技术，陈方济、戴弘等研究绿肥的应用技术，高尚荫、陈华癸等研究微生物肥料等。许多专家学者开展有机肥料研究，进行了大量有益的工作，取得了积极的进展。中华人民共和国成立后，党和政府对肥料工作十分重视，号召广积肥源，大力积造有机肥料，发展化肥生产，科学施用肥料。

在各级政府组织领导和支持下，全国土壤肥料科技工作者共同努力，有机肥料工作取得了较大成就。在有机肥料积、制、保、施技术，堆沤方法和粪便无害化处理，城市垃圾、污水、污泥的利用，秸秆还田(技术)、草炭(利用)、腐殖酸类物质(肥料)应用，有机肥作用和有机、无机肥结合，绿肥引种、新品种选育和种植方式，翻压绿肥增产与培肥改土作用，绿肥高产栽培技术等领域取得了可喜的研究成果，并在林业生产中获得了较好的社会效益和经济效益。另外，有机肥料资源数量不断增加，2005年我国人畜禽排泄物总量为46.25×10^8 t，秸秆总产量为6.43×10^8 t，其N、P_2O_5和K_2O养分量分别为$2\ 824.52\times10^4$ t、$1\ 282.93\times10^4$ t和$2\ 947.99\times10^4$ t，是1949年的16.5倍。

目前，农村有机肥料积制和施用仍以手工劳动为主，技术落后，劳动强度大，相对费时费工，并且脏、臭，不如化肥省工省事；有机肥料养分浓度低，体积大，肥效慢，效益低，这些影响到农民积制和施用有机肥料的积极性。随着技术进步和认识的深入，近年来，有机肥料的开发利用开始向商业化、专业化和产业化发展。

10.2 我国有机肥料资源利用现状

我国从古代直至20世纪50年代初，生产上所使用的肥料主要是有机肥料。一些古老的地区从事耕种已逾数千年，土壤肥力不仅持久，而且越种越肥，这主要依赖于有机肥料的施用。随着化肥施用量的增加和植物收获物的增多，有机肥料的数量也在增加。据估算，我国目前年产秸秆9.0×10^8 t，干畜禽粪4.6×10^8 t，城市干污泥30×10^4 t，通常情况下这些固体废弃物富含植物必需的各种营养元素。

从表10-1看出，目前我国有机肥料中的大量元素N、P、K总含量是一笔十分可观的养分资源，几乎与20世纪90年代期间我国N、P、K化肥总用量相等(20世纪90年代期间我国化肥用量的大量元素N、P、K均按元素计大约分别为$2\ 200\times10^4$t、469×10^4t和202×10^4 t)。

10.2.1 农业秸秆利用情况

秸秆还田，通常有炭化还田、过腹还田、堆沤还田、直接还田、翻压还田焚烧还田、机械还田等方式。有数据统计，2015年我国粮食总产量为6.1×10^8 t，随之产生的各类秸秆量约9×10^8 t，而且秸秆产量以每年$1\ 200\times10^4$ t增长。但是总体上秸秆利用率不算很高，

表 10-1　我国主要有机肥料的碳和营养元素的平均含量及各养分总量

有机肥种类		C	N	P	K	Fe	Cu	Zn	Mn	B
作物秸秆	含量/($g \cdot kg^{-1}$)	400.00	5.00	1.00	5.00	0.200	0.008	0.020	0.040	0.003
	总量/($\times 10^4$ t)	20 400.00	255.00	51.00	255.00	10.20	0.41	1.02	2.10	0.15
畜禽粪便	含量/($g \cdot kg^{-1}$)	400	28	12	12	1 850	30	160	180	23
	总量/($\times 10^4$ t)	18 400.00	1 288.00	552.00	552.00	85.10	1.38	7.36	8.28	1.06
	总量合计	38 800.00	1 543.00	603.00	807.00	95.30	1.79	8.38	10.38	1.21

以直接还田、过腹还田两种还田方式计，秸秆还田约占 50% ，田间直接焚烧约占 15.0%，此外，还有 30%左右以其他方式利用或未利用。

10.2.2　绿肥利用情况

我国栽培和施用绿肥有悠久的历史，是世界上最早使用绿肥的国家，全国大部分地区均可种植绿肥。自西周和春秋战国时代始，经历了锄草肥田和养草肥田的绿肥萌芽阶段，汉武帝时期的栽培绿肥应用阶段，魏、晋、南北朝时的绿肥学科初建阶段，唐、宋、元、明、清的快速发展阶段和新中国成立后现代绿肥学科与产业体系建设阶段。自 1949 年以来，我国绿肥生产经历了 60 多年的沉浮，20 世纪 50 年代全国绿肥种植面积约 170×10^4 hm^2，60 年代绿肥生产进入快速发展期，70 年代进入高峰期，至 1976 年全国种植面积达 $1\ 300\times10^4$ hm^2。但随着农村体制改革、复种指数提高及化肥工业的迅猛发展，自 20 世纪 90 年代到 21 世纪初，绿肥应用进入衰退期，种植面积跌至 200×10^4 hm^2。当前，在农业绿色发展和耕地肥力退化的双重影响下，绿肥再次备受关注。绿肥作为轮作休耕、耕地质量提升、化学肥料减施的重要技术手段，在削减南方冬闲稻田、西南冬闲旱地、西北秋闲田、华北冬闲田等发挥了重要作用，其种植面积也逐渐恢复至 400×10^4 hm^2。

总的来看，长江流域及以南地区种植的绿肥主要用来压青还田，培肥地力；北方和西北地区种植的绿肥主要用作饲料；但陕西、甘肃、贵州、云南、浙江几个绿肥种植大省两种方式兼而有之。

10.2.3　规模化养殖禽畜粪便利用情况

规模化养殖场是指粪、尿产量 100 $t \cdot a^{-1}$ 以上的养殖场。规模化养殖场对畜禽粪便的有机肥处理方式主要有工厂化处理、堆沤方式、沼气发酵处理 3 种形式。2008 年这 3 种方式处理的畜禽粪便共计 5.6×10^8 t，占规模化养殖场畜禽粪便总量的 72.4%，其中，用传统堆沤方式处理的养殖场占养殖场总数的 37.8%，粪便处理量占总量的 49.9%；用工厂化处理的占总数的 6.45%，粪便处理量占总量的 8.73%；沼气发酵处理的占总数的 17.8%，粪便处理量占总量的 13.7%。有 18.2%的养殖场畜禽粪便没有采取任何利用方式，粪便量占总数的 15.9%。至 2016 年，3 种方式处理的畜禽粪便共计 6.5×10^8 t，占规模化养殖场畜禽粪便总量的 70%。3 种主要处理方式中，传统堆沤处理占到禽畜粪便资源的 50%，而工厂化处理仍然不到10%；各种禽畜粪便中，羊场粪便的利用率可以达90.3%，远远高于猪粪、牛粪等。尽管与未利用相比，传统堆沤方式减少了对环境的破坏，但仍会给周边环境及水源带来或多或少的污染，而工厂化处理则相对减少了这种污染。因此，从以上数据可以看出，发展工厂化处理，更好地利用畜禽粪便这类有机肥资源，减少因养殖业发展造成的环境破坏，还有很大的潜力可挖。

10.2.4 其他资源利用情况

10.2.4.1 商品有机肥

农业中商品有机肥的使用量约为2 200×10^4 t，占到生产总量的近90%。以有机肥形式的用量约为1 000×10^4 t，占有机肥生产总量的90%；以有机无机复混肥形式的用量约为850×10^4 t；以生物有机肥形式的用量约为270×10^4 t。从以上数据看，农业中有机肥仍然以最基础的方式进行利用，市场对生物有机肥的接受度还不够。

10.2.4.2 农家肥

目前农家肥利用总量为15.204 6×10^8 t，占农家肥资源总量的76.2%。其中，堆肥、沤肥、厩肥合计用量为11.883 1×10^8 t，占被利用总量的78.2%。堆肥、沤肥、厩肥、土杂肥和沼肥的利用量分别占各自资源总量的75.2%、77.9%、82.4%、68.2%和40.8%。表明农家肥尤其是沼肥被利用的程度仍不高，农民对施用农家肥的积极性有待进一步提高。

10.3 有机肥料的分类及类型

目前全国仍没有一个统一的有机肥料分类标准。1990相关专家在吸取前人的成果和实践经验的基础上，按照有机肥料资源、特性及积制方法，分为粪尿类、堆沤肥类、秸秆肥类、绿肥类、土杂肥类、饼肥类、海肥类、腐殖酸类、农用城镇废弃物和沼气肥共10大类，每一类又分为若干个品种(表10-2)。

表10-2 有机肥料分类和品种

有机肥料料种类	有机肥料品种
粪尿类	人粪尿、猪粪尿、马粪尿、牛粪尿、骡粪尿、驴粪尿、羊粪尿、兔粪、鸡粪、鸭粪、鹅粪、鸽粪、蚕沙、狗粪、貂粪等
堆沤肥类	堆肥、沤肥、草塘泥、凼肥、猪圈粪、马厩粪、牛栏粪、骡圈肥、驴圈肥、羊圈肥、兔窝肥、鸡窝粪、鹅棚粪、鸭棚粪、土粪等
秸秆肥类	水稻秸秆、小麦秸秆、玉米秸秆、大豆秸秆、油菜秸秆、花生秆、高粱秸、谷子秸秆、棉花秆、马铃薯秸秆、烟草秆、辣椒秆、番茄秆、向日葵秆、西瓜藤、麻秆、冬瓜藤、绿豆秆、香蕉茎叶、甘蔗茎叶、黄瓜藤、芝麻秆等

（续）

有机肥料料种类	有机肥料品种
绿肥类	紫云英、苕子、金花菜、紫花苜蓿、草木犀、豌豆、蚕豆、萝卜菜、油菜、田菁、柽麻、猪屎豆、绿豆、豇豆、泥豆、紫穗槐、三叶草、沙打旺、满江红、水花生、水浮莲、水葫芦、蒿草、金尖菊、山杜鹃、黄荆、含羞草、莱豆、飞机草等
土杂肥类	草木灰、泥肥、肥土、炉灰渣、烟囱灰、焦泥灰、屠宰场废弃物、熟食废弃物、蔬菜废弃物、酒渣、酱油渣、粉渣、豆腐渣、醋渣、味精渣、食用菌渣、药渣、茹渣等
饼肥类	豆饼、菜籽饼、花生饼、芝麻饼、茶籽饼、桐籽饼、棉籽饼、柏籽饼、葵花籽饼、蓖麻籽饼、胡麻饼、烟秆饼、兰花籽饼、线麻秆饼等
海肥类	鱼类、鱼杂类、虾类、虾杂类、贝类、贝杂类、海藻类、植物性海肥、动物性海肥等
腐殖酸类	褐煤、风化煤、腐殖酸钠、腐殖酸钾、腐混肥、腐殖酸、草甸土等
农田城镇废弃物	城市垃圾、生活污水、粉煤灰、工厂污泥、工业废渣、肌醇渣、生活污泥、糠醛渣等
沼气肥	沼液、沼渣

根据有机肥料来源、特性和积制方法，分为粪尿肥(包括人粪尿、畜粪尿及厩肥、禽粪以及海鸟粪等)、堆沤肥(包括堆肥、沤肥、秸秆还田、沼气肥等)、绿肥(包括栽培绿肥和野生绿肥)和杂肥(包括城市垃圾、泥炭及腐殖酸类肥料、油粕类肥料、污水污泥等)4 大类。

从有机肥的来源、性质、积制(制造)方式、未来的发展等方面综合考虑，将其划分为农家肥、秸秆、绿肥、商品有机肥等 4 大类。

有机肥料也可根据腐熟过程中发热程度可分为热性肥料(在腐熟过程中放出较多热量的有机肥料，堆温可升到 50 ℃以上者，包括马粪、羊粪、秸秆堆肥等)和冷性肥料(在腐熟过程中释放较少热量，不能产生高温，如各种土粪、牛粪、人粪尿)两类。

10.4　有机肥料的特点及作用

10.4.1　有机肥料的特点

有机肥料含有纤维素、半纤维素、脂肪、蛋白质、氨基酸、激素、腐殖酸等有机物质，还含有 N、P、K、S、Ca、Mg 及微量元素等各种矿质养分，与化学肥料相比较，具有以下特性：

(1)养分全面平衡

有机肥料不仅含有植物生长发育所必需的大量和微量营养元素，养分平衡，而且含有可供植物直接吸收利用的有机养分和生长刺激素等，是一种完全肥料。

(2)肥效稳定长久

有机肥料所含养分多呈有机态，需在土壤中经矿化作用释放后才能被植物吸收利用。有机肥料作基肥可不断分解、释放养分，其肥效持久。

(3)富含有机质，可培肥改土

有机肥料含有大量有机胶体和活性物质，有利于改善土壤理化特性和生物学特性，长期、大量施用可显著提高土壤肥力，对产品质量有良好的作用。

(4)资源丰富，具有再生性

有机肥料种类多，来源广，数量大，可就地或就近积制和施用，也可进行工厂化生产商品有机肥。植物性有机肥料具有再生性，是一种可再生资源。

(5)养分浓度低，肥效慢

有机肥料养分总量和有效性均低，养分供给的数量和比例与植物阶段营养需求不尽一致，需要与化肥配合才能满足植物不同生育阶段的养分需求，实现高产和优质。

10.4.2 有机肥料的作用

(1)提高土壤肥力和改良土壤结构

有机质的含量和品质是土壤肥力评价的重要依据。我国土壤有机质含量普遍偏低，有机肥料能增加土壤有机质，又能更新和活化老的土壤有机质，改善腐殖质品质，从而全面提高土壤肥力。有机肥料在分解转化过程中产生的有机酸，对土壤中难溶性养分有螯合增溶作用，可活化土壤潜在的养分，提高难溶性磷酸盐及微量元素的有效性。

有机肥料有助于改善土壤生态环境，为土壤微生物的生长和繁殖提供碳源和营养物质。土壤微生物不仅是土壤有机质分解与合成和土壤养分碳、氮、磷、硫等转化的驱动者，而且是土壤养分的有效储库，尤其是对化肥氮在土壤中的保持起到较大作用。

有机肥料可促进土壤团聚体的形成。土壤结构的改善可使土壤通气性改善、温度提升和保水性增加。

(2)提高产量和改善品质

有机肥料是一种完全肥料，含有林木生长所必需的营养元素。有机肥料所含的营养元素多呈有机态，如纤维素、半纤维素和氨基酸等，这些化合物经过各种微生物和酶促反应的矿化反应，可产生比较简单的化合物，其中大部分较简单的化合物可被植物直接吸收利用，这样可减少植物吸收利用养分的同化步骤。有机肥料矿化后提供的矿质元素、CO_2，能直接为植物提供无机营养和能量。有机肥料还含有维生素、激素、酶、生长素、泛酸和叶酸等，它们能促进植物生长和增强抗逆性。

(3)提高土壤物理性质、改善生态环境

随着化肥的大量施用和植物收获物的增加，农业废弃物的数量会越来越多，这不仅是废弃物问题，而且引起环境问题。实践证明，废弃物作肥料施入土壤，是一个最好的消纳、净化的途径。土壤是大的净化体，但其净化能力不是无限的，主要由土壤环境容量决定的。土壤环境容量是指在一定区域一定期限内不使环境污染，保证植物正常生长时土壤能容纳污染物的最大负荷量。在土壤环境容量范围内，土壤可通过自身的作用使污染物在土壤中的数量、浓度和活性降低。从土壤系统以外输入的有机无机污染物易被土壤所吸附，其中土壤有机物被认为起了非常重要的作用。这些污染物能与土壤新生的固态有机质结合，土壤有机质含有多种功能团($—C=O$、$—OH$、$—NH$、$—SH$、$—COOH$等)，能与重金属等发生离子交换、螯合，从而降低污染物在土壤中的活性。

10.5　主要有机肥的性质及施用

10.5.1　秸秆类

随着复种指数的提高，优质良种的出现，施肥量的增加，栽培技术和栽培条件的改善等，植物的产量会随之提高，秸秆的数量相应增多，它是重要的有机肥源之一。

10.5.1.1　秸秆的成分

秸秆含有植物生长必需的无机营养成分(表 10-3、表 10-4)，属完全肥料。

表 10-3　主要作物秸秆中几种营养元素的含量

秸秆种类	营养元素含量/(占干物重的%)				
	N	P_2O_5	K_2O	Ca	S
麦秆	0.50~0.67	0.2~0.34	0.53~0.60	0.16~0.33	0.123
稻草	0.63	0.11	0.85	0.16~0.44	0.112~0.189
玉米秸	0.43~0.50	0.38~0.40	1.67	0.39~0.80	0.203
豆秸	1.3	0.3	0.5	0.79~1.50	0.227
油菜秸	0.56	0.25	1.13	—	0.348

表 10-4　一些作物秸秆的微量元素含量(60℃或 80℃烘干做基础)　　$mg \cdot kg^{-1}$

类别	作物	铁(Fe)	锰(Mn)	铜(Cu)	锌(Zn)	硼(B)
豆类	紫苜蓿	130~1 000	10~120	4~5	14~110	4~30
	红苜蓿	100~1 300	25~540	6~20	24~70	36
	胡枝子	100~1 000	50~420	—	—	—
谷类	大麦秆	—	7	—	—	—
	玉米穗轴	160~190	50~270	2~9	5~80	—
	玉米叶	—	—	8~17	—	—
	燕麦秆	60~370	4~1 660	3~54	4~200	—
蔬菜	甜菜(根)	70~280	20~100	6~27	25~69	—
	卷心菜	11~300	5~440	3~28	—	37
水果	梨(叶)	40~350	20~170	—	14~55	—
	苹果(叶)	40~540	17~220	4~30	6~40	12~110

不同种类秸秆含有的养分数量有差异，通常豆科作物和油料作物的秸秆含氮较多；旱生禾谷类作物的秸秆含钾较多；水稻茎叶中含硅丰富；油菜秸秆含硫较多，施用时应注意秸秆特点。秸秆中的养分绝大部分为有机态，经矿化后方能被植物吸收利用，因此肥效较长。

秸秆中的有机成分主要是纤维素、木质素、蛋白质、淀粉等(表 10-5)，还含有一定数量的氨基酸，其中以纤维素和半纤维素为主，木质素和蛋白质等次之。

表 10-5　几种作物秸秆的有机成分　　%

种类	灰分	纤维素	脂肪	蛋白质	木质素
水稻	17. 8	35. 0	3. 82	3. 28	7. 95
冬小麦	4. 3	34. 3	0. 67	3. 00	21. 2
燕麦	4. 8	35. 4	2. 02	4. 70	20. 4
玉米	6. 2	30. 6	0. 77	3. 50	14. 8
玉米芯	1. 8	37. 7	1. 37	2. 11	14. 7
豆科干草	6. 1	28. 5	2. 00	9. 31	28. 3

10. 5. 1. 2　秸秆分解的一般规律

秸秆分解是微生物学过程，首先在白霉菌和无芽孢细菌为主的微生物作用下，分解水溶性物质和淀粉等；然后逐步过渡到以芽孢细菌和纤维分解菌为主的微生物区系，分解蛋白质、果胶类物质和纤维素等；后期在以放线菌和某些真菌为主的微生物作用下，主要分解木质素、单宁和蜡质等难分解的物质。故初期分解迅速，在适宜的条件下，分解强度较大的时期可维持 12～45 d，然后转入缓慢分解时期，如玉米秸，无论是在水浇地还是旱地，或是否调节 C/N 比，只要环境条件适宜时，第一个月内分解最快，尔后逐步减慢。

10. 5. 1. 3　影响秸秆分解的因素

(1)化学组成

在秸秆组分中，水溶性和苯醇溶性物质以及蛋白质物质分解最快，半纤维素次之，纤维素再次之，木质素最难分解。

(2)秸秆的碳氮比

总体看，在相同条件下，C/N 小的分解快，腐殖化系数小；反之，分解较慢，但腐殖化系数较大。随着秸秆 C/N 的比值降低，分解速率加快，有机氮矿化增加，例如，成熟三叶草、羽扇豆、豌豆荚和苜蓿的 C/N 分别为 26∶1、20∶1、13∶1 和 12. 7∶1，施入土壤 6 个月后有机氮的矿化率则分别为 14%、18%、40. 5% 和 37. 8%，二者呈明显负相关关系。

(3)土壤条件

作物秸秆在土壤中的矿化和腐殖化过程，受土壤物理、化学和生物学性质直接或间接的影响，其中尤以温度和水分最为突出。土壤温度不但影响微生物的区系组成和活性，而且也影响酶的活性，一般田间在 7～37 ℃范围内，不但淀粉和纤维素的分解迅速，而且木质素也开始被氧化。土温过低或过高都会抑制土壤中微生物的活动与酶的活性。在 20～30 ℃时植物残体分解最快，低于 10 ℃分解较弱，到 5 ℃时则基本上不分解。温度对秸秆前期分解的影响比水分明显。

土壤水分以田间持水量的 80%左右(含水量为 20%～30%)最有利于秸秆的腐解，此时土壤中的 CO_2 释放量最高，肥土、瘦土均如此。含水量过高或过低均不利于秸秆的分解。同类土壤中，水分适当有利于分解，腐殖化系数较小。

影响秸秆分解的因素还有秸秆的数量、细碎程度、耕埋深度等。用量适中，比较细碎，全部埋入土中并分布均匀，土壤墒情好均有利于分解；反之，分解缓慢。

10.5.2　粪尿类和厩肥

粪尿类和厩肥一直是我国普遍施用的重要有机肥之一，其数量很大。据统计，1980 年，猪粪、羊粪、牛粪和禽粪提供的氮、P_2O_5、K_2O 分别相当于 1979 年全国氮、磷、钾化肥销售量的 1.94 倍、3.05 倍和 136.6 倍。1995 年，我国产生的猪粪、羊粪、牛粪、禽粪折合成养分，则氮为 715×10^4t，P_2O_5 为 547×10^4t 和 K_2O 为 424×10^4t。这类肥源的数量将随着人口的增加和畜牧业的发展而增加，如能按其特性加以科学利用，对农业生产的发展具有重要作用。

10.5.2.1　人粪尿

(1)人粪

人粪是食物经消化后未被吸收排出体外的物质，主要是纤维素和半纤维素、脂肪和脂肪酸、蛋白质和分解蛋白、氨基酸、各类酶、粪胆质；还有少量粪臭质、吲哚、硫化氢、丁酸等臭味物质。约含 5%的灰分，主要是硅酸盐、碳酸盐、氯化物及钙、镁、钾、钠等盐类。还含有大量已死亡的和活的微生物和寄生虫卵等。新鲜的人粪尿常显中性反应。此外，还含有一定数量植物必需的多种养分，且多以有机态存在，由于 C/ N 小，易分解，能较快地供应养分(表 10-6)。

表 10-6　人粪尿的养分含量　　%

项目	水分	有机质	矿物质	N	P_2O_5	K_2O	CaO	C/N
人粪	75.0	22.1	2.9	1.5	1.1	0.5	1.0	7.3
人尿	97.0	2.0	1.0	0.6	0.1	0.2	0.3	1.3

(2)人尿

人尿是被消化后并参与新陈代谢后排出的液体，主要成分为水和水溶性物质。其中尿素占 1%~2%，氯化物约占 1%，还有少量肌酸酐($C_4H_7N_3O$)，氨基酸、磷酸盐、铵盐等。此外，还有微量的生长素(如吲哚乙酸)和微量元素等。由于含有机酸和酸性磷酸盐(如 KH_2PO_4、NaH_2PO_4 等)，故显弱酸性。人尿含有植物必需的养分，人尿浓度不及粪高，但养分的总量并不低。尿中的养分为速效性的，所含氮素中尿素态氮占 87.0%，铵态氮占 4.3%，分解较慢的肌酸态氮、马尿酸态氮、尿酸态氮和其他形态氮分别占 3.6%、0.5%、0.8%和 3.8%。故应重视尿的收集和利用。人粪尿是含有机质较少的、偏氮的、速效性的有机肥料，习惯上作为氮肥施用。由于粪便中含有大肠杆菌等病原微生物及寄生虫卵，施用前，必须进行无害化处理。一般是在化粪池里进行厌氧发酵。

10.5.2.2　家畜粪便

(1)排泄量

家畜的排泄量主要与家畜种类有关(表 10-7)。牲畜的年龄、服役情况及饲料状况对其也有影响。由于猪繁殖快、数量多，因此粪尿的绝对量较大。

表 10-7　猪、牛、马、羊的排泄量　　kg・头$^{-1}$

种类	项目	排泄量		种类	项目	排泄量	
		每天	每年			每天	每年
猪	粪	3.5	1 250	马	粪	10.0	3 650
	尿	4.8	1 750		尿	5.0	1 825
	合计	8.3	3 000		合计	15.0	5 475
牛	粪	15.0	5 475	羊	粪	1.5	547.5
	尿	10.0	3 550		尿	0.5	182.5
	合计	25.0	9 125		合计	2.0	730

(2)家畜粪尿的养分含量及其形态

畜粪是饲料经消化后排出的物质，其成分主要是纤维素、半纤维素、木质素、蛋白质及其分解产物，如脂肪酸、有机酸以及某些无机盐类。尿是经消化吸收后排出的液体，其成分是水和水溶性物质，主要含有尿素、尿酸、马尿酸和钾、钠、钙和镁的无机盐。粪尿中含有一定数量的有机质和氮磷钾及微量元素等(表 10-8、表 10-9)，还含钙 0.11%~3.4%，镁 0.07%~0.26%，硫 0.05%~0.28%等。

表 10-8　家畜粪尿的养分含量　　%

种类	项目	水分	有机质	N	P_2O_5	K_2O
猪	粪	82	15.0	0.56	0.40	0.44
	尿	92	2.5	0.12	0.12	0.95
牛	粪	83	14.5	0.32	0.25	0.15
	尿	94	3.0	0.50	0.03	0.65
马	粪	76	20.0	0.55	0.30	0.24
	尿	90	6.5	1.20	0.01	1.50
羊	粪	65	28.0	0.65	0.50	0.25
	尿	87	7.2	1.40	0.03	2.10

表 10-9　畜、禽粪中主要大量营养元素和微量元素含量(干重)

项　目	牛粪	猪粪	羊粪	鸡粪
全氮/%	1.73	2.91	2.23	2.82
水解氮/(mg・kg^{-1})	2 000	4 140	2 120	7 350
NH_4-N/(mg・kg^{-1})	1 590	2 630	1 040	6 410
全磷/%	0.83	1.33	0. 78	1.22
有效磷(mg・kg^{-1})	2 900	3 140	4 310	6110
有效磷占全磷/%	35	24	55	51
全钾/%	0.74	1.00	0.78	1.40
速效钾/(mg・kg^{-1})	5 940	7 280	4 330	6 750

（续）

项　目	牛粪	猪粪	羊粪	鸡粪
有效钾占全钾/%	80	73	56	48
全硼量	22. 8	21. 7	30. 8	24. 0
有效硼	2. 7	2. 6	5. 0	3. 0
全锌量	187	199	146	130
有效锌	11. 9	16. 2	32. 2	29. 0
全锰量	355	261	172	141
有效锰	62. 9	55. 5	19. 0	14. 9
全钼量	3. 7	<3. 0	3. 4	4. 2
有效钼	n. d	n. d	n. d	n. d
全铁量	1 952	1 845	1 921	1 901
有效铁	69. 3	260	19. 2	29. 3
全铜量	16. 7	50. 0	23. 0	13. 0
有效铜	3. 4	9. 0	5. 0	3. 3

注：微量元素含量为 mg · kg^{-1}。

粪尿中的养分形态，除钾素外，绝大部分为有机态。畜尿中含易分解的尿素不多，难分解的马尿酸和尿酸等较多，故其肥效较慢，必须腐熟后施用，尤其是牛尿。畜尿中还含有多种盐类和生长素。畜粪中富含有机质，从家畜粪的有机组成看，总腐殖质和阳离子交换量均较高，其中尤以猪粪的质量为优。畜粪中还含有可溶性糖、氨基酸、核酸等有机养料与酶类，是无机肥料所无法比拟的。

不同畜粪的特点：

①猪粪　由于猪的饲料相对较细，粪中纤维素较少，含蜡质较多，质地较细，C/N 比较低。但含水量较多，纤维分解菌少，分解较慢，产生的热量较少。阳离子交换量高，吸附能力较强。

②牛粪　牛是反刍动物，饲料可反复消化，粪质细密，含水量大。C/N 比约 21∶1，分解比猪粪慢，腐熟过程中产生的热量少，故有冷性肥料之称。

③马粪和羊粪　马粪疏松多孔，纤维素含量高，并含有较多的高温纤维分解细菌，C/N 比约为 13∶1，含水分较少，腐熟过程中能产生较多的热量，故有热性肥料之称。羊粪的性质与马粪相似，粪干燥而致密，C/N 比约 12∶1，也属热性肥料。

10. 5. 2. 3　其他动物粪肥

（1）兔粪

兔粪含有丰富的有机质和各种养分，可作饲料和肥料。有报道指出，兔粪含有机质 20. 47%，全磷 0. 68%，全钾 0. 58%，全氮 3. 32%，其中蛋白态氮 3. 14%，碱解性氮 2 387 mg · kg^{-1}，铵态氮 1 827 mg · kg^{-1}。

兔粪中氮多钾少，尿中氮少钾多，C/N 小，易腐熟，在腐解过程中会产生较多的热量属热性肥料。另外，还含有蔗糖、阿拉伯糖、果糖、葡萄糖及氨基酸、核糖核酸和脱氧核糖核酸等，为作物提供有机养料。兔粪多用于茶、桑、瓜、果树及蔬菜等作物。

(2)禽粪

禽粪通常指鸡、鸭、鹅的排泄物，其数量取决于饲养量及其排泄量，每只鸡、鸭、鹅和鸽的年平均排泄量分别为5~7.5 kg，7.5~10 kg，12.5~15.0 kg及2~3 kg。禽粪中含有丰富的养分和较多的有机质(表10-10)。按干重计，还含有3%~6%的钙，1%~3%的镁和微量元素。绝大部分养分为有机态，肥效稳长。

表10-10　新鲜禽粪中的养分平均含量　　%

项目	水分	有机质	N	P_2O_5	K_2O
鸡粪	50.5	25.5	1.63	1.54	0.85
鸭粪	56.6	26.2	1.10	1.40	0.62
鹅粪	77.1	23.4	0.55	0.50	0.95
鸽粪	51.0	30.8	1.76	1.78	1.00

(3)蚕沙

我国利用蚕沙做肥料已有2000多年的历史，古代就有"蚕矢熟粪"的记载。蚕沙是蚕粪、幼蚕脱的皮及残余桑叶碎屑的混合物，其成分受蚕龄、桑叶品质的影响。各龄蚕沙的养分不同(表10-11)，蚕沙的特点是有机物丰富和养分浓度高。所含氮素主要是尿酸态，C/N小，易分解，腐熟过程中能产生较多的热量，属热性肥料。

表10-11　各龄蚕的新鲜粪养分含量(%，风干物)

蚕龄	有机质	N	P_2O_5	K_2O	蚕龄	有机质	N	P_2O_5	K_2O
第一龄	88.12	3.58	0.50	0.84	第四龄	86.62	2.32	0.75	3.19
第二龄	88.81	2.32	0.70	2.65	第五龄	85.19	2.22	0.72	2.45
第三龄	88.90	3.29	0.66	3.40	熟蚕粪	77.64	13.55	8.37	10.15

(4)海鸟粪

海鸟粪是海鸟的粪便、尸体、剩余食物及枯枝落叶等的混合物，经长期堆积分解而形成的有机肥料。产于海岛区海鸟群居的场所，按其形成条件和养分种类可分为氮质海鸟粪和磷质海鸟粪两类。前者多在炎热干旱的条件下形成，鸟粪中的有机质和氮素不易分解，含氮量4%~8%，有的高达13%。氮素形态以尿酸为主，较易分解。后者多在高温多雨的条件下形成，鸟粪中的有机质易矿化，氮素转化为硝酸盐后被淋失，钾素也随降雨流失，磷酸盐被淋洗到下层，与土壤中的钙结合形成羟磷灰石而逐步聚集，故磷质海鸟粪以磷为主，含有少量有机质和氮、钾，又可称为"鸟粪磷矿"，可作为磷肥施用。

我国西沙群岛约有100×10^4t的磷质海鸟粪，质量较好，其水溶性磷的含量高于一般沉积磷矿(表10-12)，是重要的磷矿资源。

10.5.2.4　厩肥

(1)厩肥的成分和性质

厩肥是家畜粪尿、垫料和饲料残屑的混合物经腐熟而成的肥料。我国北方中多以土为

表 10-12　西沙群岛鸟粪磷矿的养分含量　　%

种　类	pH(水浸)值	有机质	N	P_2O_5	K_2O	C/N
腐泥状鲜鸟粪	4.6	57.0	3.85	9.61	0.12	8.59
粒状鸟粪磷矿	7.9~8.8	8.36~20.70	0.52~1.32	6.49~26.87	0.02~0.05	8.44~10.10
松块状鸟粪磷矿	8.4~8.5	5.29~6.67	0.42~0.46	21.50~22.81	0.02~0.03	6.66~9.46
紧块状鸟粪磷矿	8.5~8.7	1.68~2.76	0.11~0.18	8.47~10.60	0.02~0.03	9.70~9.28
砂质盘状鸟粪磷矿	8.4~8.9	1.01~3.95	0.05~0.33	7.48~22.70	0.02~0.03	6.94~10.85

垫料，故称为“土粪”或“圈粪”，南方多以秸秆或青草为垫料。故称为“草粪”或“栏粪”。厩肥中含有丰富的有机质和各种养分(表 10-13、表 10-14)，属完全肥料。

表 10-13　厩肥的平均肥分　　%

家畜种类	水分	有机质	N	P_2O_5	K_2O	CaO	MgO	$S(SO_3)$
猪	72.4	25.0	0.45	0.19	0.60	0.08	0.08	0.08
牛	77.5	20.3	0.34	0.16	0.40	0.31	0.11	0.06
马	71.3	25.4	0.58	0.28	0.53	0.21	0.14	0.01
羊	64.6	31.8	0.83	0.23	0.67	0.33	0.28	0.15

表 10-14　厩肥中微量元素含量　　$mg \cdot kg^{-1}$，干基

微量元素	最低	最高	平均	微量元素	最低	最高	平均
硼(B)	4.5	52.0	20.2	铜(Cu)	7.6	40.8	15.6
锰(Mn)	75.0	549.0	201.1	锌(Zn)	43.0	247.0	96.2
钴(Co)	0.25	4.7	1.04	钼(Mo)	0.84	4.18	2.06

华北农村的土粪含有机质在 10%以内，N 为 0.26%±0.14%，P_2O_5 为 0.31%±0.17%，K_2O 为 0.77%±0.31%，影响厩肥质量的因素较多，主要有饲料的种类及配比，垫料的种类和用量，因此，各地厩肥的质量相差较大。厩肥中的氮、磷大部分呈有机态，当季利用率不高，但肥效持久，最宜做基肥施用。

(2)厩肥的积制和腐熟

积制厩肥的方式有坑式、平地式。厩肥施用前尚需堆积，使之腐熟，堆积方法则有紧密堆积法、疏松堆积法和紧密疏松堆积法等，其腐熟实质完全相同。

厩肥堆腐是厩肥中有机物质，在多种微生物的相继作用下，进行矿质化和腐殖质化两个对立统一的过程。前者是复杂有机物逐步分解成为简单化合物，即养分有效化过程；后者是分解的中间产物重新合成腐殖质，即腐殖化过程，这是有机肥料腐熟的普遍规律。

①矿质化过程　众所周知，厩肥中的有机物包括淀粉、糖类、纤维素、半纤维素、木质素、果胶类物质等不含氮的有机物；尿素、马尿酸、尿酸、蛋白质等含氮有机物；核酸、植素、磷脂等含磷有机物，以及胱氨酸、半胱氨酸、蛋氨酸等含硫有机物。在好气或嫌气条件下，各类有机物质，经逐步分解，放出热量，形成一些中间产物、水和二氧化碳

等。最后释放出其中含有的氮、磷、硫等养分。

②腐殖化过程　这一过程极为复杂，迄今尚未研究清楚。通常认为可分两个阶段：第一阶段是厩肥在矿质化过程中，部分有机物可能形成腐殖质中的若干组成分，其中主要有芳香族化合物，氨基酸或肽等含氮化合物及糖类物质等；第二阶段是利用已形成的上述化合物，经脱水缩合等一系列步骤形成腐殖质。

③厩肥腐熟的特征　新鲜厩肥(或称生粪)在矿质化和腐殖质化过程中，外部形态上会发生一系列明显变化。通常可将厩肥腐熟分为生粪、半腐熟、腐熟和过劲4个阶段(图10-1)。

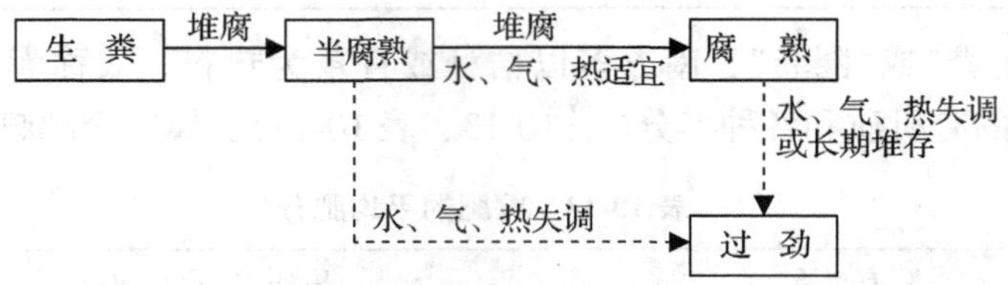

图10-1　厩肥堆腐各阶段转化示意

当厩肥进入半腐熟阶段时，有机物已部分矿质化，材料变软，并带有霉烂味，此时腐殖化过程比矿质化过程弱，形成的腐殖质较少，厩肥呈棕色，此阶段的形态特征可概括为“软、霉、棕”。在水气热适宜的条件下，继续进行矿质化和腐殖化。当进入腐熟阶段时，有机物已变烂，含氮有机物形成较多的氨而使厩肥有臭味，腐殖化过程较强烈，形成了较多的腐殖质而显黑色。此阶段的形态特征可概括为“烂、臭、黑”。腐熟阶段的厩肥再继续分解而进入过劲阶段，此时有机物和新形成的腐殖质将被彻底分解，厩肥几乎呈粉末状，同时伴有白色的放线菌菌落，肥料由黑色变为灰白色，并有特殊的泥土味，此时的形态特征可概括为“粉、土、灰”，肥效已大受损失。实践中应严防厩肥进入过劲阶段，半腐熟和腐熟时即可施用，否则应采取压紧肥堆、加水、密封等方式，抑制微生物的活动，阻止其继续分解，以防厩肥肥分大量损失。

10.5.3　饼肥、菇渣或糠醛渣类

10.5.3.1　饼肥

饼肥是含油较多的种子提取油分后的残渣，俗名油饼，又称油枯。它含有丰富的营养成分，做肥料用时称为饼肥。这类资源应提倡过腹还田和综合利用。

我国的饼肥主要有大豆饼、菜籽饼、花生饼、茶籽饼、柏籽饼等，饼中含有75%~85%的有机质，氮(N)为1.1%~7.0%，磷(P_2O_5)为0.4%~3.0%，钾(K_2O)为0.9%~2.1%，还含有蛋白质及氨基酸等(表10-15)。油菜子饼和大豆饼中，还含有粗纤维6%~10.7%，钙0.8%~11%及0.27%~0.70%的胆碱。此外，还有一定数量的烟酸及其他维生素类物质等。

饼肥中的氮以蛋白质形态存在，磷以植酸及其衍生物和卵磷脂等形态存在，均属迟效性养分，钾则多为水溶性的，用热水可从中提取出90%以上。

油饼含氮较多，C/N较小，易于矿质化。由于含有一定量的油脂，影响油饼的分解速

表 10-15　主要饼肥 N、P、K 的平均含量　　%

油饼种类	氮(N)	磷(P_2O_5)	钾(K_2O)	油饼种类	氮(N)	磷(P_2O_5)	钾(K_2O)
大豆饼	7.00	1.32	2.13	椰籽饼	3.74	1.30	1.96
芝麻饼	5.80	3.00	1.30	大麻籽饼	5.05	2.40	1.35
花生饼	6.32	1.17	1.34	杏仁籽饼	4.56	1.35	0.85
棉籽饼	3.14	1.63	0.97	苍耳籽饼	4.47	2.50	1.47
菜籽饼	4.50	2.48	1.40	苏籽饼	5.84	2.04	1.17
蓖麻籽饼	5.00	2.00	1.90	花椒籽饼	2.06	0.71	2.50
柏籽饼	5.16	1.89	1.19	椿树籽饼	2.70	1.21	1.78
茶籽饼	1.11	0.37	1.23	胡麻饼	5.79	2.81	1.27
桐籽饼	3.60	1.30	1.30	柏籽饼	5.16	1.89	1.19

率。不同油饼在嫌气条件下的分解速率不同，如芝麻饼分解较快，茶子饼分解较慢。

土壤质地影响到饼肥的分解及氮素的保存。砂土有利于分解，但保氮较差；黏土前期分解较慢，但有利于氮素保存。

有些油饼中含有毒素，如茶籽饼中的皂素，菜籽饼中的皂素和硫甙，棉籽饼中的棉酚，蓖麻籽饼中的蓖麻素，桐籽饼中的桐酸和皂素等，不能直接做饲料，将上述油饼通过化学处理或选育籽实中不含毒素的品种，如含硫苷低的油菜品种，便可饲用以提高饼肥的利用价值。

10.5.3.2　菇渣

菇渣指收获完食用菌后的残留培养基，主要由栽培基质和残留的菌丝体组成。菇渣养分丰富，pH 值为 5~5.5，最大持水量为 372%，全氮为 1.62%，全磷为 0.454%速效氮为 212 mg·kg^{-1}，速效磷为 188 mg·kg^{-1}，有机质 60%~70%，并含丰富的微量元素。菇渣除可作为肥料使用外，还可作为饲料、吸附剂和园林花卉及蔬菜的栽培基质。

10.5.3.3　糠醛渣

糠醛渣是以玉米穗轴经粉碎加入一定量的稀硫酸在一定温度和压力作用下，发生一系列水解化学反应提取糠醛后排出的废渣，颜色呈深褐色，细度为 3~4 mm，较疏松。糠醛渣含有机质 76.4%~78.1%，全氮 0.45%~0.52%，全磷 0.072%~0.074%，速效氮 328~533 mg·kg^{-1}，速效磷 109~393 mg·kg^{-1}，速效钾 700~750 mg·kg^{-1}，残余硫酸 3.50%~4.21%，pH 值为 1.86~3.15，容重 0.45 kg·m^{-3}。因其含有有机质和养分，可用作肥料。施用于土壤，可以提高土壤有机质含量和 CEC，改善土壤理化性状。但必须注意其强酸性，使用前需中和，或用于碱性土和盐土的改良，效果显著。

10.5.4　泥土肥类

泥土类肥料包括：泥肥和土肥。

10.5.4.1　泥肥及其特性

泥肥指河、塘、沟、湖中的淤泥。其养分来源主要有：水生动植物的残体和排泄物；

表 10-16　不同泥肥的养分含量

种类	有机质/%	全氮/%	全磷/%	全钾/%	铵态氮/($mg \cdot kg^{-1}$)	速效磷/($mg \cdot kg^{-1}$)	速效钾/($mg \cdot kg^{-1}$)
河泥	5.28	0.29	0.36	1.82	1.25	2.8	7.5
塘泥	2.45	0.20	0.16	1.00	273	97	245
沟泥	9.37	0.44	0.49	0.56	100	30	—
湖泥	4.46	0.40	0.56	1.83	—	18	55

由雨水带入的养分；随雨水冲刷下来的表土及其中的养分；生活污水等。故养分含量变化较大(表 10-16)。

通常，靠近城镇的、放养水生植物的、养水产的水域，其泥肥有机质与养分的含量较高。从地形部位来看，冲田塘泥的质量优于高位塘泥。长年不取的泥肥好于经常取的，故应有计划地培育和利用泥肥，以保持泥肥的质量。泥肥含有较多的有机质，养分种类齐全，有一定的供氮强度(水解氮/全氮的比例多为 8%~12%)，属迟速兼备的肥料，肥效稳长，宜做基肥。河泥中一般含粗粉砂 20%~50%，粉砂和细粉砂为 40%~70%，黏粒均小于 10%，砂黏适中，可用于砂地和黏土地以改善其质地。

10.5.4.2　土肥及其特性

土肥包括熏土、炕土、老房土、墙土、地皮土等。由于人民生活水平的改善，炕土、老房土及墙土已日益减少。熏土是农田表土在适宜温度和少氧条件下用枯枝、落叶、草皮、稻根、秸秆等熏制而成，故又称熏肥、火粪、火土、烧土、焦泥灰等。它是山区、半山区及部分平原地区的一种肥源。熏烧后土壤的渗透率、孔隙度、阳离子交换量明显提高，速效养分也有所增加，常作基肥施用。

10.5.5　泥炭类和腐殖酸类肥料

10.5.5.1　泥炭

泥炭又称草炭、草煤、土煤、泥煤、草筏子等。我国泥炭资源丰富，分布面积在 300×10^4 hm^2 以上。泥炭是古代低湿地带生长的植物，在积水条件下由未完全分解的植物残体形成的有机物层，植物残体在分解过程中可形成腐殖质和矿物质。

(1)泥炭的类型

①低位泥炭　一般分布在地势低洼处，植物群落以沼泽植物为主，如薹属、芦苇属、赤杨属、桦属等，分解程度和养分含量较高，呈微酸性到中性，适宜直接利用，我国的泥炭多属此类型。

②高位泥炭　一般分布在高寒山区的森林地带的分水岭上，植被以水藓类为主。分解程度差、养分含量少、呈酸性，不宜直接做肥料。但其吸收能力强，宜做垫圈材料。

③中位泥炭　又称过渡型泥炭，分布的地形部位与植被类型均介于二者之间可通过泥炭的物理状况来鉴别其分解程度(表 10-17)。分解程度好的可直接利用，否则需经过适当处理(如堆制)后方可利用。

表 10-17　泥炭分解程度的简易鉴别

分解程度	植物残体	塑性与弹性	挤水难易和水色度/%
<15	植物残体几乎全部保存	不沾手，用手握时不能从指间挤出，有弹性	水分很易挤出，水色很淡，介于透明到黄色
15~25	植物残体易辨认，含少量腐殖质	略微沾手，用手握时不能从指间挤出，有弹性	稍用力即可将水挤出，水为棕色或浅褐色
25~35	植物残体保存较差，但能认出，腐殖质较多	能沾手，用手握时，可由指间挤出，有可塑性	用力时能挤出少量水，显褐色或浅褐色，较浑浊
35~50	植物残体还可以见到，但短小细碎，腐殖质很多	沾手，压挤时，易从指间挤出，无弹性	用大力才能挤出很少量水浑浊呈深褐色或灰褐色
>50	植物残体细小，只有较少部分可认，腐殖质占优势	易沾手，压挤时可从指间挤出很多泥炭，无弹性	挤不出水或只能挤出几滴水，很浑浊呈深褐色或黑色

(2)成分和性质

泥炭一般含有机质 40%~70%，腐殖酸含量在 20%~40%，还含有氮、磷、钾等养分(表 10-18)。

表 10-18　我国各地泥炭的成分和化学性质

产地	pH 值	有机质/%	氮(N)/%	C/N	灰分/%	磷(P_2O_5)/%	钾(K_2O)/%
吉林	5.4	60.0	1.80	18.6	40.0	0.30	0.27
北京	6.3	57.4	1.94	—	42.6	0.09	0.24
山西忻县	—	49.3	2.01	—	—	0.18	—
山东莱阳	5.6	44.8	1.46	—	55.2	0.02	0.50
安徽	6.3	50.0	1.50	17.0	50.0	0.10	0.30
内蒙古	—	67.8	2.09	—	—	—	—
青海	6.3	68.5	1.25	19.8	31.5	—	—
新疆	6.5	—	0.75	—	—	0.15	—
浙江余姚	6.0	69.1	1.83	21.9	30.9	0.15	0.25
广西陆川	4.6	40.2	1.21	—	59.8	0.12	0.42
广东云浮	4.6	73.6	1.44	—	—	0.07	0.25
四川	5.0	54.1	1.61	17.4	45.9	0.34	—
云南	4.9	69.0	2.28	—	—	0.34	—
贵州威宁	—	67.3	1.61	—	—	0.24	—

由于泥炭是在积水条件下形成的，水溶性养分大部分流失，磷、钾不多，速效性氮很少。据报道，吉林、浙江、黑龙江的泥炭中速效性氮含量仅为全氮的 0.7%、1.1%及 3.1%。泥炭的 C/N 虽然不大，但分解缓慢，因为所含氮化物多以蛋白质态与杂环态形式存在，不易分解；含碳化合物又多为结构复杂的木质素、纤维素、半纤维素、沥青、树脂、蜡质和脂肪酸等。泥炭适合作为牲畜栏的垫料、细菌肥料的载体、营养体、混合肥料和腐殖酸类肥料的原料，较少直接施用。

10.5.5.2 腐殖酸类肥料

(1)种类

腐殖酸类肥料是以含腐殖酸较多的泥炭、褐煤、风化煤为主要原料，加入适量氮、磷、钾及微量元素制成的肥料总称，例如，腐殖酸铵、硝基腐殖酸铵、腐殖酸钠、腐殖酸钾、腐殖酸磷、高氮腐肥等，其中以前两种较为普遍。

(2)性质

腐殖酸类肥料的共同点是含有较多的腐殖酸类物质，它是黑色或棕色的高分子有机化合物，其结构以芳香核为主体，含有羧基、酚羟基、醌基等多种官能团，颗粒直径为0.001~0.1 nm，交换量较大。腐殖酸不溶于水，可溶于碱和有机溶剂，与铵、钾、钠等形成相应的可溶性腐殖酸盐，也可与钙、镁、铁、锰等生成相应不溶性的腐殖酸盐。

由于腐殖酸中含有酚基和醌基，可形成一个氧化还原体系，参与作物体内的氧化还原过程。促进多酚氧化酶、过氧化物酶和抗坏血酸氧化酶等的活性，从而促进作物的呼吸作用，有利于作物的生长发育。腐殖酸中的活性基团，对土壤中的阴、阳离子具有较强的吸附作用和交换能力，在盐碱地上施用，可降低土壤中盐分的含量，有利于盐碱地的改良。

腐殖酸有活化土壤中磷素的作用，并能与土壤中的微量元素(锰、钼、锌、铜等)形成配合物，往往有利于植物的吸收，但在某种情况下，在预防重金属的危害方面也有一定的作用。

合理施用这类肥料，对改良低产田、提高化肥利用率、刺激作物生长、增强作物抗逆能力、提高作物产量和改善产品品质等方面均有一定的作用。

10.5.6 海肥类

我国海岸线长达约 3.2×10^4 km，海肥资源丰富，海肥指海产品加工的废弃物和一些不能食用的海生动物、植物及矿物性物质等。按其成分与性质可分为动物性、植物性和矿物性海肥 3 类，其中以动物性海肥的种类最多，数量最大。

10.5.6.1 动物性海肥

这类海肥中有鱼杂肥类、虾蟹类、贝壳类和海星类、腔肠类和软体类动物等。在养分含量上各有特点，鱼杂肥和虾蟹类含氮、磷较多；贝壳类除含氮、磷、钾外，富含碳酸钙，海星类中氮、磷、钾较多(表 10-19)。

表 10-19　动物性海肥的主要种类与养分含量　%

种类		有机质	N	P_2O_5	K_2O	$CaCO_3$
鱼杂类	鱼杂	69.84	7.36	5.34	0.52	—
	鱼鳞	45.26	3.59	5.06	0.22	—
	鱼肠	65.40	7.20	9.23	0.08	—
	杂鱼	28.66	2.76	3.43	—	—
	鱼水(鱼卤)	—	0.31	0.30	0.40	—

（续）

种　类		有机质	N	P_2O_5	K_2O	$CaCO_3$
虾蟹类	虾糠	46.34	3.85	2.34	0.64	—
	虾皮	—	4.74	2.72	0.87	—
	干蟹	—	4.21	2.97	0.57	—
	蟛蜞	—	1.63	3.30	0.17	—
贝壳类	蛏子	—	1.17	0.32	0.51	—
	藤壶	24.80	1.84	0.48	0.28	—
	海螺	—	2.11	0.32	0.46	—
	鬼螺	7.13	0.85	0.52	0.09	57.0
	白蚬	—	0.20	0.80	0.40	—
	砺子皮	18.47	1.21	0.23	0.38	—
	壳头	—	0.05	0.02	0.07	—
海星类	海五星	15.71	1.80	0.24	0.51	90.0
	海风车	—	2.11	0.36	0.46	65.6
	海钱	—	0.40	0.16	0.21	57.0

这类肥料中的氮大多以蛋白态存在，大部分磷为有机态，贝壳类中的磷以磷酸三钙为主。同时它们均含有一定数量的有机质，其中以鱼杂肥和虾蟹类较多。这类肥料需经沤制后方能施用，属迟效性肥料，宜做基肥施用。

10.5.6.2　植物性海肥

通常以藻类为主，除食用、工业用外，也可作为肥料。此外，还包括浅滩上生长的植物，见表 10-20。

表 10-20　主要植物性海肥的养分含量　　%

种类	N	P_2O_5	K_2O
海青薹(鲜)	0.30	0.10	1.23
海藻(干)	2.40	1.50	3.19
海朗树叶(干)	1.54~2.44	0.28~0.45	0.17~1.74
朗尾	0.66	0.30	1.47
海荞麦(干)	1.35	0.09	1.68
海草	1.64	0.42	1.77

10.5.6.3　矿物性海肥

主要是海泥和卤水。海泥是江河冲来的泥土和海中动植物残体的淤积物，其性质与泥肥相似，但有约 0.35%的盐分，其养分含量与沉积条件有关。若是泥底，江河入海处又有避风港时，则养分较多；若是沙底，江河入海处淤成的，则养分较少。一般海泥含有机质为 1.5%~2.8%，氮为 0.15%~0.61%，磷酸为 0.12%~0.28%，氧化钾为 0.72%~2.25%，可溶性的氮、磷很少，并含有较高的盐分，还有一定数量的还原性物质，施用时需经暴晒以除去还原性物质，腐熟后方可施用。

卤水是生产盐的残余卤液，主要成分为 NaCl、KCl、$MgCl_2$、$MgSO_4$ 等，可作为提取钾盐的原料。

10.5.7 粉煤灰类

粉煤灰是火电工业特有的固体废弃物，年排放量极大。每燃烧 1 t 煤产生粉煤灰 250～300 kg。我国 1985 年粉煤灰排放量已达 $6\ 800\times10^4$t，随着火电工业的迅速发展，到 2010 年，粉煤灰的预期年产量达到 1.2×10^8 t。粉煤灰虽不属于有机废弃物类别，但粉煤灰也可在农业中利用，既可用于改土，又可提供植物需要的某些元素。

近年来，我国在粉煤灰农用方面已取得不少研究成果，部分已应用于生产，主要有以下 3 方面。

(1)做平整土地的填充料

对一些低洼地、废坑、深沟等废弃地，用粉煤灰铺填作底，再覆土造田，以恢复土地的农用价值。

(2)做土壤改良剂

粉煤灰呈碱性或强碱性，并含钙、镁等元素(表 10-21)，可做酸性土改良剂。粉煤灰颗粒组成中含蜂窝体结构，其中大于 0.01 mm 的物理性砂粒占 85%，物理性状类似于砂壤土，施用于黏质土可改善耕性和通透性。粉煤灰用量要大，累计施用量通常达到 300～450 t · hm^{-2}，同时要配施多量有机肥。粉煤灰中含一定数量的重金属，过量施用可能会使土壤积累过多重金属而污染环境。另外，粉煤灰含硼较高，农用时注意硼毒害。

表 10-21 粉煤灰的化学组成 %

成分	SiO_2	Al_2O_3	Fe_2O_3	CaO	MgO	SO_3	Na_2O+K_2O	烧失量
平均值	48	26	10	4	2	1	4.5	11.58
范围	40～60	20～40	6～16	2～10	1～4	0.5～2	2～6	0.34～68.2

(3)制成硅钙肥等

施用这些肥料能为植物提供钙、镁、钾及多种微量元素，使营养均衡、减少缺素症。在一定条件下可增强植物的抗逆性，提高对氮、磷肥的利用率，促进高产稳产。但是它不能代替有机肥和化肥的正常施用。

10.6 有机肥料施用

10.6.1 合理施用原则

合理施用有机肥料主要有两个基本原则：一是有机肥料施用技术的确定；二是有机肥料和化学肥料的配合施用。

(1)有机肥料科学施用技术的确定

充分发挥有机肥料的效应，要选择适宜的有机肥料施用量、合理的施肥方式及施肥时期。有机肥料因养分含量低，施用量较大，主要用作基肥，一次施入土壤。部分有机肥料

(如人粪尿、沼气肥等)因速效养分含量较高而释放较快，也可作追肥施用。绿肥和秸秆还田一般应注意耕翻的适宜时期和分解条件。

(2)有机肥料和化学肥料配合施用

有机肥料所含营养元素种类齐全，但浓度较低，而化学肥料养分较单纯，其含量相对较高；有机肥料含有大量有机物质，其养分成分一般需要经过微生物的分解才能被植物吸收，肥效迟缓但持久，而化学肥料多是水溶性或弱酸溶性化合物，能直接被根或叶面吸收，肥效快但不持久。有机肥料和化学肥料配合施用可以优势互补、缓急相济，是提高肥效的重要途径和关键所在。

10.6.2　有机肥料施用技术

科学的有机肥料施用技术包括适宜的用量、施肥方式及施肥时期等方面。

(1)有机肥料施用量

有机肥料施用量较大，除秸秆还田用量不宜过高外，施用量一般为 15～30 t · hm^{-2}，厩肥及垃圾堆肥等低养分含量的有机肥料施用量可适当提高。有些地区，用人畜粪尿、沼气肥配合适量化学肥料植物关键生育期进行追肥，用量一般为 7.5～15 t · hm^{-2}。枸杞施用 9 t · hm^{-2} 牛粪(或羊粪、猪粪)后植株高度、冠幅、茎粗、叶绿素含量和净光合速率提高，产量增加 11.4%～57.9%，而且百粒重、可溶性固形物、可溶性糖和维生素 C 含量也增加。茶树施用 3 t · hm^{-2} 有机肥鲜叶产量可达 3 546.5 kg · hm^{-2}，比不施肥处理增产 3.9%。有机肥料施用量应根据有机肥料养分含量、土壤肥力状况及植物生长特性等条件确定。

(2)有机肥料施肥方式及时期

有机肥料可作基肥、追肥和种肥施用。

基肥是播种前随耕地施入土壤中的肥料，用量大、供肥能力持久，往往是以有机肥料为主，有机肥料和化学肥料配合施用，既能保证植物所需的养分，还能起到培肥地力的作用。几乎所有的有机肥料均可作基肥，但未腐熟的人畜粪尿等一般不作基肥，基肥施用要遵循“土肥相融”的原则。

追肥是在施用基肥的基础上再按植物的养分需求补充施肥，以满足植物生长所需，保证丰产。可用作追肥的有机肥料一般为腐熟完全的人畜粪尿、禽粪和速效养分含量高的堆沤肥、沼气肥等。追肥方法可用撒施、条施或穴施；也可把沼液等含有养分的溶液喷洒在植物茎叶作根外追肥，用量少，肥效快。

种肥是指与种子直接接触的肥料，选择的种肥不能对种子产生不良影响。常用作种肥的肥料有腐熟人粪尿、腐熟的堆肥和厩肥、发酵饼肥和腐殖酸类肥料。常采用拌种法，用适量的肥料和种子拌和均匀后一起播入土壤。也可采用有浸种法，用一定浓度的肥料液浸泡种子，待一定时间后取出、晾干，播种。

10.7　有机、无机肥料配合施用的优越性

我国长期以来主要靠施用有机肥料提供植物所需的养分和维持土壤肥力平衡。随着人口增长和生活水平的提高，在有限的土地上生产更多的林产品才能满足需要，单靠施用有

机肥料很难实现，因此我国化肥工业快速发展，化学肥料的生产和施用推动了农、林业生产水平的提高。有相当一段时期人们重视化肥而忽视有机肥料的施用，有些地区导致土壤养分失衡、理化性质恶化。土壤肥力持续提高需要有机肥料的大量投入，有机肥料与化学肥料配合施用是土壤培肥、植物高产高效生产的重要措施。

10.7.1 有机肥料和化学肥料的特性

有机肥料不同于化学肥料，是一种完全肥料，含有氮、磷、钾、钙、镁、硫及铁、铜、锌、锰等各种微量元素，养分较全。有机肥料除能供给植物所需的各种营养元素外，还能为土壤微生物活动提供必要的营养物质和能源，含有丰富的有机物质，对增加土壤有机质积累，改善土壤理化性状、培肥土壤等方面均有良好的作用。有机肥料养分含量较低，肥效发挥缓慢而持久，在植物旺盛生长、需养分较多的时期，往往不能及时满足植物对养分的需要(表 10-22)。

表 10-22 有机肥料与化学肥料特点和性质的比较

项　目	有机肥料	化学肥料
所含养分	养分种类多，但含量低	养分含量高，但种类较单一
肥效快慢	供肥时间长，但肥效缓慢	供肥强度大，肥效快，但肥效不持久
肥料特性	既能促进植物生长，又能保水保肥，有利于化学肥料发挥作用	养分含量虽高，但某些养分易发挥、淋失或发生强烈的固定作用
改土作用	含有一定数量的有机质，有显著的改土作用	不含有机质，只供给矿质养分，没有直接的改土作用

从表 10-22 可以看出，有机肥料和化学肥料优缺点各异，单施有机肥料或化学肥料，都不能适时适量满足植物生长的养分需要。长期林业生产实践证明，只有实行有机肥料与化学肥料配合施用，才能优势互补、缓急相济，充分发挥肥料效应，实现植物高产和土壤培肥的双重目标。

10.7.2 有机肥料与化学肥料配合施用对提高土壤肥力的作用

有机肥料与化学肥料配合施用具有更好的改土培肥效果。

(1)提高土壤有机质含量，改善土壤有机质品质

土壤有机质含量及其品质是土壤肥力的重要指标。施用有机肥料可以明显提高土壤有机质含量，有利于有机质的积累。有机肥料与无机肥料配合施用有利于胡敏酸和富里酸的形成，增加土壤中活性有机质的数量，改善土壤的养分供应，协调土壤肥力的各种因素。有机肥料与无机肥料合理配施是提高土壤有机质含量、改善有机质品质的有效措施。

(2)改善土壤养分状况，提高其有效性

有机氮肥和化学氮肥配合施用时，无机氮可提高有机氮的矿化率，有机氮可提高无机氮的生物固定率，固定和矿化相互影响，使各自供氮稳定而且长效，减少无机氮损失，提高土壤氮素积累。有机肥料作为钾素的重要供给源，与化学氮、磷肥料配合施用，可提高土壤钾素含量，增强土壤钾素有效性，对缓解生产中钾素不足具有重要意义。有机肥料与化学肥料配施，还可以提高土壤全磷、速效磷及各种微量元素含量。

(3)改善土壤物理性状和化学性状

有机肥料与化学肥料配施可使土壤孔隙度增加，容重降低，团聚作用增强，土壤耕性得到相应的改善；明显改善土壤的结构性能和通透性，增强土壤团聚体的水稳性，从而使土壤保肥性能得到了提高，为植物创造了良好的生长条件。施用有机肥料还能够改善土体结构，协调养分供应，促进根系下扎，从而提高土壤水分的吸收利用率和水分生产率。

(4)增强土壤微生物活性和酶活性

施有机肥料或有机肥料与无机肥料配施较单施化肥的土壤微生物总量、细菌、固氮菌、放线菌、氨化细菌等数量均增加。有机肥料与无机肥料配合施用可显著地改善与碳、氮、磷养分转化有关的土壤过氧化氢酶、脲酶、磷酸酶等的生物活性。

20 世纪末，氮、磷化肥大量投入，植物产量提高，有机肥施用减少使耕地土壤中钾素的亏损现象日见突出。有机肥料与无机肥料配合施用对平衡土壤养分，特别是对平衡土壤钾素具有重要意义。

10.7.3　有机肥料与化学肥料配施对植物生长及养分利用的影响

(1)提高植物产量

有机肥料与化学肥料配施平衡了植物所需的各种养分，保证植物整个生长过程中养分的充足供应，促进植株生长发育，有利于光合作用和干物质的积累，提高经济系数，促进光合产物向籽实的转移，使产量结构得以改善，具有很好的增产效果。

(2)提高养分利用效率

有机肥料与化学肥料配合施用可改善土壤供氮状况，既可以协调营养，又可以提高养分的有效性，促进了植物对养分的吸收和利用，提高养分的利用效率，对林业可持续发展具有重要的意义。

10.7.4　有机肥料与化学肥料的配合施用

有机肥料与化学肥料配合施用，既要考虑改良土壤、培肥地力，又要保证能持久和充足地供应养分，以满足植物整个生长期的需要。我国已有研究表明，按施用农家肥 15~20 $t \cdot hm^{-2}$ 或绿肥鲜草 22.5~30 $t \cdot hm^{-2}$、化肥施用量为 150~225 $t \cdot hm^{-2}$ 的生产水平考虑，以氮、磷、钾有效养分计算，中等肥力农田有机肥料与化学肥料适宜比例为 1 : 1，高肥力农田可以达到 1 : 2，低肥力土壤应以培肥地力为主，其适宜比例以 2 : 1 较好。有机肥料与化学肥料氮、磷、钾适宜养分配合比例随着土壤肥力状况、气候条件、植物特性等诸条件不同而变化，在生产实践中应逐步探索出适宜本地区生产条件的最佳比例关系，用于指导生产。施肥量受植物产量水平、土壤供肥量、肥料利用率、气候条件、栽培技术等因素的综合影响。确定施肥量常用养分平衡法、田间试验法等方法确定。

有些有机肥料与化学肥料混合施用比分施效果好，如厩肥、堆肥与钙镁磷肥、过磷酸钙混合施用可以减少磷的固定，提高磷肥效果。泥炭与草木灰、石灰混合可以提高肥效，人粪尿混合少量过磷酸钙具有保氮作用。有些有机肥料与化学肥料混合施用降低肥效，如硝态氮肥与半腐熟的堆肥和厩肥或新鲜的秸秆混合，由于反硝化作用会引起氮的损失。完全腐熟的有机肥料不宜与碱性肥料混合，否则易引起铵态氮的挥发损失。

本章小结

本章介绍了我国有机肥料资源的利用现状，有机肥料的分类及类型，有机肥料的特点及作用，在此基础上主要介绍了有机肥料的性质及施用技术。

思考题

1. 有机肥料的特点是什么？
2. 有机肥料的作用是什么？
3. 有机肥料可分为哪几类？
4. 如何合理施用有机肥料？

参考文献

程海涛，芦睿，程路凯，等，2019. 淮南地区茶叶有机肥替代化肥研究[J]. 安徽农业科学，47(20)：169-171.

冯小亮，刘秀秀，吕东波，2017. 农业发展中的有机肥利用现状及问题[J]. 农业与技术，37(22)：2-3，11.

胡霭堂，2003. 植物营养学(下册)[M]. 2版. 北京：中国农业大学出版社.

黄建国，2004. 植物营养学[M]. 北京：中国林业出版社.

黄云，2014. 植物营养学[M]. 北京：中国农业出版社.

牛新胜，巨晓棠，2017. 我国有机肥料资源及利用[J]. 植物营养与肥料学报，23(6)：1462-1479.

王亚雄，常少刚，王锐，等，2019. 不同有机肥对宁夏枸杞生长、产量及品质的影响[J]. 中国土壤与肥料(5)：91-95.

杨帆，李荣，崔勇，等，2010. 我国有机肥料资源利用现状与发展建议[J]. 中国土壤与肥料(4)：77-82.

第 11 章　经济林养分管理

11.1　经济林施肥概况

11.1.1　经济林的概念

经济林是以生产果品，食用油料、饮料、调料，工业原料和药材为主要目的的林木。木料或其他林产品直接获得经济效益为主要目的的森林，是我国重要森林资源组成部分，经济林产品是指除木材用途以外树木的果实、种子、花、皮、树脂、树液等直接产品或者经加工制成的油脂、食品、能源、药品、香料、饮料、调料、化工产品等间接产品。

11.1.2　经济林施肥现状

充足的养分是经济林正常生长、开花结实的重要条件，当土壤养分不能满足其生长发育时就需要施肥。经济林是多年生植物，叶、花、果的收获带走了大量的养分，再加上很多经济林栽培的立地条件本身就较差，很容易出现营养不足而导致产量、质量低下。因此，施肥是提高经济林产量和质量非常重要的措施之一。

在近些年，专家学者们在对油茶、毛竹、板栗和核桃等主要经济林树种的需肥规律、根系分布特点及器官健康程度与矿质元素之间的关系等方面开展了一系列的研究，形成了油茶、毛竹、板栗和核桃等树种的养分资源综合管理技术体系。但是，大多数经济林树种的营养吸收、利用和分配机制并不清晰，生产中过量施肥、盲目施肥现象普遍。这样不仅肥料利用率低，浪费资源，而且会造成环境污染。另外，经济林水肥之间的耦合、养分与土壤环境间的关系、养分与土壤生物之间的关系等研究也有待深入探讨，为经济林施肥提供理论和技术支撑。

11.2　经济林营养特性

11.2.1　经济林营养需求

经济林一次种植，多年收获，对养分的需求较其他类型的林木更高，容易导致各种养分的缺乏。经济林的生命周期一般都较长，在整个生命周期内，不同生长阶段，其生长特性不同，需肥规律也不同，对应的养分管理措施也不同。经济林大多数以收获果实为经营目标，需要事先积累和贮藏营养，且营养生长与生殖生长对养分的竞争激烈。另外，不同的经济林对养分的需求存在很大的差异，特别是对氮素的需求；同一个种内的不同品种，对养分的需求也存在着差异。

11.2.2 经济林合理施肥的原则

在经济林施肥过程中，有诸多影响因子，为了达到更加高效的施肥目标，一般考虑以下5个施肥原则：

(1)平衡施肥

是指经济林生长所需的各种营养元素的合理供应和调节，以满足经济林生长发育的需求，达到提高产量、改善品种、减少肥料浪费和防止环境污染的目的。

(2)满足最小养分

经济林生长和产量的高低受土壤中相对含量最低养分限制，因此土壤施肥必须首先使用此养分。

(3)肥料效益

施肥目的是获得高产优质产品和获取较高的经济效益。

(4)有机无机肥料的混合施用

有机肥的养分全而含量低，肥效长而缓，无机肥养分单一而含量高，肥效短而重，所以二者要配合施用，以取长补短，取得最大的施肥效益。

(5)综合因素考虑

经济林生长和施肥效果受多种因素影响，所以施肥要综合考虑植物因素、土壤因素、肥源、地形、气候等。特别是不同经济林种类、品种，不同生育期对养分吸收能力和对肥料种类、形态、数量需求均不同，施肥时要重点考虑。

11.3 我国主要经济林养分管理技术

11.3.1 油茶养分管理

11.3.1.1 油茶生长发育规律

(1)油茶的生命周期

油茶的个体发育过程分为幼年期、初果期、盛果期、衰老期4个阶段。幼年期是指油茶植株从幼苗进入开花结实这一阶段，一般为4~8年。油茶幼苗一年内有3~4次生长与休眠的交替期，自5~11月苗高与苗径生长各出现3次生长高峰期；主要是营养生长。初果期指油茶从营养生长占优势逐渐与生殖生长趋于平衡的阶段，通常是树龄6~10年这一阶段。此时树体生长旺盛，大量分枝，树冠迅速扩大，开花结实量逐年增加，产量处于持续上升阶段。盛果期生殖生长占优势，是油茶大量结果时期，也是获得最大经济效益的时期，此时树冠与根系已扩展到最大限度，对光、温、水肥需求多，产量达到高峰。油茶盛果期的长短与立地条件、经营管理水平和栽培品种有关，在正常情况下，油茶10年后进入盛果期，可以延续50~60年。衰老期的油茶骨干枝衰老或干枯，萌芽力显著衰退，芽小而少，吸收根大量死亡并逐渐波及骨干根，根幅变小，根颈处出现大量的不定根，大小年非常明显。

在正常栽培情况下，油茶实生树一般 3～4 年后开始开花，前几年结果数量少，6～8 年后逐渐有一定产量。目前生产上采用的多为芽苗砧嫁接油茶，通常造林后 4～6 年开始挂果并有一定产量，6～8 年后逐渐进入盛果期。

(2)油茶的年生长规律

①油茶根系年生长规律　油茶属深根性树种，幼年阶段主根生长量一般大于地上部分生长量，成年时正好相反。成年时主根能扎入 2～3 m 深的土层，吸收根主要分布在 5～30 cm 深的土层中，且以树冠投影线附近为密集区，根系生长具有明显的趋水趋肥性。油茶根系每年均发生大量新根，在油茶主产区，早春 2 月根系就开始萌动，到 3～4 月为快速生长期，其后与新梢生长交替进行；6～7 月油茶根系旺盛生长，当温度超过 37 ℃时根系生长受到抑制；8 月后，根系生长速率和生长量逐渐减少，果实停止生长至开花之前又出现 1 个小的生长高峰，11 月后逐渐缓慢。图 11-1 为在江西宜春采用微根管技术测定的油茶微根生长动态。

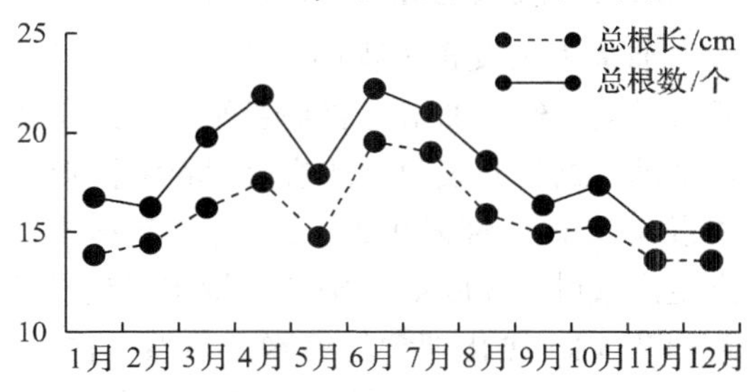

图 11-1　油茶微根生长动态

②油茶新梢的年生长规律　油茶的新梢主要是由顶芽和腋芽萌发，有时也有从树干上萌生的不定芽抽发。油茶顶端优势明显，顶芽和近顶腋芽萌发率最高，抽发的新梢充实粗壮，花芽分化率和坐果率均较高。结果枝是春季抽发的新梢，该新梢能分化出花芽，并能开花挂果。树干不定芽萌发常见于成年树，有利于补充树体结构和修剪后的树冠复壮成形。油茶幼树生长旺盛，在油茶主产区立地条件好、水肥充足时一年中可抽发春、夏、秋和晚秋等多次新梢，进入盛果期后一般只抽春梢，生长旺盛的树有时也抽发数量不多的夏秋梢。春梢是指立春至立夏间抽发的新梢，数量多，粗壮充实，节间较短，是当年开花、制造和积累养分的主要来源之一，强壮的春梢还可以成为抽发夏梢的基枝。春梢的数量和质量取决于树体的营养状况，同时也会影响到树体生长和来年结果枝的数量和质量，所以培养数量多、质量好的春梢是争取高产稳产的先决条件之一。夏梢是指立夏到立秋间抽发的新梢，一般 6～7 月抽发。幼树能抽发较多的夏梢，促进树体扩展。初结果树抽发的夏梢，少数组织发育充实的也可当年分化花芽，成为来年的结果枝。秋梢是立秋到立冬间抽发的新梢，一般 9～10 月抽发。

③油茶芽的分化与生长　油茶新梢生长和新叶展现的同时出现顶芽和腋芽，顶芽一般 1～3 个着生在一起，有时出现丛生芽，有 5～6 个或十几个，中间 1 个为叶芽。腋芽一般 1～2 个着生在一起，多的可达 5～6 个，其中 1～2 个为花芽。顶芽和腋芽初期形成时体积很小，到 5 月中旬方可识别。花芽分化是在春梢生长基本结束后开始，因各地气候条件不同，一般是 5 月下旬起至 8 月底基本结束。据调查，成年树花芽分化率高达 47.9%，幼年树为 35.2%，老年树最低。

④果实的生长发育　油茶果实生长发育过程根据其特点可划分为 4 个阶段：第一阶段为幼果形成期。一般在 3 月初以前，油茶子房膨大，幼果形成，生长缓慢，从受精开始约 4 个月的时间，果实纵横径生长量占总量的 24%左右。第二阶段为果实生长期。自 3 月起

至 8 月下旬，生长逐渐加快，这一时期主要是果实体积增长，约 6 个月的时间，生长量占总生长量的 76%左右。第三阶段为油脂转化积累期。此阶段一般在 8 月下旬至 10 月果熟前，体积不再增加，而油脂积累直线上升。第四阶段为果熟期。指油茶种子由生理成熟转入形态成熟，果皮刚毛大量脱落，果实充分成熟，种子充实饱满，种壳乌黑，有光泽或古铜色，油脂的积累达到高峰，种子无后熟作用，休眠期不明显。

11. 3. 1. 2　油茶的养分需求规律

油茶生长发育过程中，需要多种营养元素，主要包括大量元素氮、磷、钾和大部分中微量元素。幼年油茶主要是营养生长，栽培上期望生长迅速，建设树冠，为开花结果打下良好基础。据研究表明，油茶树营养生长阶段每生产 100 kg 枝叶，从土壤中吸收氮素 0. 9 kg，磷素 0. 22 kg，钾素 0. 28 kg，相当于尿素 2 kg，过磷酸钙 1. 5 kg，氯化钾 0. 5 kg。若每年每亩生产枝叶 1 500 kg，则从土壤中带走相当于 30 kg 尿素含的氮素，22 kg 过磷酸钙含的磷素和 7. 5 kg 氯化钾含的钾素。显然，油茶的营养生产阶段的需肥特点是以氮肥为主，磷、钾肥为辅。进入结果期的油茶，每结 100 kg 油茶鲜果，要从土壤中吸收氮素 1. 11 kg、磷素 0. 85 kg、钾素 3. 43 kg，若每年生产 500 kg 油茶鲜果，则从土壤中带走相当于 12 kg 尿素含的氮素，28 kg 过磷酸钙含的磷素，29 kg 氯化钾含的钾素，加上始果期和盛果期生殖生长同时具有的营养生长，所需养分更多，这其中还尚未考虑各种肥料的吸收利用率。因此，很显然，油茶结果期对磷、钾的需求很大，其需肥特点是以磷、钾肥为主，氮肥为辅。

各养分元素在油茶树体各器官中的含量存在差异。叶片的氮含量最高，其次为花，果实中的氮含量相对较低；磷含量以花芽中最高，其次为叶片，果实中含量最低；果实中的钾含量比叶片和花中的高。就同一器官中不同养分含量而言，叶片与果实中的全氮>全钾>全磷，而花芽中全氮>全磷>全钾。同一器官中的养分含量随生长发育状态和时间也不断发生变化。1~2 月，油茶生长缓慢，养分需求量小，3~5 月，新梢开始萌发，但花芽还没有分化，此阶段主要是枝叶和果实的营养生长，吸收的氮、磷、钾元素均不断增多，5 月后，花芽陆续分化，果实逐渐膨大，对氮、磷、钾的需求量增大，特别是对磷和钾的需求量明显增大。因此，油茶一年四季均需要养分(图 11-2)。

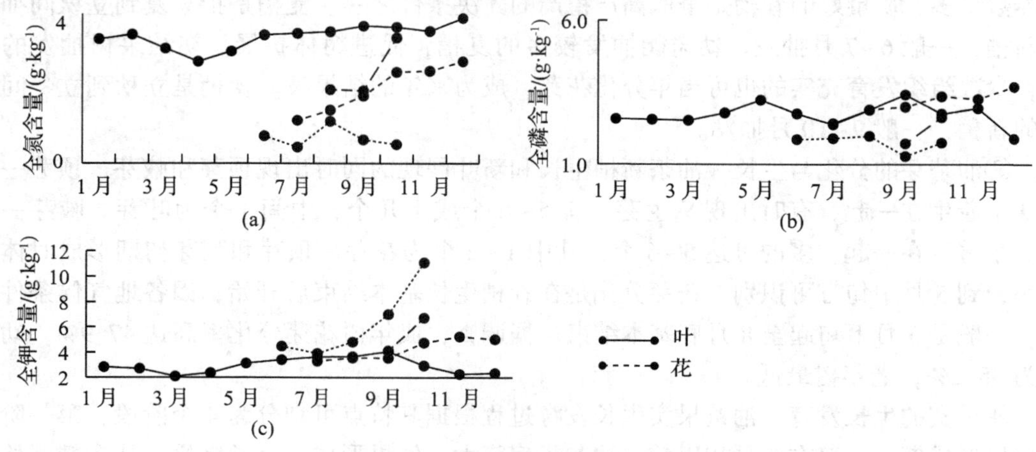

图 11-2　油茶树体养分的年动态变化

(a)氮养分　(b)磷养分　(c)钾养分

11.3.1.3　油茶的施肥技术

营养是油茶生长与结果的物质基础，施肥就是供给油茶生长发育所必需的营养元素，并不断改善土壤的理化性状，给树体生长发育创造良好的条件。油茶在其生长发育过程中需要多种营养元素，而逐年采摘油茶果实将带走大量养分。因此，应通过科学施肥供给油茶生长发育所需的主要组成物、水分和碳水化合物及土壤中的大量元素、微量元素。

(1) 油茶林基肥的施用

基肥又称底肥，是在播种或移植前施用的肥料，或者多年生果树每个生长季第一次施用的肥料，油茶生产中通常指油茶苗栽植前施到种植穴中的肥料。基肥能供给植物整个生长期中所需要的养分，为植物生长发育创造良好的土壤条件，也有改良土壤、培肥地力的作用。

厩肥、堆肥、家畜粪等是常用的农家基肥，目前用得最多的是商品有机肥。磷肥可作基肥施用，复合肥为基肥对油茶幼林的生长有促进作用。基肥是唯一一次施到穴底的肥料，对促进油茶根系生长具有至关重要的作用，新建的油茶林地土壤多数缺少有机质和氮、磷、钾肥，土壤结构较差，为了提高土壤肥力，改良土壤，促进苗木生长，应施足基肥。一般而言，每穴施入厩肥、堆肥、家畜粪等农家肥 15~20 kg 或商品有机肥 4~5 kg，磷肥 0.5~1 kg，土壤较为贫瘠的可添加复合肥(氮、磷、钾比例为 15 ∶ 15 ∶ 15) 0.3 kg 以上。

油茶基肥宜于秋冬季施入，以使充分腐熟，并形成良好土壤环境。鸡粪、猪粪、枯饼 9~12 月施入效果较好，至少比油茶种植时间提前半个月以上施入，合格的商品有机肥也以提前施入效果更好。磷肥的移动性差，为了使根系能及时充分利用到磷肥，可将磷肥打泥浆用于油茶种植时蘸根。

油茶施用基肥应注意的是：一是应深施，施肥位置应深达栽植后的苗根 20 cm 以下；二是肥料应与表层土壤充分拌匀放入穴中；三是为了防治土壤下沉，下雨时穴内积水，覆土要高出地表 15~20 cm。

(2) 油茶幼林施肥

油茶幼树期以营养生长为主，这个时期施肥着重促长梢叶，扩大根系和树冠，为开花结实打基础。幼树期应结合幼树多次抽梢特点，在抽春梢、夏梢和顶芽膨胀、新芽转绿期，进行多次施肥，为春、夏、秋三次抽梢补充养分。因此，幼树期施肥主要以氮肥为主，配合磷、钾肥，随树龄大小使施肥量从少到多，逐年提高。

油茶定植当年通常可以不施肥，有条件的可在 6~7 月树苗恢复后适当浇些稀薄的人粪尿或每株施 0.2 kg 左右的尿素或油茶专用肥。从翌年起，3 月新梢萌动前半月左右施入速效氮肥，以促使多发壮实的春梢。春梢是以后抽生各次枝梢的基础，因此，春梢萌芽前的施肥较为重要，应施足氮肥。5 月再追施一次速效氮肥，每株约 0.25 kg，以培养出健壮、充实的夏梢。11 月上旬则以土杂肥、农家肥或商品有机肥作为越冬基肥，每株 3~5 kg，随着树体的增长，每年的施肥量应逐年递增，以提高越冬抗寒能力，保证树体养分积累。

春季和夏季追肥可于雨后撒施，施于施肥沟处或已松土的树盘内，有灌溉设施的可将尿素按 3%~5%的浓度溶解于水中灌溉。越冬基肥采用沟施方法，施肥沟距离树干基部 30 cm 或在树冠投影线外沿，沟宽深 20~30 cm，肥料与土拌匀后及时覆土。

油茶幼林施肥应注意：一是施肥位置要恰当，不能太近或太远，通常为树基部 30 cm 外树冠垂直投影边界处；二是施肥沟不能过浅、过短，通常深 30 cm 以上，长 30 cm 以上；三是要注意坡位，不要将肥料施在油茶树的下坡位，以防止养分流失；四是要注意土壤湿度，忌干土施固体肥；五是要注意施肥用量，施肥用量要恰当，量少了满足不了油茶生长发育之所需，量多了，不仅对油茶没有好处，还会起反作用，如烧根、离子毒害等，同时也浪费人力和物力，并且过剩的肥料会对环境造成污染。

(3)油茶成林施肥

油茶四季花果不离枝，有“抱子怀胎”的特点，每年都要消耗大量养分，仅靠垦复、间作还不能满足油茶高产稳产对肥料的要求。这一时期施肥应保持营养生长与生殖(花果)生长的平衡，使梢、叶与结果的矛盾统一，从而达到高产、稳产、优质、低耗，并延长植株经济寿命。油茶成林根据挂果年龄，分初果期和盛果期两个阶段，不同阶段施肥要求不同。

初果期油茶：初果期的油茶一方面要增强树冠，另一方面要促进花芽分化、健壮花芽，保果壮果，此阶段油茶需肥特点表现为重磷配氮钾，氮、磷、钾的比例以 10∶6∶8 为宜。3 月施复合肥或专用肥，每株 0.5~1 kg，开施肥沟施入；6~7 月再追施一次硫酸钾，每株约 0.25 kg，以壮果增油，可雨后施或随水施；11~12 月，施有机肥 2~3 kg、复合肥 0.25~0.5 kg 作为越冬基肥，开施肥沟施入。

盛果期油茶：盛果期施肥的目的是促高产、保稳产。此阶段磷、钾需求量增大，施肥时应氮、磷、钾配合，氮、磷、钾的比例以 10∶8∶10 为宜。3 月施复合肥或专用肥，每株 1~2 kg，开施肥沟施入；6~7 月再追施一次硫酸钾，每株约 0.25 kg；11~12 月，施有机肥 4~5 kg、复合肥 0.25~0.5 kg 作为越冬基肥，开施肥沟施入。在追肥的基础上，还可以进行适量的叶面施肥，以微量元素、磷酸二氢钾、尿素和各种生长调节剂为主。

成林油茶按施肥时期可分为萌芽肥(花前肥)和保花壮果肥。

萌芽肥：萌芽肥的作用是促春梢抽生，利于叶、结果枝与花芽的形成，增加叶面积，有利光合作用有机物生产，供应开花所需的部分养分，为当年坐果和前一年结的果实生长打下良好基础，是油茶增产重要措施。萌芽肥施肥时间按萌芽早晚而定，一般春梢是在立春或立夏(3~6 月)间由顶芽和腋芽抽发出来的，而花芽是 5 月在春梢停止生长后，开始分化至 9 月完全成熟。可选择在 1~3 月施肥。

保花壮果肥：保花壮果肥的作用是促进花芽开花提高坐果率，为明年打下丰产基础，同时保证当年果实长大，减少落果、提高油脂转换率，平衡花芽与果之间的养分矛盾，以克服油茶林结果大小年的现象，以达到油茶丰产稳产持续发展。9 月是油茶花芽成熟期，10~12 月是开花盛期，7~8 月前后又是前一年所结的果实膨大的重要高峰期，这个时期的果实体积增加量占果实总体的 66%~75%。期间也可能存在第二次落果高峰。随着油茶果实体积和质量的增加，油脂转化也在加快，8 月下旬至 9 月初和 9 月下旬至采收为油脂转化和积累高峰期，油脂转化和积累占果实含油量 60%，9~11 月果实成熟。因此，7~9 月是油茶重要施肥期。但该时期油茶主产区正处于干旱季节，故应结合施肥进行深翻垦复和叶面喷施沼液肥以及覆盖枯枝落叶、秸秆、稻草等覆盖物来保墒防干旱。

油茶成林施肥要掌握好几个原则：就是看山施肥，看树施肥，看肥施肥，看季节施肥。一般山地贫瘠的施肥量可多点，立地条件较好的地方可适发减少肥料用量，尽量做到缺什么补什么。看树施肥要分别大小年确定肥料种类，一般要求大年多施氮、磷肥，以固果和促进花芽分化，做到需要什么补什么。施肥的种类、搭配和用量应根据具体情况而定，不同肥料用量和方法不同，如果有机肥需冬季开施肥沟施入，而可溶性速效肥料可于雨后施于土表或随水施入。油茶在不同生长季节对养分的需求不同，通常早春多施点氮肥和适量的钾肥，以促进抽梢、发叶、壮果、保果；夏秋多施点磷肥、钾肥和适量的氮肥，以壮果、促进花芽分化；冬季多施磷肥和钾肥，以固果和防寒。另外，施肥位置最好逐年更换，并适当加深和加宽施肥沟，以促进油茶吸收根层的增加和发展。

11. 3. 2 笋用毛竹林养分管理

11. 3. 2. 1 笋用毛竹林生长发育规律

毛竹林生长一般有大小年之分。大年大量发笋长竹，小年主要是换叶生鞭，大小年依次交替进行，每两年为 1 周期。在大年里，竹株的叶色深浓，光合作用旺盛，竹林的地下系统和地上部分积贮丰富的养分，供给竹笋、幼竹的生长消耗。成竹后，竹林进入小年，幼林新叶初放，老竹竹叶变黄，竹林的营养水平和代谢能力处于低水平，鞭梢生长一般在新竹长成以后，持续时间较长，鞭上侧芽大部分处于休眠状态，很少形成竹笋，直至次年春季老叶枯落，新叶展放后，竹林又进入大年，竹株的合成和代谢能力显著提高，秋季开始大量孕笋。

(1)毛竹的笋—幼竹生长阶段

笋—幼竹生长阶段是指笋芽分化开始到新竹结束，即竹笋的地下形成和竹竿的形成。

笋的地下生长：毛竹从鞭侧芽萌发到发笋的生长过程可以分为分化期、越冬期及萌动期。夏秋之季，地下鞭侧芽，笋芽的顶端分生组织开始生长，分化成节、笋箨、侧芽，并随之膨大，芽弯曲后向上伸长。居间分生组织开始分裂繁殖，到初冬时笋体肥大，称为冬笋。冬笋从冬天的休眠期到翌年初春开始萌动，主要原因是温度从低变高，引发冬笋萌动。出土前笋体在地下基部横向膨大生长，此生长决定了新竹的粗度。

竹笋出土：四月初毛竹开始出笋，可分为初期、盛期、末期三个阶段。初期出笋，笋量小、养分足、退损率低；盛期出笋，笋量多、笋体大、成竹质量高；末期出笋，笋量小、笋体小、退笋率高。

幼竹生长阶段：竹笋从出土到高生长过程完成是竹竿形成阶段，竹竿的节数在笋芽阶段已经确定。竹笋经过冬季的休眠期后，春天开始萌动。竹笋从基部开始生长，先是经过笋箨生长期，再而经过居间分生组织生长期，最后破土而出，直到完成新竹的高生长过程。居间分生组织在竹笋增高生长阶段具有分裂能力，能够在较短的时间内形成大量的新细胞，使竹子在较短的时间内能够迅速增高生长。一旦竹子达到其应有的高度，这些细胞便失去继续分裂的能力。因此，当竹秆的高生长停止之后，不再有增高生长。

(2)毛竹地下鞭系生长特征

竹鞭分布在土壤层 50 cm 范围内，个别达到 1 m 左右，在地下横向不断分支向前生长，具有趋肥性，也正是由于此生长特点，在生长到一定时期，鞭梢可能会伸出地面，延伸一段长度后再伸入土壤中，形成“跳鞭”现象。毛竹地下鞭结构可以分为鞭柄、鞭身及鞭梢，称为鞭段。竹鞭、鞭根、竹蔸和竹根构成毛竹的地下鞭系统。鞭梢经过鞭梢的分化过程进入竹鞭生长变化过程，竹鞭的生长期可达6个月左右，和发笋成竹同时进行。

(3)毛竹根系生长特征

毛竹根系分为鞭根和竹根，从竹鞭各个节上生长出的根为鞭根，从竹宽长出为竹根，这两种根共同构成毛竹的吸收系统和力学支持系统。鞭根的生长过程先经过根的形成阶段再而转到鞭根的生长阶段。鞭根形成的同时，竹根也在生长着，在竹笋—幼竹期间地上部分生长的同时，地下部分根系也相应生长。

11.3.2.2 笋用林养分需求规律

竹子不同于其他植物。它生长快、产量高、吸收土壤养分多。且在砍伐竹子时，把竹材和枝叶运出林地，带走了大量的营养物质，而残留的竹蔸和根系一时不能腐烂分解，所含的养分大多为暂不可用状态。因此必须通过施肥来补充营养物质，才能保证毛竹林的持续生产。

林地施肥是笋用林丰产的关键。在各肥料作用上普遍认为，竹林施肥以氮肥最有效，而磷、钾肥效与土壤的氮素含量有关，当氮素含量较低时施钾肥更有效；较高时，施磷肥效果较好。并且增施氮肥，可提前竹笋出土，笋期较长，而增施磷肥，则推迟发笋。一般土壤母质中，钾的含量较丰富，所以，施化肥应以氮、磷肥为主，特别要增施氮肥。

笋用林的施肥量，可根据竹笋生长耗肥量和林地土壤肥力状况来确定。每生长1 t鲜笋需消耗土壤中的氮5.1 kg、磷1.5 kg、钾5.4 kg左右。因此，要及时对笋用竹林进行肥料补充。肥料以有机肥为佳，如堆肥、栏粪、菜枯、垃圾笋。施肥每年2次为好。第1次在冬季进行，以有机肥为主。每亩施人畜粪2 500~3 000 kg，或菜饼250~300 kg，或埋青4 000~5 000 kg。方法是把有机肥均匀撒入林地，结合冬垦和挖冬笋翻入土内20~30 cm的深度。第2次施肥是在挖春笋后，以速效化肥为主，时间以6~8月竹鞭排芽前为宜。方法是在毛竹兜上方挖半圆形水平沟条施，深15~20 cm，施后覆土。施肥量可参照上述每生长1 t鲜笋所消耗土壤中氮、磷、钾元素的数量加以补充，但所补充的养分一定要超过带走损耗的养分，才能保证竹林产量不断提高。因为挖笋带走的养分数量中，不包括竹的秆、枝、叶所消耗的养分及土壤流失的养分、被土粒固定不能直接利用的养分和林下其他植物所消耗的养分。这些，在施速效化肥时都应考虑进去。为了增加土层有效厚度，提高竹笋品质，还应结合施排芽肥或孕笋肥进行培土，即把塘泥、菜园土、林外表土笋挑入竹林填7~10 cm厚。有条件的地方，还可在夏末至秋季以迟效肥为主地增麓1次孕笋肥。

笋用林应提倡施有机肥，因为有机肥具有改良土壤理化性质和提供多种养分的作用，且柴草嫩叶来源丰富，可就地取材，是山地笋用林林的很好肥源；也可在林间空地、林缘套种绿肥，每年可埋青作肥料。据研究，有机肥中以饼肥为最好，猪栏肥次之，干稻草、青草以及塘泥较差。在有条件的地方，每年每亩竹林可施饼肥150~200 kg，或厩肥、堆肥、垃圾肥、绿肥、嫩草肥笋2 500~3 000 kg，或塘泥5 000~10 000 kg。施用有机肥的毛竹林所产的竹材质量好(竹腔壁加厚)，增产的持续时间长。

11.3.2.3 笋用林施肥方法

竹林施肥的时间、次数及施肥量要根据与竹种生物学特性及培育目标而确定。按笋用林施肥要求，在春施催笋肥、夏施换叶肥冬施孕笋肥的基础上，在鞭笋挖掘季节(6 月中旬至 10 月上旬)施“发鞭肥”3 次。发鞭肥施用方法：6 月中旬，每亩开沟施氮、磷、钾复合肥 50 kg；7 月上旬每亩施有机肥 2 500 kg；8 月底，每亩施复合肥或竹笋专用肥 50 kg。

毛竹春笋高产早出的施肥应 1 年 4 次，第 1 次在 6 月初施引鞭肥，每公顷施用猪粪 9 000 kg、尿素 600 kg、过磷酸钙 1 500 kg、氯化钾 450 kg、有机硅 450 kg 以及石灰 1 500 kg；第 2 次在 9 月施催芽肥，每公顷施用人尿 15 000 kg 以及尿素 600 kg；第 3 次施肥在 11 月施孕笋肥，每公顷施尿素 600 kg、过磷酸钙 450 kg、氯化钾 450 kg、硅肥 300 kg 以及石灰 450 kg；第 4 次在 12 月施增温肥，每公顷施猪粪 9 000 kg，过磷酸钙 300 kg。

施肥方式有沟施、撒施等。化肥一般采用沟施；有机肥可撒施后，结合翻土埋入地下。

11.3.3　核桃养分管理

核桃是胡桃科核桃属的重要落叶果树，在我国分布面积较广，是世界著名 4 大干果之一。在众多经济树种中，核桃以其用途广泛、核仁营养丰富而著称于世，是山区农民经济收入的重要来源，对促进山区经济发展具有重要的意义。

11.3.3.1　核桃生长发育规律

根据核桃树体生长发育特征，生长期大致可分为：幼龄期、初果期、盛果期和衰老期 4 个阶段。这 4 个阶段之间是有机联系在一起的，是发展变化的。为了获得高而稳定的产量，必须根据核桃个体发育的特点，采用合理的栽培技术措施，以促使结果盛期的提前到来和推迟结束。生产上可根据各个阶段生长发育时期的特点，采取相应的栽培管理技术措施，调节其生长发育状况，达到生产的要求。

(1)幼龄期

核桃从苗木定植到第一次开花结果之前，称为幼龄期。这一时期的长短，因核桃品种或类型的不同差异甚大。一般早实核桃只有 1~3 年，晚实型实生核桃为 7~10 年，铁核桃实生树为 10~15 年，后两者的嫁接苗也需 5~8 年。树体离心生长旺盛，枝姿直立，一年中有 2~3 次生长，有时因停止生长较晚，越冬时易抽条。早实核桃幼龄期树高为 0.5~1.0 m，生长旺盛的发育枝只有 1~2 个，但中、短枝形成较早。晚实核桃幼龄期树高为 3.0 m 左右，新梢可达 100 条以上，其中短枝比例较少。晚实核桃嫁接苗比实生苗树冠较小，分枝较多。在栽培管理上既要从整体上加强其营养生长，注意整形使其尽快形成牢固而均衡的骨架，扩大树冠；又要对非骨干枝条加以控制或缓放，促使提早开花结实。

(2)初果期

核桃从第一次开花结果到大量结果以前，称为初果期。树体生长旺盛，枝条大量增加，随着结实量的增多，分枝角度逐渐开张，直至离心生长渐缓，树体基本稳定。早实核桃为 2~4 年，晚实核桃为 7~20 年，铁核桃为 12~24 年，或更晚一些。晚实核桃母枝平均分枝 2 个，早实核桃母枝平均分枝 1~3 个。结果量每年递增 0.5~2.0 倍。此时晚实核桃的树冠直径可达 5~6 m，早实核桃仅为 3~4 m。早实核桃品种株产 5~8 kg，晚实核桃品种产量 5~10 kg。早实核桃在这一阶段抽生二次枝的能力较强，特别是开始结果的 2~3 年内表现最为显著。据调查，晚实型核桃树 15 年内冠幅增长快，属于营养生长的旺盛期；铁核桃在结果量逐年增长的同时，营养生长仍很旺盛，离心生长增强；早实核桃6年生以前的分枝数量大体几何级数增加，以后增长幅度逐渐减少，但结果枝绝对数量显著增加。此期栽培的主要任务在子加强综合管理，促进树体成形和增加果实产量。

(3)盛果期

盛果期是指从核桃进入结果盛期到开始衰老之前。这一时期延续时间的长短，同立地条件和栽培管理水平关系极大。通常情况下为50~100年，晚实核桃较长，早实核桃较短。据调查，核桃树16年生开始产量速增，40~90年生达结果高峰期，60年生以后进入高产、稳产期。该时期的树体主要特征是树冠和根系伸展都达最大限度，并开始呈现内膛枝干枯，结果部位外移和明显的局部交替结果等现象。早实核桃8~12年生，晚实核桃15~20年生，铁核桃(栽培型)约25年生时开始进入盛果期。该时期的营养生长和生殖生长较稳定。核桃结果枝盛果期着生雌花多少、产量高低因品种而异。结果盛期核桃的结果范围多集中在树冠外围，据对60年生大树的调查，树冠外围果约占70%，中部约占26%，内膛约占4%。这一时期是核桃树一生中产生最大经济效益的时期。核桃经营者应重视此期的科学管理，延长结果盛期，以获得较高的经济收益。栽培的主要任务是加强综合管理，保持树体健壮。防止结果部位过分外移，及时培养与更新结果枝组，乃至更新部分衰弱的次级骨干枝，以维持高而稳的产量，延长盛果期年限。

(4)衰老期

这一阶段是从核桃植株开始进入衰老到全部死亡为止。本期开始的早晚与立地和栽培条件有关，晚实核桃和铁核桃从80~100年开始，早实核桃进入衰老更新期较早。果实产量明显下降，骨干枝开始枯死，后部发生更新枝，表示进入衰老更新期。初期表现为主枝末端和侧枝开始枯死，树冠体积缩小，内膛发生较多的徒长枝，出现向心生长，产量递减；后期则骨干枝发生大最更新枝，经过多次更新后，树势显著衰弱，产量也急剧下降，乃至失去经济栽培意义。这一年龄时期栽培管理的主要任务是在加强土肥水管理和树体保护的基础上，有计划地进行骨干枝更新，形成新的树冠，恢复树势，以保持一定的产量并延长其经济寿命。核桃树衰老更新期开始的早晚与持续期的长短因品种、立地条件和管理水平不同而相差甚多。

早实核桃根系发达、侧根分支多。成年核桃树根系垂直分布主要集中在20~80 cm的土层中，约占根系总量的80%以上；侧根水平伸展超过14 m，但集中分布在以树干为中心、半径4 m的范围内。施有机肥时，一定要达到60 cm的土层内。须根的主要水平分布区在树冠外沿的垂直投影以内1~1.5 m，树冠外沿下最多。因此，施肥时应重点在此部位。核桃根系开始活动期与芽萌动期相同，6月中旬至7月上旬、9月中旬至10月中旬出现两次生长高峰，11月下旬停止生长。核桃根系对土壤水分的适应范围比较广，田间最大持水量55%~90%范围内均可正常生长，最适为60%~80%。

11.3.3.2 核桃养分需求规律

在核桃的生长发育前期，即萌芽、抽枝、展叶和开花坐果及幼果发育、花芽分化、根系生长等生长发育过程都需利用树体的贮藏养分来完成的。如果贮藏养分充足，则萌芽早、展叶齐、新梢生长迅速、坐果率高、花芽分化质量高。同时，贮藏养分充足时，养分转化期开始晚，结果早，可为高产、优质奠定基础。由于核桃树春季生长发育的营养来源主要是上一年秋季贮藏积累的营养，加强秋季管理，提高贮藏营养水平是实现丰产、优质的基础保证。随着核桃春梢迅速生长期的结束，树体贮藏养分消耗殆尽，而此时当年生成的叶片面积迅速增大，制造的光合同化产物逐渐用加，树体开始由利用贮藏养分为主的阶段逐渐向利用当年同化养分为主的阶段转变。在此阶段中，树体营养水平低与核桃叶面积的增长速率、叶片大小及光合强度有着密切的关系。因此，科学施肥，改善树体营养状况，是实现核桃高产、优质的重要技术途径。

核桃喜肥，但不同年龄时期和不同物候期的需肥量都不尽前同。幼龄期，营养生长占主导地位，主干、枝条和根系的加长、加粗生长迅为转入开花结果蓄积营养。此期对氮肥的需求量大，必须保足够的氮肥供应，同时注意磷、钾肥的施用。结果初期，营养生长开始减缓，生殖生长迅速增强，树体继续扩根、扩冠，结果枝量形成，产量逐年增加，各种养分需求量增大，特别是磷、钾肥的需求量增大。到盛果期，营养生长和生殖生长达到相对平衡，树冠、根系达到最大范围，枝条、根系开始出现更新，树体需要大量营养，除保证氮、磷、钾的供应外，增施有机肥是保证高产、稳产的重要措施之一。衰老期，产量开始下降，新梢生长量很小，内部结果枝组大量衰弱，此期可结合更新复壮修剪，加大氮肥的施用量，促进营养生长，恢复树势核桃的需肥期与物候期有关。

春季萌芽期新梢生长点较多，生长量大，对氮的需求量较大；花期生殖生长对磷的需求量较大；坐果期养分外运输量大，需钾较多。核桃的 3 个养分需求关键期分别在萌芽期、谢花期和硬核期。在整个年生长周期中，开花坐果期的养分需求量最大，春季核桃叶芽萌发后，生理活动日益旺盛，生长发育迅速加快，新陈代谢增强，需要大量的营养物质和能源物质，才能使抽枝展叶、开花结果等生理活动顺利进行；核桃花后要补充花期消耗的大量营养外同时满足幼果生长的营养需要，为减少生理落果、提高坐果率提供保证；硬核期，核桃内果皮硬化，核仁发育，同时花芽开始分化，二者都需要大量的磷和钾。若施肥及时，肥量充足，营养协调，则既是当年丰产的保证，又是次年丰产的基础。此外，核桃自采收后至落叶休眠前，还有一段时间的生长发育，此期不但花芽要进一步发育成熟，一年生的枝条也要发育成熟，而且树体为了安全越冬，体内还要储存大量的营养物质。因此，秋季应尽早施入以有机肥为主的基肥，这是来年取得丰收的基础和保证。

核桃需肥量大，尤其是需氮量要比其他果树多。氮、磷、钾三种肥料的配施对核桃产量有很大的影响。同时强调硬核期施用钾肥，以促进核桃安全越冬。核桃树如缺少微量元素或供应不足，就会发生生理障碍而出现缺素症，阻碍正常生长，影响产量和品质。因此，核桃施肥，应掌握“施肥量大、元素全面、比例协调、施肥适时、方法得当”的原则。

11.3.3.3　核桃的施肥方法

核桃施肥量的确定是以土壤的养分状况的核桃树对养分的需求为依据的。此外，土壤的酸碱度、地形、地势、土壤温湿度以及土壤管理等对施肥量、施肥方法均有影响。确定合理的施肥量就是要做到既不过剩又经济有效地利用肥料。要维持树体所需元素间的平衡，应在营养诊断的基础上，定合理的施肥量。如果不具备进行营养诊断的条件，可根据经验值来确定增肥量。

(1)基肥

基肥以腐熟的有机肥为主，是能在较长时期供给核桃多种养分的基础性肥料。基肥一般在秋季施入，在果实采收后至落叶前这段时间内尽早施入。秋季来不及施入的可在春季施入。秋施基肥可促进花芽分化、根系生长，提高树体营养贮藏水平，有利于来年的枝叶生长和开花、坐果。秋施基肥越早越好。幼龄核桃园可结合深翻施入基肥，成龄园可采用全园撒施后浅翻土壤的方法施入基肥，施入基肥后灌一次透水。晚实核桃栽植后 6~10 年内和早实核桃栽后的 1~10 年，每平方米年施有机肥(厩肥)5 kg。栽植 20~30 年后的核桃树每株有机肥的用量一般不低于 200 kg。

(2)追肥

追肥是在基肥的基础上，根据树体生长发育需要及时补充的速效性肥料，以速效化肥为主。追肥可供给树体当年生长发育所需的营养，既有利于当年壮树高产和优质，又为来年的生长结果打下基础，是生产中不可缺少的环节。高温多雨的地区或砂质土壤，肥料易流失，追肥宜少量多次。幼树追肥次数宜少，一般每年 2~3 次，随着树龄增大和结果量增多，追肥次数增多，成年树一般每年 3~4 次。在中等肥力的土壤上，按树冠垂直投影(或冠幅)面积计算，晚实核桃栽植后 1~5 年，每平方米每年施用有效成分氮 50 g，磷和钾各 10 g；6~10 年内，每平方米每年施氮 50 g，磷、钾各 20 g；早实核桃结果早、营养消耗大，施肥量应多于同龄晚实核桃，1~10 年生，每平方米年施有效成分氮 50 g，磷、钾各 20 g。

核桃有 3 个主要的追肥时期。第一次追肥，早实核桃在雌花开花前，晚实核桃在展叶初期进行。以速效性氮肥为主，如尿素、硫酸铵等。此期追肥可促进开花、坐果，利于新梢生长发育。对于进入盛果期的核桃树，一定要在春季萌芽前追施速效性氮肥和磷肥，施肥量应占全年追肥量的 50%以上，否则前期营养不足会阻碍树体生长发育、影响开花、坐果。第二次追肥，早实核桃在雌花开花以后、晚实核桃在展叶末期施入。以氮肥为主，配合适量磷、钾肥，施肥量应占地全年追肥量的 30%。此时追肥可促进果实发育，减少落果，利于枝条生长和木质化。第三次追肥主要是针对进入结果期的核桃，在 6 月下旬果实硬核后进行的一次追肥，以磷、钾肥为主，配施少量氮肥，此次追肥量应占到全年追肥量的 20%。此期追肥的目的主要是满足种仁发育所需大量养分，提高坚果品质，同时促进花芽分化，为来年的开花、坐果打好基础。

核桃土壤施肥可与土壤翻耕结合进行。为了便于根系的吸收利用，发挥最大肥效，土壤施肥时必须将肥料施入根系的集中分布层。具体施肥方法包括环状沟施肥、放射沟施肥、条状沟施肥、穴状施肥和全园撒施，可根据实际情况选用最适宜的施肥方法。环状沟施肥其环状沟应逐年外移，此法操作简便、用肥经济，但施肥范围较小，常用于 5 年生以下的核桃幼树。放射沟施肥是在 5 年生以上的核桃园采用的主要施肥方法，施肥沟的位置每年要错开，挖沟时应尽量避免伤直径 1 cm 以上的大根。条状沟施肥，适用于幼树、成年树和密植园，是在核桃树株间或行间的树冠投影的一侧或两侧挖长约为冠径的 2/3 或与冠径相等的沟，每年轮换在行间和株间开沟施肥，可结合土壤深翻进行。穴状施肥适用于树冠较大、根系分布较广和行间有间作的核桃园，多用于追肥。全园撒施，盛果期核桃园，果树根系已布满全园，施基肥时可将有机肥均匀撒在地面上，然后再翻入土中，深度一般约为 20 cm。

(3)叶面喷肥

叶面喷肥法用肥少、肥效快、利用率高，可及时满足核桃树体对养分的需求，同时可避免土壤施肥部分元素会被固定的缺点。叶面喷肥可分别在花期、新梢迅速生长期、花芽分化期及采收后进行，选择晴朗无风的天气，在 10:00 以前或 16:00 以后进行叶面喷洒。

11.3.4 板栗养分管理

11.3.4.1 板栗生长发育规律

(1)板栗根系的生长

板栗为深根性果树，主根可深入土中 2 m 以上，但吸收根多分布于 80 cm 以内的土层。侧根水平分布可超过冠幅的 2 倍。由于板栗根系强大，分布深广，故耐干旱，耐瘠薄。但板栗幼树根系分布较浅，因而不耐旱，尤其是在砂质土及夏秋季，容易受到高温干旱危害而使生长衰弱，严重时会导致幼树死亡。板栗根系常有外生菌根菌共生，菌根能起根毛的作用，帮助吸收土壤水分和无机盐。细根多，菌根形成也多，根系吸收面积增大，吸水、吸肥能力增强；菌根还能帮助分解土壤中难溶的矿质养分。在土壤有机质丰富、水分充足而又通气良好、微酸性的条件下，菌根多，对栗树生长非常有利。因此，接种菌根菌、增施有机肥和保持土壤通气良好，是促进板栗增产的有效措施。

板栗根系除了吸收水肥外，还是贮藏养分的重要器官。早春，由于植株萌动，根贮存养分向上转移，供萌芽、生长、开花结果的需要，因而一年中以 5 月养分贮存最低。随着新叶转绿，光合作用逐渐强盛，光合产物除供生长和果实发育外，剩下的一小部分贮存于根和枝干中，只有在采果以后贮存的养分才最多。因此，必须重视采果后的施肥。

板栗根系的活动比地上部分开始早而结束迟。华北地区幼苗根系活动从 4 月初至 10 月下旬共约 200 d。此期有两个生长高峰期：一个在地上部分旺盛生长后，即 6 月上旬；一个在枝条停止生长前，即 9 月。成年栗树根系活动期还要长一些，土壤深层的根系到 12 月才停止活动。

(2)板栗芽和枝梢的生长

板栗芽依性质不同可分为花芽、叶芽和休眠芽。板栗花芽是混合花芽，芽体最大，钝圆形，着生于结果母枝的顶端和中上部，萌发后抽生带雌花序的结果枝，或仅有雄花序的雄花枝。叶芽芽体稍小，近圆锥形，着生于生长枝的叶腋或结果母枝中下部，萌发、抽生为生长枝。休眠芽最小，着生于枝梢基部，一般不萌发，呈休眠状态，寿命很长，遇刺激如折伤、修剪等才抽生新梢。

成龄板栗树新梢 1 年内有 1 次生长，只长春梢，顶端形成花芽后不再萌发。幼树和旺树有 2 次生长，甚至形成 2 次开花。华北地区 4 月中旬气温升高至 15℃左右时，开始萌芽吐绿，枝条形成层细胞活动，表现为树皮容易剥离。4 月下旬芽萌发展叶。5 月 1~20 日是新梢生长的高峰期，这段时期生长量占全年总生长量的 80%以上(按长度计算)，以后逐渐缓慢，6 月中旬前后生长停滞，加粗生长继续进行。9 月形成层细胞停止活动。但是生长旺盛的枝条在 7~8 月进行 2 次生长，形成秋梢，有些结果枝形成 2 次结果，枝条上形成一串雌花簇，但雄花序较少。

(3)板栗叶的生长

春天板栗萌芽后很快展叶，枝条前端芽的叶片生长快。下部芽展叶较晚。河北昌黎地区叶片旺盛生长期为 5 月 10~25 日。5 月 15 日已达到高峰，6 月 21 日停止生长，生长期

50 d 左右。随着叶片的生长，其厚度也逐步增加，叶片表面的蜡质层不断加厚，光合作用逐步增强。板栗树落叶期很长，秋季霜冻后开始落叶，生长势旺的幼树落叶迟。

(4)板栗花芽分化及开花习性

板栗属雌雄同芽异花，但其雌雄花分化期和分化持续天数相差很远，分化速率也不一样。雄花序在 6 月上中旬即在当年生新梢的 3~4 节自下而上分化，分化期长而缓慢，雄花原基的出现，以 6 月下旬至 8 月下旬为最盛，以后逐渐减少，在果实采收前处于停滞状态。但果实采收以后，落叶以前又继续分化；至 11 月中下旬进入休眠。雌花簇生于果枝上部两性花序(混合花序)的基部。一般是雄花序开放 8~10 d 后雌花才开放。

(5)板栗果实生长发育

板栗的授粉期在 6 月上旬至下旬，历时 20 d 左右。受精期在 6 月下旬至 7 月初。花粉(雄配子体)要在胚珠中停留 15~20 d，待雌配子体发育成熟后才能完成受精。受精后形成合子和初生胚乳核，幼胚出现于 7 月上旬，有绿豆粒大小，薄而透明。7 月底以后子叶才开始明显增重，至 8 月中旬胚发育完全，胚乳吸收完毕。

果实中干物质的积累主要在最后一个月，尤其是采收前 2 周增重最快。待果实充分成熟后采收，对提高产量和质量具有重要的作用。

(6)树体生长发育板栗生长发育的年周期变化因品种而异，也受气候条件的影响

在华北地区，从外部形态来看，4 月中旬芽开始萌发，4 月下旬展叶，5 月是生长的高峰，6 月以后枝条加粗生长，同时叶片长大，6 月是开花授粉的时期，7~9 月果实发育至生长成熟，10 月下旬落叶进入休眠期。从内部花芽变化来看，4 月混合芽萌发前后是雄花分化时期。开花授粉以后，7~8 月芽内又开始分化雄花序，为翌年开花结果打下基础。

11.3.4.2 板栗的养分需求规律

(1)板栗生长对土壤肥力的要求

板栗是典型的以壮树、壮枝、壮芽为特性的树种，尤喜深厚、疏松、肥沃、湿润的土壤环境。板栗能在干旱瘠薄的土壤生长，但要其生长、结果良好，须选择土层深厚、疏松肥沃、富含有机质的砂质壤土或砾质壤土。据研究，丰产板栗园土层应达 60 cm，含有机质 1.12%，全氮 0.06%以上。国外高产板栗园有机质达 8%以上。在土层深厚、地力肥沃、理化性质好的土壤条件下，板栗树根系发育好，分布深广，吸收营养多，地上部生长健壮；相反，土层浅薄、结构板结、土壤瘠薄的山地虽能生长，但板栗根系分布浅，发育不良，不抗旱，吸收营养少，树势弱，生长缓慢，产量低而寿命短。土壤中有机质含量高有利于板栗菌根繁殖，能增加对土壤养分和水分的吸收与利用。

(2)板栗树体营养年周期变化

从树体营养的变化来看，春季枝叶萌发生长，同时开花结果，需要消耗大量营养，特别是雄花序的数量很大，雄花内含大量的蛋白质和碳水化合物，所以，这个时期氮、磷、钾和碳水化合物消耗最多，是树体营养消耗期。从 6 月下旬至 9 月中旬是果实生长发育期，前期营养消耗较少，后期营养消耗较多。从光合效率来看，前期由于叶片嫩，气温高，光合效率低，后期叶片的叶绿素含量多，这时气温适宜，光合效率高。所以，这段时期是处于树体营养平衡期。

板栗树体养分状况和结果数量有关，结果量过大，树体营养消耗大于积累；结果量

少，树体营养积累大于消耗，这是引起板栗大小年的主要原因。结果量大，树体消耗多，营养积累少，翌年雌花分化少，形成小年；相反，结果量少，树体营养积累多，翌年雌花量大，产量高。修剪就是调整树体内部营养平衡。从9月中旬前后坚果停止生长，到落叶之前，这段时期是营养积累期，历时约1个月。

由于板栗果实成熟较晚，而叶片枯黄较早，这段时期加强管理是很重要的。但是不少地区缺乏后期管理，特别是后期病虫害严重，以及采收时损坏和击落大量叶片等，严重影响树体营养，这是板栗低产的一个原因。栗果采收后增施肥料，有利补充树体营养，为翌年开花结果打下基础。

(3)板栗生长发育所需的主要养分

板栗在生长发育过程中需要多种养分元素，其中氮、磷、钾三种元素是主要的养分，其次是钙、硼、锰、锌。

①氮素　氮是板栗生长和结果的重要营养成分，板栗的枝条中含氮0.6%，叶片2.3%，根中0.6%，雄花中2.16%、果实中0.6%。氮肥对栗树的营养生长非常明显，氮充足时枝条生长量大，叶片肥厚，叶片浓绿，缺氮时光合作用受阻，新梢生长减弱，叶片小而薄，色泽暗淡，树势衰弱，栗果小，产量低，果品质量差。氮素的吸收从早春根系活动开始，随着发芽、展叶、开花、果实膨大，吸收量逐渐增加，一直持续到果实采收，然后下降，到休眠期停止生长。因而春季适量施氮，有利促进树体和果实的生长发育。然而氮肥过量会引起枝条旺长，成熟度低，影响翌年产量，同时还会引起栗园的过早郁闭，缩短密植栗园的高产稳产年限。在生产中判断树体氮肥的多少，一是看叶片的大小、厚薄和颜色的深浅，最主要是看尾枝的长短，尾枝过长氮肥过多，一般尾枝3~6个饱满芽比较适中。

②磷素　磷的吸收开花前较少，开花后到采收期吸收最多。正常板栗的枝、叶、根、花和果实中的磷含量分别为0.2%、0.5%、0.4%、0.51%和0.5%左右，比氮素的含量要少，但在板栗的生命周期中起着重要作用。缺磷时碳素的同化作用受到抑制，延迟展叶、开花，叶片小而脆，花芽分化不良，树体抗逆性降低。在缺磷的栗园施用速效磷肥增产效果明显。

③钾素　钾的吸收开花前很少，开花后迅速增加，从果实膨大期到采收吸收最多。钾肥不足时枝条细弱，老叶边缘有焦边现象，产量和栗果质量明显降低。施用适量的钾肥，栗果的质量明显提高。

④微量元素　随着产量的提高和大量元素的不断施入，会出现某些微量元素缺乏症状。如缺钙导致烂果。张立田等研究表明，树下施石灰40 $g \cdot m^{-2}$，其栗仁变褐腐烂率3.54%，施石灰80 $g \cdot m^{-2}$，栗仁褐变腐烂率1.74%，施石灰160 $g \cdot m^{-2}$，栗仁褐变腐烂率为0.79%，说明钙对栗仁褐变有直接影响。北方土壤一般不易缺钙，但土壤溶液中的NH_4^+、K^+、Na^+、Mg^{2+}等能与Ca^{2+}起拮抗作用，从而抑制栗树对Ca^{2+}的吸收。土壤补钙要针对其特点进行不同钙素的补充，砂质土壤宜施钙镁磷肥、过磷酸钙、氨基酸钙、腐殖酸钙和生物钙肥等；土壤中铵、K^+过高以及氮、钙比过高(N∶Ca=10∶1)时，均能抑制钙的吸收。因此应适当控制氮肥、钾肥的施用量。科学施肥，避免出现氮、钾过高现象。另外过于干旱，雨量过多，湿度过大，均不利于钙的吸收。在中性偏酸的栗园中，以施腐殖

酸钙和生物钙肥为主，尽量少施石灰，以免改变土壤理化性状。

11.3.4.3 板栗的施肥技术

板栗是多年生植物，长期生长在同一地点，每年生长结果都要从土壤中吸收大量营养元素，土壤养分亏损明显，尤其是土壤瘠薄的丘陵山地和河滩沙地，要使板栗连年高产稳产，就必须从土壤中不断进行补充，特别是集约化经营、管理水平较高、栗树负载量连年较大的栗园，更需加强肥水管理，尤其是有机肥的施用。施肥对增加产量和提高果品质量更为明显。正确的施肥不仅能促进树体健壮，保持持续增产年限，还能提高果实重量和栗果品质，而且在高产(大年)年份仍能持续稳产。

(1)施基肥

①种植前底肥　树坑挖完后，坑内撒施发酵过的有机肥 30 kg，氮、磷、硫酸钾各 15%的复合肥 50 g，肥料与土壤充分混合，再放树苗，根与肥料不接触，防止烧根。

②秋施基肥　板栗的雌花分化多在早春，故应在秋季采收后结合园地深翻施足基肥，这对促进花芽分化，提高花芽质量，加速树体生长均有显著效果。基肥以迟效性的厩肥、堆肥、炕坯土、草木灰等农家肥和有机肥为主，并加以适量的速效性氮肥(占总量 1/3)，基肥的作用主要是为翌年生长结果打下牢固基础。基肥施肥量要根据肥料的种类和树体大小、长势来确定。一般旺树、幼树、未挂果的树需肥量少些，每株施入农家肥 25~50 kg 或有机肥 5~10 kg；大树、结果多的树，应适当多施，每株施入农家肥 150~200 kg 或有机肥 10~20 kg，满足栗树对各种营养的需求。施肥量的多少还要看土壤性质，山地、砂地和砾石地栗园，土质瘠薄，施肥量宜大；土壤肥沃、深厚的栗园，施肥量可适当减少。

为了减少“空苞”，在秋施基肥时，要同时混施硼肥、磷肥，以维持营养的平衡关系。施肥量是：施硼肥按栗树冠下土壤每平方米 1~2 g，施磷肥是每株结果树混施 4 kg 左右。磷肥还需与 5~10 倍的有机质肥混合施入地面下 30~80 cm 深的土层内。实践证明：基肥、硼肥、磷肥相拌混施(根际施肥)比单施效果强。还应适时适量施钙，缺钙的板栗树，其坚果种仁细胞壁变软，不耐贮运，最后导致整个栗果腐烂。采取的措施是：板栗谢花后，每亩浅施生石灰粉 25~50 kg。

施基肥应适当早施，其具体时间依品种成熟期的迟早而定，早熟品种宜早，中、晚熟品种稍迟。一般在 8 月下旬至 9 月下旬，最迟要在 4 月初全部施完。秋施基肥正值根系生长高峰，伤根愈合快，挖断一些小细根，还可促进新根萌发，加上秋高气爽，微生物活动频繁，可很快分解基肥，变为有效养分而被栗根吸收。一般不宜春季施基肥，因为春季施基肥，其分解过程较长，微生物来不及分解，肥效发挥不出来，不能满足根系生长和花芽分化需要，到后期还会导致枝梢再度生长，影响花芽分化和果实生长。

施用的有机肥要经过腐熟，以杀灭其中的病虫源、草籽，如果将未经腐熟的有机肥直接施入土中，有机物发酵分解时，释放出的热量会灼伤根部。分解释放的有害物质如硫化氢、甲烷等会毒害根系，造成对土壤环境的二次污染。近年来，有的地方由于大量施用未经发酵和熟化处理的畜禽粪便，使地下害虫蛴螬、地上金龟子大量发生。给板栗产区带来新的污染和病虫害的再度猖獗。

(2)生长季追肥

追肥时期的确定，因品种、土壤、管理不同而异。研究证实，在早春(萌芽前后)、授粉期、果实肥大期(7 月中旬左右)进行追肥，对增加雌花数量，减少空蓬，增加果重，促进新梢生长均有较好的效果。若花前和新梢速生期缺氮，新梢生长量显著降低；若果实肥大期缺氮，导致果实发育不良，单果重下降；因此，应及时追施速效化肥，以补充生长期的肥料需求。追肥速效肥既能促进当年树壮、高产、优质，又为翌年生长结果奠定基础。追肥种类主要是尿素、硫铵、过磷酸钙等，施用量根据树体状态确定。一般对初结果的幼树每株追施尿素 0. 15~0. 3 kg，盛果期大树追施尿素 1. 5~2. 5 kg、过磷酸钙 0. 5~1 kg。

需要强调的是，施肥应根据生长环节分次施入，防止一次集中施入而引起浪费和环境污染。追肥后及时灌水，促进肥料分解，满足板栗生长发育需要。在施肥时，一定在树体需肥前的 10~15 d 进行，以满足树体在不同时期对各种营养元素的需求。

(3) 压绿

板栗园种绿肥，既能减少水土流失，又能解决肥料不足的矛盾，促进板栗生长和结果，起到了一举多得的显著效果。压绿肥要求就地种植，就地沤制施用。在绿肥幼嫩的雨季，利用高温多湿，沤压腐烂快和省工的特点，直接在树冠下压沤。每株可压紫穗槐、草木樨、沙打旺、荆条、灌木及杂草嫩叶 100~150 kg，将其铡碎，于树冠外围挖条状沟，分层将绿肥压入沟内，可改善土壤结构，增加有机质含量，提高土壤蓄水保肥能力，是山区板栗园广辟肥源的有效措施。

(4) 叶面喷肥

叶面喷肥方法简易，用肥量小，发挥作用快，可满足栗树的急需，又可以预防某种元素的缺乏症。喷施适量叶面肥，能提高叶片光合作用，促进花芽分化，防止落果，提高坐果率和坚果重、减少“空苞”等。一般在板栗初展叶期至开花期的 4 月中下旬和 5 月上中旬分别喷施 0. 3%尿素、0. 2%磷酸二氢钾、0. 2%硼砂混合液各 1 次；6~7 月再喷 2 次 0. 3%的尿素、0. 2%磷酸二氢钾、0. 1%硫酸镁及 0. 1%锌肥混合液；对迟熟品种在 6 月上旬可加喷 0. 2%的硼酸，9 月上旬再喷一次 0. 3%的尿素和 0. 2%的磷酸二氢钾混合肥。叶面喷肥可结合病虫害防治，同农药兑在一起喷在叶面上，但要注意混合后不发生药害和不失肥效或药效。

11. 3. 5　枣树养分管理

11. 3. 5. 1　枣树生长发育规律

(1) 枣树的生命时期

枣树的一生要经历生长、结果、衰老、更新、死亡的全过程，这一过程称为枣的生命周期，历时 150~180 d。一般将枣树的生命周期划分为下述五个年龄时期。

①生长期　本时期从定植到树冠初步形成。生长期一般在 10 年以内。当年栽植的幼树生长缓慢，根系也浅。在 2~3 年内，枣头多单轴延伸，分枝较少，枝条生长量大，根系生长迅速。在栽植的 2~4 年内，虽然能开花，但结果很少。此期在栽培上应以促进生长、扩大树冠，培养树形为主。在此期的后几年，应通过栽培技术迅速增加结果量。

②结果期　结果期枝条的分枝量大量增加，树冠不断扩大，树体骨架基本形成。结果期持续 5~10 年。此期仍以生长占优势，但产量迅速增加。

③盛果期　盛果期树冠及根系扩大到最大程度，生长趋于缓和，结果量迅速增加，产

量达到最高峰。此期一般为30~50年，最长可达80年。

④结果更新期　此期树冠内膛枯死枝增加，部分骨干枝开始向心更新，树冠逐渐缩小，内膛开始空虚，结果部位外移，结实力下降，产量降低。但由于枝条大量更新，新生枣头增加，树体再次出现生长高峰。此期应加强肥水管理，通过更新修剪复壮树势，维持产量，延长结果年限。

⑤衰老期　此期树势衰弱，树体缩小，树干开始出现空洞，产量下降，品质变差。此期的前期应注意保护树体，维持产量，后期应全园更新。

(2)枣树根系的分布与生长

①根系的分布　枣树的根系由水平根、垂直根、单位根和细根组成。水平根是枣树根系的骨架，多分布在10~60 cm深的土层，以15~40 cm的土层最多，分枝能力不强，密度较小，水平延伸能力强，分布半径范围一般为树冠半径的3~6倍。垂直根由茎源根系形成或由水平根分枝向下生长形成，主要功能是牢固树体，吸收土壤深层的水分和养分，分枝力弱，很少分生细根，向下延伸的能力较强，土层厚、土质好、地下水位低的地块可深达3~4 m。单位根由水平根分枝形成，延伸能力不强，分枝力很强，主要功能是分生细根。细根由单位根分枝形成，聚集在单位根周围，是枣树根系吸收水分和营养的主要部位。枣树根系分布虽广，但大部分集中在树冠下比较小的范围内，距树干3 m以内占总根量的50%~55%，6 m以外根数稀少，不到总根量的20%。因此，枣树施肥时应根据根系的分布特点，施在根系分布集中的区域，有利于营养的吸收，充分发挥肥效。

②根系的生长发育　枣树根系年周期活动与地上部分具有相同的特点，其生长发育均需要较高的温度。与其他果树相比，枣树春季生长活动开始较晚，秋季停止活动较早。枣树根系的生长先于地上部分，开始生长的具体时间，因品种、地区、年份而异，主要受环境温度的影响，土壤温度和湿度是根系生长发育的重要启动信号。在我国华北枣区，一般在3月中下旬至4月上旬芽萌动前，可观察到枣树细根开始生长活动，此时因土温低于环境温度，细根的生长十分缓慢；5月中上旬展叶生长期，地温一般可达到8~20 ℃，根系生长逐渐加速，7月中旬至8月中旬地温达到25 ℃以上时，根系出现生长高峰期；8月下旬以后随着地温下降而生长渐缓，9月中旬以后基本没有新根生长，根系数量保持稳定；10月下旬至11月上旬，随着环境气温降低，枣树叶片逐渐变黄脱落，根系此时已停止各种生长活动，并贮藏地上部分运送来的营养，逐渐转入休眠期越冬。

(3)枣树枝条的生长

枣树的生长活动需要较高的环境温度，是果树中萌芽最晚、落叶最早的树种。春季，当日平均气温升至11~12 ℃时，树液开始流动；当日平均气温上升至13~14 ℃时，芽体开始膨大萌动，逐渐长成结果枝和发育枝；当日平均气温升至18~19 ℃时，结果枝和发育枝进入旺盛生长期；秋季平均气温低于15 ℃时，结果枝和叶片开始变黄，逐渐脱落。枣树的发芽期由南向北，由西向东逐渐推迟，南北相差5~7 d，东西相差14~20 d。国内各枣树栽培区，因气温和环境条件不同，枣树的生长活动周期具有较大差异，但温度、湿度、光照是影响枣树生长发育的主要因素。

(4)枣树花芽分化

枣树花芽分化与一般落叶果树不同，其特点是花芽当年分化，多次分化，随生长随分化，单花分化速率快，分化期短，但全树分化完成需要时间长。枣树花芽分化的速率快，完成单花分化仅 6 d 左右，1 个花序分化完成需 4~20 d，一个枣吊的花芽分化完成需 1 个月左右，1 株树分化完成长达 2 个月以上。枣吊的各节芽体出现高峰在 5 月上中旬，说明枣树在开花前同一花序中一般以中心花质量最好，到多级花由于营养问题，花芽质量逐渐降低，易出现僵蕾和落蕾现象。因此，晚秋加强枣园的肥水管理，提高树体的营养水平可为来年枣树的生长结果打下良好基础。如晚秋未施肥水，早春及开花前施肥灌水可明显提高花芽质量，起到促花保果的作用。

花芽的多次分化，持续时间长的特点造成了枣树的物候期重叠现象，在短期内要消耗大量的营养，从而导致枣树落花落果严重，在栽培措施上要注意开源节流，达到高产、优质、高效的目的。

(5) 枣树果实发育

枣树果实的生长发育可分为迅速生长期、缓慢增长期和熟前增长期 3 个时期。大果型的迅速生长期较长，可达 4 周。缓慢增长期的果实各部分生长速率下降，核硬化过程中营积累养物质，种仁进一步发育饱满，果肉细胞增长趋向停止，但空胞在继续扩大，果实的重量和体积增长迅速，此期-般为 4 周左右。熟前增长期的细胞和果实的增长均较慢，主要进行营养物质的累积和转化，果实基本达到一定大小，开始着色，营养物质含量增高。

11.3.5.2 枣树的需肥特性

枣树在一年内的生长期较短，从发芽开始的整个生长期，生长活动极为活跃，许多生长过程一个接一个重叠进行，如 5 月枝叶生长与花芽分化同时进行，6 月开花坐果和幼果迅速膨大同时进行，7~9 月枣果生长发育与根系快速生长发育同时进行。各个时期都要消耗大量养分，而且不同的物候期有不同的养分需求。其需肥规律与大田作物有很大差别。

(1) 枣树生命周期中的需肥特点

①幼树期　处于营养生长期的幼树，以长树为主，对贮藏营养的要求是促进地下根系和地上部生长旺盛，促进根系发育扩大吸收面积，尽快形成树冠骨架，扩大树冠。因此在施肥与营养上，需以速效氮肥为主，并配施一定量的磷、钾肥，按勤施少施的原则，及时满足幼树树体健壮生长和新梢抽发的需求，为以后的开花结果奠定良好的物质基础。

②结果初期　结果初期的枣树，仍然生长旺盛，树冠内的骨干枝继续形成，树冠逐渐扩大，产量逐年提高。从营养生长占优势，逐渐转为生殖生长与营养生长趋于平衡。因此，在施肥与营养上，既要促进树体健壮生长，提高坐果率，又要控制无效新梢的抽发和徒长，增加贮备养分。在此期间既要注重氮、磷、钾肥的合理配比，又要控制氮肥的用量，以协调树体营养生长和生殖生长之间的平衡关系。

③盛果期　随着树龄的增长，营养生长减弱，树冠扩大基本稳定，枝叶生长量也逐渐减少，而结果枝却大量增加，逐渐进入盛果期，产量进入高峰期。此期常因结果量过大，树体营养物质消耗过多，营养生长受到抑制，而造成结果大小年现象，树势变弱，过早进入衰老期。所以，处在盛果期的枣树，对营养元素需求量很大，并且要比例适宜，适时供应。根据土壤中速效养分供应强度，因地制宜配制和施用枣树专用肥，特别要注意磷、钾、微量元素及有益生物菌肥料的施用，延长盛果期年限。

(2)枣树年周期中各物候期的需肥特点

物候期标志着枣树生命活动的进程和吸收消耗营养的程度。枣树营养的分配，首先是满足生命活动最旺盛的器官，即生长中心，也是养分分配中心。随着物候期的推进，分配中心也随之转移。枣树的年周期大致可分为营养生长期和相对休眠期两个时期。在不同的物候期中，枣树需肥特性也大不相同，表现出明显的营养阶段性。多年生枣树在一年中各生育期的相继与交替，因树种、品种及气候等差异而不同，但各生育期的进行是具有一定的顺序性，并且在一年中，在一定条件下具有重演性。

①营养生长期　枣树是在枝条发育的同时，进行花芽分化及开花结果的。落叶枣树每年结一次果，一般于秋季果实成熟。而常绿枣树一年可结 2~3 次果，结合相关的技术措施，从夏到冬都可有果实成熟。挂果时间长，对养分需求量大。同时在果实的生长发育过程中，还要进行多次抽梢、长叶和长根等，因而易出现树体内营养物质分配失调或缺乏，影响生长与结果。一般是萌发抽梢展叶时，需氮量最多。在生长中期和果实迅速膨大期，钾的需求量增高，80%~90%的钾是在此期吸收的。磷的吸收在生长初期最少，花期以后逐渐增多，以后无多大变化。从萌芽至果实迅速膨大，吸氮量逐渐增大，直至果实迅速增大增重期，其吸收量最大。磷的吸收主要在枝梢生长旺盛期，冬季很少；钾的吸收主要在 5~11 月。根系活动状况也是确定施肥时期的标志之一。一般落叶枣树萌芽前根系开始生长和吸收。因此，施肥应于萌芽前进行。施肥过早易流失；过迟会导致枝梢徒长，造成落果。中后期供氮应在新梢停长和根系生长高峰期进行，否则会促进二次枝梢生长，影响坐果、成花和安全越冬。常绿枣树根系和枝梢生长与地区气候有关，有的地区一年抽发三次梢；有的地区终年温暖，一年抽发四次梢。因此，施肥也必须依据根系和枝梢活动时期及高峰次数而定。

②相对休眠期　入秋后，随气温降低，枣树停止生长，进入养分贮备时期，树体内的营养物质的积累大于消耗。贮藏营养水平的高低，直接影响着翌年枣树的生长和结果，影响叶、花原基分化、萌芽抽梢、开花坐果及果实生长。因此，在枣树生产上，适时提供营养物质，施足秋肥，维持健壮树势，保护和延长叶片的光化功能，提高树体贮藏营养的总体水平，是保证枣树持续丰产的物质基础。针对枣树年周期中各物候期的需肥特性，应特别注意调节营养生长与果实发育之间的养分平衡。一般在新梢抽发期，应以施氮肥为主，在花期、幼果期和花芽分化期以施氮、磷肥为主，果实膨大期需要大量的氮素合成蛋白质，满足细胞分裂生长和体积增大的需要，所以要追施氮肥，但为了减缓叶片组织的衰老过程和提高后期的光合作用，也要适当追施磷肥和钾肥。其他微量元素也不可缺少，也要适当补充。

11.3.5.3　枣树的施肥技术

枣园施肥是枣树栽培管理的重要环节。合理施肥是实现枣树丰产优质的基础。根据肥料的种类、施用时期和目的，枣园施肥可分为基肥和追肥。

(1)基肥的施用

①基肥施用时间　基肥是指在较长时期供给枣树多种养分的基础肥料，以枣果采收后至落叶前施入较适宜。如果秋季未来得及施入，应在翌春早施。秋季基肥有以下几个优点：因此期枣树根系活动仍较旺盛，地温也较高，有利于挖施肥沟时的断根伤口的愈合和

促发新根；根系可吸收基肥中的速效氮、磷、钾等营养元素，有利叶片的光合作用，提高树体的贮藏营养；有机肥经秋、冬两季的进一步分解，逐渐将难利用的有机养分转化为有效养分，翌年春天可较早地发挥作用，为枣树萌芽后枝叶生长、开花、坐果供应养分。据华中农业大学(1963)对幼树施基肥试验证明，9 月 10 日施基肥的比 12 月的坐果率高。山东省沾化枣区的经验证明，秋施基肥可提高花芽质量，翌年开花整齐，树势强，坐果率高。

②基肥的施用量　枣树基肥的施用量要根据树龄与有机肥的种类、质量及土壤肥力等因素而定。幼树要少施，结果大树要多施；有机肥质量高，养分含量高的要少施，否则要多施。施肥量标准为每 100 kg 鲜果产量，全年施用纯氮 1.6~20 kg，磷 0.9~1.2 kg，钾 1.3~16 kg。其中有机肥(包括秸草)应占 1/5~1/3。用此肥量，树体抽生的发育枝量不足或过强，树势有变弱或过旺的趋势，可在翌年增加或减少 20%~30%，适当调整。对施肥不足、树势衰弱的低产树，应按株产 50 kg 的鲜果水平计算施肥量促使树株在第二、三年萌生大量健壮发育枝，恢复树势，增加结果枝系，在 3~4 年中产量达到中上等水平。盛果期的施肥量，可以用枣果产量作基础，并按发育枝生长的数量和长度加以调整，使全树枝量和枝龄保持最佳状态。发育枝长度要求保持 50 cm 以上，全树每年新形成的有效更新芽数达到全树结果母枝总数的 1/6~1/8。盛果期树的基肥施用量为全年氮肥、钾肥用量的 1/2，磷肥用量的全部。

③基肥的施用方法　幼树多采用环状沟施肥，沟的深度根据根系分布深度和土层厚度而定。一般沟深、宽各 40~50 cm。把表土与基肥混合后施入沟内，然后填平，整好树盘。随着树冠的扩大，施肥沟的位置不断外移，可诱导根系向外伸展。成龄大树通常采用放射状沟施肥，在距主干 30 cm 左右处向外挖 4~6 条辐射沟，沟长至树冠外围，沟深、宽各为 30~50 cm，近干处宜浅，远干处宜深。成龄大树也可采用条状沟施肥，在树冠外围顺行挖深 30~50 cm，宽 30~40 cm 的条状沟。隔年在另一侧轮换进行，也可在行间和株间轮换开沟。对于已封行的纯枣园、枣粮间作园和山区梯田上的枣园，可全园或树盘内撒施，然后耕翻土壤深 20~30 cm，把肥料翻入土壤。以上几种施肥方法，轮换使用效果更好。挖施肥沟时，要注意保护根系，不要切断直径在 0.5 cm 以上的粗根。基肥是全年施肥的主体，必须重视施用，以使整个生长期有良好的供肥状态。基肥以有机肥为主，施用时常掺少量速效氮磷肥，

(2)追肥的施用

①追肥的施用种类和时期　追肥是在枣树生长旺盛期间施用的肥料。它是在基肥基础上，根据枣树各物候期需肥的特点和缺肥情况，而及时适量补施的速效肥料。与有机肥不同，追肥仅含枣树必需的一种或少数几种营养元素，属于不完全肥料。追肥肥效快、肥效短，易随水流失。从理论上讲，萌芽、开花、坐果、抽梢、果实迅速膨大、花芽分化等时期，都是需肥时期，也是追肥的显效期。都要一环扣一环地抓好，以满足枣树生长发育之需，从而使枣树获得丰产优质。枣树追肥通常分四次。第一次，在萌芽前(4 月上旬)追肥。此期以氮肥为主，适当配合磷肥。此期追肥能使枣树萌芽整齐，促进枝叶生长，有利花芽分化，尤其对于树势衰弱或基肥不足的枣园，这次追肥更显重要。第二次，在开花前(5 月中下旬)追肥，以氮肥为主，配以适量磷肥。此期追肥可促进开花坐果，提高坐果

率。第三次，在枣幼果发育期(6月下旬至7月上旬)追肥，氮、磷、钾肥配合施用。作用是促进幼果生长，避免因营养不足而导致大量落果。第四次，在果实迅速发育期(8月上中旬)追肥。此期氮、磷、钾配合施用，作用是促进果实膨大和糖分积累，提高枣果实品质，同时，增加叶片光合效能，有利枣树贮藏营养的积累。

②追肥施用量　追肥施用量依据树龄、肥料种类、土壤肥力、施用次数、灌溉条件等因素而定。对于当年栽植的幼树，在新梢长到5~10 cm时每株约施尿素或磷酸铵0.05 kg。此后，隔25~30 d再追施1次，肥料种类和用量同上。对于2~4年生未正常结果的幼树，在萌芽前追施一次氮磷肥，此后每隔一个月追一次氮磷钾复合肥，共追2~3次。对于结果期的成龄大树，追肥施用量的确定主要是靠丰产园的施肥经验。一般在萌芽前每株追施尿素0.5~1.0 kg，过磷酸钙1.0~1.5 kg；开花前追施磷酸二铵1.0~1.5 kg，硫酸钾0.5~0.75 kg；幼果生长发育期施磷酸二铵0.5~1.0 kg，硫酸钾0.5~1.0 kg；果实迅速膨大期，施磷酸二铵0.5~1.0 kg，硫酸钾0.75~1.0 kg。施肥量的确定是一个非常复杂的问题，比较科学的方法是通过对树体和土壤进行营养诊断，结合枣树生长的自然条件和管理水平，提出枣树的施肥方案。

③追肥方法　追肥的施用方法多采用挖坑穴施、环状沟施或树盘内撒施。无论何种施肥方法都要将肥料施入枣树根际，并将肥料用土埋住。这样才能防止肥料挥发损失，提高肥效。叶面喷肥简单易行，用肥量小，发挥作用快，但肥效短，可在枣树对某种营养元素急需时采用。

(3)枣树基肥和追肥的施用原则

枣树在施用基肥和追肥时，要注意以下一些原则：一是要适期施用，以及时发挥肥效；二是要注意施肥面，不能太小，尽量扩大根系对肥料的吸收面积，防止因肥料过于集中，引起土壤溶液浓度过高而发生烧根；三是要适当深施，减少氮肥分解损失；四是要根据土壤含养分情况，合理配用氮磷钾和微量元素，防止偏施氮肥，引发枣果生理病害。

11.3.6 枸杞养分管理

枸杞为茄科枸杞属多年生直立性落叶灌木，其栽培的适应性、种子的萌发力和根系的萌蘖性均强，是我国重要的特色药用植物资源，具有较高药用价值和保健效果，对种植区经济和生态效益意义重大。了解枸杞生长发育规律，采取正确合理的栽培措施和养分管理，对枸杞高产和稳产及生产出安全可控的优质枸杞产品具有重要意义。

11.3.6.1 枸杞生长发育规律

枸杞树的生命活动从上一代营养体产生的种子、侧根和枝条开始，经过萌发，逐渐生长成为具有根、茎、叶的植株，然后开花结果，初冬进入落叶休眠期，翌年春季开始萌芽生长，如此循环往复，直至根系衰老、植株死亡。枸杞植株一生要经历苗木繁育、营养生长、生殖生长、枝条修剪更新、土壤管理时对侧根的断根更新以及植株衰老死亡过程。在有效土层深厚的土壤上栽培的枸杞，其生命年限可达百年，有效产果年限可达30年左右。按照枸杞产果的特点，一般可将它的有效生命周期分为5个阶段。

(1)苗期(营养生长期)

枸杞有性实生苗是指从种子萌发开始到第一次开花结实前的这一段生长时间；无性繁

殖的器官苗是指从器官长出新根以后到第一次开花结果前的这一段生长时间。实生苗苗期一般为 1~2 年，这个时期植株幼小，树冠和根系的生长势都很强，地上部多呈直立生长，生长旺盛。无性器官苗，大多取自于枸杞树的成熟器官，发育阶段进入营养生殖期，结果年限提前。尤其是无性硬枝扦插苗，育苗材料取自母树强壮结果的枝条，成熟枝条的生根点多，生根率高，须根发达，春季育苗即使不采取修剪措施，也能于当年秋季开花结实。如果辅以修剪措施，从生根到开花结实只需 3 个多月的时间。此时应加强水肥管理，促进生长，加强修剪管理，促发侧枝，培育壮苗和大苗，为丰产打好基础。一般根茎年生长增粗 0.5~1.3 cm，是粗生长最快的阶段。

(2)结果初期(幼龄期)

枸杞从第一次开花结实到大量结果即进入生殖生长期，一般无性扦插苗是从育苗当年至第三年；有性实生苗是从翌年开始至第五年。这一时期的特点是根系生长迅速，树冠发育快，是培育冠层的最佳时期，也是生产优质果实的最好时期。此时应加强水肥供应，防治病虫害，合理修剪，尤其是应加强夏季修剪管理，根据植株的大小，采取剪、截、留的修剪手法，对徒长枝及时修剪，对中间枝进行短截，促发二次、三次枝，迅速扩大树冠，放顶成形，为优质高产打好基础。此期一般根茎年生长增粗 0.5~1.0 cm，冠幅年扩大增长 30~50 cm。

(3)结果盛期(盛果期)

枸杞栽后 4~30 年，这一时期植株新陈代谢旺盛，是营养生长与生殖生长的共生期，树体不断充实、枝叶茂盛，树冠增幅达到最大值，此时树高 1.6~1.7 m，根茎粗 5~13 cm。这是枸杞大量结果、产量最高的时期，每亩产量达 150~250 kg。由于大量开花结实以及随着树龄的增长，树体养分积累下降，树体生长量逐渐减少，结果枝层逐渐外移，要获得优质高产的果实，必须加强水肥和树体管理。这一时期又分为三个阶段：5~10 年为盛果初期，这一时期，树体、根系生长仍然处于旺盛生长阶段，根茎年生长量 0.4 cm 左右；10~20 年为盛果中期，生长开始放缓，根茎年生长量 0.2 cm；20~30 年为盛果末期，生长更慢，根茎年生长量为 0.15 cm，后期树冠下部大主枝开始出现衰老或死亡。此时更应加强水肥管理，防治病虫害，在修剪上以通风透光、更新果枝为主，注意利用中间枝和徒长枝弥补树冠的空缺，以延长盛果期的年限。

(4)结果后期

枸杞栽植生长 30~50 年的生长阶段，是盛果期的延续。此时生长势逐渐减弱，根茎年生长量平均仅有 0.1 cm。结果能力开始下降，果实变小，树冠出现较大缺空，顶部有不同程度的裸露。此时在栽培上应着重进行修剪，更新老枝，对中间枝及时摘心、短截，促发果枝，延缓结果。需要进行全园更新。

(5)衰老期

栽后 50 年以上的生长阶段，此时生长势显著衰退，树冠失去原有的饱满姿态，结果能力显著下降，产量剧减，失去经济栽培价值。

枸杞生的实生苗主根深可达 1 m，在干旱地带，主根更深。根系的侧根水平生长大于树冠，侧根、须根垂直分布在沿树冠外缘距地表 30~40 cm 的有效土层内。0~20 cm 的土层温度，达到 1℃时根系开始活动，达到 7 ℃时新根开始生长，15~25 ℃根系生长量最大，

26 ℃以上根系进入夏季休眠，秋季土温降到 25 ℃以下进入第二次生长。因此，枸杞一年有两次生长现象，即春季(4~6 月)生长和秋季(8~10 月)生长。

11.3.6.2 枸杞的养分需求规律

枸杞是多年生经济树种，同一立地条件下栽培的有效生产年限长，加之周年生育期内连续发枝、开花、结果，不但需肥量大，还要连续供肥。如果养分供应不足则会产生一系列影响：一是影响新梢的萌发和生长，造成发枝力弱，新梢长势弱；二是影响根系生长和叶片的光合能力，造成落花落果严重；三是不仅影响当年产量，还直接影响树体养分积累和翌年生长结果。因此，要做到枸杞植株在年度生育期内营养生长和生殖生长保持适度的平衡，实现均衡产果，保证植株春季萌芽发枝旺，夏季坐果稳得住、秋季壮条不早衰，应建立合理、经济、科学的施肥技术体系，确定施肥方法、施肥时间、肥料品种配比和施肥量。

(1)枸杞对氮的需求

氮对枸杞果实内所含的生物碱、苷类和维生素等有效成分的形成和积累也起到重要作用。枸杞在 4 月下旬至 10 月的整个生育过程中的营养生长和生殖生长相互重叠，尤其是五、六月，春梢的生长，叶片的增大，果实的发育，都需要氮肥供给。枸杞园通常施用的氮素肥料有尿素和碳酸氢铵。尿素施入土壤中通过脲酶的作用被微生物分解为氨态氮和硝态氮，分散性好，易被枸杞根系吸收。

(2)枸杞对磷的需求

枸杞在一年中对磷的需求量基本上没有高峰和低谷，比较平稳。枸杞生产中施用磷肥，单一磷肥以过磷酸钙为主，结合秋施基肥与有机肥混合施用；复合磷肥大多数用作追肥，肥料种类多为磷酸二铵、三元复合肥。

(3)枸杞对钾的需求

枸杞新梢叶片增长期和幼果发育期对于钾的需求量大，增施钾肥能显著提高枸杞的质量。每年施用钾肥从春梢进入旺长以后进行，可以与氮肥配合施用，分两次追肥，施肥量占全年施钾肥量的 3/4，其余部分放在 8 月中旬，秋梢旺长阶段施用，以保证秋果果实质量。

(4)枸杞对微量元素的需求

除氮、磷、钾三大肥料元素外，还有许多元素对枸杞植株的生长发育也起到非常重要的作用。虽然，枸杞对这些元素的需求量很少，但这些元素缺乏时同样会引起枸杞发育的生理障碍。枸杞对铁的吸收与土壤通气状况也有密切的关系。当通气不良，根系缺氧时叶片会失绿变黄，地上新梢也会出现类似缺铁的症状。轻度缺铁时，可以用 0.2%硫酸亚铁进行叶面喷雾，一般能立即缓解症状，起到土壤施用起不到的作用。缺硼也是枸杞产区经常发生的事情，轻度缺硼时，往往没有明显的症状，但授粉后坐果率低，容易落花落果，产量低，质量差。防治缺硼，主要是在春 7 寸枝盛花期喷施 0.2%的硼砂水溶液，有明显的效果。枸杞缺锌的症状为叶片相对变小、变薄，可用 0.2%~0.3%的硫酸锌加 0.3%的尿素混合液喷施，效果较好。

(5)枸杞树体年生育期内的需肥规律

根毛区随着地温的升高而进入活动期，新根开始萌生即吸收养分。4 月上旬直至 5 月中旬，是枸杞萌芽、放叶、抽生新梢的营养阶段，植株对养分尤其是氮素的需求量较大，根系吸氮呈上升趋势。从 5 月上旬开始直至 6 月下旬，树体二年生枝现蕾开花，当年生新枝开始现蕾，根系开始吸收磷、钾元素，并呈上升趋势，而吸氮趋于平稳。进入 7 月，随着气温的升高(32 ℃以上)，耕作层土温也随之上升至 26 ℃以上，植株根系即进入夏季休眠期(根系暂不吸收养料)，植株生长所需的营养主要来自树体内贮存的养分和叶片光合作用所制造的养料。进入 8 月，土温下降至 25 ℃以下时，根系恢复生长，进入秋季生育期，发秋梢，结秋果，根系吸收氮、磷、钾元素无明显的上升，直至晚秋下霜，由叶柄处所形成的脱落素导致先落叶，而后根系停止生长，11 月上旬进入冬季休眠状态。

枸杞一生经历苗期、结果初期、盛果期、结果后期和衰老期 5 个时期，每一时期对营养元素的吸收和利用量不同，从苗期到盛果期总体上是随着树龄的增加而增加。氮磷钾适宜用量及其配比取决于土壤肥力水平和产量水平，在不同的土壤肥力水平、气候条件和产量条件下，枸杞吸收氮磷钾的比例不尽一致。据报道，每获得 100 kg 的枸杞干果需消耗纯氮 39.5 kg，纯磷 26.7 kg，纯钾 16.2 kg；1～2 年生苗期枸杞园平均单株全年施尿素 0.08～0.12 kg、磷酸二铵 0.05～0.08 kg、硫酸钾 0.05 kg；3～4 年生幼龄园平均单株全年施尿素 0.10～0.20 kg、磷酸二铵 0.08～0.16 kg；5～8 年生成龄园平均单株全年施尿素 0.25～0.30 kg、磷酸二铵 0.20～0.25 kg。氮、磷、钾肥施用量的比例为：苗期为 1∶0.4∶0.15；幼龄园为 1∶1∶0.2；成龄园为 1∶0.85∶0.3。在生产中，除了按照枸杞的需肥比例，还应采用有机肥与无机肥相结合，氮、磷、钾与锌、硼、铁等微量元素相结合，秋季深施基肥与春、夏季土壤追肥，叶面喷肥相结合的施肥方法，才能保证年度生育期内枸杞植株的营养生长与生殖生长需要，使幼龄期枸杞干果产量相对稳定在 1 650～3 000 kg·hm^{-2}，成龄期干果产量相对稳定在 2 650～5 000 kg·hm^{-2}。

11.3.6.3　枸杞的施肥方法

一般的耕作土壤中，枸杞根系水平分布与树冠的大小呈正比，有的根系分布面积还略大于树冠面积。所以，肥料施入的深度和面积必须视土质状况和树冠大小来定。

(1)基肥

基肥以有机肥为主，以化肥为辅。有机肥主要为各种农家肥，如大粪、羊粪、牛粪、马粪、猪粪、炕土、油渣、大豆饼等。有机肥是一种很好的完全肥料，能供给枸杞生长所需的各种营养成分，氮、磷、钾含量都很丰富，并且还含有多种微量元素，能在相当长的时间内不断发挥作用，是构成土壤肥力的基础。

基肥的施入一般在秋季的 10 月进行。此时，枸杞树体接近落叶，逐步进入休眠期，树液也即将停止流动，因施肥而挖坑伤根对植株来年的生长影响不大，施入的肥料在土壤中储存时间长，可以得到充分腐熟，也利于树体吸收。根据大田生产的定点观察，秋冬季施入基肥树体萌芽早、发枝旺，而春季施入基肥树体萌芽迟、发枝弱。所以，基肥以秋季施入为好。树龄不同，其施肥量有差异。成龄树每株施菜籽饼 1 000 g 加羊粪或猪粪 5 000 g 加鸡粪 5 000 g；幼龄树每株施菜籽饼 500 g 加羊粪或猪粪 2 500 g 加鸡粪 2 500 g。为了促进幼苗的生长，每株应施入适量的化学肥料。

施肥方法主要包括环状施肥法、月牙形施肥法和对称沟施肥法 3 种。环状施肥法是将肥料均匀地施入树干周围，沟穴部位距根茎 20 cm 以外，树冠边缘以内，深度 20～30 cm。

月牙形施肥法是在树冠外缘的一侧挖一个月牙形施肥沟施入肥料，沟长为树冠的一半，沟深为 40 cm。对称沟施肥法是在大面积枸杞园施肥时为了节省劳力，可以在行间距 20~30 cm 处用大犁犁开 30~40 cm 的深沟，将肥料施入，再封沟即可。

(2)追肥

枸杞在生育期间是无限花序植物，为保证生长结实对养分的需要，应在施足基肥的基础上及时适当追肥。追肥主要是施用化肥，化肥的主要肥分为氮、磷、钾。大多数化肥能迅速溶于水中并被土壤吸附，且很容易被根系吸收利用，全部为有效肥。化肥的施用除磷肥，如过磷酸钙可在每年秋季作为基肥结合深翻与有机肥一块施入，那么其他化肥都是以追肥的方式施入土壤中的。在春季的 5 月上旬进行第 1 次追肥，以促进春梢萌发生长和二年生结果枝的现蕾开花。第 2 次追肥在 6 月中旬，正值二年生果枝的果实发育和当年新发结果枝的开花结果期。第 3 次追肥在 7 月上旬进行，正值鲜果成熟盛期。

根部追肥一般采用穴施或沟施的方法，即在树冠边缘下方的不同部位挖 3~4 个穴或在树冠边缘下方用犁犁开约 10 cm 深的施肥沟，把氮、磷、钾或复合肥施入，立即封土。施肥后接着灌水，以水溶肥，使根系早日吸收肥料。磷肥(如过磷酸钙、骨粉等)易同土壤中的铁、钙化合成不溶性的磷化物而被固定在土中，不易被根系吸收。因此，对于磷肥宜在枸杞需肥前及时施入，或者把它掺在有机肥中一同施入，借助有机肥中的有机酸来加大其溶解度，便于根系吸收。

(3)叶面施肥

根据枸杞植株的生育特点，叶面肥施用重点在营养需求临界期和营养最高效率期进行。营养需求临界期，枸杞植株对营养需求的临界期在 4 月下旬至 5 月上旬。此时的物候表现为 2 年生枝条(老眼枝)现蕾和抽新枝的高峰期，水分、养分消耗量大，如果不及时供应养分则发枝量少而弱。为促进新枝萌发早、齐、壮，须及时喷洒叶面肥，这样既补充了肥料，又增强了叶片的光合作用。营养最高效率期，6 月上旬是新枝继续生长、现蕾，2 年生枝条坐果及幼果膨大期，应及时施用叶面肥，促进新枝生长，控制封顶，防止花果脱落和满足幼果膨大对营养的需求。此时连续喷洒 2 次叶面肥能将生理落花、落果由 30%~35%降到 15%~18%。

针对枸杞生长的两个关键时期，即营养临界期和营养最高效率期，叶面喷肥从 5 月上旬至 7 月下旬，每 10 d 左右喷施 1 次。叶面喷肥是补充枸杞树体微量元素的重要途径，对于幼龄树，一般喷施 5~6 次，成龄树 7~8 次。叶面肥也可以与农药混合施用，可节省劳力，降低成本。枸杞的叶面喷肥选用枸杞专用液肥或微量元素复合液肥，按稀释比例精确配置，然后利用喷雾器均匀喷雾于树膛及冠层叶背面，每亩喷肥液 50~70 kg。

11.3.7 花椒养分管理

花椒为芸香科花椒属落叶小乔木或灌木，是集食用调料、香料、油料及药材等用途于一身的经济树种，因种植简便、生长迅速、开花结实早、盛产期长、经济价值高，以及耐干旱、耐贫瘠、根系发达和固土能力强，在退耕还林还草工程中被作为生态经济树种广泛应用。目前，花椒经济已成为经济欠发达地区农民解决劳动就业和增收致富的新经济增长点。另外，花椒具有喜欢在排水良好和肥沃湿润的土壤上生长的特点，在花椒苗木培育和栽培管理过程中，合理的花椒养分管理是促进花椒生长和获取稳产高产的必要条件。

11.3.7.1　花椒生长发育规律

花椒从种子萌发形成一个新的个体起直到衰老死亡的全过程称为个体发育过程，也称生命周期。一般情况下，花椒的寿命为 40 年左右，最多可达，80 年。在花椒的“一生”中，随着年龄的增长，按其生长发育的变化，可分为幼龄期，结果初期、结果盛期和衰老期四个阶段。每个阶段都表现出不同的形态特征和生理特点。同时，各个阶段又都存在着内在的联系。

(1)幼龄期

花椒从种子萌发出苗到开始开花结果以前为幼龄期，也称营养生长期。花椒的幼龄期一般为 2~3 年。这一时期的特征是以顶芽的单轴生长为主，分枝少，营养生长旺盛，根系和地上部分迅速扩大，开始形成骨架。播种当年，地下部主根明显，向下延伸 30~40 cm；从翌年开始，侧根生长增强，主根向下延伸的速率减缓，根系主要向水平方向扩展。地上部分，第一年生长一般为 50~80 cm，高可达 1 m，翌年开始出现旺长的分技，分枝角度小，长势强，无明显的中央领导枝；第三年则形成较多的中短枝，在自然生长状态下，枝展常大于树高。由于这一时期新梢生长量过大，节间长，停止生长晚，营养物质主要用于营养器官的建造，积累少，枝条发育不充实，在比较寒冷的地区冬季容易“抽梢”。幼龄期是树冠骨架的建造时期，对其一生发育有着重要的影响。如果幼树所处的条件适宜，栽培技术得当，营养器官建造快，能大量制造和积累营养物质，才有利于形成花芽和开花结果。这一时期的主要栽培任务是加强树形和养分管理，迅速扩大树冠，合理安排树体骨架，培养好树形，保证树体正常的生长发育，促进早结果，为以后的丰产打下基础。

(2)结果初期

花椒从开始开花结果到大量结果为结果初期，也称生长结果期。花椒树栽植 3 年后即有少量开花结果，4~5 年后相继增加。这一时期的前期，树体生长仍然很旺，分枝量增加，骨干树枝不断向四周延伸，树冠迅速扩大，是一生中树冠扩展最快的时期。由于树体制造的养分主要用于生长，单株产量偏低。常为 0. 25~0. 5 kg。随着树龄的增长，枝量和分枝数增加，结实量每年递增 0. 5~2 倍。其结果的特点是初期多以长、中果枝结果，随后中、短果枝上果增多，结果的主要部位由内膛逐年向外围扩展。初结果期的果穗大，坐果率高，果粒也较大，色泽鲜艳。幼果初期树体骨干枝基本配齐，从营养生长占优势逐渐转为与生殖生长趋于平衡。这一时期的主要栽培任务是尽快完成骨干枝的配备，培养好主、侧枝，保证树体健壮生长，以夺取早期丰产。这一阶段的管理措施的实施，应顺应结果期的特性，多培育侧枝及结果枝，为树冠形成后得到高产奠定基础。切忌片面追求一时产量，培育出未老先衰的小老树，而影响到进入盛果期的产量和有效挂果寿命。

(3)盛果期

盛果期是花椒树开始大量结果到衰老以前的时期。此时期结果枝大量增加，产量可达到高峰。无论是根系还是树冠都扩大到最大限度。一般自第十年以后即进入大量结果期，突出的特点是果实的产量显著增加，单株产鲜椒 5~10 kg，干果皮 1~2 kg。这一阶段持续时间的长短取决于立地条件和栽培管理技术。良好的立地条件和科学的栽培技术能延长盛果期，否则盛果期较短。一般盛果期年限 10~15 年，甚至可达 20 年以上。花椒进入盛果期后，随着产量的增加，树姿逐渐开张，树冠外围枝绝大多数成为结果枝，骨干枝的延长枝与其他新梢已无明显区别，骨干枝上光照不良部位的结果枝出现干枯死亡现象，内膛逐渐空虚，结果部位外移。此时，短结果枝的比例明显增多，形成短结果枝群，这一时期如果管理不当，不能正确处理产量需求和维护树势的关系，就会出现大小年，致使产量不断下降，加快衰老期的出现。

(4)衰老期

植株开始衰老一直到树体死亡为衰老期。根据花椒树的生长发育规律，在绝大部分营养连年用于不断增加结果量的状态下，营养枝及根系增加甚少，最终树体吸收和制造的养料只能用于维持结果需求的均衡态势。由于营养连续偏向消耗，盛果期后树体长势逐年衰退。主枝、小枝及果枝趋于老化阶段，冠内出现枯枝，这是衰老期的前兆。因此，除做到适时适量修剪、浇水、施肥外，还要做好病虫害的防治工作。一般情况下，树龄达到20~35年以后，根系、枝干进入老化阶段，枯死枝条增多，开始进入衰老期。其表现是：生活机能衰退，新枝生长能力显著减弱，内膛和背下结果枝组大量死亡，部分主枝和侧枝先端出现焦梢，枯死现象。结果枝细弱短小，内膛萌发大量徒长枝，产量递减。衰老后期，二三级侧根和大量须根死亡，部分主枝和侧枝枯死，坐果率很低，果穗很小，往往1个果穗只有几粒果实。产量急剧下降。这一时期栽培管理的主要任务是加强树体的管理和保护，减缓树体衰老。同时，要尽早有计划地培养、更新枝条，进行局部更新，使其重新构成新的树冠，恢复树势，保证获得一定的产量。

从4月花椒萌芽展叶伸出新梢到6月上旬为第一次速生期，历时2个月左右。从6月中旬至7月上旬的高温季节，新生枝的生长速率转缓，甚至停止生长，果实终止了膨大过程，进入成熟初期，开始营养物质的积累与转化，种子进一步充实而变硬、变黑，果皮也开始老化上色，历时20~25 d。7月中旬至8月上旬新生枝条进入第二个生长高峰，同时果实进一步老化，直至果皮全部由绿色转变为红色或紫红色，这一阶段约持续30 d左右，到立秋后果实采收终止。从8月中旬至10月上旬，当年生新枝条开始停止生长，积累营养，是向木质化转变的生育阶段。

花椒树的根系没有自然休眠，在满足其所需要的条件时，可以全年不断生长。由于低温的限制，根系生长表现为一定的周期性。春季，当地温达5 ℃以上时，根系开始生长；落叶后，当地温下降到5 ℃以下时，根系呈休眠状态。花椒树的根系生长有3个高峰期，第一次在发芽前20 d(3月5~25日)发根，新根逐渐增多，到发芽期(3月25日至4月5日)达高峰，然后迅速减少，进入发根低潮；这次发根高潮在骨干根前部的网状根上，先从基部发生新根，逐渐向顶端转移。新根密度大，较粗短第二次在6月中旬至7月中旬，高峰在7月上旬，在网状根的原端先发新根，逐渐向基部转变，较第一次高潮发新根密度大，细而长，第三次根系生长高潮在9月上旬至10月中旬，发根时间长，但密度小于第一、第二次，没有明显的发根高峰，其发根特点是白色吸收根明显增多，并随着降水量的增多而伸延到地表层。

11.3.7.2 花椒养分需求规律

花椒园施肥的种类、数量、时期合理与否，对花椒树的生长结果有着直接的影响。施肥合理就要做到施肥量适当、施肥时间适时和施肥方法得当。一株花椒树施多少肥才算合理，要根据椒树的养分需求规律、树龄、树势、结果多少、外界条件以及椒园其他管理条件加以分析，力求做到施肥合理。

(1) 花椒对氮的需求

在不施氮肥的椒园中，均会发生缺氮症。一般缺氮的花椒植株，叶色变黄，枝叶量小，新梢生长势弱，落花、落果严重。长期缺氮，则花椒植株萌芽、开花不整齐，根系不发达，树体衰弱，植株矮小，树龄缩短。这些缺氮的花椒植株一旦施入氮肥，产量会大幅度上升，但在施氮的过程中，还得配合施入适量的磷、钾和其他微量营养元素。氮素过剩还会引起新梢徒长，枝条不充实，幼树不易越冬，结果树落花、落果严重，果实品质降低。

(2) 花椒对磷的需求

磷素主要分布在花椒生命活动旺盛的器官，多在新叶及新梢中。磷素不足，使花椒叶片由暗绿色转为青铜色，叶缘出现不规则的坏死斑，叶片早期脱落，花芽分化不良，延迟萌芽，降低萌芽率。磷素过剩则影响氮、钾的吸收，使花椒叶片黄化出现缺铁症状。因此，施用磷肥时要注意与氮、钾肥的比例。

(3) 花椒对钾的需求

适量的钾素可促进花椒果实膨大和成熟，提高幼树抗旱越冬能力，提高花椒品质。缺钾的花椒树叶在初夏和仲夏则表现为颜色变灰发白，叶缘常向上卷曲，落叶延迟，枝条不充实，耐寒性降低。钾素过多，会使氮的吸收受阻，也影响到 Ca^{2+}、Mg^{2+} 的吸收。

花椒的生长发育除了需要以上较多的氮、磷和钾大量元素外，还需要其他的钙、镁、硫、硼、锌、铜、锰、铁、钼等中量和微量营养元素，某种元素的增加或减少，元素间的比例关系就会失调，所以肥料不能单一施用。同时，应注意各元素间的比例关系。施肥量要根据土壤肥力、生长状况、肥料种类及不同时期对养分的需求来确定。一般来说，幼树应以施氮肥为主，成年树应在施氮肥的同时，增施磷肥和钾肥，钾在花椒果实生长发育、营养物质合成中起着十分重要的作用。

11.3.7.3　花椒的施肥方法

花椒和其他植物一样，正常的生长结果需要多种多样的营养元素，为了保证花椒树连年高产稳产，必须及时施肥补充养分，才能满足椒树生长和结果的需要。肥料的种类及施肥时间应根据花椒生物学特性及土壤的种类、性质、肥料的性能来确定。一般可分基肥和追肥两种。

(1) 基肥

通常以施迟效性的有机肥料为主，如腐植酸类肥料、堆肥、圈肥、绿肥以及作物秸秆等，肥料经过逐渐分解，供花椒树长期吸收利用。基肥也可混施部分速效氮素化肥，以增加肥效。过磷酸钙、骨粉直接施入土壤中常易与土壤中的钙、铁等元素化合，不易被花椒树吸收。为了充分发挥肥效，宜将过磷酸钙骨粉与圈肥、人粪尿等有机肥堆积腐熟，然后作基肥施用。

施基肥的时期最适宜的时间是秋季，其次是落叶后至发芽前。因为秋施基肥能有充分的时间腐熟和供花椒树在休眠前吸收利用。这时根正处于生长高峰期，根的吸收能力较强，可以增加树体的营养贮备，满足春季发芽、开花新梢生长的需要。落叶后和春季施基肥，肥效发挥慢，对花椒树春季开花坐果和新梢生长的作用很小。果实采收后立即施用基肥，正值根系第三次生长高峰前，伤根容易愈合，能促发新根，地上部各器官渐趋停止生长，所吸收的营养物质以积累贮备为主，可以提高树体营养水平，有利于来年萌芽和开花坐果。

据报道，8 月中旬椒果采收后施用基肥的，分别比 11 月下旬和翌年 3 月上旬施肥(基肥)的增产 9.1%和 11.3%。椒果采收后立即施用基肥，正值根系第三次生长高峰前，伤根容易愈合，能促发新根，地上部各器官渐趋停止生长，所吸收的营养物质以积累贮备为主，可以提高树体营养水平，有利于翌年萌芽和开花坐果。

(2)追肥

在施基肥的基础上，根据花椒树各物候期的需肥特点补给肥料，保证当年丰产和为来年丰产奠定基础。根据花椒树各物候期的需肥特点补给肥料，保证当年丰产和为翌年丰产奠定基础。一般在生长期进行，当树体营养消耗大，养分出现亏缺前，施以追肥及时补充。追肥应根据花椒各物候期的特点及对肥料的要求，满足某一物候期或某一器官生长发育的需要。追肥以速效性肥料为主。幼树和结果少的树，在基肥充足的情况下，追肥的数量和次数可少一些。养分易流失的土壤，追肥次数宜多。另外，基肥的施用时间和数量也影响追肥的施用。秋施基肥，且施肥量多时，可以减少追肥的次数和数量。花椒树在年周期中，生长结果的进程不同，追肥的作用和时期也不同。通常分以下阶段进行：

①花前追肥　主要是对秋施基肥数量少和树体贮藏营养不足的补充，对果穗增大、提高坐果率，促进幼果发育都有显著作用。

②花后追肥　主要是保证果实生长发育的需要，对长势弱而结果多的树效果显著。此期追肥的肥料种类要依具体情况而定，对树体内氮素营养水平高、树势健壮的植株可以少施速效氮肥。反之，应追施足够数量的氮肥。同时要追施磷、钾肥。这样既有利于果实的生长发育，提高当年的产量，又有利于花芽分化，从而保证翌年的产量。

③花芽分化前追肥　花芽分化前追肥，对促进花芽分化有明显作用。此期追肥应以氮、磷肥为主，配合适量钾肥。对初结果和大龄树，为了增加花芽量，克服大小年，主要是在此期追肥。花芽分化前追肥除能促进花芽分化外，还有利于椒果的发育。

④秋季追肥　主要为了补充花椒树由于大量结果而造成的树体营养亏损和解决果实膨大与花芽分化间对养分需要的矛盾，目的在于增加产量，提高品质，促进花芽分化和增加树体营养积累。追肥时间在 8 月中下旬至 9 月上旬。除施氮肥外，为了提高椒果质量，可增施钾肥。幼树、徒长树应避免后期追肥造成生长延迟，降低抗寒能力。

(3)叶面施肥

花椒树除土壤施肥外，也可以将肥料喷到叶上或枝上。与花椒间种作物，土壤施肥不便时也可以进行叶面追肥。在花椒开花坐果期及果实膨大期，难以用土壤施肥时，采用叶面喷肥可大大提高产量。具体做法为花期前的 4 月中旬喷施 0.3%~0.5%尿素与 0.3%磷酸二氢钾的混合水溶液或 0.3%~0.5%的尿素水溶液一次，或间隔 7~10 d 再喷施 3 次；枝条再度生长期，7 月中下旬至 8 月上旬按上述方法第二次喷肥，能收到增产的效果。实践证明，叶面喷肥可使坐果率提高 7.56%，每果穗结果粒数增加达 86.6%单株平均增产 33.7%。实施叶面喷肥，水溶液中的含肥量一般不要超过 0.5%，否则因喷肥量过大，叶片、嫩梢和花穗会干枯脱落，严重时会出现烧死植株现象。喷肥时间最好选在傍晚或清晨，以免气温高，溶液很快浓缩，影响喷药效果和导致叶片受害。根外追肥施用的肥料种类很多，实践证明，以尿素和磷酸二氢钾效果较好。在前期叶片幼嫩时施药浓度要低，后期浓度可高些。喷洒时，叶片正面和背面都要喷匀，掌握在以雾粒附满叶面又不滴水为好。

花椒施肥的数量，常因品种、树龄、树势、结果量和土壤肥力水平不同而异。幼龄期需肥量少，进入初结果期后，随着结果量的增加，施肥量也需增加。进入盛果期后，产量激增，为了实现长期高产、稳产、优质的目标，必须施足肥料。在生产实践中，树势健壮与否是施肥量的主要依据。健壮的树表现为叶片宽大、叶色深、果枝粗壮、中长果枝比例30%以上。开春发芽前，降雨后或有浇灌条件的椒园可施速效肥一次，要求开沟条施或穴施。施肥前沿树冠在地面投影线的边缘挖宽 30 cm、深 40 cm 的环状沟(不要在树冠下的地面挖沟，以防损坏根系)。然后按老龄树每株施氮肥 1 kg，磷肥 2.5 kg 盛果期施氮肥 0.8 kg，磷肥 0.75~1 kg，挂果幼树施氮肥 0.25~0.5 kg，磷肥 0.5 kg，将化肥均匀撒入沟中，用熟土覆盖后再用生土填压。施肥量的大小要根据树冠大小灵活掌握，宜少不宜多，沟也不能挖得太深。

11.3.8　香榧养分管理

11.3.8.1　香榧生长发育规律

(1)香榧的生命周期

香榧从种子播种到树体死亡的整个生长阶段为个体发育过程，这个过程一般可分为 3 个阶段，分别为：幼年期、结果期和衰老期。

①幼年期　香榧的幼年期从种子发芽起，到树体开始开花时止。香榧幼年阶段的特点是，营养生长由慢到快再逐步变慢，植株则由小到大，枝叶茂盛，只有营养生长，没有生殖生长，不见性器官。植株的耐阴性，也由强逐步变弱。在树荫条件下成长起来的香榧树，20 年生时树高不超过 5 m，胸径一般小于 6 cm。这样的植株，即使到 30 年生，也很难进入开花结实期；而生长在适生地区空旷地段上的香榧树，20 年生左右的实生树树高可超过 12 m，胸径可超过 15 cm。一般 4 年生后，就可以进入旺盛生长期，每年的胸径生长量也能达到 1 cm 左右，高生长量达到 60~80 cm。20 年生的植株就能开始开花结实。

②结果期　从树体第一次开花起，到树体衰老开始自然更新为止是香榧的成果期，也因年年开花，年年结实，可以称为开花结果期。香榧进入成年期，营养生长迅速放慢，树冠层则继续扩大，结实量也逐步增加，这个阶段的特点是见不到结实的大小年。成年期延续时间一般可维持 30 年以上，生长条件适宜，管理得法，可以延长到 50 年甚至数百年。50 年生左右的香榧植株进入大量结实阶段。该阶段很容易因为结实过度而产生大小年，但多年平均的总体产量仍然很高。优良品种、适量授粉并加强管理的，可以做到高产、稳产，经济寿命一般超过 100 年，最长可超过 600 年。目前，一些产区树龄超过 700 年生甚至千年以上的香榧大树，仍能结实累累，株产榧蒲超过 750 kg。

③衰老期　香榧从植株出现自然空心，骨干枝开始自然断裂，出现由上而下的自然更新时起，进入衰老期。香榧植株的自然衰老一般出现于 200 年生以后。但是，由于榧树具

有较强的萌芽更新能力，即使已经进入自然衰老的植株，只要管理得法，仍能维持和恢复树冠，继续大量结实，返回到成年期。现有保留的香榧大树，最大粗度超过 2 m，最大高度超过 38 m，估计树龄超过 1 300 年生，依然生机盎然，每年仍能正常结实。

(2)香榧的年生长规律

①香榧根系的年生长规律　香榧的根系周年生长，不存在明显休眠期，一年生的实生苗主根长度一般超过 25 cm。正常生长结实的香榧树，一年中有 3 次根系的生长高峰。第 1 次旺盛生长期，大约出现于 3 月中旬前后，它的根系发育，对温度的要求也较低。一般地温 5~6 ℃时，就能见到根系活动。香榧根系的第 2 次旺盛生长出现于 5 月底至 6 月中下旬，这时地温适宜，水分供应充足，在新梢生长停止之后，植株的光合作用产物供应充足。等到地表温度能够超过 50 ℃，土表以下 10 cm 的温度超过 28 ℃，这时根系的生长也会放慢，最后基本停止生长。在 9~11 月，待地温降低到了 20℃以下时，香榧又会出现一次新的根系旺发，这个时期一直会延续到深秋，待地温降低到了 15 ℃以下后才逐步放慢速率，地温低于 10 ℃后，呈现一种缓慢生长过程。只有在极端寒冷的天气，当地温降低到 5 ℃以下时，香榧的根系才基本停止生长。

②香榧新梢的年生长规律　幼年期的香榧植株，一年可多次抽发新梢。管理良好的 1 年生苗，可以呈现连续生长状态，如果将其放缓生长作为抽梢次数的间隔期，则一年可抽梢 3 次以上。嫁接香榧苗，香榧萌条，一年内往往也能抽梢 2~3 次。香榧新梢生长的快慢，整个抽梢过程，一般可延续 20 d 左右，新梢露出顶端后，顶端的叶芽开始加快发育。从露出顶端到芽发育完成，一般需要 20~30 d。从萌动到枝条发育基本成熟，至少要经历 2. 5~3 个月。

③香榧芽的分化与生长　香榧芽的发芽过程延续时间较长，且顶端优势明显，一般在枝条顶部有 3~5 个芽，其他叶片的叶腋间没有任何芽头。顶芽数超过 5 个的，一般多数可以成为混合芽，特别侧生部位的大多数芽都可形成混合芽。根据调查显示，不同单株之间发芽时间差别较大，受天气影响较大，一般在 3 月下旬，在日平均温升到 10~15 ℃时，香榧的顶芽开始萌发。

11. 3. 8. 2　香榧的养分需求规律

香榧的生长周期长，一般结果较晚，在整个生长过程中对水肥的需求比较大。合理的施肥可以促进提早结实和树体的生长。

年周期中各物候期的需肥特点列举如下：

香榧既需要肥料，又害怕肥料，所以提倡分期多次施肥。香榧的根系不能直接接触肥料。香榧根一旦直接接触肥料就会腐烂。不但造林时需要强调根肥分离，即使在成年香榧树的管理中，也需要坚持根肥分离原则。目前香榧生产中一般施肥 2 次，一次是采后肥，一次是催芽肥。根据香榧根系对肥料的反应，香榧最好一年能施肥 3 次以上。

早春施催芽肥。香榧 3 月下旬开始萌动，所以最好能在 3 月中旬到 3 月下旬施 1 次催芽肥。催芽肥，应适当增加氮肥用量，但也要有磷钾肥。可以采用浇腐熟粪水或掺有速效磷钾肥的稀释尿素液等方法施肥。用量宜少，可以占全年施肥量的 10%~20%。

晚春初夏施长果肥。香榧种实长大与花芽形成是同步进行的，这时对养分的需求特别多，所以最好能在种实迅速膨大前施长果肥。长果肥应当以磷钾肥为主，配合施用氮肥。

一般可以采用复合肥添加速效性磷钾肥的办法施肥。用量中等，可以占到全年施肥量的20%～30%。

采收之后施肥是最重要的一次施肥。此时施肥，既可以恢复树势，又可以保证花芽发育完全，还可以增加幼果的抗寒力。由于采收后，香榧植株还有一次根系的旺盛生长期，吸收根活动能力强，施肥后吸收率也高。这时的肥料，最好能多施有机肥，或有机肥添加复合肥。施肥量要足。施肥用量应当占全年施肥量的 1/2 左右。由于冬季临近，从有利于植株安全过冬出发，这次施肥，切忌多施氮肥。

11.3.8.3　香榧的施肥技术

香榧的根系较浅，且是肉质根，对肥料反应强烈，肥料直接接触根系会导致根系腐烂甚至引起苗木死亡，因此，在施肥的过程中，需要特别注意方法，避开根系。

(1)基肥的施用

基肥一般不现施现种，在种植前一个月将肥料放入，让肥料充分腐熟。施用有机肥料时，可以挖开树盘后施用，铺填好有机肥之后，再覆土；施用化肥或有机复合肥时，可以先撒于土表，再结合深挖翻入土内；施用有机肥结合施用化肥的，化肥一定要充分混合在有机肥内。

(2)幼林施肥

香榧幼年期施肥应坚持并掌握勤施薄施、少量多次和追肥浅施、基肥深施的原则。在秋冬季(9～11 月)结合扩穴深翻施一次基肥。追肥每年施 3～4 次，时间可分别于第一次 3 月下旬至 4 月初，第二次 5 月上中旬，第三次 6 月底至 7 月初，第四次 9 月上中旬；施追肥最好选择阴天或下朦朦细雨的日子。追肥可以选用人粪尿、猪粪水、进口复合肥等，基肥种类有猪粪、牛粪、鸡鸭粪等。6 月前的追肥以氮肥为主，9 月追肥时适当加施磷钾。

(3)成林施肥

香榧施肥分三次进行，第一次在 2 月下旬至 3 月上旬施催芽肥，施肥可促使果实生长发育和花芽发育：第二次在 4 月上旬至 5 月上旬施壮果肥，这时香榧两代果重叠，营养消耗较大；第三次在 9 月中下旬采果后施采后肥，这次施肥可以恢复树势，补充养分，为翌年花芽分化奠定基础。

春肥采用速效肥，于 3～4 月施入，可以促进新梢和雌球花发育；秋肥以 9 月中下旬采果后结合施用化肥和有机肥，以利树势恢复，提高光合作用效率，积累更多的养分为即将开始的雌球花分化和来年的新梢、花器官发育创造条件。结合施有机肥可以疏松土壤、保湿保温、促进根系发育和根系细胞分裂素合成，后者是促进雌球花花芽分化的重要条件。在丰产年份还可于 7～8 月增施一次夏肥，以磷、钾肥为主，以促进香榧种子发育。春夏季施入的化肥应占年施化肥总量的 2/3 以上，有机肥(基肥)以秋施为主，如施绿肥应在 7 月中旬旱季到来之前压青或铺于根际。

为了防止肥料挥发和流失，目前产区普遍采用的施肥方法为沟施。沟施有环沟和放射沟之分，前者是在距主干到树冠滴水线之间开环形沟，宽 30 cm，深 25 cm 左右；后者是在冠幅范围内由主干向外开 4～5 条放射沟，规格同环形沟。沟开好后削除树冠下及周围地表杂草填于沟底，将肥料撒于杂草上；再覆回沟土。此法可以防止化肥直接与根系接触而引起烧根。同时有机物与化肥混施，可以提高肥效，减少流失。坡地环形施肥沟应设于树干上坡树冠滴水线以外，以免肥料过分集中流入树冠下，造成肥害。栏肥、绿肥等有机肥沟施或铺于树冠下地表，但量不能太多，厚度不能太厚，同时肥料上再加盖细土以促进分解。在土壤干燥时，土施效果不好时或某些生长关键时期急需营养时也可以辅之以根外追肥。一般是有 0.2%~0.3%的尿素、0.3%~0.5%的磷酸二氢钾、2%~3%的过磷酸钙、0.3%的硫酸钾、0.2%的硼砂以及其他叶面肥料。根外施肥应在无风的早晚和阴天进行，以免高温产生药害。

11.3.9 油橄榄养分管理

油橄榄(*Olea europaea*)、油茶(*Camellia Oleifera*)、油棕(*Elaeis Guineensis*)、椰子(*Cocos nucifera*)为世界四大木本油料植物，其中油橄榄也是世界第六大油料作物。与其他木本油料植物相比，橄榄油是世界上唯一以鲜果冷榨后即可直接食用的高级植物油，天然养分未遭到破坏，易被人体消化吸收，被 FAO 誉为“植物油皇后”。橄榄油具有较好的保健功效，能防止心脑血管疾病、降低胆固醇、延缓衰老、护肤护发、预防癌症等；油橄榄产品的种类正在不断增多，主要有橄榄油、油橄榄果脯、油橄榄罐头、油橄榄叶茶、药品、保健品、食品和工业原料等。

人工种植油橄榄已有 3 000 多年的历史，原产地主要分布在地中海沿岸国家(西班牙、意大利、希腊、埃及、利比亚、土耳其等)，属于地中海亚热带气候，夏季干热，冬季湿暖；地中海沿岸国家的油橄榄种植面积占世界总面积的 95%($870.2\times10^4\ hm^2$)，其中约有 90%($783.18\times10^4\ hm^2$)的油橄榄树都能够正常结果。虽然，中国油橄榄适生区夏季湿热，冬季干冷，为雨热同季的气候特征与原产地不同，但油橄榄已在中国引种成功。

我国从 1964 年开始引种油橄榄，已在甘肃、四川、云南和陕西形成了一定的产业规模。据不完全统计，到 2016 年为止，全国油橄榄栽培面积达 $6.64\times10^4\ hm^2$，油橄榄果实年产量约为 2.8×10^4 t；油橄榄在甘肃陇南的种植面积占全国栽培面积的 50%以上；在四川、云南、陕西等省的种植面积次之；油橄榄也在贵州、浙江、湖北、江西等地也有少量栽培。根据中国 50 多年的引种试验，并结合不同栽培区的气候和地理分布，将中国油橄榄分布划分为两级适生区、六个适生带。一级适生区：包括金沙江干热河谷地带的云南(永仁、永胜、丽江、宾川)、四川(西昌、德昌、冕宁)和西秦岭南坡白龙江低山河谷地带的甘肃(武都、康县)。二级适生区：包括西秦岭南坡汉水流域上游地带的陕西(城固、汉中、安康)、四川盆地大巴山南坡嘉陵江河谷地带的四川(广元、达州、绵阳、成都)、长江三峡低山河谷地带的湖北(武汉、九峰)、以昆明为中心的滇中地带(昆明)。一般生长区：油橄榄苗木可以成活，但发育滞后或结果量少、极少或无果，包括贵州、广西、湖南、江西、福建、浙江、江苏等。由于油橄榄具有较高的栽培价值且栽培潜力巨大，现已被国家林业局列为“未来重点发展树种”。

11.3.9.1 油橄榄生长发育规律

(1)植物学特征

油橄榄属木犀科(Oleaceae)木犀榄属(*Olea*)，常绿乔木，经济寿命可达 200 多年。树体椭圆或圆锥形，树高一般为 4~7 m，但人工栽培的树高一般控制在 2~3 m 为宜，树干光滑，木质坚硬，主干明显。单叶对生，椭圆形、长椭圆形或披针形，长 2.7~8 cm，表面暗绿色，背面密被银白色鳞片，革质，羽状脉，有锯齿，坚硬，具柄。圆锥花序，顶生或腋生，单花或 2~3 朵并生，有短柄；花萼短小，4 齿裂；花冠短，4 裂达中部；花两性，多异花授粉，雄蕊 2 枚，花序上有完全花和不完全花 2 种类型；苞片 2~6 片，或更多；萼片 5~6 片，分离或基部连生，有时更多，苞片与萼片有时逐渐转变，6~15 片，脱落或宿存；花冠白色，基部多少连合；花瓣 8~13 片，略连生；雄蕊多数，排成 4~6 轮，长 1~1.5 cm；花柱长 1 cm。子房 1~3 室，稀 5 室，有毛；每室有胚珠 2 颗。核果近圆形或长椭圆形，长 1.5~4 cm，内果皮硬，成熟时黑色有光泽；种子 1 颗，胚乳肉质，含有油分，胚直。

(2)根系生长

根系由主根、侧根和须根组成，根系深度与土壤结构(质地、孔隙度、渗透性等)有关。在疏松土壤中，主根分布深度可达 7 m(深根)；而在紧实土壤中，无主根下垂，其主根仅在 0~1 m 以内(浅根)。侧根和须根多集中在 0~50 cm 的表土层中。根系类型有实生根系(主侧根均较发达)和茎源根系(仅侧根较发达)。油橄榄细根(0~2 mm)主要承担了油橄榄水分和矿质营养的吸收和运输，细根的长度、表面积、体积、细根生物量和细根活力都随土层深度的增加而显著减小，0~20 cm 中细根的各指标均占总数的 50%左右。特别在干旱地区的细根多上浮集中于 0~20 cm 土层，在施肥和灌水时应考虑最佳深度在 0~20 cm 以内，且灌水的最大渗透范围不应超过 60 cm。

(3)新梢生长

新稍生长从 3 月开始，3 月中旬至 4 月下旬为缓慢生长期，4 月下旬至 6 月下旬进入快速生长期，生长量占全年 65%，从 7 月开始逐渐停止生长，9 月新稍又恢复生长，9 月下旬至 10 月上旬，新稍又停止生长，10 月至翌年 3 月进入冬季休眠。

(4)开花习性

花序由 1 年生枝条(结果枝)叶腋内的花芽发育而成，每个花芽发育成一个花序，有限花序，顶生花先开，基部花后开，因分布地区的差异花期不同(4 月或 5 月)，花期 5~7 d，盛花期 1~2 d，据发育是否完整，分为完全花和不完全花两种，大多数油橄榄品种的花总量大但败育率高，导致完全花比例低。

(5)结果习性

果实生长表现为快、慢、快 3 个阶段，果实发育分：幼果形成期、果核(内果皮)形成期、果实旺盛生长期(6~7 月)、果实缓慢生长期(7 月下旬至 8 月下旬)、果实再生长期(9 月上旬至果实成熟)。油橄榄授粉后到果实采收约需经历 4 个阶段，共 156 d 左右。5~6 月是果实快速生长期；6~7 月果实进入硬核期，需要 20~30 d，此时果核逐渐木质化，是胚及胚乳的生长发育阶段，生长变得缓慢；9 月是果实的第二个生长期，果肉开始形成油滴；9 月下旬后果实生长基本停止，果肉内大量积累油脂，果内质地变软，此时果实的颜色逐渐由绿色变为紫色，果实的含糖量随果实油的增长而减少。果实中形成油脂最快的时期是 8 月下旬至 10 月上旬，约 40 d。

(6)油橄榄树体生长周期

①生命周期　油橄榄树的生命周期可分为生长期、结果期和衰老期。

生长期离心生长旺盛，树冠和根系迅速扩大，主干迅速生长壮大，树冠结构初步形成。由于营养生长旺盛，新梢生长快，在强壮枝上芽的数量更少，因此虽然开花，但坐果很少。此期一般为 1~5 年。结果期又可以分为结果初期、结果盛期和结果后期。初果期生长旺盛，特别是地下根系统，结果枝稀少，产量不高，但每年产量会持续增加，此时期一般持续 2~3 年；结果盛期营养生长和生殖生长(结果枝)基本平衡，单株产量达到了高峰，盛果期一般持续 20~40 年以上，地中海地区的油橄榄盛果期可达 200~300 年以上。结果后期树体营养生长变弱，萌发大量不定芽，结实力下降，产量和质量大幅降低，此期可持续 5 年以上；衰老期时树势衰退，树干心材腐朽，产量和果实品质低，不能恢复正常结果。

②年生长周期　油橄榄的年生长周期依其自然规律表现为生长期和休眠期。生长期一般划分为萌芽期(花芽分化、营养器官展开与生长)、开花期(生殖器开花)、果实成熟期(生殖器官发育与成熟)、停止生长期(树体营养高盛期的贮备与越冬休眠)4 个生长关键期。休眠期主要表现为自然休眠(遗传性休眠)和被迫休眠(生态性假休眠，地中海地区在夏旱期)。

年周期的各个生长发育阶段皆是过渡性转折期。冬春之交的由自然休眠向生长期转变；夏秋之交的由被迫休眠向再次生长转变等，其实质是植物体的形态和生理功能随着生长季节的交替而产生的适应性转换。

11.3.9.2　油橄榄的养分需求规律

(1)施肥时间和次数

油橄榄施肥的时间和次数需根据其生长发育规律，以及开花结果的关键时期确定。结果幼树(7 年生以上)每年分四次施肥，分为基肥和追肥。基肥应在冬季树体休眠，根系活跃时施 1 次，于每年 12 月至翌年 1 月进行(冬施)；基肥主要以有机质含量高的农家肥为主。追肥在树体生长期内进行 3 次；第 1 次追肥在萌动期和花芽分化期，于每年 2~3 月进行(春施)；第 2 次追肥在夏梢生长期和果实膨大期，于每年 6~8 月进行(夏施)；第 3 次追肥在果实油脂积累期，于每年 9~10 月进行(秋施)；追肥以氮、磷、钾肥为好。

(2)养分需求规律

①氮肥　氮素营养对于油橄榄光合作用、抗盐性、果实产量、油品质及土壤环境等方面都有影响。氮的基本作用是加速生长，促进树叶通过光合作用进行新陈代谢，并帮助植株吸收其他养分。在生长阶段，需氮量：叶片>果肉>枝条>果核。氮素是影响油橄榄落叶率的重要因素，所以施氮肥能显著降低油橄榄的落叶率，改善落叶前树体的营养状。由于氮元素化合物在水中溶解度高，不易被土壤所固定，而油橄榄对氮需求量又大，因此氮肥要年年施。但氮肥过量，一是造成流失浪费；二是渗入地下破坏环境；三是降低胚珠寿命。所以精准施氮肥对油橄榄的产量和品质影响很大。叶片含氮量 1.4%和 1.5%分别是油橄榄氮素的不足下限和充足上限，并将此作为油橄榄是否需要施加氮肥的标准。

②磷肥　磷肥是调节植物正常生长的基本元素之一。缺磷会使植株新陈代谢严重失调，表现为生长缓慢，推迟结果。油橄榄对磷的需求量很小，不需要每年给油橄榄施磷肥。磷肥主要以基肥形式施入。幼树生长期到结果之前不需要施磷肥，结果树的磷肥施用量视果实产量而定。一般每 3~5 年施一次，2~3 kg・株$^{-1}$。施在树冠下整个根系分布区内，深施到吸收根系层。

③钾肥　钾是植物体内流动性较大的元素之一。油橄榄施钾肥后，抗逆性强，耐高温，抗旱、寒能力强，抗病能力显著增强，有利于果实油脂的形成和。钾与磷的特性相似，易与土壤胶体固定在一起，移动缓慢，与植物根系相接处需要较长的时间。因此，定植时应施足钾肥，施肥量以土壤肥力状况而定，一般施钾肥 525 $kg \cdot hm^{-2}$(225~270 株·hm^{-2})。每隔 3~5 年追施钾肥一次，每次 3~5 kg·株$^{-1}$。

④有机肥　油橄榄施有机肥是必不可少的措施。我国适宜种植油橄榄的地区地力相对瘠薄，缺水缺肥，幼树生长慢，结果晚，甚至形成"小老树"不结果；有机肥不仅营养齐全，更重要的作用是改良土壤结构，促进微生物繁殖，提高保水能力，调整酸碱度，加快植物对营养成分的吸收。有机肥最佳施肥时期为 10 月至翌年 2 月，每年施有机肥 50~100 kg·株$^{-1}$ 为宜，均匀施在树冠下根系分布层。幼树期油橄榄树可以不施或少施有机肥；结果树可根据土壤肥力状况和产量确定施肥量。在武都地区叶片的总营养值以 3.5%为最佳，其中氮为 2.1%，磷为 0.35%，钾为 1.05%，氮、磷、钾以 6∶1∶3 为最佳，所以有机肥的总营养量保持在 2.5%为合格。

⑤硼肥　硼肥能显著提高油橄榄的坐果率。油橄榄多数品种自花不孕，主要靠异花授粉，故坐果率低，坐果后落花落果现象也较严重，一般都是满树繁花而坐果很少，在正常情况下，每 100 朵油橄榄花可结果 1~5 个。对于坐果率低的品种或单株，在花期喷洒适当的化学药剂，将有助于提高坐果率。硼是微量元素，花期中喷施 1~2 次即可有效提高坐果率。

⑥钙肥　油橄榄属于喜钙植物，其对钙元素有特殊的需求。钙能稳定细胞膜、细胞壁，还参与第二信使传递，调节渗透作用，具有酶促作用等。Ca^{2+}能提高 α-淀粉酶和磷脂酶的活性，也能抑制蛋白激酶和丙酮酸激酶的活性。Ca^{2+}-CaM 复合物有两种作用方式：一种是直接作用于效应物系统而引起生理反应，另一种是间接作用于调节系统；这两种作用方式形成了 Ca^{2+}-CaM 调节的快反应与慢反应。钙韧皮部内运输的动力主要是蒸腾作用。钙由蒸腾液流从木质部到达油橄榄的树梢、幼叶、花、果及顶端分生组织。钙到达这些组织和器官后，多数变得相对稳定，几乎不发生再分配与运输。在储藏期间受外界条件的影响，油橄榄果实中的钙会进行再分配，不溶性钙含量增加，可溶性钙含量减少。

11.3.9.3　油橄榄的施肥方法

(1)土壤改良技术

为了改良土壤理化性质(通气透水性)，扩大油橄榄根系分布和吸收范围，促进须根生长，满足树体对养分的大量需求，提高其抗旱、抗冻能力，保持丰产稳产；需隔年对土壤进行深翻改土，一般在秋冬 11~12 月结合冬季施肥时进行。在树冠投影外侧深翻 20~40 cm；为避免过量伤根也可分年度对角轮换进行，深翻时要注意保护粗根，以 2~3 年完成一个周期。如果土壤为酸性或弱酸性土壤，应该隔年撒施一定量石灰，每公顷 1 500~3 000 kg。

(2)施肥方法

根据油橄榄根系分布特点进行施肥。一般具体方法如下：

①环状沟施　沟宽、深各为 15~20 cm，一般在幼树期采用。

②放射状沟施　顺着根系水平方向隔一定距离挖 4~5 条沟，每年更换位置，扩大施

肥面。

③树根盘撒施　将肥料撒在树冠下，然后把肥料翻入土中，适用于施氮肥。

④叶面喷施　如硼、钙肥，宜选择在连续晴天进行，以免降水造成肥料淋失。

⑤灌溉式施肥　以与喷灌、滴灌相结合的较多。灌溉式施肥，对树冠相接的成年树和密植果园更为合适。

⑥基肥　用腐熟的厩肥、堆肥和饼肥等有机肥作为主要基肥，每穴施 5~10 kg，与回填表土充分拌匀，在距表土 30~50 cm 处可撒 0.5~1.0 kg 石灰与表土拌匀，在距表土 10~20 cm 处施 0.5~1.0 kg 复合肥打底，然后回填满土，待稍沉降后栽植。

(3)随水施肥与水肥耦合

水肥耦合是指水分和肥料二者之间的相互作用对植物生长及其利用效率的影响，是对传统施肥技术的重要改良，在全国范围内有广阔的发展空间。油橄榄灌溉需水量可以通过 FAO 系数法、水量平衡法、平均灌溉需求法、土壤蒸发水分散失法、建立模型法等方法确定。

水肥耦合技术在国内油橄榄增产研究中还没有广泛应用，水和肥对果实产量、品质的影响不是孤立的，它们相互耦合，作为一个复杂的整体影响并决定着油橄榄的产量和品质。在各个引种试验区如何做到以肥调水、以水促肥、肥水协调是提高肥水利用效率、减少环境污染、实现油橄榄增产增收的关键技术。但是，目前国内也没有油橄榄水肥耦合相关技术的研究成果报道。因此，如何优化耦合中的水肥比例又是油橄榄栽培管理的又一个重要内容。在进行水肥耦合效应试验时，多采用裂区设计(第一区组为水，第二区组为肥)和二次回归通用旋转组合设计方法，建立油橄榄的产量和品质与水、肥(氮、磷、钾、硼、钙)的最佳比例关系，得出数学模型进行回归分析，这将为油橄榄水肥管理提供重要依据。可通过借鉴其他植物的水肥耦合试验方法来提高油橄榄的水肥管理水平的研究。

(4)油橄榄不同林龄施肥技术

①幼林施肥措施　幼林期以营养生长为主，施肥则以氮肥为主，磷钾肥为辅，分别于生长旺盛的春季、夏季及时补充肥料。在进行冬季充分灌溉时，同时进行冬季施肥。

②成林施肥技术　油橄榄盛果期树体灌溉与施肥关键技术须符合其生长发育的营养规律，多水、多肥或少水、少肥都不利于产量和质量的提高。应尽量安装灌溉系统，进行实时、精准施肥和灌水制度。

③施肥种类　结果期常用的肥料种类有：尿素、过磷酸钙、酸钾、硼酸、农家肥、无机矿质肥料。不同成分的混合肥料对油橄榄果实产量的影响显著。应根据适地适树和测土配方施肥的原则，灵活把握土壤施肥的种类。

④施肥和灌溉的时间和次数　依据油橄榄休眠、花芽分化、开花授粉、新梢生长、果实膨大、果实成熟及油脂积累等关键期需求；每年应分别于 3 月、7 月、12 月补充氮肥，分别于 3 月、10 月、12 月补充磷肥，分别于 3 月、10 月、12 月补充钾肥，于 5 月花前和花后各喷施一次硼肥，于 12 月补充钙肥；分别于 1 月、3 月、7 月、9 月、10 月、12 月补充灌水。

⑤施肥和灌溉量　施肥量需在测土配方施肥和树叶分析法的基础上结合施肥和灌溉试验研究进行，施肥时需要严格控制各矿质营养之间的比例，避免过多或过少影响营养平

衡；依据平衡施肥法，按单株产量 10 kg·株$^{-1}$ 计算，需施每年 267.5 g·株$^{-1}$ 的尿素（含氮 46%），33 g·株$^{-1}$ 的 P_2O_5，166 g·株$^{-1}$ 的 K_2O。在追肥的基础上，还可根据年情、土壤条件和树体挂果量适当增施叶面肥，花期前后可喷施 0.5%～1.0%的硼酸促进果实坐果。非花期的叶面肥：磷酸二氢钾（0.1%～0.2%）、尿素（0.1%～0.2%）、过磷酸钙（0.5%～1.0%），用量少、作用快，宜于早晨或傍晚进行，着重喷施叶背面效果更好，但需注意勿过量使用。精准灌溉量则需要考虑适生区的气候特征，特别是降水量和土壤状况，一般施肥和灌溉同时进行，做到蓄、排、灌相结合，合理调节果园土壤水分，达到水为果用；全年需补充灌水约 600 kg·株$^{-1}$。

本章小结

本章介绍了经济林营养特性、施肥技术，并以油茶、笋用毛竹林、核桃、板栗、枣、枸杞、花椒、香榧、油橄榄等典型经济林种为例，说明了各林种林木生长发育规律和养分需求规律，以此为基础列举了各林种的施肥方法。

思考题

1. 经济林营养特征有哪些？
2. 经济林施肥技术有哪些？
3. 油茶的生长发育特点是什么？养分需求规律有哪些？其施肥技术要点是什么？
4. 笋用毛竹林的生长发育特点是什么？养分需求规律有哪些？其施肥技术要点是什么？
5. 核桃的生长发育特点是什么？养分需求规律有哪些？其施肥技术要点是什么？
6. 板栗的生长发育特点是什么？养分需求规律有哪些？其施肥技术要点是什么？
7. 枣的生长发育特点是什么？养分需求规律有哪些？其施肥技术要点是什么？
8. 枸杞的生长发育特点是什么？养分需求规律有哪些？其施肥技术要点是什么？
9. 花椒的生长发育特点是什么？养分需求规律有哪些？其施肥技术要点是什么？
10. 香榧的生长发育特点是什么？养分需求规律有哪些？其施肥技术要点是什么？
11. 油橄榄的生长发育特点是什么？养分需求规律有哪些？其施肥技术要点是什么？

参考文献

安娜，2004. 植物油皇后-橄榄油[J]. 科学养生(11)：19-20.

安平，1990. 土耳其油橄榄叶样分析与施肥[J]. 福建林业科技(1)：54-56.

安巍，2005. 枸杞规范化栽培及加工技术[M]. 北京：金盾出版社.

安巍，石志刚，2009. 枸杞栽培技术[M]. 银川：宁夏人民出版社.

白昌华，田世平，1989. 果树钙营养研究[J]. 果树科学，6(2)：121-124.

曹尚银，2010. 优质核桃规模化栽培技术[M]. 北京：金盾出版社.

曹尚银，郭俊英，2005. 优质核桃无公害丰产栽培[M]. 北京：科学技术文献出版社.

曹有龙，何军，2013. 枸杞栽培学[M]. 银川：阳光出版社.

陈隆升，罗佳，陈永忠，等，2019. 油茶果实生长高峰期养分分配特征[J]. 中南林业科技大学学报(3)：11-15.

戴文圣，2009. 图说香榧实用栽培技术[M]. 杭州：浙江科学技术出版社.

邓明全，俞宁，2011. 油橄榄引种栽培技术[M]. 北京：中国农业出版社.

邓煜，刘志峰，2013．甘肃陇南油橄榄配方施肥试验研究[J]．甘肃林业科技(4)：11-19.

邓振义，孙丙寅，康克功，2004．花椒无公害生产技术[M]．哈尔滨：东北林业大学出版社.

高祥照，杜森，吴勇，2011．水肥耦合大幅提高水肥利用率[J]．中国农业信息(3)：3-4.

龚明，李英，曹宗，1990．植物内的钙信使系统[J]．植物学通报(3)：19-29.

韩华柏，罗洪平，廖明安，2011．油橄榄水分的研究进展[J]．中南林业科技大学学报，31(3)：85-89.

韩宁林，王东辉，2006．香榧栽培技术[M]．北京：中国农业出版社.

何方，胡芳名，2004．经济林栽培学[M]．北京：中国林业出版社.

贺春燕，张广忠，李岁成，等，2011．甘肃中部引黄灌区枸杞施肥管理与土壤养分状况调查分析[J]．甘肃林业科技，36(2)：6-10.

胡蔼堂，1995．植物营养学(下册)[M]．北京：中国农业出版社.

胡忠庆，2004．枸杞优质高产高效综合栽培技术[M]．银川：宁夏人民出版社.

惠存虎，2010．良种核桃丰产栽培技术[M]．杨凌：西北农林科技大学出版社.

孔德军，刘庆香，王广鹏，2006．优质板栗高效栽培关键技术(彩插版)[M]．北京：中国三峡出版社.

李保国，齐国辉，2008．核桃优良品种及无公害栽培技术[M]．北京：中国农业出版社.

李钰，何文寿，张学军，等，2006．枸杞土壤肥力与合理施肥技术研究进展[J]．农业科学研究，27(2)：62-65.

梁和，马国瑞，石伟勇，等，2000．钙硼营养与果实生理及耐储性研究进展[J]．土壤通报(4)：187-190.

辽宁省科学技术协会，2010．良种鲜食枣栽培与贮藏加工[M]．沈阳：辽宁科学技术出版社.

刘焕焕，王改玲，贺润平，等，2019．红枣经济林土壤养分评价与施肥建议[J]．山西农业科学，47(6)：1023-1026.

刘佳佳，罗桂红，1996．油橄榄落叶规律及与氮素营养相关性研究[J]．经济林研究，14(1)：10-13.

刘兴芬，朱建明，2010．不同水分胁迫对油橄榄生长指标的影响[J]．中国林副特产(3)：8-10.

宁德鲁，陆斌，杜春花，等，2008．云南省油橄榄适宜栽培区的划分[J]．林业科技开发(5)：39-41.

农业部农民科技教育培训中心组，2001．枣栽培技术[M]．北京：中国农业出版社.

潘润炽，2008．植物生理学[M]．北京：高等教育出版社.

彭方仁，2007．经济林栽培与利用[M]．北京：中国林业出版社.

戚嘉敏，张鹏，奚如春，2017．油茶树体氮磷钾养分的年动态变化[J]．经济林研究，35(3)：121-126.

邱丽，2017．果树经济林施肥的作用及时间分析[J]．现代园艺(24)：26.

施宗明，孙卫邦，祁治林，等，2011．中国油橄榄适生区研究[J]．植物分类与资源学报(5)：571-579.

宋朝晖，邱书志，郑德强，2005．油橄榄施肥与灌溉技术[J]．甘肃科技(21)：184-185.

谭云峰，2016．油茶高效栽培技术与加工[M]．长沙：湖南科学技术出版社.

唐世裔，杨逸廷，2015．板栗核桃高产优质栽培新技术[M]．长沙：湖南科学技术出版社.

汪加魏，李玉印，张东升，等，2015．油橄榄果实最佳采摘时机技术研究[J]．林产工业(6)：51-54.

汪加魏，张东升，李玉印，等，2015．油橄榄生长关键期施肥和灌溉技术研究[J]．林产工业(5)：

33-37.

王楚天，易世平，胡冬南，等，2016. 不同油茶品系花芽分化期养分吸收规律的研究[J]. 广东农业科学(3)：55-59.

王焕东，2015. 植物营养学在经济林研究中的运用探讨[J]. 北京农业(12)：4.

王文举，2008. 经济林栽培学[M]. 银川：宁夏人民出版社.

王亚雄，常少刚，王锐，等，2019. 不同有机肥对宁夏枸杞生长、产量及品质的影响[J]. 中国土壤与肥料(5)：91-95.

王怡，谯天敏，张建蓉，等，2012. 油橄榄氮素营养研究进展[J]. 四川林业科技，33(2)：30-34.

王有科，南月政，2003. 花椒栽培技术[M]. 北京：金盾出版社.

王志禄，祁治林，1997. 北亚热带边缘引种油橄榄气候适应性及开发价值的研究[J]. 中国农业气象，18(6)：38-40.

吴国良，2010. 核桃无公害高效生产技术[M]. 北京：中国农业出版社.

武延安，2006. 花椒无公害栽培技术[M]. 兰州：甘肃科学技术出版社.

夏树让，2008. 鲜枣一年多熟高产技术[M]. 北京：金盾出版社.

徐纬英，1994. 植物油的皇后——橄榄油[J]. 林业科技通讯(4)：29-30.

徐纬英，2001. 中国油橄榄——种质资源与利用[M]. 长春：长春出版社.

徐纬英，2004. 油橄榄及其栽培技术[M]. 北京：中国林业出版社.

徐育海，方波，2010. 板栗高效栽培技术[M]. 武汉：武汉理工大学出版社.

许仙菊，陈明昌，张强，等，2004. 土壤与植物中钙营养的研究进展[J]. 山西农业科学，32(1)：33-38.

闫西清，汪淑筠，2005. 陇南地区油橄榄栽培技术[J]. 甘肃林业科技，30(1)：50-53.

姚淑均，张明刚，2000. 花椒栽培与管理[M]. 贵阳：贵州科学技术出版社.

张东升，2011. 油橄榄丰产栽培实用技术[M]. 北京：中国林业出版社.

张东升，2011. 油橄榄灌溉管理研究进展[J]. 林产工业，58(1)：58-61.

张志华，王红霞，赵书岗，2009. 核桃安全优质高效生产配套技术[M]. 北京：中国农业出版社.

张子荣，1977. 国外油橄榄[M]. 北京：中国农林科学院科技情报研究所.

钟鉎元，2002. 枸杞高产栽培技术[M]. 北京：金盾出版社.

周广芳，2015. 枣高效栽培[M]. 济南：山东科学技术出版社.

朱健，赵玲爱，朱鸣，等，2001. 花椒丰产栽培新技术[M]. 北京：中国农业出版社.

Angeliki L, Christina G, 2003. Olive groves: "The life and identity of the Mediterranean"[J]. Agriculture and Human Values, 20: 87-95.

Barranco D, Fernandez-Escobar R, Rallo L, 2010. Olive growing[M]. Madrid: Ediciones Mundi-Prensa.

Fernández-Escobar R, Ortiz-Urquiza A, Prado M, *et al.*, 2008. Nitrogen status influence on olive tree flower quality and ovule longevity[J]. Environ. Exp. Bot., 64(2): 113-119.

Grigg D, 2001. Olive oil, the Mediterranean and the world [J]. GeoJournal, 53: 163-172.

Luca T, Francisco O, Francisco V, 2007. Carbon exchange and water use efficiency of a growing, irrigated olive orchard [J]. Environmental and Experimental Botany, 63(2): 168-177.

Tognetti R, Raschi A, Beres C, *et al.*, 1996. Comparison of sap-flow, cavitation and water status of *Quercus petraea* and *Quercus cerris* trees with special reference to computer tomography[J]. Plant Cell Environ., 19(8): 928-938.

Tous J, Ferguson L, 1996. Mediterranean fruits [A]// Janick J. Progress in new crops[M]. Arlington, VA.: ASHS Press: 416-419.

Tyree M T, Ewers F W, 1991. The hydraulic architecture of trees and other woody plants[J]. New Phytol, 119: 345-360.

Wang J, Ma L, Gómez-del-Campo M, *et al.*, 2018. Youth tree behavior of olive (*Olea europaea* L.) cultivars in Wudu, China: cold and drought resistance, growth, fruit production, and oil quality[J]. Scientia Horticulturae, 236: 106-122.

Wang J, Zhang D, Farooqi T J A, *et al.*, 2019. The olive (*Olea europaea* L.) industry in China: its status, opportunities and challenges[J]. Agroforest Syst., 93: 395-417.

第 12 章　用材林施肥

12.1　用材林施肥概况

12.1.1　用材林简介

用材林是指以培育大径通用材种(主要是锯材)为主的森林，是以生产木材或竹材为主要经营目的的乔木林、竹林、疏林，主要有：短伐期工业原料用材林，速生丰产用材林，一般用材林，特殊用材林。用材林培育的目标是速生、丰产和优质，采用施肥、抚育等集约经营方式培育的用材林有可能缩短一半的培育年限，但因林地施肥限制因素较多，仅在部分条件较好、生产潜力较大的林地上采用。

12.1.2　国内外用材林施肥概况

用材林的施肥始于 20 世纪 30 年代，美国、加拿大、澳大利亚和日本等率先开展了森林施肥试验研究，但没能形成一种营林措施。五六十年代，随着木材及其副产品需求量不断增加，林木施肥作为一种营林措施进入实用阶段并有了较快发展。70 年代后，大部分林业发达国家都把林木施肥作为营建速生丰产人工林的重要手段。如美国对板材用黄杉、纸浆材湿地松施肥，澳大利亚的辐射松和桉树施肥、韩国和法国对杨树人工林施肥等。

我国的用材林施肥研究工作始于 20 世纪 50 年代后期，70 年代开始在杨树、泡桐、桉树、毛竹、杉木等人工林进行广泛的林地施肥试验，研究成果为生产上制定合理施肥措施提供了科学依据，90 年代以来，我国林业工作者为杉木、桉树、杨树、竹、松等用材林提出了多种优化施肥方案，为生产实践中合理施肥提供了一定的理论依据。但林木生长周期长，林区自然环境因子复杂，难以控制，定量施肥困难，用材林施肥面积占比不大。

12.2　用材林的营养特性

用材林和其他林木一样，都需要大量元素(N、P、K 等)、中量元素(Ca、Mg、S 等)、微量元素(B、Mn、Zn 等元素)来满足其生长要求。种植好用材林，要根据用材林的种类、不同生长阶段的需要和环境因素，配置最适宜的肥料。

12.2.1　用材林的养分需求特征

用材林需要从水、空气和土壤中吸收各种养分元素来维持其正常生长发育，各种养分元素被林木吸收后，在树体内合成各种有机物质或以离子的形式并被分配到各器官组织中来供植物生长发育。

研究表明，用材林生长前期对 N 的需求量较高，在整个生育期，N 的吸收量高于 K，远高于 P；生长中、后期 P、K、Ca、Mg 的累积量逐渐增加。柠檬桉最为明显，对 P 的需求量较少，但它的施肥效果显著。总体来说，N、P、K、Ca、Mg 对林木的营养生长和生殖生长具有非常重要意义。

12. 2. 2　用材林养分吸收规律

用材林从早春抽发新梢和长根，主要利用体内贮藏的养分，从外界吸收的养分极少。但随着枝叶迅速生长、根冠逐步扩大，吸收养分的量也不断增加，直至吸收养分达到最大值，储存在体内，供后续生长的需要。在其生长后期，随着生长量的生长速率逐渐减小，养分需求量也明显下降，到落叶休眠期，停止吸收养分，逐渐木质化。

12. 3　常见用材林的养分管理技术

12. 3. 1　杉木养分管理

杉木(*Cunninghamia lanceolata*)是我国南方特有的重要速生用材树种，其生长之快、单产之高、材质之好均居南方主要造林树种的前列，栽培面积遍及南方 17 省(自治区、直辖市)，已有一千多年的栽培历史，目前逐渐形成了许多如福建建瓯、湖南会同、贵州黎平等著名杉木产区，是我国南方人工商品用材林的当家树种，在南方林业生产中占有举足轻重的地位。

随着杉木造林面积的不断扩大，杉木越来越多地在同一林地上连续栽植，多代连栽导致林地生产力下降，出现了人工林经营的"第二代效应"，已严重影响了杉木人工林的持续经营。目前通过改良土壤条件、进行科学合理的养分管理是维持杉木长期生产力的重要途径之一。

12. 3. 1. 1　杉木生长发育规律

杉木的年生长发育与气温和降水关系密切，5~6 月是温暖、多雨的季节，月平均气温 22~26 ℃，降水 200~300 mm，杉木生长最好；7~8 月，高温少雨，月平均气温 28~29 ℃，降水 100~200 mm，生长稍有下降；9 月起气温略低，又逢秋雨，生长又出现一次高峰。据此，幼林地的土壤管理，第一次以 5 月前后为宜，目的是创造良好的水肥条件，促进新梢生长。第二次可在 7 月前后雨季结束后进行，通过松土保墒，延长生长高峰期。

杉木造林后，林分生长过程划分为 4 个阶段：幼林阶段(2~4 年生)、速生阶段(5~15 年生)、干材阶段(16~25 年生)和成熟阶段(26~30 年生以后)。

①幼林阶段　一般立地条件下，该阶段林木生长较缓慢。在造林后第 1 年的生长初期，林木幼树的树高生长较缓慢，至 7 月初才开始显著上升；至 10 月初，树高生长均达最高峰；其后急剧下降，直到 12 月初才停止生长。造林后第 2 年与造林后第 1 年情况不同，生长季初期树高生长量非常显著；6 月以后树高生长呈下降趋势，到 7 月下旬以后又开始显著回升，至 8 月下旬达到最高峰，9 月以后，则成不断下降趋势。造林后第 3 年，

杉木林分高生长规律与上一年度相似。

②速生阶段　一般从造林后第 4 年开始至 10 年生或 15 年生，这个阶段的特点是树高和胸径生长最旺盛，远比以后数十年要快。

③干材阶段　杉木干材迅速增长时期是 16~25 年生，这一阶段林分的特点是材积生长迅速，心材比例增加，树高直径生长减慢，自然整枝强烈，被压木大量出现并被淘汰，显现出空间与营养面积不足。立地条件越好，进入干材阶段时间越早。

④成熟阶段　杉木人工林通常在 26~30 年生以后进入成熟阶段。这个时期林分生长特点是树高生长量明显下降，材积生长趋于平稳而达到数量成熟，心材比例显著增加。在成熟衰老阶段，杉木人工林林冠郁闭，林下植被进一步发展，有些林下还会出现阔叶树更新情况，而杉木天然更新较为困难，因此可以适时改造成为针阔混交林分。自然状态下，此时常绿阔叶林代替杉木人工林的演替进程开始发生。

12.3.1.2　杉木的养分需求规律

氮、磷和钾是杉木生长发育不可缺少的大量营养元素，其在杉木植株体内的变化规律极为复杂，除了与杉木本身生理特性密切相关，还受外界环境因子的影响较大，从而造成杉木林分在不同的生长发育阶段对各种元素的需求规律也表现出明显差异。

(1)杉木的个体需肥规律

①氮素需求规律　杉木一年中含氮量的变化有两个峰值。第一个峰值是 3~4 月，这时期杉木即将开始生长，第 2 个峰值是 8 月，是杉木第 2 个高径生长的前期，氮素需求量更多。

②磷素需求规律　杉木的生长发育与磷素有密切关系，杉木一年生长过程中对磷素吸收呈现出两个高峰期：第一个高峰期是 5~7 月，第 2 个高峰期是 10 月，其体内全磷含量出现高峰的时期与杉木生长发育盛期相一致。

③钾素需求规律　杉木含钾高峰期在 9~10 月中下旬，这期间含量比其他生长发育阶段高出 2~3 倍；而且，这个时期的杉木种子进入成熟阶段，新枝、干木质化过程加速进行，因此，钾素的需求量明显增多。

(2)杉木林分生长需肥规律

随着单株杉木立木的生长，其根系、枝、叶等器官在空间上的不断向四周拓展，导致相邻立木之间的竞争关系也变得复杂。在林地及林内水、肥、光等公共资源的限制条件下，不同林龄(发育阶段)、不同栽植代数的生长的杉木林分需肥量也随之发生了变化，呈现出一定的规律性。杉木林分对各养分元素的积累量随着林龄的增加而增加，但积累速率呈现出逐渐降低趋势。

12.3.1.3　杉木的施肥方法

杉木施肥措施通常是在造林初期(幼龄林)时予以实施，主要以氮、磷、钾、钙、镁肥为主，在较差或中等立地条件下施肥均有明显的增产效果。近年来，随着杉木经营水平的提高，以及现代精准林业的发展要求，有关杉木中龄林、成熟林施肥的研究报道也越来越多，已有成果运用于实践。与追肥相比，施基肥更有利于杉木幼林树高的生长。这主要是由于杉木在幼年时的根系还不够发达，基肥的施肥方式使得肥料更加靠近根部，更有利于杉木幼林的根部吸收。杉木生长的第 5 年开始，不同施肥量对杉木幼龄林树高生长有明显影响。

12.3.2 桉树养分管理

12.3.2.1 桉树生长发育规律

桉树是桃金娘科(Myrtaceae) 桉树属(*Eucalyptus*)树种的统称，天然分布于大洋洲的澳大利亚大陆，少数种原产印度尼西亚的帝汶等岛屿和巴布亚新几里亚，1770 年始被发现和定名。我国桉树人工林主要分布在广东、广西、海南和云南等省(自治区)。按照桉树的生长发育特点，一般可将它分为 4 个阶段。

(1)桉树蹲苗期

苗木生长过程中，表现在地上部分生缓慢，称为蹲苗期，一般而言，时间为一个月。15 cm 至 25 cm 的苗木，从苗圃环境转移到山地环境进行集中种植，要想保证苗木成活效果的最优化，就要满足土壤充足的水分要求。苗木种植后，苗木根系会因突破营养袋的束缚接触到土壤而快速生长，但处于发育期的根系吸收肥料能力却不是很强。因此，苗木的叶色转绿较为缓慢，高度生长也较为缓慢。

(2)速生准备期

这个阶段要重点提高其根系吸收养分和水分的能力，保证其有效吸收基肥，以促进植物茎的良好生长。

(3)速生期

这个时期的主要任务是建立较为强健的生长体系，此时应加强林地水肥管理，确保高温高湿季节桉树速生效果的最优化。

(4)木质化期

养分元素较少被吸收，桉树生长慢，逐渐木质化。

12.3.2.2 桉树的养分需求规律

桉树体内可检出 70 多种元素，这些养分元素对桉树植株的生长发育都起到非常重要的作用。

(1)桉树对氮的需求

研究桉树的营养和施肥必须运用桉树各器官的干物量、养分浓度计算其养分的吸收量，它是探讨各种营养元素在桉树体内的吸收、分配和转移规律，指导施肥的重要参数之一。对桉树氮素吸收量状况的研究结果表明，桉树在不同树龄段所吸收的氮量是不同的，在 1 至 3、4 年龄段，年吸氮量为 149~127.6 $kg \cdot hm^{-2}$，其氮的吸收量与年干物量无明显的相关关系，而与桉树不同品种直接相关。

(2)桉树对磷的需求

桉树在不同的树龄段所吸收的磷也不同，在 1 至 3、4 年龄段，年吸磷量在 258~1 510 $kg \cdot hm^{-2}$，这个年龄段，其磷的吸收量与年干物量基本呈正相关。桉树在各树龄段的吸磷量和吸氮量不同，幼龄和中龄后对磷的需要量变化不大。

(3)桉树对钾的需求

桉树在各树龄段吸钾量的变化和氮、磷不同，1~3 年龄段年吸钾量为 1 048 $kg \cdot hm^{-2}$，

4~6 年对钾的吸收量上升到 1.3 $kg \cdot hm^{-2}$，每年上升 395 $kg \cdot hm^{-2}$，上升了 376%，随生长期延长，对钾的需求量增加。

(4)桉树对微量元素的需求

桉树各器官中的微量元素浓度以铁、锰最高，其次为锌、铜、硼，最低为钼。各器官由于生理机能和各种养分的性质不同，其微量元素的浓度有异。

12.3.2.3　桉树的施肥方法

桉树对肥料十分敏感。根据研究，桉树正常生长发育需要多种矿物质营养元素，而且各种营养元素之间存在着平衡的比例关系，这是由桉树的生物学特性决定的。然而，林地的各种有效养分，不一定符合桉树的生长需求，这就需要人为给予补充。这就是我们常说的人工施肥。只要施肥方法正确，用量合适，无论是幼林、中龄林还是近熟林施肥都有明显的增产作用。仅对桉树幼林施肥，其产量仅相当于幼林、中龄林和近熟林均施肥的 40%~60%，而且相关经济分析结果表明，整个生长过程都施肥，获得的利益要比只在幼林期施肥的高。桉树在生长过程中的不同阶段，对不同肥料的需求不一样。一般来说，桉树前期需求较多的是氮肥和磷肥，后期对钾肥的需求会上升，因此在桉树追肥的时候，先期要多追加氮、磷肥，生长到一定程度后就可以适量追加追加钾肥。当然，在追加肥料时。要做到肥料的合理利用，以最小的投入获得最大的产出，提高肥料的利用率，达到经济效益最大化。

(1)基肥

桉树生长快，需要较多的肥力支持。因此，造林前施基肥，造林后追肥。华南地区的土壤普遍缺磷，要特别注意施磷肥。根据各地总结的经验，桉树施基肥能够有效促进桉树幼林生长。基肥有两大类，一类是有机肥，如猪粪、牛粪、鸡粪、花生麸、桐麸等是很好的基肥，用量是 3 000~4 500 $kg \cdot hm^{-2}$；另一类是复合肥(如尿素、钙镁磷肥、氯化钾等)，在造林前施入定植穴内，每公顷施用量为有效氮 80 kg、有效磷 68 kg、有效钾 56 kg、硼 4 kg、铜 3 kg，肥料入坑后要与泥土拌匀，施于坑的底部，造林时苗木根系不能直接接触肥料。

(2)追肥

幼林追肥指造林当年及以后 3 年内的施肥。追肥量根据桉树生长情况决定，一般情况下，每株树施放桉树专用肥 250~500 g。第一次追肥在距离植株约 30 cm 两侧开长 30 cm、深 35 cm 的施肥沟，然后将肥料均匀地撒在沟内并覆盖泥土；第二次追肥在株间开深 35 cm 以上的追肥沟，将肥料均匀撒在沟内，然后覆土；第三次以后追肥在行间开深 20 cm 以上的施肥沟，将肥料均匀撒在沟内，然后覆土。第一次追肥在定植后 30~40 d 内进行，第二次追肥在 7~8 月间，第三次追肥在定植后翌年的 2~3 月。具体在追肥过程中，应注意几点：

①应该选择在下雨后进行追肥，这样有利于肥料的融化吸收。②在追肥时，可以选择距离桉树 30 cm 左右的地方环绕桉树周围一周均匀施加肥料，肥料要用土层覆盖，这样更有利于肥料的利用。③应该根据当地土壤的具体情况施加不同的肥料，土壤肥沃的少施肥，土壤贫瘠的应该加大施肥量。四是追肥前一定要清除掉桉树周围的杂草和小灌木，避免这些杂草和灌木争肥。

(3)成林施肥

指桉树林郁闭成林后的施肥，一般指造林第四年以后的施肥。在行间开深 25 cm 以上的施肥沟，将肥料均匀撒在沟内，然后覆土。施肥通常在年初进行，最好结合冬季抚育，在 2~3 月施肥效果较好，每株施复合肥 500 g 以上。

(4)施肥要点

根据林地土壤的养分、水分、酸碱度等条件进行施肥。土壤比较贫瘠的地段，如山脊、山顶应适当多施肥，肥力较好的地段可少施一些。施肥前要将树盘周围的杂草除去，在树坑后坡上方开施肥沟，施肥后立即覆土，以防肥料蒸发或流失。在雨后土壤湿润时施肥效果较好，或施肥后很快即下雨效果也不错。长期干旱无雨又无灌溉条件的施肥效果差，而且会造成肥害。施肥的位置一般沿树冠滴水线以外，以防伤苗；若为山地造林，应施于靠山后坡方向，以免雨水冲刷造成肥料流失。施肥时间不宜迟于 9 月底，太迟施肥，桉树徒长，易遭冻害。

12.3.3 毛竹养分管理

12.3.3.1 毛竹生长发育规律

毛竹(*Phyllostachys edulis*)为禾本科(Poaceae)刚竹属(*Phyllostachys*)散生竹种，其生长发育十分独特。毛竹的更新繁殖主要依赖于地下是庞大的竹鞭系统进行延长和发笋，竹连鞭、鞭生笋、笋长竹、竹长鞭，循环往复。一株新竹的长成主要经历发笋、幼竹的生长、成竹生长三个阶段。

(1)竹笋的地下生长(竹鞭生长)

此阶段主要是笋芽的高生长。夏末秋初时，毛竹壮鞭上侧芽生长、分化成笋芽，再到初冬时节发育成肥大的毛竹冬笋，在温度适宜时，冬笋从土中冒出。土壤水分条件好的竹林出笋早，数量也较大。干燥土壤，出笋较慢，数量也相对较少。此时笋壳大多为黄色，较小，并有白色绒毛，略有黑色斑点，冬笋的生长发育结果决定了新竹的节数和粗度。

(2)秆形生长(竹笋—幼竹的生长)

来年初春，竹笋进入萌动生长期，笋体横向生长不断膨大，经过 40~60 d 的再生长后发育成幼竹，前期笋时间长，后期笋时间短，在高峰期生长量一昼夜甚至可达 1 m，生长发育十分快速。新竹生长的翌年春天会整株换一次叶，以后每隔 2 年换叶一次。

(3)材质生长(成竹生长)

毛竹秆形生长结束后，竹秆粗度、高度、体积不会发生任何变化。2~4 龄毛竹为壮龄期，5~7 龄，为中龄期，竹秆材质生长强度开始稳定，利用率最高，并同时开始逐渐老化；8 龄以上竹子的生活力逐渐衰退，进入老龄期。在竹林的培育上，做到留养幼壮龄竹(2~4 年生)，砍伐壮龄竹(5~7 年生)，不留老龄竹(8 年生以上)。

竹秆材质生长可分为增进期、稳定期和下降期 3 个阶段。

①增进期(幼—壮龄竹阶段)　幼竹着生在壮龄鞭上，富有生活力。竹子生理代谢旺盛，抽鞭发笋能力强。竹材的物理力学性质也相应地不断增强。

②稳定期(中龄竹阶段)　竹株进入营养物质含量和生理活动旺盛的稳定状态，竹秆的材质生长进入成熟时期，容重和力学强度都稳定在最高水平。随后出现下降趋势，所连竹

鞭逐渐老化，开始或已经失去抽鞭发笋能力。

③下降期（老龄竹阶段）　老龄竹生活力逐渐衰退，根系吸收面积和生活力下降，竹秆的重量、力学强度和营养物质含量也相应降低。

12.3.3.2　毛竹的养分需求规律

毛竹再生性强、生长快、产量高，毛竹林生态系统的养分输出大于输入，从而导致竹林长期生产力难以维持。因此，根据养分归还学说，施肥成为恢复地力、实现毛竹林持续丰产的关键措施。

毛竹地下系统是竹林生长、发展的基础，不仅起到固定和支撑竹林地上部分的重要作用，还吸收土壤中的水分和矿质营养，运送给地上部分使用，并通过竹鞭横向运输，调节竹株之间的养分平衡，是竹林生态系统内物质循环和能量流动的重要通道。鞭根系统是地下部分主要吸收、运输、贮藏器官，生命活动活跃，其养分特征直接影响到地上部分的生长状况。竹鞭同地上部分一样，不同的生长发育时期，其养分含量各异，呈动态变化，且各元素的季节变化规律并不相同。竹鞭是养分运输的重要通道和储存器官，代谢活动旺盛，因此，氮、磷、钾、镁累积量较多，仅次于竹叶，而钙、铜、锰分布最少。相对于竹鞭，竹根养分浓度的季节、年度变化趋势基本相似，即不论何年、何季节，竹根中氮、磷、钾浓度随年龄的增大而降低。

（1）毛竹对氮素的需求

在所有营养元素中，氮是毛竹生长需求量最大的元素，在各个生长时期吸收量均最多，并积极参与毛竹的各种代谢活动，对竹林健康经营及生产力提升意义重大。同时，氮是构成竹笋中蛋白质的主要成分，对毛竹的生长和竹笋发育有重要作用，是与竹笋产量最密切的营养元素。土壤缺氮时，毛竹矮小，细弱，叶片黄化，竹杆材质差同时出笋量低，退笋率高。氮素过多时，枝繁叶茂，出笋量高，容易造成毛竹大年后小年，毛竹抗病力减弱，严重影响毛竹的正常生长发育。毛竹对氮肥的需要，虽不可缺少，但应适当控制。

（2）毛竹对磷素的需求

磷是毛竹生长所必需的营养元素之一。磷在植物的大量营养元素中占有重要的地位，但与其他营养元素相比含量相对较低。在土壤中磷一般以无机态为主，通常与 Ca^{2+}、Mg^{2+} 等离子形成磷酸钙、磷酸镁、磷酸铁和磷酸铝化合物。磷能促进毛竹尤其是竹笋体内氨基酸、蛋白质和碳水化合物的合成和运输，对毛竹的生长发育产生十分重要的作用。土壤缺磷时，毛竹幼竹和地下茎生长缓慢，植株矮小，叶色暗绿，无光泽，出笋量低，成竹率低。毛竹生长在我国南方红壤地区，缺磷现象突出，而且土壤中大部分的磷与 Fe^{2+}、Ca^{2+} 和 Al^{3+} 等离子结合而丧失其有效性，毛竹很难直接吸收利用。在缺磷或磷素过多的情况下，都不利于毛竹的生长，因此要适当地施磷肥来促进毛竹生长发育，以生化途径参与毛竹组织内的生理活动，来影响毛竹对磷的吸收。

（3）毛竹对钾素的需求

钾在植物体内促进氨基酸，蛋白质和碳水化合物的合成和运输，对延迟植株衰老，延长结果期，增加后期产量有良好的作用。钾能促进毛竹茎秆健壮，提高竹笋品质，同时增强毛竹抗寒抗病能力，和氮、磷的情况一样，缺钾症状首先出现于老叶。钾素供应不足时，碳水化合物代谢受到干扰，光合作用受抑制，而呼吸作用加强。因此，缺钾时毛竹抗逆能力减弱，易受病害侵袭，竹笋品质下降。

根据国内外研究者的分析资料，毛竹生长对氮、磷、钾的要求比例为 5∶1∶7，每采伐鲜竹材(胸径 9 cm)500 kg，秆、枝叶全部运走，需消耗氮 1.56 kg、磷 0.38 kg、钾 2.38 kg。但是在确定施肥量时，还要考虑肥料的利用率，因为采伐带走的养分数量中不包括土壤流失的养分和被土粒固定不能直接利用的养分，以及林下植物消耗的养分。因此，施肥量一定要超过采伐带走的数量，才能保证竹林生产力不断提高。

12.3.3.3 毛竹的施肥方法

(1)施肥时间

一般根据毛竹生长规律分为孕笋肥(12 月)、笋前肥(2 月)、笋后肥(5 月)、催芽肥(9 月)。毛竹竹鞭开始生长于每年 4 月，而生长相对较快的时期为 5~6 月，快速生长期为 7~9 月，10 月竹鞭的生长迅速放缓，至 12 月竹鞭的生长完全停止。毛竹林竹鞭上的鞭芽在未萌动前成为弱芽，当年生新鞭上的弱芽最早于翌年 6~7 月活动，形成鞭芽并逐渐发育为竹鞭的侧鞭，而于 7 月以后活动弱芽多为笋芽，并逐渐孕育为竹笋。一般 8 月中旬以后弱芽萌动并形成笋芽，9 月中旬笋芽进入发育期，10 月中旬笋芽高度可达 1.5 cm，11 月中旬笋芽高度约 5 cm，至 12 月初笋芽发育程度已较接近幼笋(冬笋)，高度可达 10 cm，笋径达 2.5 cm，随后当根突破表皮，标志着笋芽正式发育成竹笋。进入冬季低温期，冬笋停止生长，到翌年 3 月中下旬气温上升时冬笋继续生长直到成竹。因此，毛竹每年 3~12 月都是其生长发育过程中需要养分供应的时期。

由于肥料施入土壤，需要经过水解、扩散、向根部迁移、植物吸收等过程。而营养元素被植物体吸收，一般又需要经过介质溶液—细胞壁水膜—细胞壁—自由空间—原生质膜到达细胞内部。因此，从施肥到被植物体利用需要一定的时间，在毛竹施肥中要考虑肥效的滞后性，应提早施肥。

春笋的生长发育、幼竹和幼鞭的生长是竹林结构更新和笋、材产品产出的基础，其中春笋的生长发育对养分的需求集中在每年的 4~5 月，幼竹和幼鞭的生长对养分的需求集中在每年的 6~9 月，因此在毛竹经营中可以选择在春笋出土一个月前(2 月)施肥，而缓释肥的肥效期应达 6 个月方能符合要求。

(2)施肥方式

目前，对毛竹林进行施肥有多种方式，主要有：蔸施、撒施、穴施、水平沟施、竹腔注射等。

蔸施是利用竹子砍伐后留下的竹蔸，用直径 2~3 cm 的钢条打通竹蔸内节，将肥料施于竹蔸之内并盖上土。撒施施肥经常与竹林垦覆相结合进行。穴施法是在立竹的坡上位置距离植株 30~40 cm 处挖一条眉形或圆形状沟，深约 15~20 cm，将肥料施入沟中后覆土。水平沟施是在竹林地内沿水平方向每隔 1~3 m 进行开沟，深约 15~20 cm、宽约 20 cm，将肥料施入沟内后再覆土。竹腔注射法是在毛竹茎秆距地面 10 cm 处打孔，将毛竹增产剂的稀释液注射入竹腔内，然后用土封口。撒施、沟施和穴施易于操作，是目前毛竹林经营中普遍采用的施肥方法。蔸施和沟施对促进毛竹立竹质量和产量的影响明显优于撒施，并且蔸施效果好于沟施；与其他两种施肥方式相比，采用蔸施 1~2 年后毛竹竹蔸下部腐烂率最高。由于蔸施施肥技术操作简单、容易，因此此方法是一种科学、经济、高效的毛竹林施肥方式。

肥料主要以厩肥、堆肥等有机肥为主。有机肥在秋冬结合垦复挖沟或挖穴埋入土内。施用速效性水稀释化肥或人粪尿，最好在夏季毛竹生长季节或出笋前后一个月内施入。施用化肥应以氮、磷肥为主，且应氮、磷肥混合施用。每公顷可施尿素 150~225 kg、过磷酸钙 15~25 kg。如果进行伐桩施肥，则须先打通竹兜内竹节，每伐桩兜内施入尿素或碳酸氢铵 0. 25~0. 5 kg，再覆土密封。施肥量可根据竹笋生长耗肥量和林地土壤肥力状况来确定。

12. 3. 4 红松养分管理

红松(*Pinus koraiensis*)为松科(Pinaceae)松属(*Pinus*)的常绿高大乔木，是我国优质的造林树种，也是温带地带性顶极群落红松阔叶林的重要组成种，具有很高的生态、社会和经济价值。红松以树干通直、木材材质优良，红松籽营养丰富、味道香美，还能生产松节油等多种产品而著称于世。红松分布于中国东北东部黑龙江、吉林和辽宁省境内。自然分布的界限大致与小兴安岭山脉和长白山山脉(张广才岭、完达山、老爷岭、长白山地等)所延伸的范围相一致。北起小兴安岭北坡黑河市胜山林场，北纬约 49°28′，南至辽宁宽甸县，北纬约 40°45′，东起黑龙江饶河县，东经约 134°，西至辽宁的本溪、抚顺一带，东经约 124°。在俄罗斯远东南部，朝鲜半岛，日本国的四国及本州也有分布。红松阔叶林则以中国东北东部山地为分布中心，向东扩展至俄罗斯远东南部，向南扩展至朝鲜半岛北部。

12. 3. 4. 1 红松生长发育规律

红松的生长发育与光照关系十分密切，光因子是影响红松生长发育生态因子中的主导因子。红松属阳性树种，但幼年阶段适应一定程度的庇荫，随着年龄的增长，耐荫能力逐渐减弱，需光量不断递增，直至需要全光条件才能维持正常生长。如果长期生存于林冠下，幼树则趋于衰亡，形成了天然红松林下“只见幼苗，不见幼树”的现象。

红松对气温适应幅度较大。在红松自然分布区内，最高气温-50 ℃，最高气温 35 ℃，积温 2 200~3 200 ℃，具有较强的耐热和耐寒能力。但是，红松是一个要求温和凉爽的气候条件的树种。随着气温由南向北递减，生长期随之缩短，对红松生长有一定影响。

红松对大气湿度和降水较敏感。空气相对湿度为 65%~75%，湿润度在 0. 7 以上，幼树高生长最大，相对湿度过低或湿润度较小，生长不良。

红松生长与地形和土壤条件关系密切，红松在缓坡，阴坡或半阴半阳坡，土壤肥沃、湿润、通透性能良好，土层深厚且腐殖质层厚度大、pH 5. 5~6. 5 的立地生长好，避免水湿地和冲风口。土壤贫瘠、干旱的立地，红松生长缓慢，难以成林。在暗棕壤上，土壤含水量在 40%~50%时，生长良好，过低(低于 20%~30%)或过高(高于 70%~80%)都生长不良。很多学者的调查研究结果表明：①地形因子对红松生长有重要影响。海拔、坡向、坡度、坡位等地形因子对人工红松生长均有不同程度的影响。红松在半阴半阳坡生长好，阴坡比阳坡生长好，在山上比山下好，坡地比平地好。同样坡度的林地，坡短的排水性较好，幼苗、幼树生长也好，而坡长的排水性较差或间歇性积水，红松幼苗、幼树生长不好。裸露、朝阳、冲风、陡坡的红松林生长最差，因为这类立地上的红松，早春容易出现生理干旱现象，影响成活和生长。②土壤类型、土层厚度、腐殖质层厚度和土壤干湿度、土壤容重等均有重要作用。帽儿山地区调查结果表明，典型暗棕壤、草甸暗棕壤对红松生长最适宜，其次为白浆化暗棕壤，白浆土上红松生长最差。腐殖质层厚度和整个土层是制约红松生长的重要因子，土壤越深厚，养分、水分贮备越多，在干旱情况下缓冲能力越强，红松生长量越大。土壤容重对红松生长影响也较大。

12.3.4.2 红松的养分需求规律

养分供给是林木生长发育的物质基础，红松幼苗生长需要较多的养分。但其发育的各个时期所需要的养分不同。大量元素中，磷对红松生长、特别是主根和侧根发育有促进作用，锰、钙、钴、镍和铜也有重要影响。红松喜肥不耐旱，幼龄阶段对土壤有机质和全氮含量及土壤的通透性及持水量要求较高，而对土壤钾和磷的含量要求不严。水湿地上的红松幼树，由于经常性或季节性积水，使土壤透气性不良，造成根系难以正常生长，使幼树处于弱度生长状态，渐渐趋于濒死。红松属浅根性树种，主根不发达，侧根发达，根系常呈水平分布，扩展面广，易风倒，这与红松适宜土壤深厚、排水良好的地块直接相关。在生长停止前需施钾肥，辅以磷肥，以便促进幼苗茎部木质化和增强越冬抗寒能力。苗木在生长发育阶段需要消耗大量的营养元素，在营养元素不足的情形下培育出的红松，不仅质量低，而且上山造林后成活率也很低。

12.3.4.3 红松幼苗的施肥方法

施什么基肥好，要根据苗圃地土壤状况而定。如沙壤土，地发暖，以人粪为好，黏壤上，地发冷，以马粪为好，可以提高地温，有助于苗木后期的生长。红松育苗期间裸根苗培育过程中的施肥方法：

①整地作床阶段　红松育苗整地一般在秋季进行，随起苗随造林时则春季进行。红松育苗需要施足底肥，以堆肥为主，施肥量 $15\times10^4 \sim 23\times10^4$ kg · hm^{-2}，在翻地和耙地之前分层施入一半，作床时施入另一半；底肥不宜使用化肥。土壤粉碎，床面要平整。可采用硫酸亚铁或五氯硝基苯等进行土壤消毒。硫酸亚铁 300 kg · hm^{-2}，加水稀释后喷洒地面，然后翻入土中。五氯硝基苯 37.5 kg · hm^{-2} 加 65%代森锌可湿性粉剂 37.5 kg · hm^{-2}，混土 7 500 kg · hm^{-2}，撒于床面。具体实施可参考当地经验和最新研究资料和规程。

②苗期管理期间的施肥情况　在幼苗生出 1~2 个侧根时进行第 1 次追氮肥以促进苗木生长。以后每隔 10~15 d 追 1 次，年追肥量 375~450 kg · hm^{-2}，也可以用腐熟人粪尿追肥。施肥后都必须及时适量浇水、洗净，追肥量越大，浇水量也要增大。施用氮肥最晚不要超过 7 月上旬。苗期注意防治病害。

③留床苗管理期间的施肥情况　除早期追肥外，一般和当年播种苗大体相同。红松留床苗为苗高春季生长型，5 月上旬就开始高生长，6 月下旬高生长停止，因此追肥宜早不宜迟。一般在撤除防寒土后，就开始追肥，追 2~3 次，5 月末追肥全部结束。年追肥量 600 kg · hm^{-2} 左右。

本章小结

本章介绍了用材林的营养特性、施肥技术，并以杉木、桉树、毛竹、红松等典型用材林种为例，说明了各林种林木生长发育规律和养分需求规律，以此为基础列举了各林种的施肥方法。

思考题

1. 用材林营养特征有哪些？
2. 用材林施肥技术有哪些？
3. 杉木的生长发育特点是什么？养分需求规律有哪些？其施肥技术要点是什么？
4. 桉树的生长发育特点是什么？养分需求规律有哪些？其施肥技术要点是什么？
5. 毛竹的生长发育特点是什么？养分需求规律有哪些？其施肥技术要点是什么？
6. 红松的生长发育特点是什么？养分需求规律有哪些？其施肥技术要点是什么？

参考文献

蔡学林，张志云，陈善民，1992. 安远县杉木、马尾松人工林生长规律的研究[J]. 江西农业大学学报(6)：37-45.

冯宗炜，陈楚莹，李昌华，等，1982. 会同杉木人工林生长发育与环境的相互关系[J]. 南京林业大学学报(自然科学版)(3)：19-38.

洪长福，齐清琳，2006. 桉树速生丰产栽培[M]. 福州：福建科学技术出版社.

黄金华，2017. 袋控施肥对杉木生长及土壤养分的影响[J]. 森林与环境学报，37(2)：163-168.

黄云，2014. 植物营养学[M]. 北京：中国农业出版社.

蒋小华，2017. 桉树人工林生长规律分析及高产栽培技术探讨[J]. 农民致富之友(7)：278.

李惠通，张芸，魏志超，等，2017. 不同发育阶段杉木人工林土壤肥力分析[J]. 林业科学研究，30(2)：322-328.

李景文，等，1997. 红松混交林生态与经营[M]. 哈尔滨：东北林业大学出版社.

李贻铨，陈道东，纪建书，等，1993. 杉木中龄林施肥效应探讨[J]. 林业科学研究，6(4)：390-396.

林开敏，俞新妥，2001. 杉木人工林地力衰退与可持续经营[J]. 中国生态农业学报，9(4)：39-42.

林文龙，2016. 不同施肥方式对杉木幼林生长的影响[J]. 农村经济与科技，27(7)：76-78.

马祥庆，范少辉，陈绍栓，等，2003. 杉木人工林连作生物生产力的研究[J]. 林业科学，29(2)：78-83.

马祥庆，刘爱琴，马壮，等，2000. 不同代数杉木林养分积累和分布的比较研究[J]. 应用生态学报(4)：501-506.

农必昌，张英，林春元，等，1998. 杉木连栽幼林养分监测与施肥效益的研究[J]. 广西林业科学，27(4)：181-187.

潘瑞炽，2012. 植物生理学 [M]. 7 版. 北京：高等教育出版社.

庞正轰，2008. 桉树人工林丰产技术[M]. 南宁：广西科学技术出版社.

齐鸿儒，1991. 红松人工林[M]. 北京：中国林业出版社.

沈海龙，张金虎，王龙，2015. 红松分杈现象研究现状及展望[J]. 森林工程，31 (2)：46-50，56.

唐明荣，陈小忠，鄢振武，等，1998. 杉木幼林施肥效应研究[J]. 浙江林业科技，18(2)：38-43.

吴惠仙，1987. 杉木养分动态的初步研究[J]. 土壤通报(4)：173-174.

吴立潮，胡日利，吴晓芙，等，1997. 杉木中龄林施肥效应与效益研究[J]. 中南林学院学报，17(3)：1-7.

吴耀科，2010. 桉树栽培技术管理研究[J]. 吉林农业(11)：124-125.

萧江华，2010. 中国竹林经营学[M]. 北京：科学出版社.

俞新妥，1982. 杉木[M]. 福州：福建科学技术出版社.

俞新妥，1997. 杉木栽培学[M]. 福州：福建科学技术出版社.

翟明普，沈国防，2016. 森林培育学[M]. 3 版. 北京：中国林业出版社.

张芸，李惠通，张辉，等，2019. 不同林龄杉木人工林土壤 C：N：P 化学计量特征及其与土壤理化性质的关系[J]. 生态学报，39(7)：2520-2531.

张志达，1998. 中国竹林培育[M]. 北京：中国林业出版社.

浙江农业大学，1991. 植物营养与肥料[M]. 北京：中国农业出版社.

郑德华，1998. 杉木幼林施肥效果试验研究[J]. 福建林业科技，25(2)：85-88.

中国科学院林业土壤研究所，1980. 红松林[M]. 北京：农业出版社.

周芳纯，1998. 竹林培育学[M]. 北京：中国林业出版社.

周玉泉，康文星，陈日升，等，2019. 不同林龄杉木林乔木层的养分积累分配特征[J]. 中南林业科技大学学报，39(6)：84-91.

Zhou L，Addo- Danso S D，Wu P，*et al.*，2016. Leaf resorption efficiency in relation to foliar and soil nutrient concentrations and stoichiometry of *Cunninghamia lanceolata* with stand development in southern China[J]. Journal of Soils and Sediments，16(5)：1448-1459.

Zhou L，Shalom Add，Wu P，*et al.*，2015. Litterfall production and nutrient return in different-aged Chinese fir（*Cunninghamia lanceolata*）plantations in South China[J]. Journal of Forestry Research，26(1)：79-89.